UI 动效设计

主编 姜 辉 徐滋程

北京希望电子出版社
Beijing Hope Electronic Press
www.bhp.com.cn

内 容 简 介

本书以 Photoshop、Illustrator 和 After Effect 作为主要工具，介绍了 UI 动效制作所需的知识点和技能点。全书共 8 个模块，包括 UI 动效设计基础、移动 UI 的色彩搭配、Photoshop 艺术创作详解、Illustrator 矢量绘图详解、After Effects 基础知识详解、图层与关键帧动效、文本动效、蒙版与图形动效，通过清晰易懂的讲解和丰富的实战案例，帮助读者逐步掌握 UI 动效的设计理念和制作技巧。

本书适合作为 UI 动效设计课程的教材，也可作为广大动效设计师的参考用书。

图书在版编目（CIP）数据

UI 动效设计 / 姜辉，徐滋程主编. -- 北京 ：北京希望电子出版社，2025. 1（2025.7 重印）.

ISBN 978-7-83002-910-4

Ⅰ. TP311.1

中国国家版本馆 CIP 数据核字第 20253CV509 号

出版：北京希望电子出版社
地址：北京市海淀区中关村大街 22 号
中科大厦 A 座 10 层
邮编：100190
网址：www.bhp.com.cn
电话：010-82620818（总机）转发行部
010-82626237（邮购）
经销：各地新华书店

封面：袁　野
编辑：周卓琳
校对：全　卫
开本：787 mm×1092 mm　1/16
印张：18
字数：433 千字
印刷：北京昌联印刷有限公司
版次：2025 年 7 月 1 版 3 次印刷

定价：59. 90 元

在国家大力发展高等职业教育的背景下，《国家职业教育改革实施方案》等政策明确提出要深化产教融合、校企合作，培养适应产业需求的高素质技能人才。数字媒体技术作为融合信息技术与艺术设计的交叉领域，其人才培养需紧密对接行业发展趋势。当下，UI动效设计已成为互联网产品、移动应用开发中的关键环节，市场对兼具设计美感与技术实操能力的复合型人才需求激增。

高等职业教育肩负着培养“懂理论、强技能、能实战”人才的使命，传统教材存在理论与实践脱节、软件工具覆盖不全、产业案例滞后等问题。为响应职业教育“岗课赛证”的综合育人要求，本教材以数字媒体技术专业人才培养目标为导向，整合UI动效设计领域的核心知识与行业前沿技术，旨在为学生构建从理论认知到项目落地的完整能力体系，助力其成为符合企业岗位需求的技能型人才。

本教材以UI动效设计的全流程为主线，构建了“基础理论 - 软件工具 - 项目实战”三位一体的内容体系。基础理论层面，系统阐释了UI动效的概念、重要性，详细解析时间、缓动与速度、视觉、交互等核心属性，同时从功能、运动方式、触发方式等维度分类介绍动效类型，梳理从需求分析到后期评估的完整设计流程。软件工具应用层面，涵盖三大主流设计软件：Photoshop聚焦艺术创作，讲解图层、通道、滤镜等核心功能及图像色彩调整技巧；Illustrator侧重矢量绘图，包括路径绘制、图形填充与描边、文本编辑等操作；After Effects作为动效制作的核心工具，深入讲解素材管理、视频效果应用、图层与关键帧动画、文本动效及蒙版技术。案例实战贯穿各模块，设置“缓冲中效果动画”“家居美学APP界面切换动效”“登录界面动效”等多个典型案例，每个案例配套课后练习，实现“学练结合、实战促学”的教学目标。

本书具有以下特色：

（1）知识体系系统全面。构建完整UI动效设计知识体系，从基础概念、属性和类型讲起，逐步深入到设计流程和色彩搭配，还介绍了行业主流的设计工具。帮助读者全面掌握UI动效设计所需知识与技能，建立完整知识架构，为实际应用打下基础。

（2）多软件协同体系。整合Photoshop、Illustrator、After Effects的核心功能，构建“视觉设计 - 矢量绘图 - 动效制作”的跨软件工作流。

（3）行业真实场景还原。案例紧扣实际需求，如模块4的空状态插画、模块6的APP界面切换动效、模块7的信息回复动效等，均模拟真实产品交互场景，提升实用性。

本书由山东科技职业学院姜辉和潍坊学院徐滋程担任主编，由于编者水平有限，书中难免存在不当之处，恳请广大读者批评指正。

编　者

2025年6月

模块1 UI动效设计基础

1.1 认识UI动效 …… 2

1.1.1 什么是UI动效 …… 2

1.1.2 动效设计的重要性 …… 2

1.1.3 动效设计的常用技巧 …… 4

1.2 UI动效的属性 …… 5

1.2.1 时间 …… 6

1.2.2 缓动与速度 …… 6

1.2.3 视觉 …… 7

1.2.4 交互 …… 9

1.2.5 过渡效果 …… 10

1.3 UI动效的类型 …… 12

1.3.1 按功能分类 …… 12

1.3.2 按运动方式分类 …… 13

1.3.3 按触发方式分类 …… 15

1.3.4 按持续时间分类 …… 15

1.4 UI动效的设计流程 …… 17

1.4.1 需求分析 …… 18

1.4.2 设计策划 …… 18

1.4.3 动效制作 …… 18

1.4.4 评审与优化 …… 18

1.4.5 实施与上线 …… 19

1.4.6 后期评估与迭代 …… 19

1.5 常用的动效设计软件 …… 19

课后练习：**动效类型的认知与实践** …… 22

模块2 移动UI的色彩搭配

2.1 色彩的基础理论……24
2.1.1 色彩的属性……24
2.1.2 色彩的类别……25
2.2 色彩搭配的原则……26
2.2.1 单色搭配……26
2.2.2 互补色搭配……27
2.2.3 对比色搭配……28
2.2.4 相邻色搭配……28
2.2.5 类似色搭配……29
2.2.6 分裂互补色搭配……29
2.2.7 三角形搭配……30
2.2.8 正方形搭配……30
2.3 UI动效中的色彩变化……31
2.3.1 状态反馈……31
2.3.2 过渡效果……32
2.3.3 强调重点……32
2.3.4 数据可视化……33
2.3.5 加载指示……34
2.3.6 交互反馈……34
2.4 常用的色彩搭配工具……35
课后练习：APP界面色彩分析……38

模块3 Photoshop艺术创作详解

3.1 认识Photoshop……40
3.1.1 Photoshop工作界面……40
3.1.2 辅助工具的使用……42
3.1.3 文档的管理和编辑……45
3.2 基础工具的应用……47
3.2.1 选择工具组……47
3.2.2 裁剪工具组和切片工具……51
3.2.3 绘图工具组……54
3.2.4 修饰工具组……59
3.2.5 形状工具组……64
3.3 路径的创建与应用……66
3.3.1 创建路径……67

3.3.2 路径运算……68

3.4 文字的处理与应用……69

3.4.1 创建文本……69

3.4.2 设置文本属性……71

3.4.3 栅格化文字……71

3.4.4 文字变形……72

3.5 图层的应用……72

3.5.1 认识图层……72

3.5.2 管理图层……73

3.5.3 图层样式……75

3.6 通道和蒙版……77

3.6.1 通道的类型……77

3.6.2 通道的基础操作……78

3.6.3 蒙版的类型……79

3.7 图像色彩的调整……81

3.7.1 曲线……82

3.7.2 色阶……82

3.7.3 色相/饱和度……83

3.7.4 色彩平衡……84

3.7.5 去色……84

3.8 滤镜……85

3.8.1 智能滤镜……85

3.8.2 独立滤镜组……86

3.8.3 特效滤镜组……88

案例实操：**制作缓冲中动画效果**……92

课后练习：**“红色记忆·初心传承”动态UI图标设计**……97

模块4 Illustrator矢量绘图详解

4.1 认识Illustrator……99

4.1.1 Illustrator工作界面……99

4.1.2 文档的基本操作……101

4.1.3 对象显示状态的调整……104

4.2 路径的绘制与编辑……106

4.2.1 绘制线段和网格……106

4.2.2 绘制路径……107

4.2.3 绘制几何形状 109
4.2.4 编辑路径与形状 111
4.3 图形的填充与描边 112
4.3.1 吸管工具 112
4.3.2 图形填充 113
4.3.3 图形描边 117
4.4 文本的创建与编辑 118
4.4.1 创建文本 118
4.4.2 编辑文本 118
4.5 特效与样式 121
4.5.1 特效详解 121
4.5.2 外观属性 122
4.5.3 图形样式 124
4.6 高级应用技巧 125
4.6.1 混合对象 125
4.6.2 剪贴蒙版 126
4.6.3 图像描摹 126
4.6.4 封套扭曲 127
案例实操：**制作空状态插画** 129
课后练习：**“活字生光”动态UI图标设计** 135

模块5 After Effects基础知识详解

5.1 认识After Effects 137
5.1.1 After Effects工作界面 137
5.1.2 After Effects基本操作 138
5.2 素材的导入与管理 142
5.2.1 导入素材 142
5.2.2 管理素材 144
5.3 常用视频效果 147
5.3.1 视频效果的应用 147
5.3.2 扭曲效果 148
5.3.3 模拟效果 149
5.3.4 模糊和锐化效果 150
5.3.5 生成效果 151
5.3.6 透视效果 152

5.3.7 风格化效果……153
5.3.8 颜色校正效果……154
案例实操：清理加速界面动效……157
课后练习："星火燎原"加载动效制作……177

模块6 图层与关键帧动效

6.1 图层的基本操作……179
6.1.1 认识图层……179
6.1.2 创建图层……180
6.1.3 图层的基本属性……181
6.2 图层的编辑与管理……183
6.2.1 图层的编辑……184
6.2.2 图层样式……188
6.2.3 图层的混合模式……189
6.3 关键帧动画……199
6.3.1 激活关键帧……199
6.3.2 编辑关键帧……199
6.3.3 关键帧插值……201
6.3.4 图表编辑器……201
案例实操：家居美学APP界面切换动效……202
课后练习："彩旗飞扬颂华章"音乐动效制作……218

模块7 文本动效

7.1 文本的创建与编辑……220
7.1.1 创建文本……220
7.1.2 编辑文本……221
7.2 文本动效的制作……224
7.2.1 文本图层属性……224
7.2.2 动画制作器……226
7.2.3 文本选择器……228
7.2.4 文本动画预设……230
案例实操：信息回复动效……232
课后练习："知行学堂"APP引导页文本动效制作……246

模块8 蒙版与图形动效

8.1 蒙版的创建……248
8.1.1 认识蒙版……248
8.1.2 蒙版动效原理……248
8.1.3 创建常规形状蒙版……249
8.1.4 创建自由形状蒙版……253
8.1.5 从文本创建形状和蒙版……255
8.2 蒙版动效……256
8.2.1 蒙版路径动效……256
8.2.2 蒙版羽化动效……258
8.2.3 蒙版不透明度动效……260
8.2.4 蒙版扩展动效……261
8.3 蒙版混合模式……261
案例实操：登录界面动效……264
课后练习：国家博物馆APP启动页图形动效制作……277
参考文献……278

模块1 UI动效设计基础

内容概要

UI动效设计是提升用户体验的重要组成部分。通过合理的动效设计，不仅可以使界面更加生动和易于使用，还能有效地引导用户的视线，突出重要信息和操作，使得用户在使用过程中能够自然地注意到设计师希望他们关注的内容。熟悉动效的基础知识并掌握相关设计技巧，可以帮助设计师创建出更具吸引力和功能更强的用户界面。

学习目标

【知识目标】

- 了解UI动效的概念、重要性及其设计流程。
- 掌握动效设计的常用技巧以及构成动效属性的各元素。
- 熟知UI动效的不同类型。

【能力目标】

- 能结合时间、缓动、视觉等属性，初步构思符合交互逻辑的动效方案。
- 具备初步评审动效设计方案的能力，能提出优化建议。

【素质目标】

- 通过学习动效常用技巧，逐步提升设计的效率。

1.1 认识UI动效

在UI设计中，UI动效是不可或缺的一部分，它为用户提供了更加丰富、直观的交互体验。动效不仅能增强界面的美感，还能有效地引导用户操作、传达信息和提升整体的可用性。

■1.1.1 什么是UI动效

UI动效即用户界面动效，是指在用户与应用程序或网站交互时，通过动画、过渡效果和颜色变化等形式，为用户的操作提供即时反馈的视觉表现，如图1-1所示。这些动效不限于简单的元素移动或缩放，还包括更复杂的交互行为，如滑动、旋转和淡入淡出等。

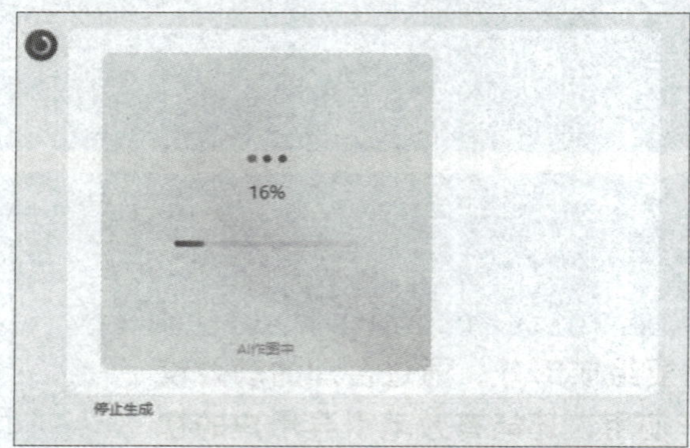

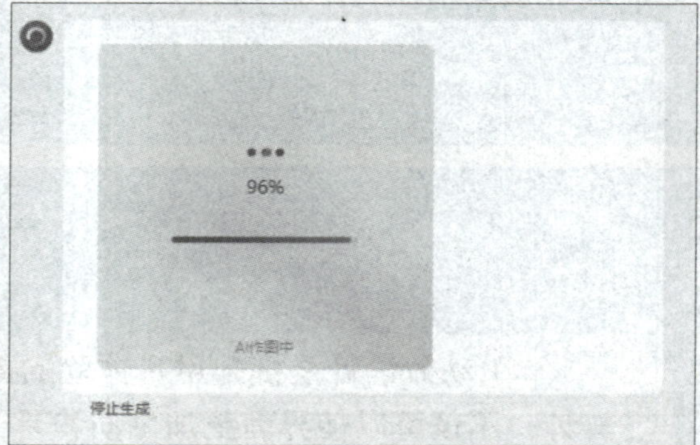

图 1-1 UI 反馈动效

知识点拨

“加载动效”和“加载动画”这两个术语在很多情况下可以互换使用，但在某些语境下则会有细微的区别：

- **加载动画：**是指在加载过程中展示的动态视觉元素，如旋转的图标、进度条、波浪效果等。强调的是视觉表现，通常指具体的动画效果。
- **加载动效：**这是一个更广泛的概念，除了包括加载动画，还可能涵盖在加载过程中对用户界面的其他动态变化（如淡入淡出、缩放等）。强调的是动效在用户体验中的作用，包括情感反馈和交互感。

■1.1.2 动效设计的重要性

动效设计在UI设计中扮演着重要的角色。它不仅可以提升用户体验，还能增强界面的吸引力，优化信息的传达，并有助于构建品牌的特色。

1. 提升用户体验

动效设计通过流畅自然的动画效果，引导用户的视线，使界面操作更加直观易懂。例如，点击按钮后的反馈动画能即时告知用户操作已被响应，从而提升用户的操作信心和满意度，如图1-2所示。合理的动效设计可以降低用户在界面间的跳转感，使操作流程更加连贯，提升整体使用体验，例如加载动效的应用。

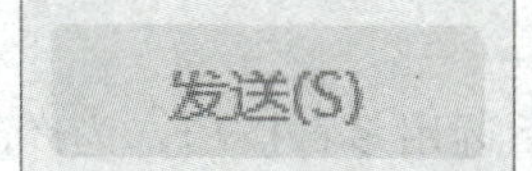

图 1-2　点击按钮前后的效果

2. 增强界面吸引力

动效设计能够赋予界面生命力和动感，使静态的界面元素变得生动有趣。通过色彩、形状、大小等视觉元素的动态变化，动效设计能够创造出丰富多样的视觉效果，满足用户的审美需求。

3. 优化信息传达

动效设计在信息传递方面具有独特优势。通过动画演示，可以更加直观、生动地展示信息的层次结构和逻辑关系，帮助用户更好地理解和记忆内容。特别是在数据可视化中，动态展示数据的变化趋势和分布情况，能使数据更加直观易懂，如图1-3所示。

图 1-3　数据可视化效果

4. 构建品牌特色

动效设计是构建品牌特色的重要手段之一。通过独特的动画效果和视觉风格，可以塑造出与众不同的品牌形象和气质，增强品牌的辨识度。在品牌传播过程中，动效设计营造出独特的品牌氛围和情感体验，使品牌更加深入人心。

■1.1.3　动效设计的常用技巧

为了实现有效的动效设计，设计师可以灵活运用多种技巧，为产品界面增添活力与魅力，从而提升用户体验和产品价值。以下是动效设计的常用技巧。

1. 自然过渡

自然过渡是指在界面元素状态变化时，使用流畅的动画效果，如滑动或淡入淡出，可以平滑过渡界面状态，避免突兀的跳转感。

2. 简洁明了

动效设计应保持简洁，复杂的动画易分散用户的注意力。简单的缩放、颜色变化等动画效果足以传达操作反馈，帮助用户快速理解界面功能，如图1-4所示。保持动效的精练，有助于提升信息传达的效率。

图 1-4　开关控件的颜色变换

3. 一致性

整个应用中，动画效果应在风格、速度和反馈方式上保持一致，使用户在不同界面间切换时不会感到不便和不适。例如，所有按钮的点击反馈应采用统一的动画风格和时长，增强用户对界面的可预测性。

4. 引导用户

动效可以有效地引导用户的注意力，帮助他们理解界面的结构和操作。使用动效还可以引导用户完成特定操作，如通过箭头或高亮效果指示下一步操作。在用户首次使用某应用时，可通过动画逐步展示功能，帮助用户了解操作流程，如图1-5所示。

5. 反馈及时

反馈动画能够为用户提供即时的操作反馈，增强操作的确认感。例如，当用户点击按钮时，按钮可以快速改变颜色或进行缩放，以表明操作已被接受。这种及时反馈能够提高用户的满意度，减少不确定感。

6. 强化视觉层次

通过动效来增强视觉层次感，使界面看起来更具深度和层次。运用阴影、浮动效果或缩放动画等手法，可以清晰地展现界面元素之间的关系和优先级。这种视觉层次感的提升有助于用户更好地理解界面的层次。

7. 跨平台适配

根据不同设备和使用场景调整动效设计。移动设备上的动画应简洁明快，以适应触控操作；桌面设备上则可以运用更复杂的动画效果，但仍需保持操作的流畅和自然，如图1-6所示。同时，还需考虑不同平台的特性和用户习惯，以确保动效设计的有效性和适应性。

图 1-5　引导动画

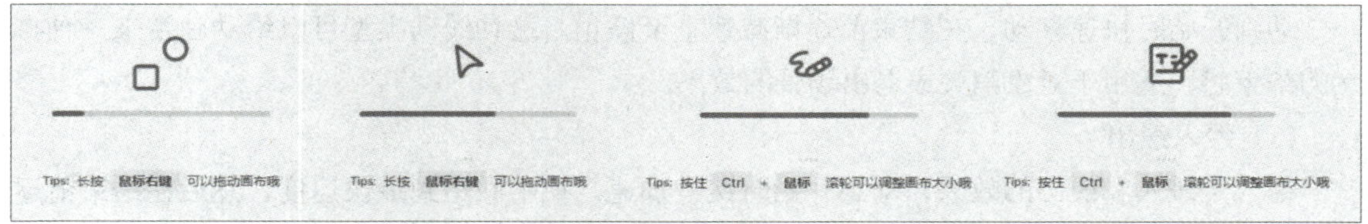

图 1-6　桌面设备加载动效

1.2　UI动效的属性

UI动效的属性是一个多方面的综合概念，用以描述和控制动效的表现形式和效果。下面介绍UI动效中的主要属性。

■1.2.1 时间

UI动效的时间属性是指动效持续的时间长度和与时间相关的其他因素，这一属性在用户体验设计中至关重要。下面是关于UI动效时间属性的详细分析。

- **持续时间：**动效从开始到结束所需的时间长度，通常以毫秒（ms）为单位。
- **延迟：**动效开始前的等待时间。
- **节奏：**动效之间的时间间隔和流畅性。
- **时间曲线：**描述动效在时间上的变化方式，包括加速和减速的过程。
- **时间的上下文：**根据用户的操作和界面状态调整动效的时间。
- **时间一致性：**在整个应用中保持动效时间的一致性。

知识点拨

1 s=1000 ms。在帧率（FPS）60帧的环境下，1帧=16.67 ms。

■1.2.2 缓动与速度

在UI设计中，动效的缓动和速度属性是影响用户体验的重要因素。这两个属性决定了动效的表现方式和用户对界面交互的感知。

1. 缓动

缓动是指在动效过程中，元素的运动速度变化的方式。它描述了动画在时间轴上的加速和减速过程。常见的缓动类型包括缓入、缓出、缓入缓出、线性、弹性和反弹。

（1）缓入

动画开始时缓慢加速，达到最大速度后保持匀速直到结束。这种缓动类型可以让动画有一个柔和的开始，适合用于对象出现或进入场景的效果。

（2）缓出

动画开始时快速移动，在结束前逐渐减速直至停止。这种缓动类型可以给动画带来一种自然的结束感，适用于对象消失或退出场景的效果。

（3）缓入缓出

结合了缓入和缓出的效果，动画开始时缓慢加速，在中间达到最快速度，然后在结束前逐渐减速。这种缓动类型适用于循环动画或需要平滑过渡的效果，如图1-7所示。

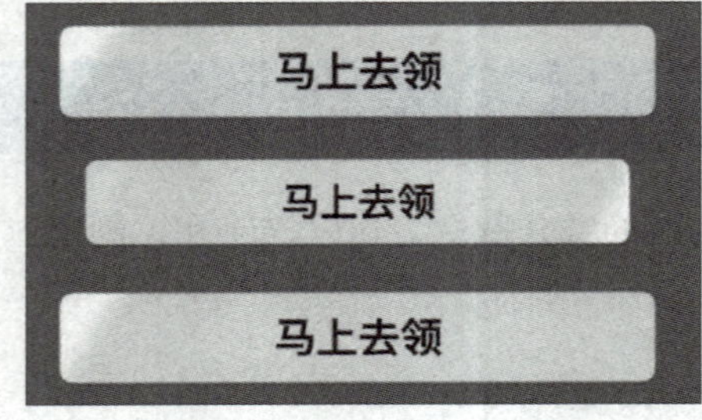

图 1-7　缓入缓出

（4）线性

在整个动画过程中，速度保持恒定不变。这种缓动类型适用于简单的动画效果，如直线移动。

（5）弹性

这种缓动效果模仿了弹簧效应，在接近目标位置时会出现弹性效果，像弹簧一样来回振荡。这种缓动类型适用于强调动画效果，如按钮点击反馈。

（6）反弹

模拟一个下落物体撞击地面并反复弹起的过程。动画会在结束前表现出反弹的效果。这种缓动类型适用于强调完成的动画，如完成任务的提示。

2. 速度

速度属性直接关系到动效的持续时间和速度快慢，它决定了动效的完成时间和节奏。不同类型的动效（如过渡、加载、反馈等）可能需要不同的速度。

（1）过渡动画

应平滑且迅速，帮助用户无缝切换界面状态，提升流畅感。

（2）加载动画

通常设计得较为快速且循环播放，以减轻用户等待的焦虑感，如图1-8所示。

图 1-8 加载动画

（3）反馈动画

反应时间应适度延长，确保用户感知到操作已被系统接收并处理，如点击按钮。

（4）引导动画

用于引导新用户或教学场景，速度应适中，确保用户有足够的时间理解和吸收信息。

■1.2.3 视觉

UI动效的视觉属性是影响用户体验和界面交互的重要因素，直接影响用户对界面的理解和感知。下面介绍视觉属性及其在UI动效中的应用。

（1）透明度

透明度是指元素的可见程度，从完全透明到完全不透明的范围。用于实现淡入淡出效果，增强视觉层次感和动态感。

（2）颜色

通过颜色的变化来传达信息、强调重点或引导用户视线。常用于反馈按钮的状态，以及强调元素的变化等，如图1-9和图1-10所示。

图 1-9　默认状态　　　　图 1-10　激活状态

（3）尺寸

尺寸变化是指元素的大小变化。常用于放大、缩小效果的表现和动态按钮等。

（4）位置

位置变化是指元素在界面上的移动，通过平移、滑动等方式实现元素的动态移动。常用于导航菜单和内容展示等，如图1-11所示。

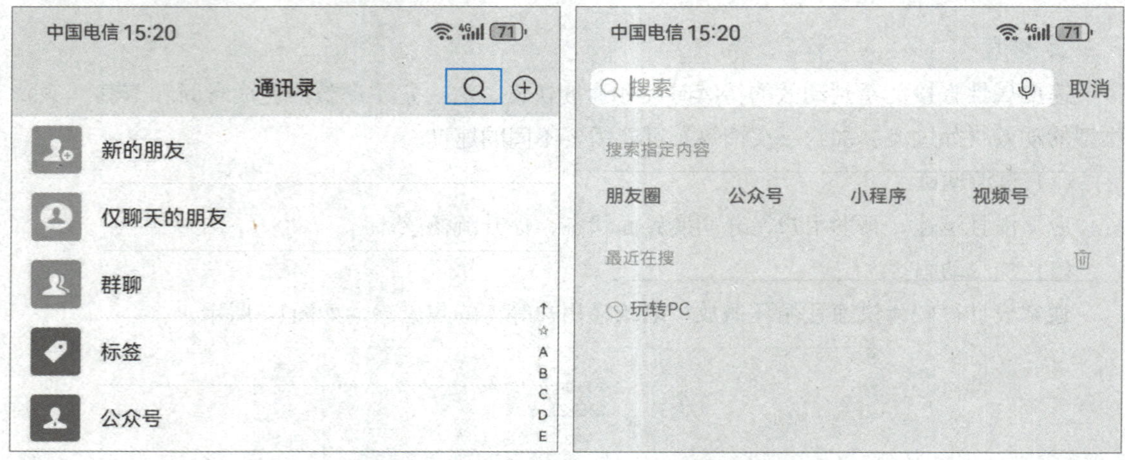

图 1-11　点击搜索按钮前后位置的变换

（5）形状

元素的几何形状可以是矩形、圆形、三角形等，通过形状的变化，设计师可以创造出各种有趣的动画效果，如变形、旋转等，常用于加载动画，如图1-12所示。

图 1-12　加载动画的形状变化

（6）层次

元素在视觉上的前后关系或深度感。通过阴影、模糊、透明度等视觉属性来营造元素的层次感，使界面更加立体、丰富。

■1.2.4 交互

UI动效的交互属性主要指的是用于增强用户与界面之间互动体验的动态效果，以帮助用户更好地理解操作反馈和界面状态。以下是UI动效交互属性的5个关键点。

（1）操作反馈

动效可以即时反馈用户的操作，可以通过视觉、听觉或触觉等方式呈现。例如，点击按钮时的颜色变化或动画效果。

（2）引导用户注意力

动效设计可以引导用户的视线和注意力，使用户更容易发现和使用界面中的重要功能和信息。例如，通过使用高亮、缩放或移动动画等方式。

（3）逻辑连贯性

动效应遵循一定的逻辑和规则，确保界面元素的运动和变化与用户操作意图一致，从而增强界面的整体连贯性和可预测性。例如，元素的出现、消失和变换，如图1-13所示。

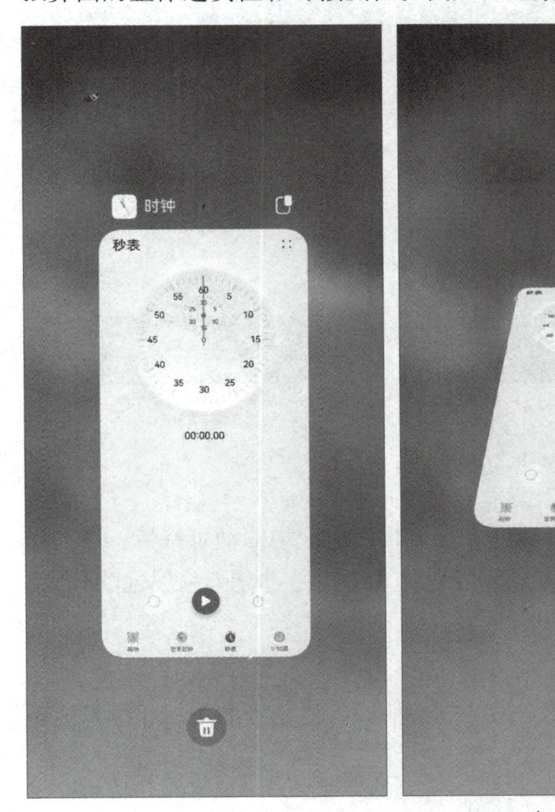

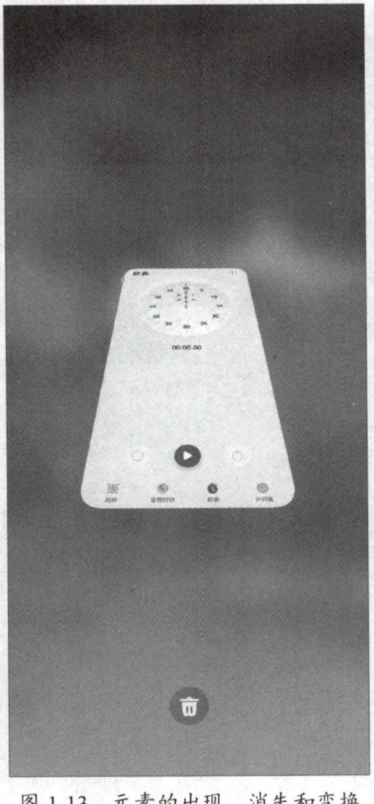
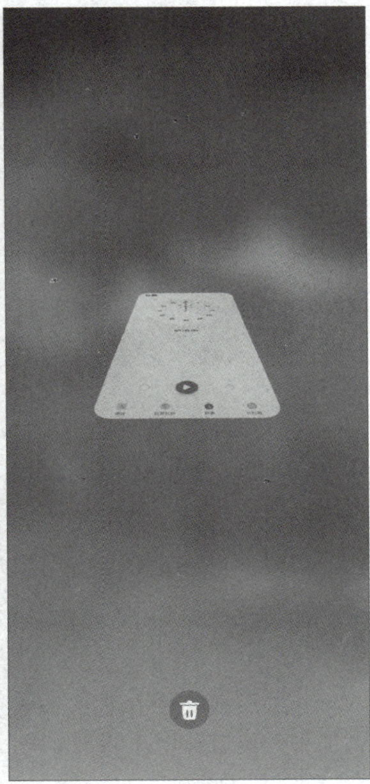

图 1-13　元素的出现、消失和变换

（4）流畅性

流畅的动效能够提升用户体验，使界面看起来更为自然和优雅。平滑的过渡效果，如淡入淡出、滑动等，可减少用户的认知负担，使界面变化更加自然。

（5）克制有度

动效的添加需要适度，不宜过多和过杂，以免分散用户的注意力或增加系统的负担，只在必要时添加动效，如用户操作反馈、引导用户注意力等场景，如图1-14所示。

图 1-14　引导动画

■1.2.5　过渡效果

UI动效的过渡效果属性是指在用户界面中，元素在状态变化时所应用的动画特性。这些属性使得界面更加友好，帮助用户更好地理解和适应界面的变化。以下是过渡效果属性的4个关键点。

（1）平滑性

过渡效果应注重渐变，避免突兀的切换。使用合适的动画曲线，使动画的加速和减速过程更加平滑，提升用户的视觉体验。

（2）一致性

过渡效果的速度、方向等应在整个界面中保持一致，以维护界面的整体性和用户认知的一致性。此外，还应该遵循用户的操作逻辑和界面元素的层级关系。

（3）易读性

过渡效果的设计应确保用户能够清晰地理解界面的变化。

（4）反馈机制

过渡效果应提供明确的反馈机制，让用户能够即时感知操作结果。例如，在点击按钮后，通过过渡效果强调按钮的状态变化，以及相关界面元素的变化，如图1-15所示。

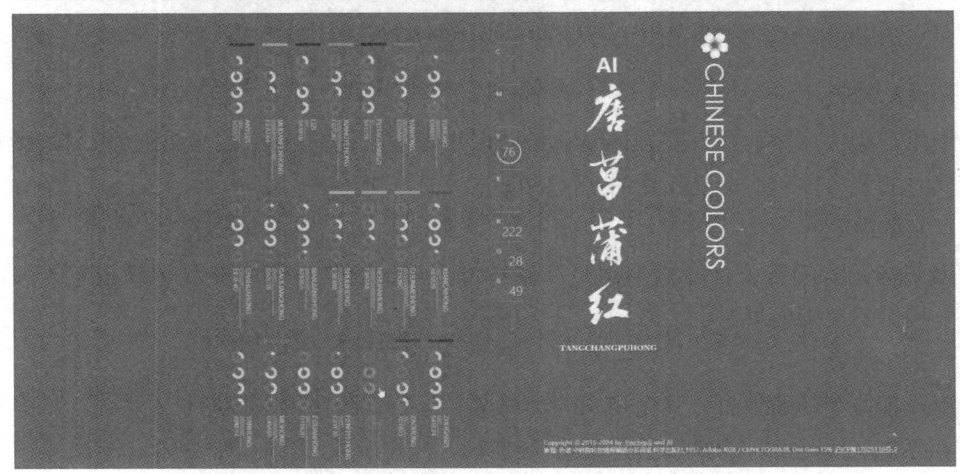

图 1-15　界面的过渡效果

1.3 UI动效的类型

UI动效在提升用户体验、增强视觉吸引力和引导用户交互方面扮演着重要角色。根据不同的标准，UI动效可以分为以下几类。

1.3.1 按功能分类

UI动效按功能主要可以分为以下几种类型。

（1）导航动效

用于页面或视图之间的过渡，帮助用户理解界面结构，提升页面切换的流畅性，如滑动切换、淡入淡出等。

（2）加载动效

在数据或内容加载过程中显示动画，缓解用户等待的焦虑感，如进度条、旋转加载器等，如图1-16所示。

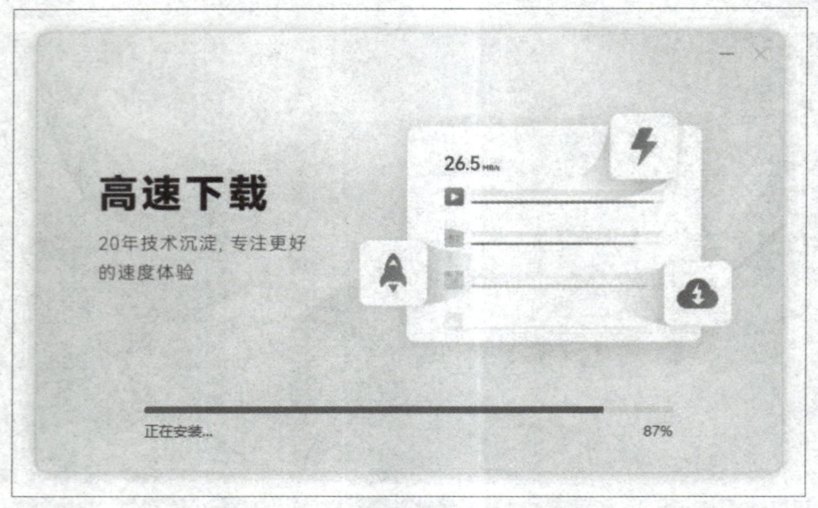

图 1-16 加载进度条

（3）提示动效

给予用户操作反馈，提升交互体验，帮助用户理解系统的响应，如点击按钮时的微动效、输入错误时的警告提示、成功操作的确认动画等。

（4）强调动效

突出某些元素的重要性，引导用户注意特定内容或操作，如高亮显示新消息、闪烁的通知、重要按钮的放大效果等。

（5）交互动效

与用户直接互动的效果，强化用户的参与感和体验，如按钮的按压状态变化、拖动滑块时的反馈、展开下拉菜单时的动画等，如图1-17所示。

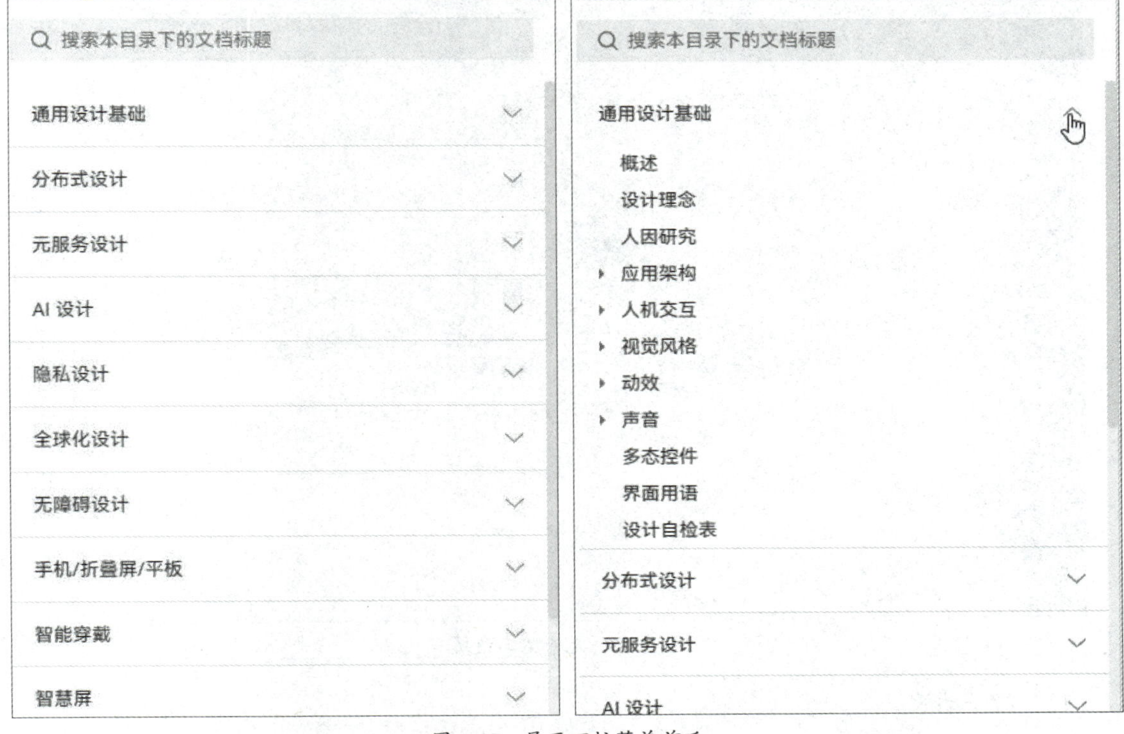

图 1-17　展开下拉菜单前后

1.3.2　按运动方式分类

UI动效按运动方式主要可以分为以下几种类型。

（1）变形动效

改变对象的形状或大小，创造独特的视觉效果，如弹性变形、扭曲效果、图标的形状变化等，如图1-18所示。

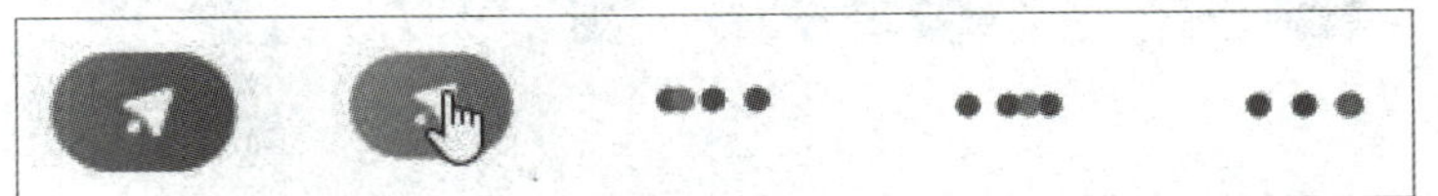

图 1-18　按钮在默认、点击以及加载时的效果

（2）旋转动效

元素围绕其中心点或某个轴进行旋转，如旋转按钮、翻转卡片等。

（3）渐变动效

关于透明度、颜色或其他属性的渐变，使动画过渡能够更加自然和平滑，如淡入淡出效果、背景颜色渐变等。

（4）位移动效

元素在屏幕上的位置发生变化，如菜单滑动位移、弹出框从屏幕边缘滑入等，如图1-19所示。

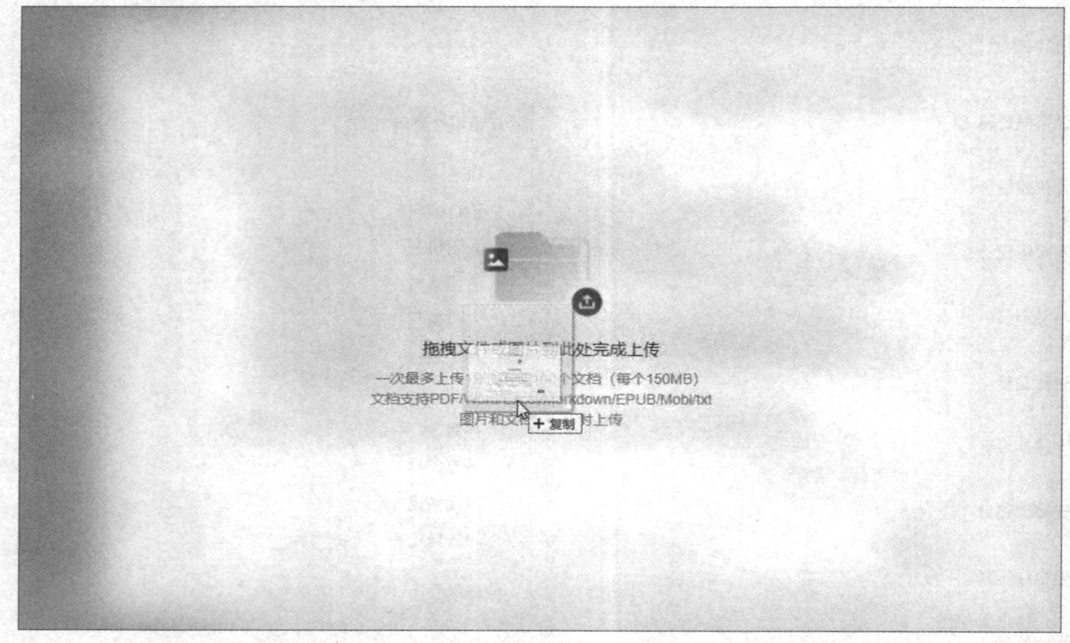

图 1-19　元素拖动效果

（5）粒子动效

由大量小元素组成的复杂动画，模拟自然现象或创造独特的视觉效果，如火花、烟雾、水滴等粒子效果。

（6）组合特效

将多种运动方式结合在一起，形成复杂的动画效果，如一个元素在移动的同时进行旋转和缩放，或多个元素同时进行不同的运动，如图1-20所示。

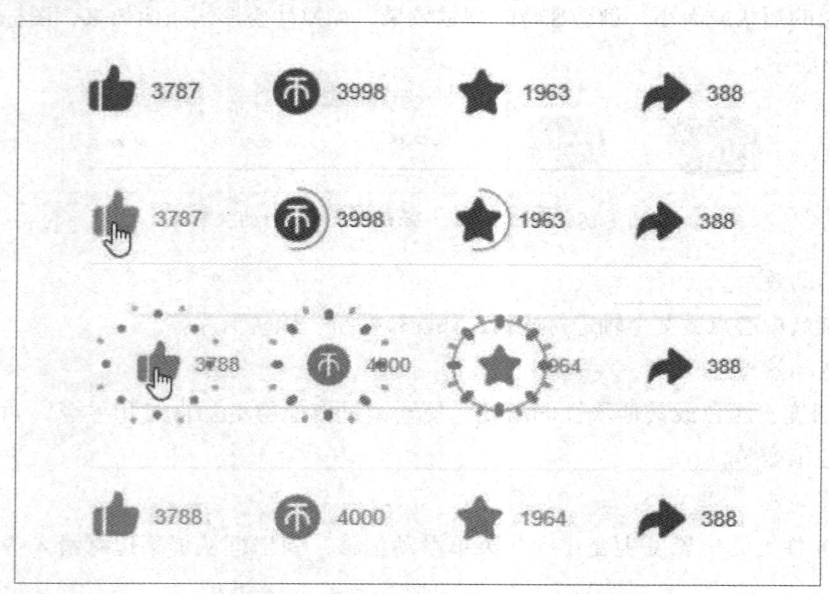

图 1-20　按钮的“一键三连”效果

■1.3.3 按触发方式分类

UI动效按触发方式主要可以分为以下几种类型。

（1）用户触发动效

由用户的直接操作引发的动效，通常包括点击、滑动、拖动等交互方式。例如，点击按钮、拖动元素等。

（2）事件触发动效

由特定事件触发的动效，通常与系统状态变化或用户操作的结果相关。例如，加载动画、通知弹出等。

（3）条件触发动效

基于特定条件或状态变化自动触发的动效，通常用于引导用户或增强视觉效果。例如，在特定时间后自动显示的提示信息或动画。

■1.3.4 按持续时间分类

UI动效按持续时间主要可以分为以下几种类型。

（1）瞬时动效

动效持续时间非常短，通常在100 ms以内，旨在提供快速反馈而不打断用户的操作流程。例如，按钮点击反馈、图标状态变化等，如图1-21所示。

图 1-21　点击“搜索按钮”

（2）短暂动效

持续时间较短，通常在100～500 ms之间，用于增强用户体验，提供适度的视觉反馈。例如，加载提示、展开菜单等。

（3）中等动效

持续时间适中，通常在0.5～1 s之间，常用于强调某个状态变化或引导用户注意。例如，切换页面、弹出通知等，如图1-22所示。

（4）持续动效

动效持续时间较长，通常超过1 s，适用于需要用户注意或引导的场景。例如，图片轮播、加载动画等，如图1-23所示。

（5）延迟动效

在触发后有一定的延迟再开始动效，通常用于创造悬念或引导用户注意。例如，提示特效、滚动特效等。

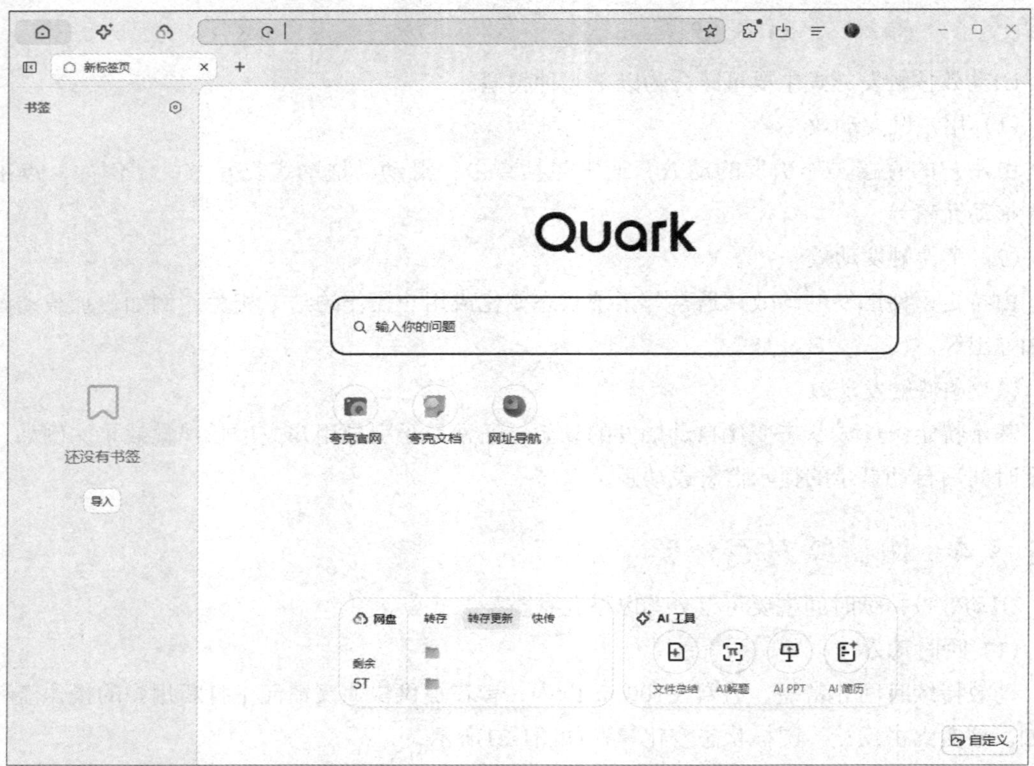

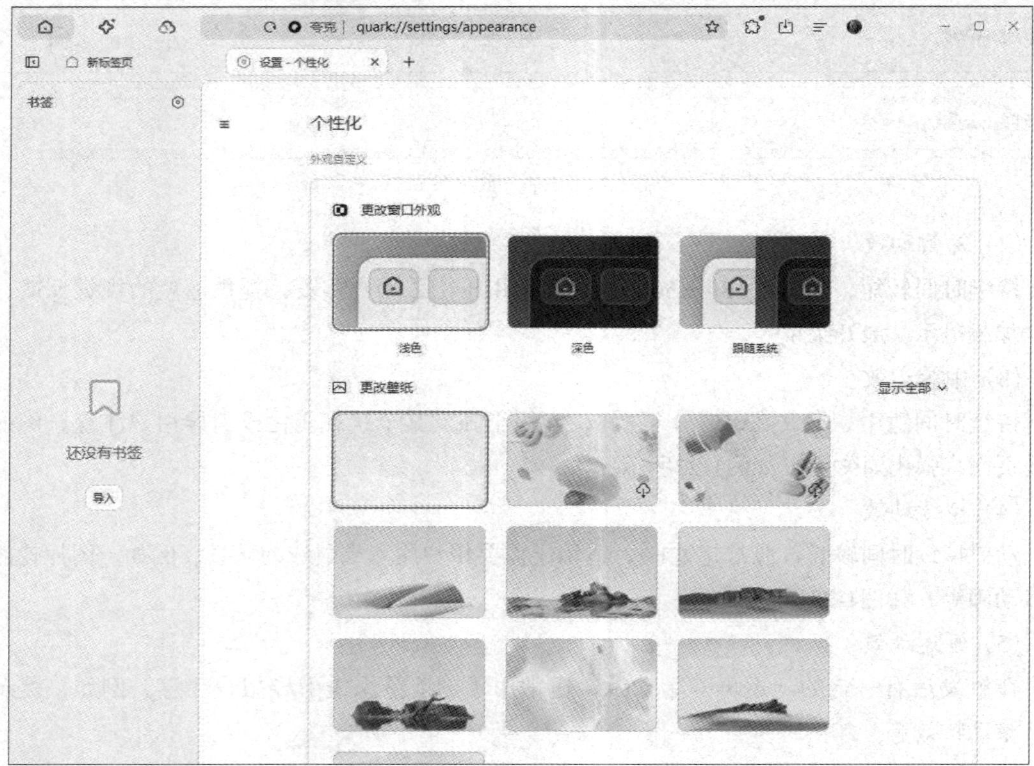

图 1-22　页面切换前后效果

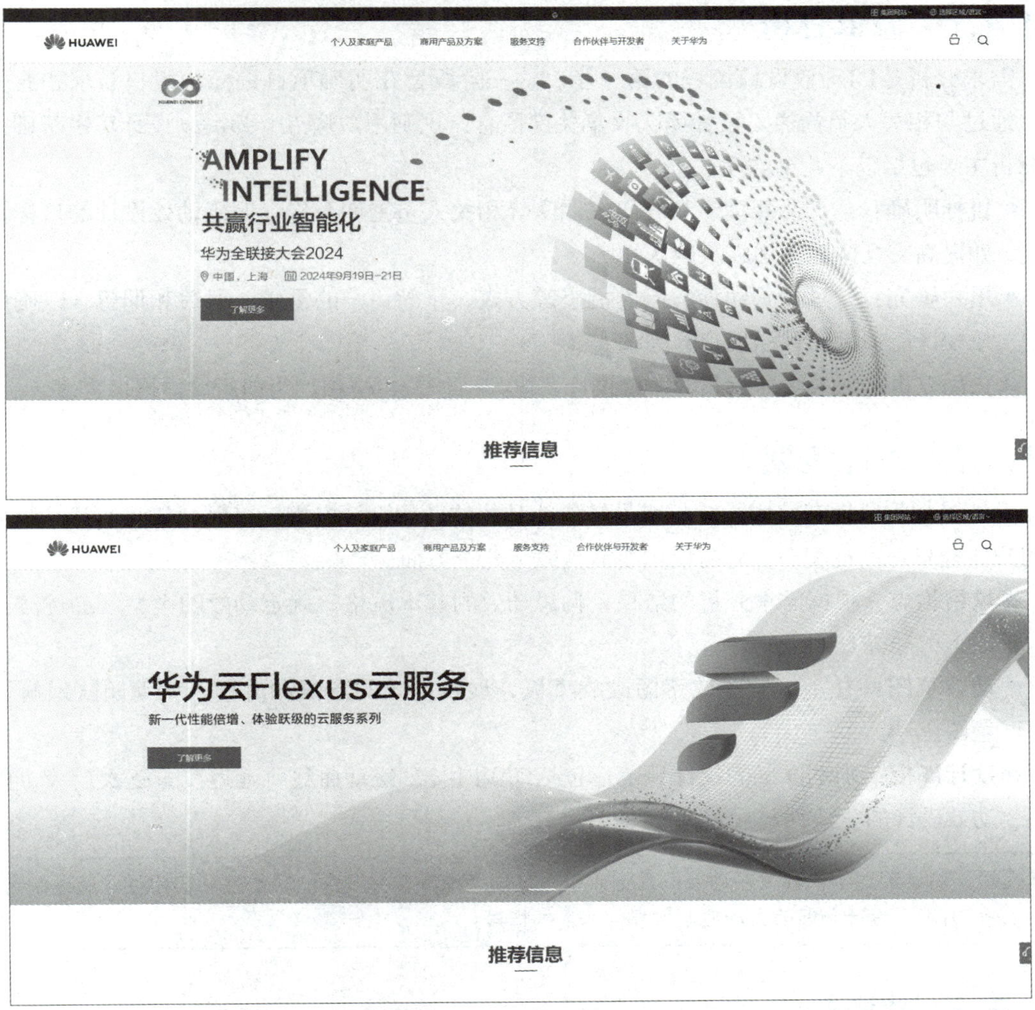

图 1-23 图片轮播效果

1.4 UI动效的设计流程

UI动效的设计流程是一个系统化的过程，旨在确保动效设计的有效性和一致性。图1-24所示是一个典型的UI动效设计流程图，涵盖了从概念到实现的各个阶段。

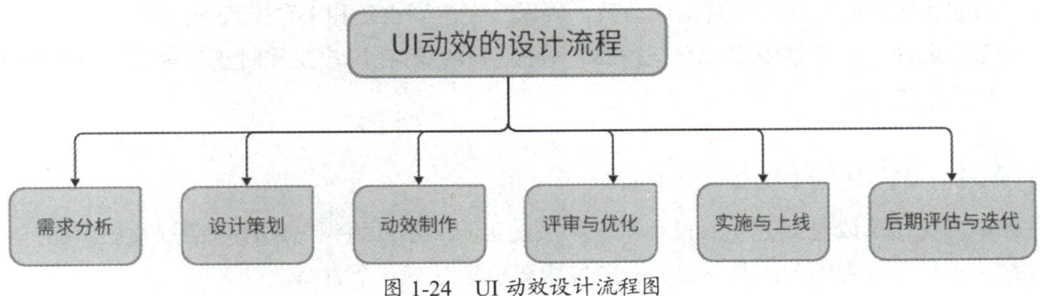

图 1-24 UI 动效设计流程图

■1.4.1 需求分析

需求分析是UI动效设计流程的第一步。这一阶段旨在明确项目目标、用户需求和业务背景。通过与相关人员沟通，设计团队收集关键信息，识别用户痛点，为后续设计奠定基础。需求分析主要包括以下几个方面。

- **目标明确：**与产品经理、用户研究团队等相关人员密切合作，明确动效设计的目标，例如提高交互体验、增强品牌认知等。
- **用户研究：**通过用户访谈、问卷调查等方式，了解用户的需求、习惯和期望，以确保动效设计能够满足目标用户的需求。
- **竞品分析：**深入研究竞品的动效设计，取其精华去其糟粕，为创新设计提供灵感。

■1.4.2 设计策划

设计策划阶段旨在将需求分析成果转化为具体的动效设计方案，确保动效与产品品牌形象及用户体验目标高度契合。此阶段主要涵盖以下几个方面。

- **风格构思：**根据需求分析的结果，构思动效的基本风格，确定动效的类型（如过渡、反馈、引导等）。
- **动效草图：**初步绘制动效草图或故事板，展示动效的逻辑和流程，帮助团队理解设计意图。
- **设计规范：**确定详尽的设计规范，包括动画时长、缓动曲线、延迟及重复次数等，确保动效设计的一致性与规范性。

> **提示：**设计策划不仅要关注动效的视觉效果，还要考虑其在交互中的功能性和实用性。通过制定详细的设计方案，设计师能够为动效制作提供清晰的指导。

■1.4.3 动效制作

动效制作是将设计策划转化为生动的视觉效果的关键环节。设计师需注重细节，确保动效流畅且符合规范，同时与开发团队紧密协作，解决实施过程中的潜在问题。动效制作具体包括以下几个方面。

- **高保真原型：**使用设计工具制作高保真的交互原型，包含动效设计，便于团队进行演示和测试。
- **动效实现：**使用动画工具制作动效，确保其在不同设备和平台上表现一致。
- **交互设计：**在原型中实现交互逻辑，确保动效能够在用户操作时正确触发，并与整体用户体验相协调。

■1.4.4 评审与优化

评审与优化阶段是提升动效设计质量的关键步骤。通过组织内部评审会议及用户测试，发现并解决设计中存在的问题与不足。此阶段主要包括以下几个方面。

- **内部评审：** 团队内部对动效设计进行全面的评审，收集、反馈信息并进行讨论，确保设计符合预期。
- **用户测试：** 邀请目标用户进行可用性测试，观察他们对动效的反应，收集反馈信息，了解动效是否有效地引导了用户。
- **迭代改进：** 根据评审和用户反馈，调整和优化动效设计，确保其符合用户的期望和使用习惯。

提示：评审团队应包括产品经理、开发人员、测试人员等相关人员，他们将从不同的角度对动效设计进行评估。

1.4.5 实施与上线

实施与上线阶段是将动效设计融入实际产品的过程。开发团队需将动效设计集成至产品中，并进行充分的技术测试，确保其在不同设备与环境下的稳定表现。上线前的细致检查与调整是保障用户体验流畅的关键。该阶段主要包括以下几个方面。

- **设计交付：** 向开发团队详尽交付动效设计文档与原型，确保双方对设计意图与规范有共同的理解。
- **协作开发：** 与开发团队紧密配合，确保动效在实际产品中得到准确实现，及时解决开发过程中可能出现的问题。
- **上线准备：** 进行最终的测试和调试，确保动效在各个设备和平台上都能正常运行。

1.4.6 后期评估与迭代

后期评估与迭代是确保动效设计持续有效的关键环节。设计团队需持续关注用户反馈与动效的实际表现，根据数据分析与用户反馈进行必要的调整与优化。该阶段主要包括以下几个方面。

- **数据分析：** 上线后，通过分析用户行为数据，评估动效的实际效果，了解其对用户体验的影响。
- **用户反馈：** 收集用户的反馈和建议，了解动效在实际使用中的表现。
- **持续优化：** 根据数据分析和用户反馈，将动效设计进行持续的迭代和优化，提升它的表现和用户满意度。

1.5 常用的动效设计软件

常用的动效设计软件包括After Effects、Premiere Pro、Photoshop、Illustrator、Pixso等，通常用来创建动态图形、过渡效果、动画等，这些工具可以用来增添界面的互动性和视觉吸引力。

1. After Effects

After Effects是一款专业的动画和视频后期制作软件，它提供了丰富的工具和功能，允许用户创建复杂的视觉效果、动画和动态图形。After Effects的图标如图1-25所示。其主要功能如下所述。

图 1-25　After Effects 的图标

- **动画和动态图形：** 用户可以通过设置关键帧来控制图层的属性变化，如位置、缩放、旋转和不透明度等。
- **视觉特效：** 内置了大量特效，如模糊、扭曲、颜色校正等，用户可以对视频素材进行丰富的处理。

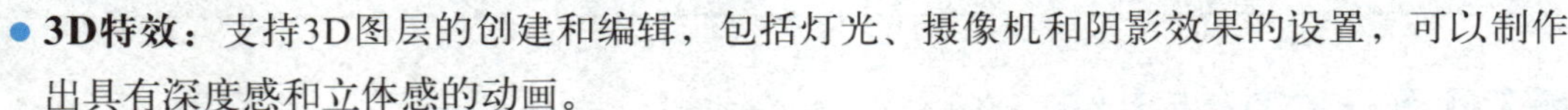

- **3D特效：** 支持3D图层的创建和编辑，包括灯光、摄像机和阴影效果的设置，可以制作出具有深度感和立体感的动画。

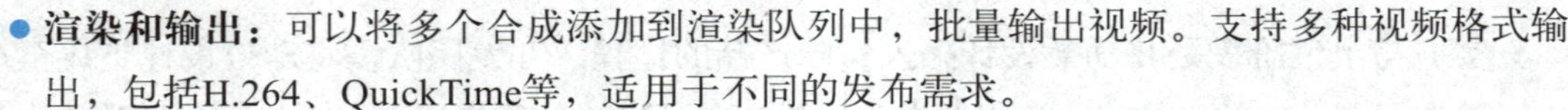

- **渲染和输出：** 可以将多个合成添加到渲染队列中，批量输出视频。支持多种视频格式输出，包括H.264、QuickTime等，适用于不同的发布需求。

2. Premiere Pro

Premiere Pro是一款功能强大的专业视频编辑软件，以其简单易学的操作界面、丰富的功能和强大的稳定性，赢得了全球范围内众多用户的青睐。Premiere Pro的图标如图1-26所示。其主要功能如下所述。

图 1-26　Premiere Pro 的图标

- **多轨道编辑：** 支持多轨道视频和音频编辑，用户可以同时处理多个视频和音频轨道，可进行复杂的剪辑和混音。
- **视频效果和转场：** 提供多种内置视频效果和转场效果，可以轻松添加和调整效果，以增强视频的视觉吸引力。
- **图像与视频效果：** 提供了丰富的内置视频效果和图形动画，可以轻松为视频添加各种动态效果，如缩放、旋转、颜色校正等。
- **音频编辑与混音：** 提供全面的音频编辑功能，包括音频效果、音量调整和多轨道混音，可以轻松处理背景音乐、对话和音效，确保音质清晰且富有层次感。

3. Photoshop

Photoshop是一款专业的图像处理软件，具有强大的图像处理和编辑功能。尽管它主要用于静态图像处理，但在动效设计中也扮演着重要角色，尤其是在图像合成和特效制作方面。Photoshop的图标如图1-27所示。其主要功能如下所述。

图 1-27　Photoshop 的图标

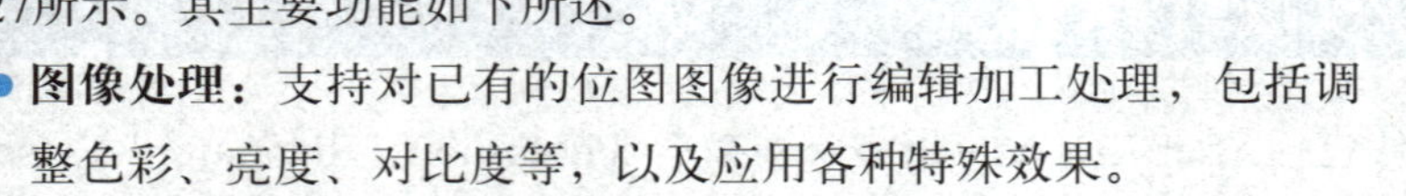

- **图像处理：** 支持对已有的位图图像进行编辑加工处理，包括调整色彩、亮度、对比度等，以及应用各种特殊效果。
- **图像合成：** 利用图层和蒙版等功能，将多个图像元素合成在一起，创造出新的视觉效果。
- **特效制作：** 提供丰富的滤镜和特效工具，用于制作各种图像特效，如模糊、锐化、噪点、扭曲等。

- **修复与修饰：** 具有强大的图像修复功能，可用于修复老照片、去除瑕疵等；同时提供丰富的修饰工具，用于美化图像。

4. Illustrator

Illustrator是一款专业的矢量绘图软件。绘制时能确保图形在缩放时不会失真，这在动效设计中的图形元素创作方面具有显著优势。Illustrator的图标如图1-28所示。其主要功能如下所述。

图 1-28　Illustrator 的图标

- **矢量图形绘制：** 提供丰富的形状工具和绘图工具，用于绘制各种矢量图形，如线条、曲线、矩形、椭圆等。
- **文字处理：** 支持创建和编辑文本，提供多种字体和排版选项，使文字与图形完美融合。

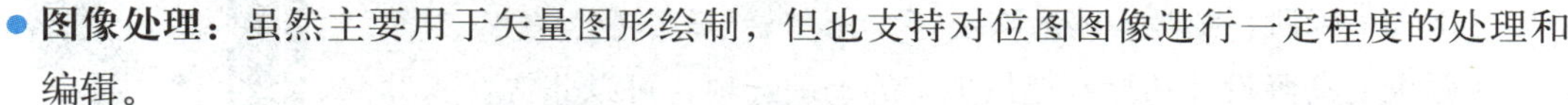

- **图像处理：** 虽然主要用于矢量图形绘制，但也支持对位图图像进行一定程度的处理和编辑。

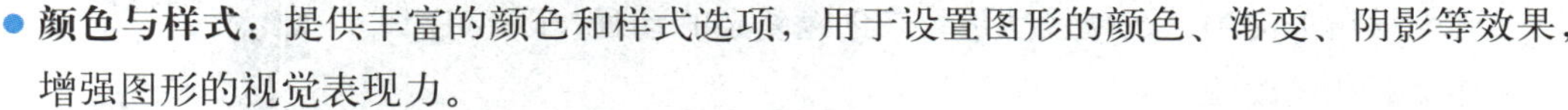

- **颜色与样式：** 提供丰富的颜色和样式选项，用于设置图形的颜色、渐变、阴影等效果，增强图形的视觉表现力。

5. Pixso

Pixso是一款功能强大的免费在线UI动画设计软件，提供UI设计、原型动画设计及演示等功能。Pixso的图标如图1-29所示。其主要功能如下所述。

图 1-29　Pixso 的图标

- **UI设计：** 支持多种设计工具，帮助用户创建高质量的用户界面。提供丰富的设计组件和模板，便于快速构建原型。
- **原型动画设计：** 允许用户为UI元素添加动态效果，增强交互体验。提供时间轴和关键帧功能，便于精确控制动画。
- **演示功能：** 支持一键生成演示文稿，方便分享和展示设计成果。提供交互式演示功能，让观众体验设计的真实感。
- **协作功能：** 支持团队实时协作，多个用户可以同时编辑项目。提供评论和反馈功能，便于团队成员之间的沟通。
- **云端存储：** 所有设计文件保存在云端，方便随时访问和编辑。

6. MasterGo

MasterGo是一款在线协作设计工具，专注于UI/UX设计和原型制作，适合团队使用。它提供简洁的界面和高效的工作流程。MasterGo的图标如图1-30所示。其主要功能如下所述。

图 1-30　MasterGo 的图标

- **多人在线协同设计：** 支持最多500人同时在线协同工作，提升团队协作效率。
- **界面设计和交互原型：** 提供完善的界面设计和交互原型设计功能，支持多人实时在线编辑、评审讨论和交付开发。

- **智能功能：**包括自动布局、填充素材等，可节省设计师的时间，提升设计效率。
- **云端存储和实时更新：**设计作品云端存储，实时更新，方便团队成员随时查看和修改。
- **设计资源管理：**提供组件一键复用功能，一处修改全局同步，保障设计规范的一致性。

7. Principle

Principle是专为Web、移动及桌面设计的动画与交互UI工具，设计师可以轻松将静态界面转为动态原型，展现丰富的交互与动画，尤其擅长打造流畅过渡效果。Principle的图标如图1-31所示。其主要功能如下所述。

图 1-31　Principle 的图标

- **快速制作交互原型：**Principle支持通过拖动鼠标、设置触发动作等方式快速构建点击、滑动等交互原型，如手势、滑动、弹跳、缩放、淡入淡出等。
- **强大的动画设计功能：**提供丰富的动画选项，可以非常直观地编辑关键帧，选择缓动函数来创建复杂的动画，以表达交互和过渡。
- **高效的协作与分享：**设计师通过一个链接就能一键生成视频或GIF分享给团队成员或客户，实时预览原型。
- **导入与兼容性：**支持导入Sketch和Adobe XD等软件中的设计文件，方便设计师进行协作和迭代。
- **直观易用的界面：**Principle提供了一个直观、易用的界面，设计师可以方便地进行交互设计和动画制作。

课后寄语

“有温度”的动效设计

某健康类APP通过心跳波形动效模拟用户情绪，0.6 s的起伏周期暗合人体呼吸节奏，让数据可视化成为情感共鸣的载体。界面转场时，元素退场的“缓出”延迟恰似舞台剧幕布降下前的停顿，这种对时间维度的精准把控，本质上是对用户注意力的温柔引导。当技术能模拟自然规律的韵律时，数字交互便有了贴近人性的温度。

课后练习　动效类型的认知与实践

（1）绘制思维导图。分析UI动效不同类型的特征，通过绘制思维导图，对比不同类型的差异。

（2）案例分析。收集不同类型的UI动效案例，每种类型不少于5个案例，并对每个案例的动效特点进行分析。

（3）制作PPT。将思维导图和案例分析制作成PPT。

模块 2 移动UI的色彩搭配

内容概要

移动UI的色彩搭配对用户体验和视觉吸引力有着至关重要的影响。通过合理运用色彩理论、心理学和搭配原则，并结合行业特性与用户需求，可以设计出既美观又实用的移动应用界面，从而提升用户的情绪体验，提高操作效率，显著优化整体体验。

学习目标

【知识目标】

- 了解色彩的基础理论知识。
- 掌握色彩搭配原则及UI动效中色彩的运用。
- 熟知常用的色彩搭配工具。

【能力目标】

- 能根据色彩搭配原则设计UI动效的变化效果。
- 能根据色彩搭配工具设计UI动效中的色彩。

【素质目标】

- 通过学习色彩搭配，培养良好的审美意识，提升美学素养。
- 通过学习UI动效中的色彩变化，培养对色彩的敏感度。

2.1 色彩的基础理论

色彩是视觉艺术和设计中的重要元素，它不仅影响美感，还能传达情感和信息。理解色彩的属性和类别有助于更好地运用色彩增强作品的表达力。

■2.1.1 色彩的属性

色彩的三大属性分别为色相、明度以及饱和度，这三个属性共同决定了色彩的整体特征。

1. 色相

色相是色彩的最基本属性，指颜色的基本类型或名称，是区分不同颜色的主要方式。基本色相通常包括红、橙、黄、绿、蓝、紫等，如图2-1所示。

图 2-1 色相示意图

2. 明度

明度是指颜色的亮度。在色彩中，明度最高的是白色，最低的是黑色，任何色彩都可以通过添加白色或黑色来改变其明度。明度的变化会影响色彩的视觉重量和层次感，明亮的色彩显得轻盈、活泼，而深暗的色彩则显得稳重、沉静，如图2-2所示。

图 2-2 明度示意图

3. 饱和度

饱和度是指颜色的纯度或鲜艳程度。高饱和度的颜色看起来非常鲜艳和纯净，低饱和度的颜色则显得灰暗和柔和。饱和度越高，颜色越纯；饱和度越低，颜色越接近灰色，如图2-3所示。

图 2-3 饱和度示意图

■2.1.2 色彩的类别

色彩可以从多个维度进行分类，以下是一些常见的分类方式。

1. 按色彩属性分类

色彩按色彩属性可以分为原色、间色、复色、无彩色系、有彩色系。

- **原色：**不能通过混合其他颜色得到的基本颜色，通常指的是红、黄、蓝三种颜色。
- **间色：**由两个基本色混合而成的颜色称为间色，如红+黄=橙，黄+蓝=绿，红+蓝=紫。
- **复色（三次色）：**由原色和间色混合而成。复色的名称一般由两种颜色组成，如黄绿、黄橙、蓝紫等。
- **无彩色系：**指黑色、白色以及由黑和白混合形成的各种深浅不同的灰色。这些颜色没有色相和饱和度的属性变化，只有明度的属性变化，如图2-4所示。
- **有彩色系：**除无彩色系以外的所有色彩都属于有彩色系。这类颜色具有色相、纯度和明度三个基本属性，如图2-5所示。

图 2-4　无彩色示意图

图 2-5　有彩色示意图

2. 按色彩的心理感受分类

按色彩的心理感受可以将色彩分成暖色调、冷色调以及中性色。

- **暖色调：**以红色、橙色、黄色等暖色调为主，这些颜色往往让人联想到太阳、火焰等温暖的事物，给人一种温暖、柔和、亲近的感觉，如图2-6所示。
- **冷色调：**以蓝色、绿色、紫色等冷色调为主，这些颜色往往让人联想到大海、蓝天等清凉的事物，给人一种凉爽、清新、宁静的感觉，如图2-7所示。
- **中性色：**主要包括黑色、白色、灰色以及一些不明显倾向于暖色调或冷色调的颜色，如棕色系和米色。中性色因其平衡而稳定的特性，给人以自然、舒适和平和的视觉效果，既不过于热烈也不过于冷清，如图2-8所示。

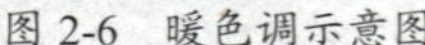

图 2-6 暖色调示意图

图 2-7 冷色调示意图

图 2-8 中性色示意图

2.2 色彩搭配的原则

在设计中，理解和应用色彩搭配离不开色相环。色相环是一个展示颜色关系的工具，通常以圆形图表的形式呈现，将色彩按照光谱在自然中出现的顺序进行排列。色相环有多种类型，包括6色相环、12色相环和24色相环等。图2-9所示的12色相环包括12种颜色，分别由原色、间色和复色组成。

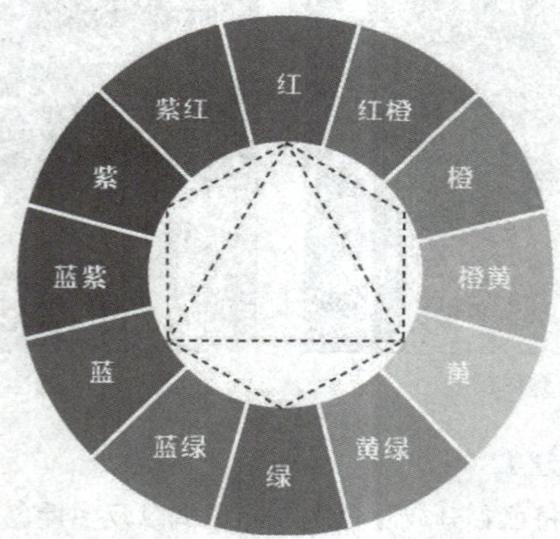

图 2-9 12 色相环

2.2.1 单色搭配

单色搭配是指使用同一种颜色的不同明度和饱和度进行组合。这种搭配方式是通过色彩的变化，形成视觉上的层次感和丰富性，如图2-10所示。不同明度和饱和度的变化可以传达不同的情感和氛围。例如，深色调给人以稳重和严肃的感觉，浅色调则显得轻松和明快。

图 2-10 单色搭配示意图

不同的色彩可以引发不同的情感反应，这些情感反应在不同的场合下具有特定的意义。常见颜色及其情感表达如表1-1所示。

表 1-1 常见颜色及其情感表达

颜色	情感表达	应用场合
红色	热情、活力、爱情、激情、警示、紧急	促销活动、节日庆典、警告和错误提示等
橙色	温暖、欢快、能量、活力、创新、有食欲	儿童用品、餐饮业、户外活动、秋季主题、创意产业、优惠促销等
黄色	明亮、活泼、希望、积极、警觉、轻快	教育、旅游、餐饮、夏季主题、提示信息、轻松愉快的环境等
绿色	自然、和平、环保、健康、生机、安全	环保健康食品、有机农产品、医疗保健、金融投资、户外休闲等
蓝色	冷静、专业、理智、稳定、科技、宁静	科技产品、金融机构、商务服务、医疗保健、教育机构、海洋主题等
紫色	高贵、奢华、神秘、浪漫、创意、灵性	奢侈品、化妆品、女性产品、艺术设计、梦幻或神秘主题等
粉色	甜美、浪漫、温柔、女性化、纯真、关爱	女性或儿童用品、美容护肤、情人节、婚庆、母婴产品、家居装饰等
黑色	正式、优雅、神秘、力量、权威、悲伤	高端品牌、时尚服饰、科技产品、专业服务等
白色	纯洁、简约、干净、和平、希望、无暇	家居用品、医疗保健、科技产品、婚纱、冬季主题、极简风格设计等
灰色	中立、低调、成熟、专业、稳重、谦逊	商务套装、工业产品、科技产品、家居装饰、背景色、文字色等

■2.2.2 互补色搭配

互补色是指在色相环上彼此相对的两种颜色，如红色和绿色、蓝色和橙色、黄色与紫色等。互补色搭配能够通过强烈的色彩对比来传达丰富的情感和氛围，如图2-11所示。不同的互补色组合可以传达不同的情感和氛围。

图 2-11　互补色搭配示意图

- **红色与绿色：**传达出强烈的对比感，既可以是充满生机的，也可能是具有冲突性的，取决于具体的应用场景和色彩饱和度。
- **蓝色与橙色：**既能传达出专业性和信任感，又能展现出温暖和亲和力，非常适合用于需要平衡这两种感觉的设计场景。
- **黄色与紫色：**既能展现出梦幻般的浪漫氛围，又能传达出创意和想象力的无限可能。在搭配时需要注意控制整体的色彩平衡，避免产生过于刺眼或杂乱无章的感觉。

■2.2.3　对比色搭配

对比色是指在色相环上相距较远但不完全相对的颜色，通常在色相环中夹角为120°～180°之间，如红色和蓝色、黄色和紫色等。对比色搭配能够产生强烈的视觉效果，使画面更加生动和引人注目，如图2-12所示。在设计上，对比色可以用来突出重要信息或元素，使其更加醒目。

图 2-12　对比色搭配示意图

■2.2.4　相邻色搭配

相邻色是指在色相环上相邻的两种颜色，在视觉上具有较强的相关性和协调性，搭配起来既和谐又富有层次感，例如红色和橙色、橙色和黄色、黄色和绿色、绿色和蓝色等。这种搭配方式通常给人一种轻松而温暖的感觉，没有强烈的对比，让人感到舒适和放松，如图2-13所示。

图 2-13 相邻色搭配示意图

■2.2.5 类似色搭配

类似色是指色相环上相邻的三种颜色，例如红色、橙色和黄色，绿色、黄绿色和黄色，蓝色、青色和绿色。在使用类似色时，可以通过调整颜色的明度和饱和度增加层次感，使设计更加丰富。这种搭配方式会产生和谐、柔和的效果，适合营造统一和协调的视觉体验，如图2-14所示。

图 2-14 类似色搭配示意图

■2.2.6 分裂互补色搭配

分裂互补色搭配是指选择一种基础颜色，然后选择与该颜色互补的两种相邻颜色进行搭配。例如，选蓝色为基础色，蓝色的互补色为橙色，在橙色的两侧选择相邻的颜色，红橙色和黄橙色，因此，蓝色的分裂互补色搭配就是蓝色、红橙色和黄橙色。分裂互补色搭配能够在设计中保持强烈的对比效果，同时又不失和谐感。由于使用了相邻的颜色，整体视觉效果更为柔和，如图2-15所示。

图 2-15　分裂互补色示意图

■2.2.7　三角形搭配

三角形搭配是指在色相环上等距离分布的三种颜色，例如，红色、黄色、蓝色三原色就是典型的三角形搭配，如图2-16所示。由于三种颜色在色相环上均匀分布，搭配出来的效果通常具有很强的视觉冲击力，能够吸引观众的注意。尽管色彩对比强烈，但由于它们在色相环上是有规律地分布，因此能保持一定的和谐感，使整体设计看起来很协调。

图 2-16　三角形搭配示意图

■2.2.8　正方形搭配

正方形搭配是使用色相环上相隔90°的四种颜色，例如红色、绿色、蓝色和橙色。正方形搭配选择了色相环上分布相对均匀的颜色，因此这种搭配方式既能保证颜色的多样性，又能避免过于强烈的对比，使得整体色彩和谐而富于变化，如图2-17所示。

图 2-17　正方形搭配示意图

2.3 UI动效中的色彩变化

在用户界面（UI）设计中，色彩变化的动效是一种非常有效的视觉手段，可以用来吸引用户的注意力、引导用户交互、提升用户体验以及传达情感和品牌特征。

■2.3.1 状态反馈

状态反馈是指通过颜色变化等视觉元素即时向用户传达其操作的结果或当前系统的状态。其常见的应用状态如下所述。

1. 成功状态

当用户成功完成某项操作（如提交表单、发送消息等），界面上的相关元素（如按钮、消息框）会变为绿色，或者显示一个绿色的勾选图标，以明确告知用户操作已成功执行，如图2-18所示。

图 2-18 成功状态

2. 失败状态

当用户的操作未能成功（如登录失败、表单填写有误等），系统会使用红色或醒目的暗色调来标记错误，并在输入框下方或相关位置显示红色的提示信息，以提醒用户检查并修正输入内容，如图2-19所示。

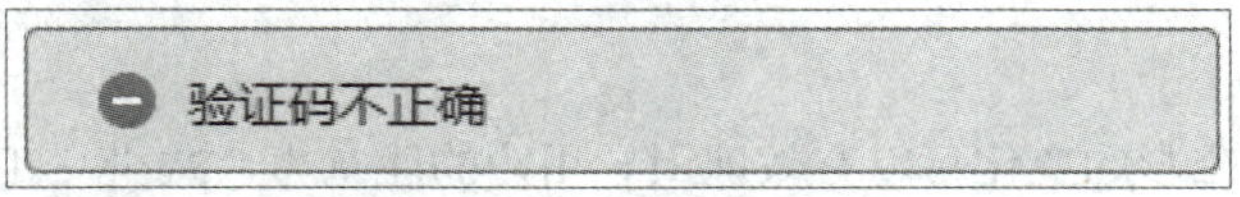

图 2-19 失败状态

3. 提示/警告状态

在某些情况下，系统可能需要向用户传达一些重要信息，但这些信息并不完全等同于失败或错误。这时，可以使用黄色或其他醒目的颜色来创建提示或警告状态。例如，在用户尝试执行某项可能产生不可逆转后果的操作时，系统可以显示黄色的警告框来提醒用户注意，如图2-20所示。

放入回收站的文件，仍会占用容量，请及时清理回收站。
去回收站

图 2-20 提示/警告状态

4. 加载状态

在数据加载或系统处理过程中，为了向用户传达进度信息，可以使用蓝色、灰色或其他中性色调的进度条。进度条通常会随着加载进度的推进而逐渐填充颜色，以直观展示加载的进度和状态，如图2-21所示。

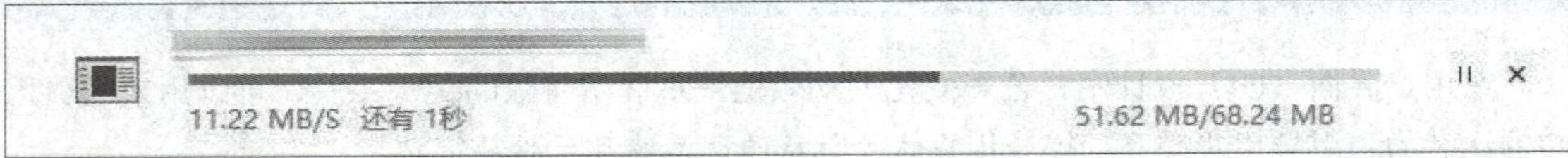

图 2-21 加载状态

5. 禁用状态

当界面上的某个功能或选项因条件不满足而不可用时，相关的按钮或选项会呈现为灰色或浅色调，并可能伴有透明度降低等视觉效果，如图2-22所示。这种颜色变化有助于避免用户的误操作，并清晰地传达出哪些功能当前是不可用的。

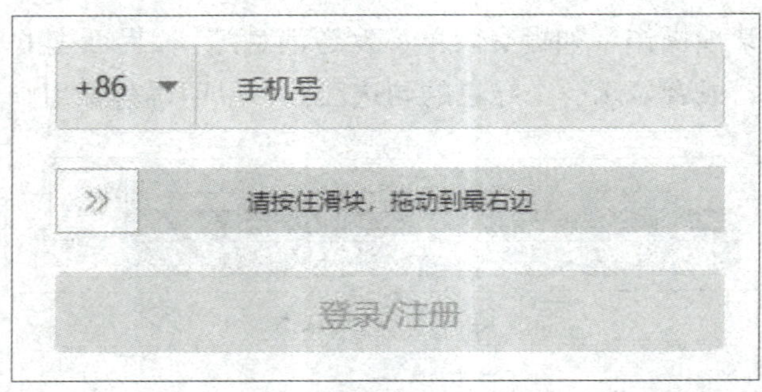

图 2-22 禁用状态

■2.3.2 过渡效果

过渡效果用于平滑地过渡界面元素之间的变化，其应用方式如下所述。

1. 页面切换

在页面切换时，色彩的变化可以有效地引导用户的注意力，减少突兀感。例如，当用户导航到新的页面时，背景颜色可以渐变过渡，从而创造出一种平滑的切换感。这种渐变过渡不仅可以减轻用户的心理负担，还能提升整体的用户体验。

2. 元素过渡

当用户与界面上的某个元素互动时（如点击或触摸），可以通过改变元素的背景色或边框色来引导用户的视线，并增强过渡的层次感，如图2-23所示。这种动态变化不仅能提示用户元素的状态改变，还能增加交互过程中的趣味性和流畅性。

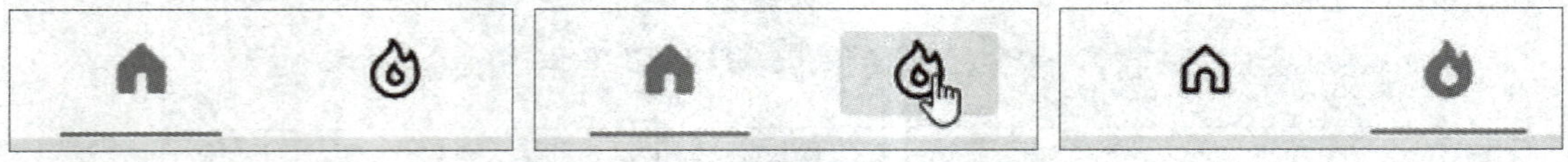

图 2-23 点击按钮的过渡效果

■2.3.3 强调重点

通过色彩变化来突出重要信息或元素，可以有效引导用户的注意力。其应用方式如下所述。

1. 焦点色

使用醒目的色彩强调页面中的重点元素，如按钮、图标或文本。选择焦点色时，需考虑目标受众的色彩偏好和色彩心理学效应，确保所选色彩既能吸引注意力，又能与整体页面风格和谐统一，如图2-24所示。

图 2-24 焦点色

2. 色彩层次

通过色彩的明暗和冷暖对比来构建页面的视觉层次，使重要信息更加突出。例如，将选中状态的背景色设置为浅色，未选中状态的背景色则采用深色或灰色调，以增强视觉对比，帮助用户快速识别关键信息，如图2-25所示。

图 2-25 色彩层次

2.3.4 数据可视化

在数据可视化中，色彩变化用于表示不同的数据类别或数值范围。其应用方式如下所述。

1. 图表色彩

根据数据的不同特点选择合适的色彩进行可视化展示。例如，使用亮色调表示高值数据，使用暗色调表示低值数据，通过色彩对比来突出数据的变化和趋势。

2. 色彩编码

在复杂的数据集中，为不同数据类型或类别分配独特的色彩编码，使信息一目了然。例如，在容量管理界面中，使用不同的颜色表示不同的数据类型，有助于用户迅速感知数据状态，如图2-26所示。

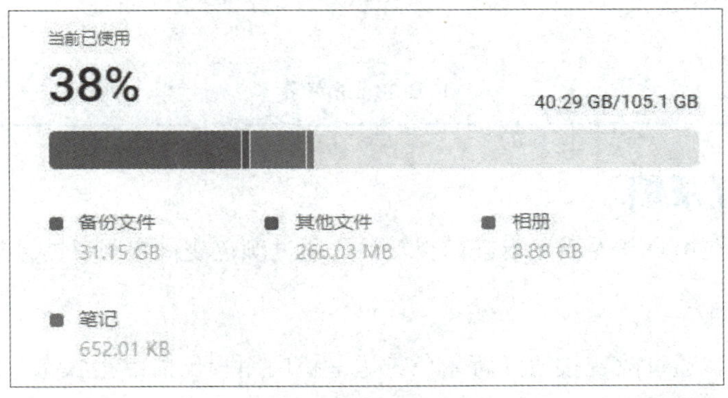

图 2-26 色彩编码

■2.3.5　加载指示

在内容加载或处理过程中，色彩变化可以用作加载指示，提升用户体验。其应用方式如下所述。

1. 加载动画

在数据加载或页面跳转过程中，使用色彩变化的加载动画向用户传达加载状态。常见的旋转加载图标（如旋转的圆圈或齿轮），通常使用渐变色或单一色彩来增强视觉效果。除此之外，还可以使用进度条、跳动的点以及动画效果增强视觉效果，如图2-27所示。

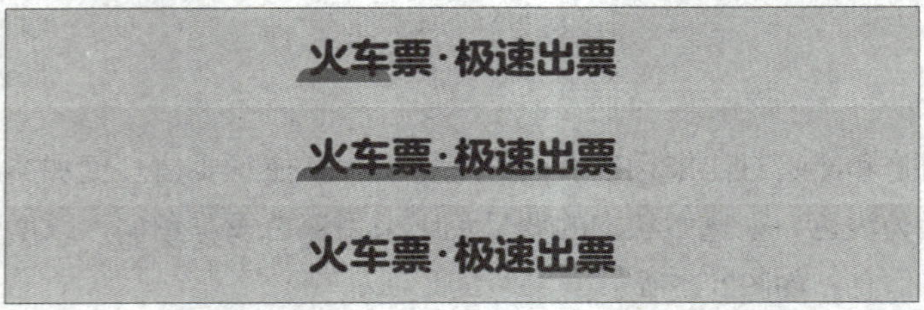

图 2-27　加载动画

2. 色彩提示

色彩提示通过改变界面元素的颜色指示加载状态，帮助用户了解当前的操作进度。例如，当点击某个按钮进行加载时，按钮的颜色会发生变化。在页面加载过程中，骨架屏可以通过轻微的颜色变化或闪烁效果提示用户内容正在加载。此外，状态提示文本和通知条的颜色变化也能有效传达操作状态。

知识点拨

骨架屏通常使用灰色或浅色的矩形框架表示即将加载的内容区域，如图2-28所示。它模拟了内容的结构，但不显示具体的内容，帮助用户预期即将出现的内容。

图 2-28　骨架屏

■2.3.6　交互反馈

交互反馈是指在用户与界面元素进行交互时，通过颜色变化增强反馈效果。

1. 按钮交互

在点击按钮时，通过改变按钮的背景色或边框色向用户反馈点击状态。例如，线性按钮图标在点击后变成填充色，表明喜欢或者点赞。

2. 滑动/拖动反馈

在滑动或拖动元素时，通过改变元素或背景的色彩提供交互反馈。例如，当拖动元素接近目标位置时，目标位置可能会变亮或显示一个轮廓线，以提示用户可以将元素放置在此处，如图2-29所示。

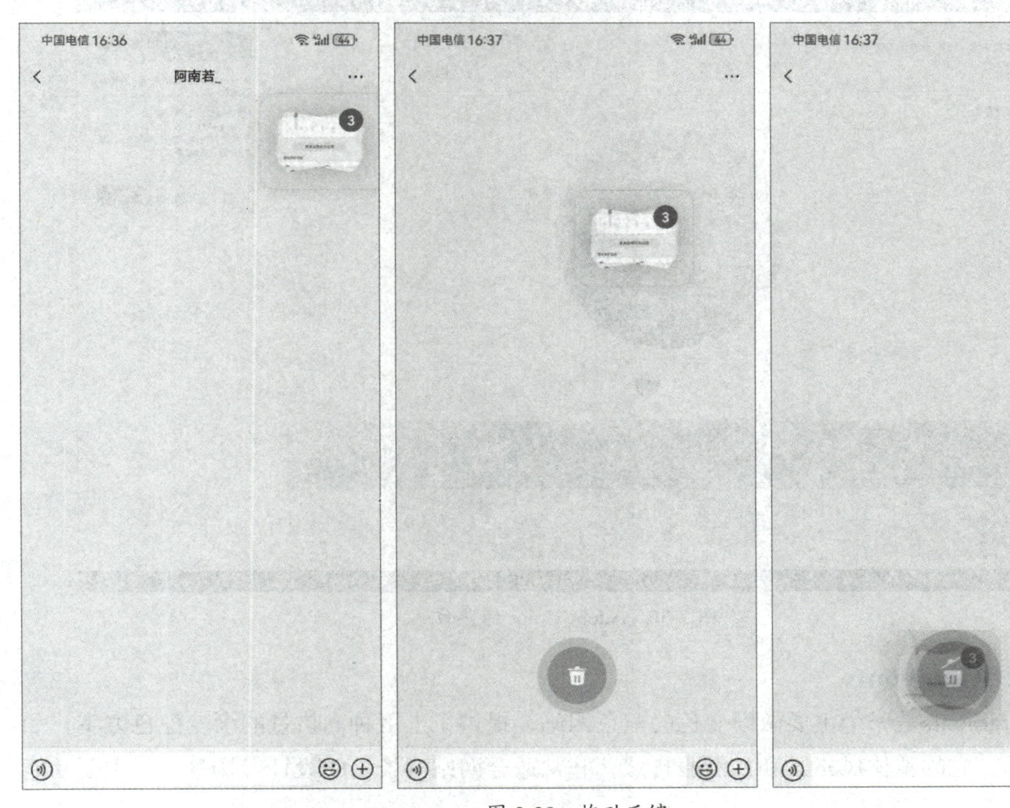

图 2-29 拖动反馈

2.4 常用的色彩搭配工具

色彩搭配工具可以帮助设计师、艺术家和任何需要使用颜色的人选择和组合颜色，以创造和谐美观的视觉效果。以下是一些常用的色彩搭配工具。

1. Adobe Color

Adobe官方出品的配色工具，为设计师提供了强大的色彩搭配功能。该工具不仅支持RGB、CMYK、HSB等多种色彩模式，还提供类比、单色、补色、分割补色等多种配色规则。Adobe Color的界面如图2-30所示。其主要功能如下所述。

- **色彩模式：** 支持RGB、CMYK、HSB等多种色彩模式，满足不同设计需求。
- **配色规则：** 提供类比、单色、补色等多种配色规则，帮助用户快速生成配色方案。
- **手动调节：** 每个色彩下方都有对应的属性，用户可以通过拖动圆球进行手动调节，实现个性化配色。

- **图片取色：**支持从图片中提取色彩，包括纯色和渐变色，方便用户参考现有作品的色彩搭配。
- **附加功能：**提供色彩游戏、对比检查器等附加功能，提升用户体验和色彩搭配的趣味性。

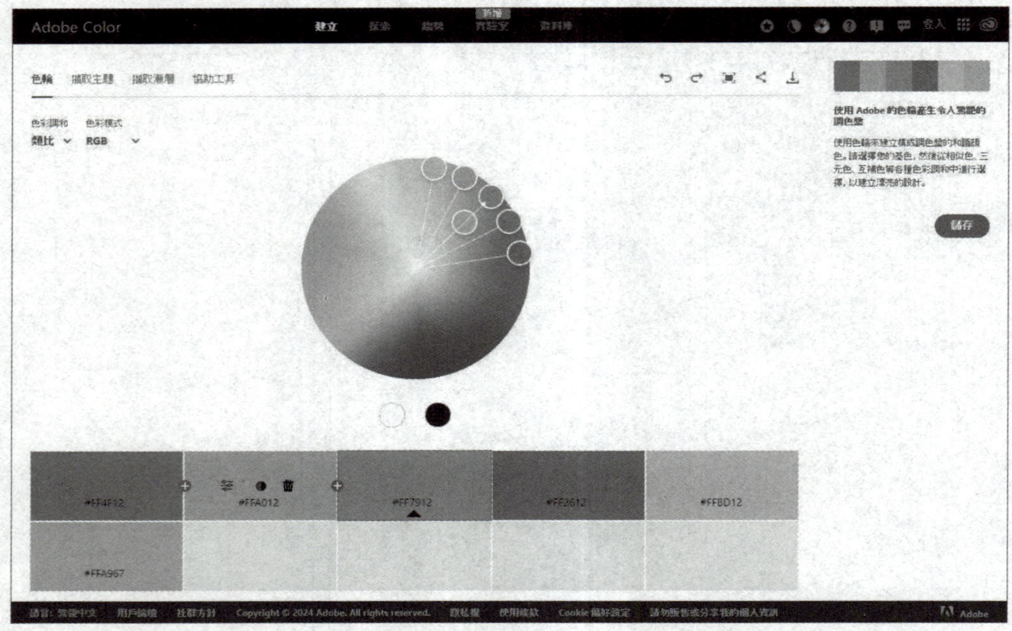

图 2-30　Adobe Color 的界面

2. WebGradients

WebGradients是一个主要做渐变色的配色网站，提供了上百种高质量的渐变配色方案，如图2-31所示。它的整体风格柔和、舒服自然，非常适合网站背景、UI设计等场景。其主要功能如下所述。

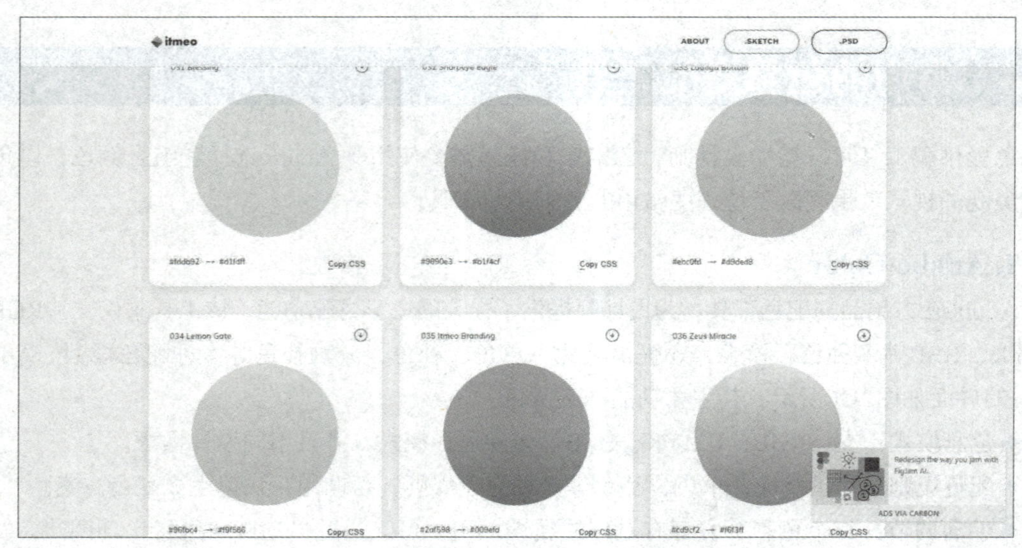

图 2-31　WebGradients

- **渐变配色方案：**提供180种渐变配色方案供用户选择，满足不同设计需求。
- **在线预览：**支持在线预览渐变配色方案的效果，帮助用户快速评估配色的适用性。
- **下载与生成：**支持下载PNG格式以及生成CSS代码，方便用户将配色方案应用到实际项目中。

3. Eva Colors

Eva Colors是一个专注于色彩搭配和设计的在线工具，它通过精心设计的基色调色板，帮助用户快速找到适合其项目或设计的色彩方案，如图2-32所示。该工具不仅适用于UI/UX设计师，也适合任何对色彩搭配有需求的创意工作者。其主要功能如下所述。

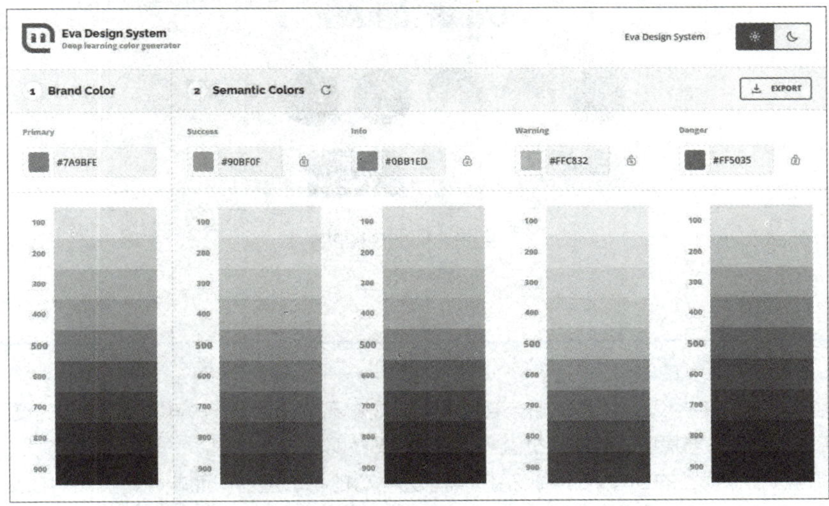

图 2-32 Eva Colors 的基色调色板

- **调色板生成：**用户可以通过简单的操作生成多种调色板，选择颜色后能自动生成和谐的色彩组合。
- **色轮和色彩规则：**提供色轮视图，用户可以通过调整颜色位置探索不同的配色方案，支持互补色、类似色等配色规则。
- **颜色提取：**用户可以上传图片，Eva Colors 会自动提取主要颜色，生成与图片相匹配的调色板。
- **色彩信息：**提供详细的颜色信息，包括RGB、HEX等色值，方便用户在设计软件中使用。

4. ColorSupply

ColorSupply是一款专为设计师打造的，能一键生成扁平化设计配色方案的网页设计软件。它汇集了来自世界各地的设计师的配色方案，为设计师提供了丰富且实用的色彩搭配选择，如图2-33所示。其主要功能如下所述。

- **配色方案分类：**按照五大配色方案进行分类，方便用户根据需求选择合适的配色方案。
- **实际效果预览：**提供实际效果预览功能，让用户能实时看到每一个配色方案运用到工作中的效果。

- **色值卡与渐变效果：** 支持在线预览不同配色方案下的平铺图案、可直接复制的色值卡以及渐变色的实际效果。
- **手动输入与生成：** 进入“十六进制匹配”功能，用户可以手动输入一个颜色属性，系统会生成优质的配色方案。

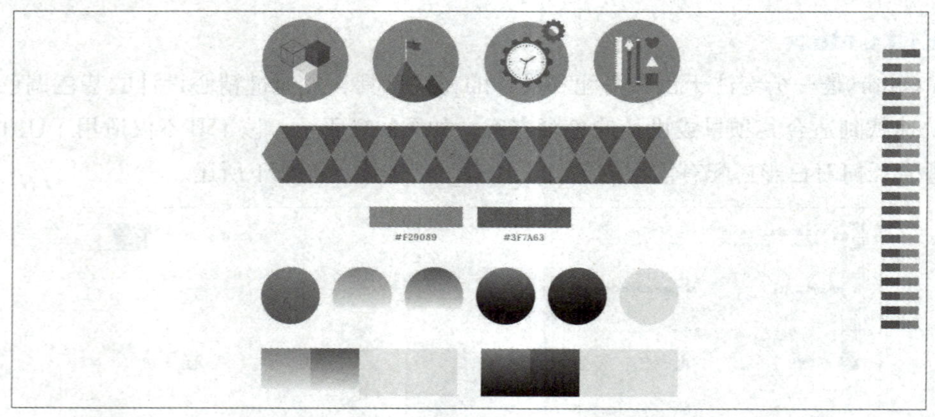

图 2-33　ColorSupply

课后寄语

UI设计彰显科技与人文的融合

优秀的用户界面（UI）设计体现着科技实用性与人文关怀的辩证统一。其本质特征在于通过系统化的设计方法，实现技术理性与情感体验的有机融合。具体表现为以下几个方面。

在功能架构层面，优秀的UI设计强调以用户需求为中心的功能整合，而非简单叠加。在交互设计维度方面，通过精心设计的动态效果有效缓解等待时的负面情绪；运用格式塔原理进行视觉排布，创造舒适的浏览体验。

从技术实现角度，这类设计通常包含智能预测算法和默认设置，显著降低了操作的复杂度。它更深层次地体现了“以用户为中心”的设计哲学，将用户视为具有多样化特征的行为主体，充分考虑其使用习惯、认知特点和情感需求。

科技与人文的融合一方面提升了系统的可用性和效率，另一方面增强了用户的情感认同。最终实现技术工具从可用到好用，再到爱用的体验升级，构建和谐的人机交互关系。

课后练习　APP界面色彩分析

（1）案例截图。截取3款主流APP的首页界面，每个截图需完整展示状态栏、导航栏、核心功能区和标签栏。

（2）色彩分析。用吸管工具提取首页界面的主色、辅助色、强调色，标注对应的RGB色值，并对其色彩搭配进行分析。

（3）撰写结论。总结色彩情绪传递效果。

（4）制作PPT。将所截的APP界面色彩分析制作成PPT。

模块3 Photoshop艺术创作详解

内容概要

Photoshop在UI动效制作中发挥着重要作用，它作为一款强大的图像处理软件，不仅可以处理静态图片，还支持帧动画的创建和复杂视频图层的编辑，满足了UI设计中对动态效果的需求。

学习目标

【知识目标】

- 掌握Photoshop工作界面布局与辅助工具的核心功能。
- 理解选择、裁剪、绘图等基础工具组的操作方法及应用场景。
- 熟知创建路径、路径运算和文字处理的全流程技术规范。
- 掌握图层管理、通道蒙版机制与色彩调整方法。

【能力目标】

- 能够运用Photoshop对UI动效素材进行精细化的处理。
- 能够运用路径运算与图层样式，实现复杂图形动效的视觉呈现。
- 能通过调整图像色彩优化动效视觉的层次与情感表达。

【素质目标】

- 树立创新思维与实践应用意识。
- 增强审美能力与视觉表达意识。

3.1 认识Photoshop

Photoshop是一款功能强大的图像编辑软件。它被广泛用于平面设计、摄影后期处理、UI设计、网页制作、插画绘制和视频制作等多个领域。

■3.1.1 Photoshop工作界面

启动Photoshop软件，打开任意文件或图像，进入工作界面。该工作界面主要包括菜单栏、选项栏、工具栏、浮动面板、图像编辑窗口、状态栏以及上下文任务栏等，如图3-1所示。

图 3-1 Photoshop 操作界面

1. 菜单栏

菜单栏位于界面最上方，由文件、编辑、图像、文字和选择等12类菜单构成。将鼠标指针移动至菜单栏中有▶图标的命令上，将显示相应的子菜单，在子菜单中单击相应的级联菜单，即可执行此命令。

2. 选项栏

选项栏一般位于菜单栏的下方，它是各种工具的参数控制中心。根据所选工具的不同，其对应的选项栏也会显示不同的设置选项。当在工具栏中选择了某个特定工具后，选项栏将展示该工具的相关属性。图3-2所示为矩形工具选项栏。

图 3-2 矩形工具选项栏

提示：在使用某种工具前，先要在选项栏中设置其参数。执行“窗口”→“选项”命令，可隐藏或显示选项栏。

3. 工具栏

默认情况下，工具栏位于图像编辑窗口的左侧，用鼠标单击工具栏中的工具按钮，即可调用该工具，如图3-3所示。部分工具按钮的右下角有一个黑色小三角形◢图标，表示该工具还包含多个子工具。单击工具按钮或按住工具按钮不放，则会显示子工具菜单，如图3-4所示。

4. 浮动面板

浮动面板浮动在窗口的上方，可以随时切换成不同面板的内容，主要用于配合图像的编辑，对操作进行控制和参数设置。常见的面板有图层面板、通道面板、路径面板、历史面板、颜色面板、属性面板等，图3-5所示为属性面板。

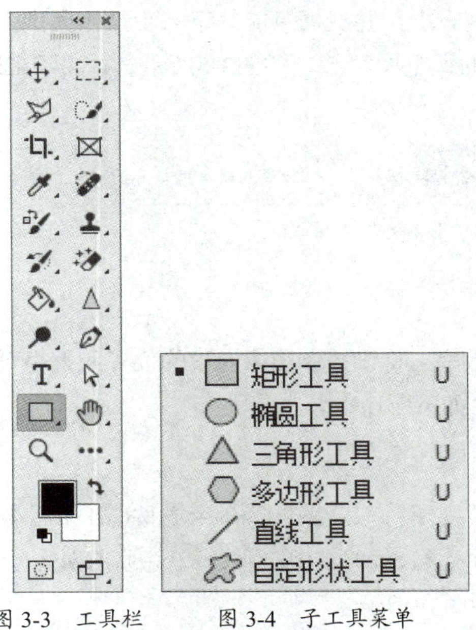

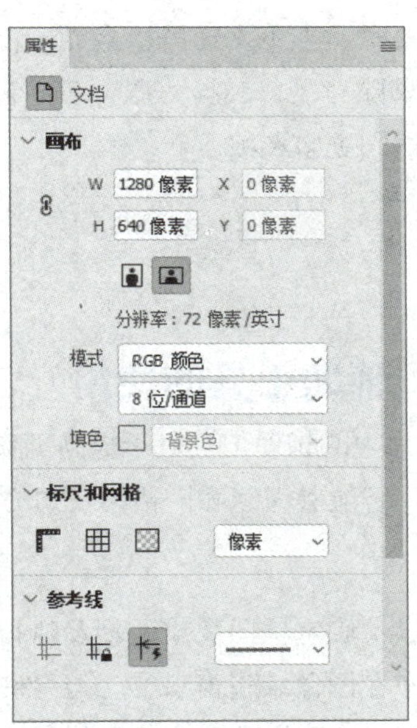

图 3-3 工具栏　　图 3-4 子工具菜单　　图 3-5 属性面板

5. 图像编辑窗口

在Photoshop工作界面中，灰色的区域是工作区，图像编辑窗口在工作区内。图像编辑窗口的顶部为标题栏，标题中可以显示各文件的名称、格式、大小、显示比例和颜色模式等，如图3-6所示。

6. 状态栏

状态栏位于图像编辑窗口的底部，用于显示当前操作提示和当前文档的相关信息。要更改在状态栏中显示的信息，只需单击状态栏右端的 按钮，在弹出的快捷菜单中选择信息即可，如图3-7所示。

图 3-6　图像编辑窗口

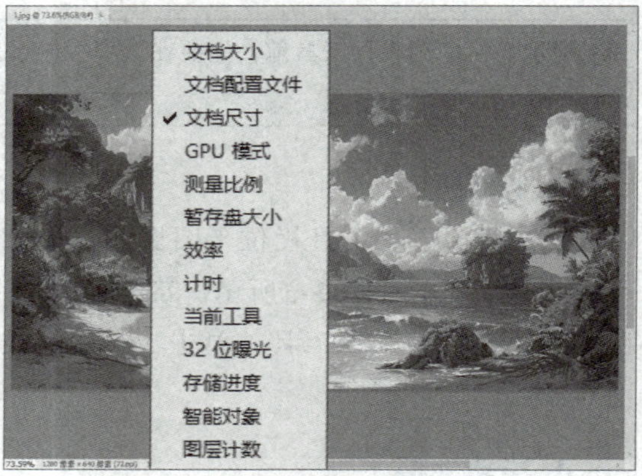

图 3-7　更改状态栏中显示的信息

7. 上下文任务栏

上下文任务栏是一个永久菜单，它会显示与当前工作流程最相关的后续步骤。例如，当选择了一个对象时，上下文任务栏会显示在画布上，并根据可能的下一步操作提供多种选项，如选择主体、移除背景、转换对象、创建新的调整图层等，如图3-8所示。单击 图标，在弹出的菜单中可访问更多选项。

图 3-8　上下文任务栏

■3.1.2　辅助工具的使用

Photoshop中的辅助工具对于提高工作效率、精确控制图像元素的位置和大小至关重要。标尺、参考线、智能参考线和网格的使用方法如下所述。

1. 标尺

标尺可以精确定位图像或元素。执行“视图”→“标尺”命令或按Ctrl+R组合键可显示标尺。标尺分布在图像编辑窗口的上边缘和左边缘（即*X*轴和*Y*轴），右击标尺处，会弹出度量单位的快捷菜单，可选择或更改标尺单位，如图3-9所示。

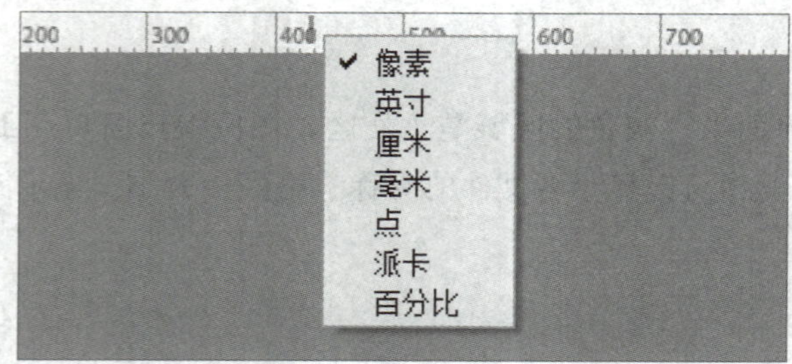

图 3-9　更改标尺单位

2. 参考线

参考线可手动创建或自动创建。

（1）手动创建参考线

执行“视图”→“标尺”命令或按Ctrl+R组合键显示标尺，然后将光标置于左侧垂直标尺上，按住鼠标左键向右拖动，即可创建垂直参考线；将光标置于上侧水平标尺上，按住鼠标左键向下拖动，即可创建水平参考线，如图3-10所示。

图 3-10　创建参考线

（2）自动创建参考线

执行“视图”→“参考线”→“新建参考线”命令，在弹出的“新参考线”对话框中设置具体的位置参数与显示颜色，如图3-11所示，单击“确定”按钮即可显示参考线。

若要一次性创建多条参考线，可执行“视图”→“参考线”→“新建参考线版面”命令，在弹出的“新建参考线版面”对话框中设置参数，如图3-12所示。

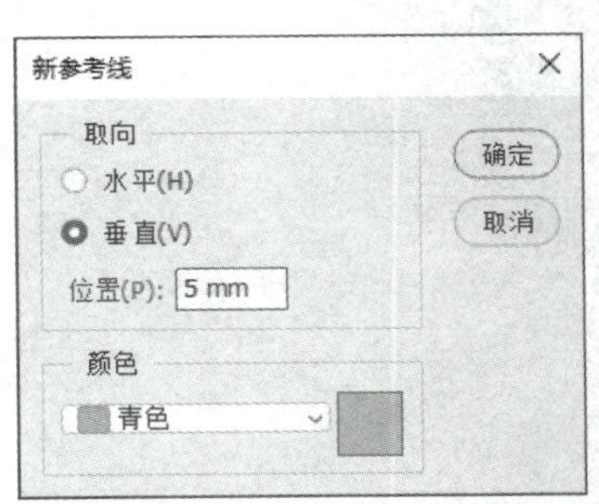

图 3-11　“新参考线”对话框

新建参考线版面
预设(S): 自定
目标: 画布
颜色
颜色: 青色
列
数字 3
宽度
装订线 0 mm
行数
数字 3
高度
装订线 0 mm
边距
上: 3 mm
左: 3 mm
下: 3 mm
右: 3 mm
列居中
清除现有的参考线
确定
取消
预览(P)

图 3-12　“新建参考线版面”对话框

提示： 若要移动参考线，可使用“移动工具” ，将光标置于参考线上，变为 形状后即可调整参考线。

3. 智能参考线

智能参考线是在绘制、移动、变换的情况下自动显示的参考线，可以帮助用户对齐形状、切片和选区。智能参考线可以在多个场景中显示应用。

- 按住Alt键的同时拖动图层会显示引用测量参考线，表示原始图层和复制图层之间的距离。
- 按住Ctrl键的同时将光标悬停在形状以外，会显示与画布的距离。
- 选择某个图层，按住Ctrl键的同时将光标悬停在另一个图层上方，可以查看测量参考线。
- 在使用“路径选择工具”处理路径时，会显示测量参考线。
- 复制并移动对象时，会显示所选对象和直接相邻对象之间的距离，确保这些距离与其他对象之间的距离相匹配，如图3-13所示。

图 3-13　复制并移动对象

4. 网格

网格主要用于对齐参考线，方便在编辑操作中对齐物体。执行“视图”→“显示”→“网格”命令可在页面中显示网格，再次执行该命令时，将取消网格的显示。执行“编辑”→“首选项”→“参考线、网格和切片”命令，在打开的“首选项”对话框中可设置网格的颜色、样式、网格线间距、子网格数量等参数，如图3-14所示。

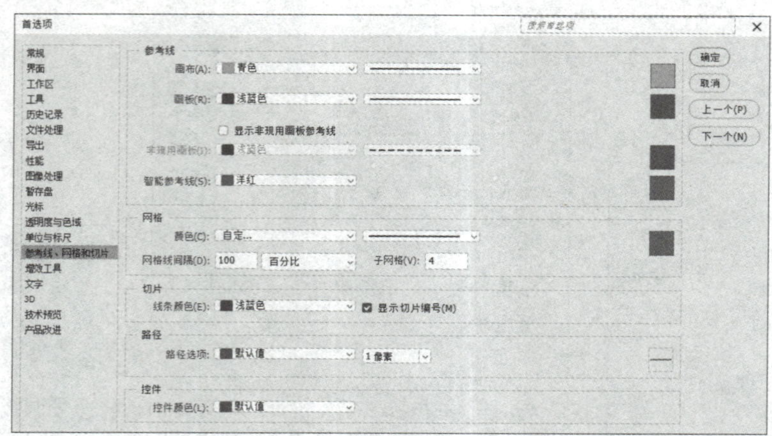

图 3-14　“首选项”对话框

■3.1.3 文档的管理和编辑

在Photoshop中，文档的管理和编辑是基础且重要的功能，利用这些功能可创建和处理图像。具体操作方法如下所述。

1. 创建文档

新建文档有以下3种方法。

- 启动Photoshop，单击“新文件” 新文件 按钮
- 执行“文件”→“新建”命令
- 按Ctrl+N组合键

以上操作均可以打开“新建文档”对话框。在该对话框中可选择多种类型的文档，如照片、打印、图稿和插图、Web、移动设备、胶片和视频等。设置完成后，单击“创建”按钮，即可创建一个新文件，如图3-15所示。

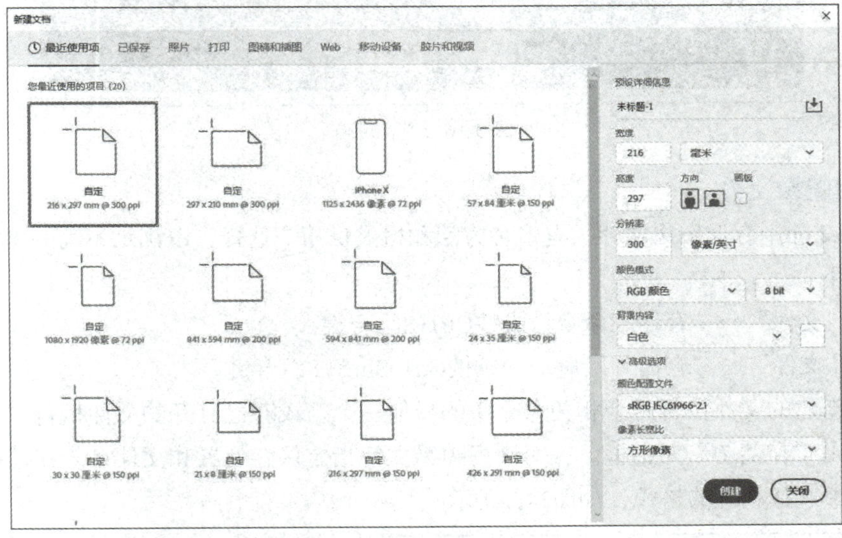

图 3-15 “新建文档”对话框

2. 打开文件

Photoshop提供了灵活的方式加载已存在的图像文件，便于用户轻松进行编辑、查看或进一步处理。以下是两种快速打开文档的操作方法。

- 执行“文件”→“打开”命令或按Ctrl+O组合键，弹出“打开”对话框，选择要打开的文件，单击“打开”按钮即可。
- 执行“文件”→“最近打开文件”命令，在弹出的子菜单中进行选择，可以打开最近操作过的文件。

3. 置入图像

置入图像是指将照片、图片或任何Photoshop支持的文件作为智能对象添加到文档中。以下是两种快速置入图像的操作方法。

- 可直接将需置入的图像文件拖至文档中。
- 执行“文件”→“置入嵌入对象”命令，弹出“置入嵌入的对象”对话框，选中需要的文件，单击“置入”按钮。在置入文件时，置入的文件默认放置在画布的中间，且文件会保持原始长宽比，如图3-16所示。

图 3-16　置入图像

4. 存储图像文件

在Photoshop中存储图像文件，有多种方法和格式供用户选择，以满足不同的需求。常用的保存方法如下：

- 执行“文件”→“存储”命令，或按Ctrl+S组合键。
- 执行“文件”→“存储为”命令，或按Ctrl+Shift+S组合键。

如果对新建的文件执行两个相关命令中的任何一个，或对已打开的文件执行“存储为”命令，都会弹出“存储为”对话框。在对话框中为文件指定保存位置和文件名，在“保存类型”下拉列表框中选择相应的格式，如图3-17所示。

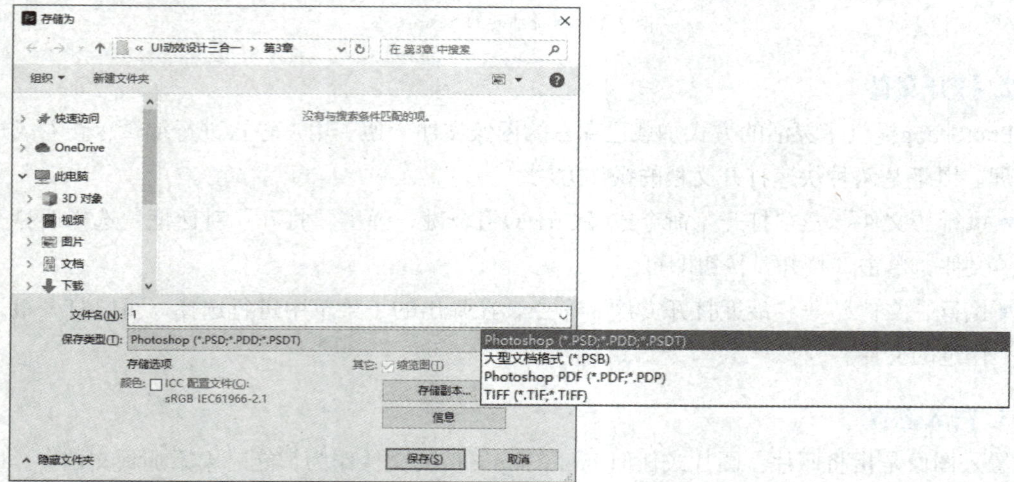

图 3-17　“存储为”对话框

3.2 基础工具的应用

Photoshop作为一款功能强大的图像处理软件，其基础工具包含多个类别，包括选择工具组、裁剪工具组、绘图工具组、修饰工具组、形状工具组和切片工具。

■3.2.1 选择工具组

选择工具组主要用于在图像中选择特定区域，以便进行编辑或处理。这组工具主要包括移动工具、选框工具、套索工具和魔棒工具。

1. 移动工具

移动工具用于移动图层、图像、选区等。在无选区情况下，可直接移动普通图层（未锁定）内的图像，如图3-18和图3-19所示。在建立选区的情况下，可按住鼠标左键移动选区。

图 3-18 移动图像前

图 3-19 移动图像后

2. 选框工具

选框工具包括矩形选框工具、椭圆选框工具、单行选框工具和单列选框工具，主要用于创建和选取图像区域。

（1）矩形选框工具

选择“矩形选框工具”，在图像中单击并拖动光标，绘制出矩形的选框，框内的区域就是选择区域，即为选区。若要绘制正方形选区，按住Shift键的同时在图像中单击并拖动光标，绘制出的选区即为正方形。选择矩形选框工具后，显示出该工具的选项栏，如图3-20所示。

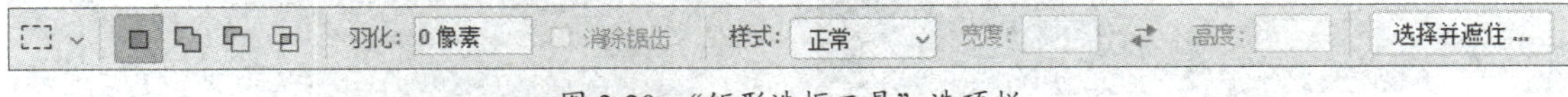

图 3-20 “矩形选框工具”选项栏

矩形选框工具选项栏中主要选项的功能介绍如下所述。

- **选区编辑按钮组**：该按钮组又称为“布尔运算”按钮组，各按钮的名称从左至右分别是新选区、添加到选区、从选区减去及与选区交叉。

- **羽化**：羽化是指通过设置选区边框内外像素的过渡来使选区边缘模糊，羽化宽度越大，选区的边缘越模糊，此时选区的直角处也将变得圆滑。
- **样式**：下拉列表中包括“正常”“固定比例”“固定大小”3种选项，用于设置选区的形状。
- **选择并遮住**：单击“选择并遮住”按钮或执行“选择”→“选择并遮住”命令，在弹出的对话框中可以对选区进行平滑、羽化、对比度等处理。

（2）椭圆选框工具

单击“椭圆选框工具”，在图像中单击并拖动光标，绘制出椭圆形的选区，如图3-21所示。若要绘制正圆形的选区，按住Shift键的同时在图像中单击并拖动光标，绘制出的选区即为正圆形，如图3-22所示。

图 3-21　椭圆选区

图 3-22　正圆形选区

（3）单行/单列选框工具

单击“单行选框工具”，在图像中单击，绘制出单行选区。保持“添加到选区”按钮为选中的状态，然后单击“单列选框工具”，在图像中单击绘制出单列选区，从而增加选区范围，形成十字选区，如图3-23所示。放大图像可看到宽度为1 px的单行和单列选区，如图3-24所示。

图 3-23　十字选区

图 3-24　放大单行和单列选区

3. 套索类工具

套索类工具包括套索工具、多边形套索工具和磁性套索工具。

（1）套索工具

套索工具用于自由绘制选区。使用“套索工具”可以创建任意形状的选区，操作时只需在图像编辑窗口中按住鼠标进行绘制，释放鼠标后即可创建选区，如图3-25和图3-26所示。按住Shift键绘制可增加选区，按住Alt键绘制可减去选区。

图 3-25　绘制轨迹

图 3-26　生成选区

提示：如果所绘轨迹是一条闭合曲线，选区即为该曲线所选范围；若轨迹是非闭合曲线，则软件会自动将该曲线的两个端点以直线连接，从而构成一个闭合选区。

（2）多边形套索工具

多边形套索工具用于绘制多边形等规则选区。选择“多边形套索工具”，单击创建出选区的起始点，沿需要创建选区的轨迹单击鼠标，创建出选区的其他端点，最后将光标移至起始点处，当光标变成形状时单击，即创建出需要的选区。若不回到起点，在任意位置双击鼠标也会自动在起点和终点间生成一条连线，作为多边形选区的最后一条边。

（3）磁性套索工具

磁性套索工具可以根据颜色差异自动寻找图像边缘，形成选区。选择“磁性套索工具”，单击鼠标确定选区起始点，沿选区的轨迹拖动鼠标，系统将自动在鼠标移动的轨迹上选择对比度较大的边缘产生节点，如图3-27所示。当光标回到起始点变为形状时单击，即可创建出精确的不规则选区，如图3-28所示。

图 3-27　沿边缘绘制

图 3-28　生成选区

4. 魔棒类工具

魔棒类工具包括对象选择工具、快速选择工具以及魔棒工具，通常用于快速选择图像中颜色相同或相近的区域。

（1）对象选择工具

对象选择工具可简化在图像中选择单个对象或对象的某个部分（人物、汽车、家具、宠物、衣服等）的过程。只需在对象周围绘制矩形区域或任意不规则选区，对象选择工具就会自动选择已定义区域内的对象。该工具适用于处理定义明确对象的区域。

选择“对象选择工具”，在选项栏中勾选“对象查找程序”，将鼠标悬停在要选择的对象上，系统会自动选择该对象，单击对象即可创建选区，如图3-29所示。若不想自动选择，取消勾选“对象查找程序”，使用“矩形”或“套索”模式手动创建选区，如图3-30所示。

图 3-29　系统选择对象

图 3-30　手动绘制选区

（2）快速选择工具

快速选择工具可以根据颜色的差异利用可调整的圆形笔尖迅速地绘制出选区。选择“快速选择工具”创建选区时，选取范围会随着光标移动而自动向外扩展并自动查找和跟随图像中定义的边缘，如图3-31所示。按住Shift键或Alt键的同时进行单击，可增加或减去选区，如图3-32所示。

图 3-31　拖动创建选区

图 3-32　增减选区

（3）魔棒工具

魔棒工具可以根据颜色的不同，选择颜色相近的区域。通过调节容差范围，可选择更广泛或更精确的选区。选择“魔棒工具”，在选项栏中设置“容差”，一般情况下容差值设置为30 px。将光标移动到需要创建选区的图像中，当其变为形状时单击，即可快速创建选区，如图3-33所示。按住Shift键或Alt键的同时进行单击，可增加或减去选区。按Ctrl+Shift+I组合键反向选择，效果如图3-34所示。

图 3-33 创建选区

图 3-34 反选选区

■3.2.2 裁剪工具组和切片工具

裁剪工具组包括裁剪工具、透视裁剪工具，用于图像的剪切、拉伸和调整，以优化图像的构图和比例。切片工具用于创建可单独处理的图像切片，适合网页设计和优化图像加载速度。

1. 裁剪工具

裁剪工具主要用来调整画布的尺寸与图像中对象的尺寸。裁剪图像是指使用裁剪工具将部分图像裁去，从而实现图像尺寸的改变或者获取操作者需要的图像部分。选择“裁剪工具”，显示该工具的选项栏，如图3-35所示。

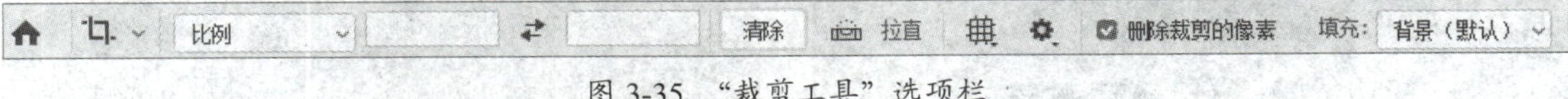

图 3-35 “裁剪工具”选项栏

在该选项栏中，主要选项的功能如下所述。

- **约束方式：**在下拉列表框中可以选择预设的裁切约束比例。
- **约束比例：**在该文本框中直接输入自定义约束比例数值。
- **清除：**单击该按钮，删除约束比例方式与数值。
- **拉直：**用于调整倾斜的图片或物体，使其恢复正常。
- **视图：**在下拉列表框中可以选择裁剪区域的参考线，包括三等分、黄金比例、金色螺线等常用构图线。

- **删除裁剪的像素：**若勾选该复选框，多余的画面将会被删除；若取消勾选该复选框，则对画面的裁剪是无损的，即被裁剪掉的画面并没有被删除，可以随时改变裁剪范围。
- **填充：**设置裁剪区域的填充样式，内容识别或填充背景颜色。

选择“裁剪工具”后，在画面中显示裁剪框。裁剪框的周围有8个控制点，裁剪框内是要保留的区域，裁剪框外变暗的部分是已删除的区域，调整裁剪框至合适大小，如图3-36所示。按Enter键后完成裁剪，裁剪效果如图3-37所示。

图 3-36　调整裁剪框

图 3-37　裁剪效果

2. 透视裁剪工具

透视裁剪工具可以在裁剪时变换图像的透视。选择“透视裁剪工具”，鼠标变成形状时，在图像上拖动裁剪区域，调整透视裁剪框，如图3-38所示。按Enter键完成裁剪，裁剪效果如图3-39所示。

图 3-38　调整透视裁剪框

图 3-39　裁剪效果

3. 切片工具

选择“切片工具”，直接在图像上拖动以创建切片，也可以在选项栏中设置切片的样式，如图3-40所示。

图 3-40 “切片工具”选项栏

在该选项栏中，3种样式的含义如下所述。

- **正常：**在拖动时确定切片比例。
- **固定长宽比：**在“宽度”“高度”的文本框中设置切片的宽高比，图3-41所示为1∶1切片效果。
- **固定大小：**在“宽度”“高度”的文本框中设置切片的固定大小，图3-42所示为宽高各为100 px的切片效果。

图 3-41 1∶1 切片效果

图 3-42 宽高各为 100 px 的切片效果

在图像中创建参考线，如图3-43所示。在选项栏中单击“基于参考线的切片”按钮，可以基于参考线创建切片，如图3-44所示。通过参考线创建切片时，将删除所有现有切片。

图 3-43 创建参考线

图 3-44 基于参考线创建的切片

执行“文件”→“导出”→“存储为Web所用格式（旧版）”命令，在弹出的对话框中可以优化和导出切片图像，如图3-45所示。导出的切片如图3-46所示。

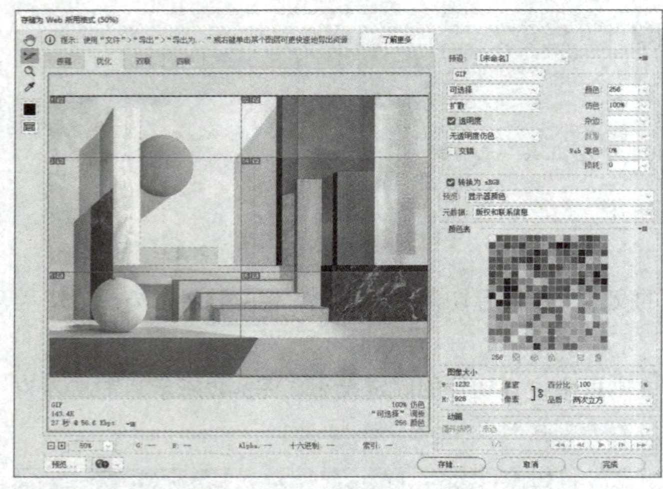

图 3-45 “存储为 Web 所用格式”对话框

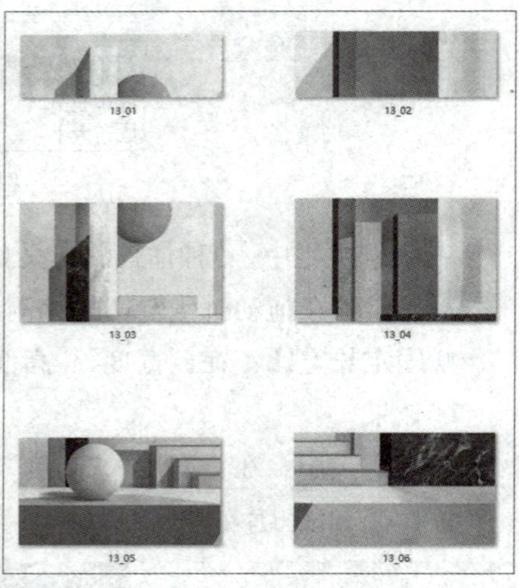

图 3-46 导出的切片

■3.2.3 绘图工具组

绘图工具组提供了多种用于绘画和绘图的工具，包括画笔工具、铅笔工具、混合器画笔工具、橡皮擦工具、渐变工具等。

1. 画笔工具

在Photoshop中，画笔工具的应用比较广泛，使用画笔工具可以绘制出多种图形。选择“画笔工具”，显示该工具的选项栏，如图3-47所示。

图 3-47 “画笔工具”选项栏

在该选项栏中，主要选项的功能介绍如下所述。

- **工具预设**：实现新建工具预设和载入工具预设等操作。
- **“画笔预设”选取器**：单击按钮，弹出“画笔预设”选取器，可选择画笔笔尖，设置画笔大小和硬度。
- **切换“画笔设置”面板**：单击此按钮，弹出“画笔设置”面板。
- **模式选项**：设置绘画的颜色与下面现有像素混合的模式。
- **不透明度**：使用画笔绘图时，设置所绘颜色的不透明度。数值越小，所绘出的颜色越浅，反之则越深。
- **流量**：使用画笔绘图时，设置所绘颜色的深浅。若设置的流量较小，则其绘制效果如同降低透明度一样，但经过反复涂抹，颜色会逐渐饱和。
- **启用喷枪样式的建立效果**：单击该按钮将启动喷枪样式，将鼠标移至某个区域时，按住鼠标在一个位置保持不动或缓慢移动时，颜色会逐渐加深。
- **平滑**：控制绘画时图像的平滑度，数值越大，平滑度越高。
- **设置画笔角度**：在文本框中设置画笔角度。

- **绘板压力按钮**：使用光笔压力（使用数位笔绘图时的压力值）可覆盖“画笔设置”面板中的不透明度和大小设置。
- **设置绘画的对称选项**：单击此按钮，在弹出的菜单中可选择绘画时的对称选项，例如垂直、水平、对角、波纹、圆形、螺旋线、曼陀罗等。

> **提示**：除在选项栏中对画笔进行设置之外，还可按F5键，在“画笔设置”面板中对画笔样式、大小以及绘制选项进行设置。

2. 铅笔工具

铅笔工具用于模拟铅笔绘画的风格和效果，可以绘制出边缘硬朗、无发散效果的线条或图案。选择“铅笔工具”，显示该工具的选项栏，除“自动抹除”选项外，其他选项均与“画笔工具”选项栏中的相同。勾选“自动抹除”复选框，在图像上拖动时，线条默认为前景色，如图3-48所示。若光标的中心在前景色上，则该区域将被抹成背景色，如图3-49所示。若在开始拖动时，光标的中心在不包含前景色的区域上，则该区域将被绘制成前景色。

图 3-48　应用前景色

图 3-49　应用背景色

3. 混合器画笔工具

混合器画笔工具可以混合画布上的颜色、组合画笔上的颜色以及在描边过程中使用不同的绘画湿度。选择“混合器画笔工具”后，显示该工具的选项栏，如图3-50所示。

图 3-50　“混合器画笔工具”选项栏

在该选项栏中，主要选项的功能如下所述。

- **当前画笔载入**：单击色块可调整画笔颜色，单击右侧三角符号可以选择“载入画笔”“清理画笔”“只载入纯色”。
- **“每次描边后载入画笔”和“每次描边后清理画笔”**：这两个按钮控制了每一笔涂抹结束后对画笔是否更新和清理。
- **潮湿**：控制画笔从画布拾取的油彩量，较高的设置会产生较长的绘画条痕。
- **载入**：指定储槽中载入的油彩量，载入速率较低时，绘画描边干燥的速度会更快。
- **混合**：控制画布油彩量同储槽油彩量的比例。比例为100%时，所有油彩将从画布中拾取；比例为0%时，所有油彩都来自储槽。

- **流量**：控制混合画笔的流量大小。
- **描边平滑度**：用于控制画笔抖动的程度。
- **对所有图层取样**：勾选此复选框，可拾取所有可见图层中的画布颜色。

4. 橡皮擦类工具

橡皮擦类工具包括橡皮擦工具、背景橡皮擦工具和魔术橡皮擦工具。

（1）橡皮擦工具

橡皮擦工具可以将像素更改为背景颜色或使其变为透明背景。单击“橡皮擦工具”，显示该工具的选项栏，如图3-51所示。

图 3-51 “橡皮擦工具”选项栏

使用橡皮擦工具在图像窗口中拖动鼠标，可用背景色的颜色来覆盖鼠标拖动处的图像颜色。若是对背景图层或是已锁定透明像素的图层使用橡皮擦工具，则会将像素更改为背景色，如图3-52所示。若是对普通图层使用橡皮擦工具，则会将像素更改为透明效果，如图3-53所示。

图 3-52 擦除背景图层的效果

图 3-53 擦除普通图层的效果

（2）背景橡皮擦工具

背景橡皮擦工具可用于擦除指定颜色，并以透明色填充被擦除的区域。单击“背景橡皮擦工具”，显示该工具的选项栏，如图3-54所示。

图 3-54 “背景橡皮擦工具”选项栏

选择“吸管工具”分别吸取背景色和前景色，前景色为保留的部分，背景色为擦除的部分，选择“背景橡皮擦工具”在图像中涂抹，对比效果如图3-55和图3-56所示。

图 3-55 原图

图 3-56 擦除背景效果

（3）魔术橡皮擦工具

魔术橡皮擦工具是魔棒工具和背景橡皮擦工具的结合，它是一种根据像素颜色来擦除图像的工具。单击“魔术橡皮擦工具”，显示该工具的选项栏，如图3-57所示。

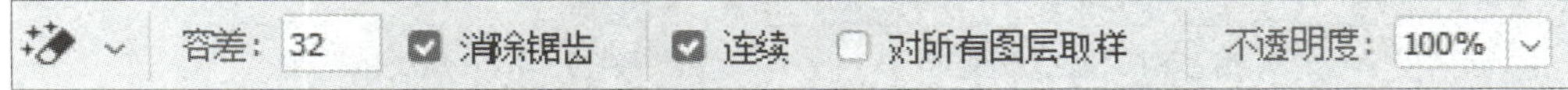

图 3-57 “魔术橡皮擦工具”选项栏

使用魔术橡皮擦工具可以一次性擦除图像或选区中颜色相同或相近的区域，让擦除部分的图像呈透明效果，对比效果如图3-58和图3-59所示。

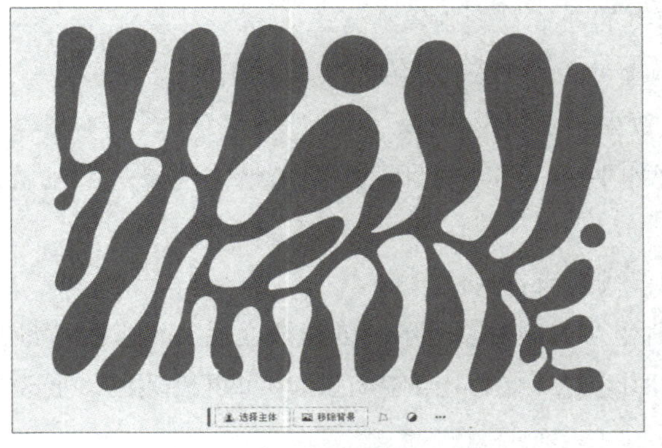

图 3-58 原图

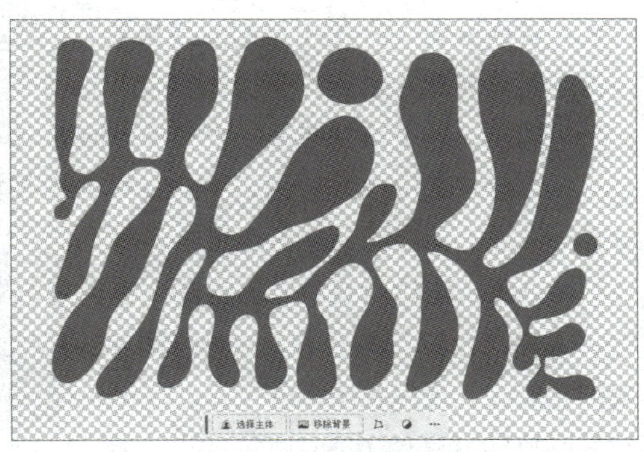

图 3-59 擦除背景效果

提示：该工具可以直接对背景图层进行擦除操作，无须解锁转为普通图层。

5. 渐变工具

渐变工具可以通过创建平滑的颜色过渡，进一步增强图像或设计的视觉效果。渐变特别适用于背景、按钮、标题和其他需要平滑颜色过渡的元素。选择“渐变工具”，显示其选项栏，如图3-60所示。

图 3-60 “渐变工具”选项栏

在该选项栏中，主要选项的功能如下所述。

- **渐变颜色条：** 显示当前渐变颜色，单击右侧的下拉按钮☐，可以选择和管理渐变预设，如图3-61所示。单击渐变缩览图即可应用该渐变，如图3-62所示。

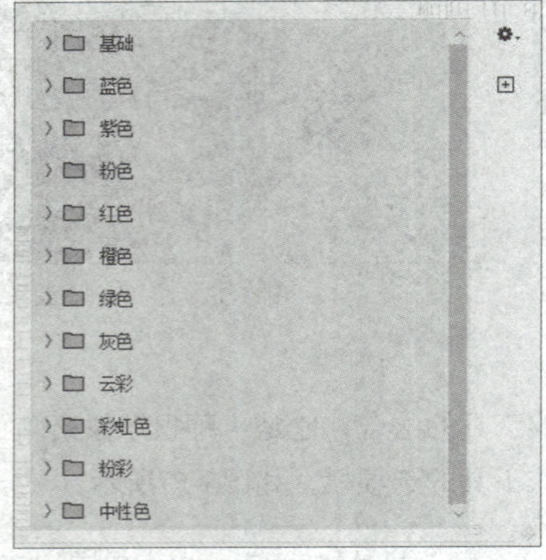

图 3-61　渐变预设组

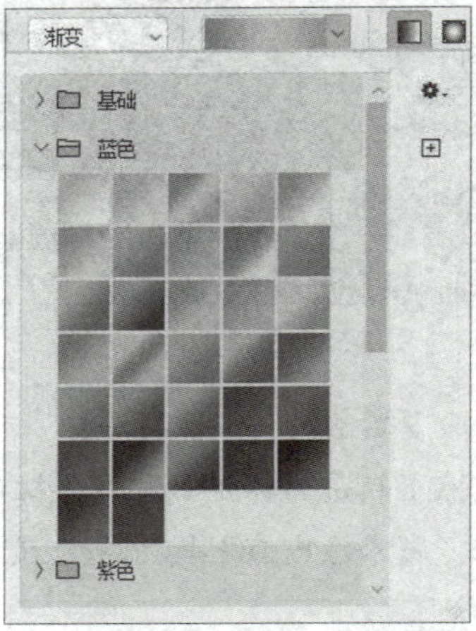

图 3-62　渐变缩览图

- **线性渐变☐：** 以直线方式从不同方向创建起点到终点的渐变。
- **径向渐变☐：** 以圆形的方式创建起点到终点的渐变。
- **角度渐变☐：** 指颜色从一个点开始，按照一定的角度和方向逐渐变化到另一个颜色的过程。
- **对称渐变☐：** 使用均衡的线性渐变，在起点的任意一侧创建渐变。
- **菱形渐变☐：** 以菱形方式从起点向外产生渐变，终点定义菱形的一个角。
- **反向：** 选中该复选框，得到反方向的渐变效果。
- **仿色：** 选中该复选框，可以使渐变效果更加平滑，防止打印时出现条带化现象，但在显示屏上不能明显地显示出来。
- **方法：** 选择渐变填充的方法，包括可感知、线性或古典。

选择“渐变工具”☐，在画布中拖动创建渐变，如图3-63所示。创建渐变后，可以更改渐变的角度、长度以及中点的位置。双击色标（圆形区域），在弹出的拾色器中可更改颜色，更改渐变颜色的效果如图3-64所示。

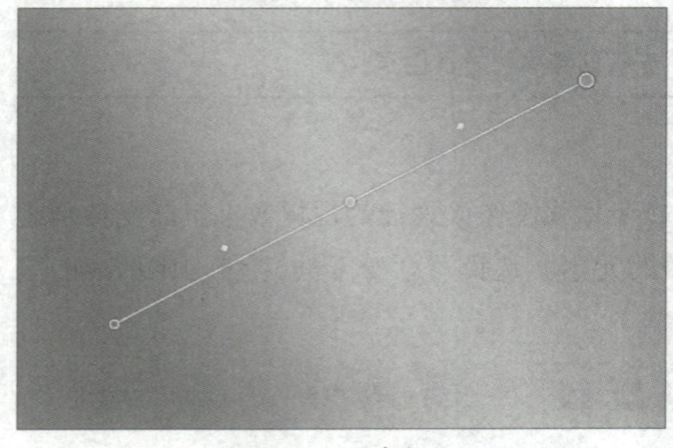

图 3-63　创建渐变

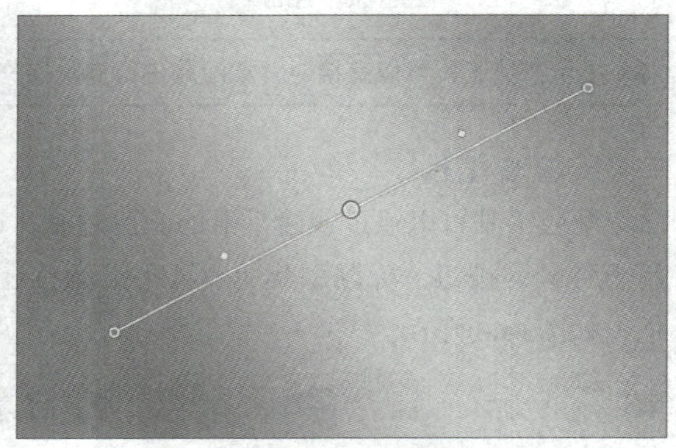

图 3-64　更改渐变颜色的效果

■3.2.4 修饰工具组

修饰工具组提供了多种用于图像修饰和修复的工具，主要包括污点修复工具、仿制图章工具、模糊工具、减淡工具等。

1. 修复类工具

修复类工具主要是对照片进行修复，主要包括污点修复画笔工具、修复画笔工具、修补工具、内容感知移动工具等。

(1) 污点修复画笔工具

污点修复画笔工具是将图像的纹理、光照和阴影等与所修复的图像进行自动匹配。该工具不需要进行取样定义样本，只要确定需要修补的图像位置，然后在需要修补的位置单击并拖动鼠标，释放鼠标即可修复图像中的污点，快速除去图像中的瑕疵。

选择"污点修复画笔工具"，在需要修复的位置单击并拖动鼠标，如图3-65所示；释放鼠标即可修复绘制的区域，如图3-66所示。

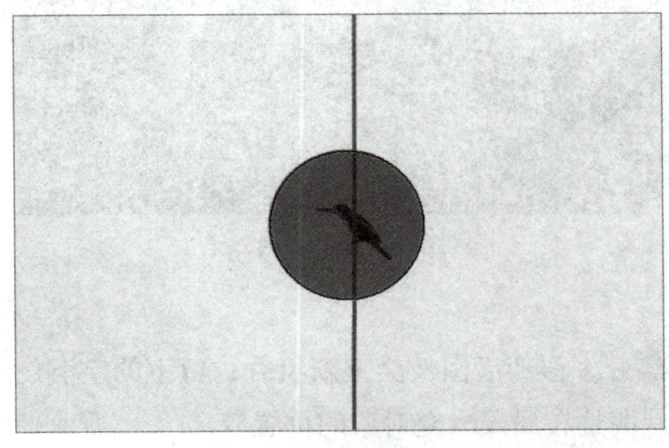

图 3-65　确定修复位置

图 3-66　修复绘制区域

(2) 修复画笔工具

修复画笔工具与污点修复画笔工具相似，最根本的区别在于在使用修复画笔工具前需要指定样本，即在无污点位置进行取样，再用取样点的样本图像来修复图像。修复画笔工具在修复时，在颜色上会与周围颜色进行一次运算，使其能更好地与周围融合。

选择"修复画笔工具"，按住Alt键在源区域单击，对源区域进行取样，如图3-67所示。在目标区域单击并拖动鼠标，即可将取样的内容复制到目标区域中，应用取样的效果如图3-68所示。

(3) 修补工具

修补工具和修复画笔工具类似，是使用图像中其他区域或图案中的像素来修复选中的区域。修补工具会将样本像素的纹理、光照和阴影与源像素进行匹配，适用于修复各种类型的图像缺陷，如划痕、污渍、颜色不均等。

选择"修补工具"，沿需要修补的部分随意绘制出一个选区，如图3-69所示。拖动选区至目标区域中，释放鼠标即可用该区域的图像修补图像，按Ctrl+D组合键取消选区，修补后的效果如图3-70所示。

图 3-67　取样

图 3-68　应用取样的效果

图 3-69　绘制选区

图 3-70　修补后的效果

（4）内容感知移动工具

内容感知移动工具可以选择和移动图片的一部分。移动后图像会重新组合，留下的空洞使用图片中的匹配元素填充，适用于去除多余物体、调整布局或改变对象的位置等。

选择“内容感知移动工具”，按住鼠标左键画出选区，在选区中再按住鼠标左键拖动，如图3-71所示。移到目标位置后释放鼠标，单击“完成”按钮，修补后的效果如图3-72所示。

图 3-71　绘制选区

图 3-72　修补后的效果

2. 图章类工具

图章类工具主要包括仿制图章工具和图案图章工具，常用于对图像的内容进行复制和修复。

（1）仿制图章工具

仿制图章工具的作用是将取样图像应用到其他图像或同一图像的其他位置。

选择“仿制图章工具”，在选项栏中设置参数，按住Alt键的同时单击要复制的区域进行取样，如图3-73所示。在目标位置单击或拖动鼠标复制仿制的图像，如图3-74所示。

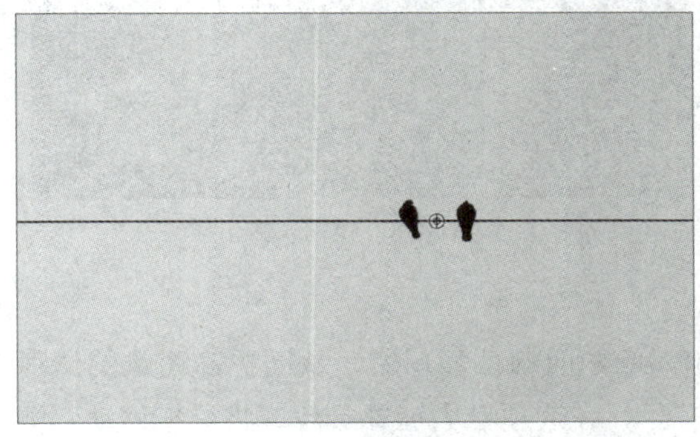
图 3-73　取样

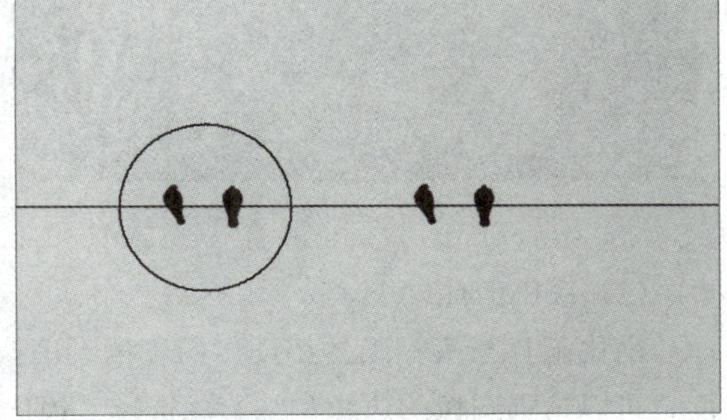
图 3-74　复制仿制的图像

（2）图案图章工具

图案图章工具是将系统自带的或用户自定义的图案进行复制，并应用到图像中。图案可以用来创建特殊效果、背景网纹或壁纸等。选择“图案图章工具”，在选项栏中选择所需图案，如图3-75所示。将鼠标移到图像编辑窗口中，按住鼠标左键并拖动，即可使用选择的图案覆盖当前区域的图像，如图3-76所示。

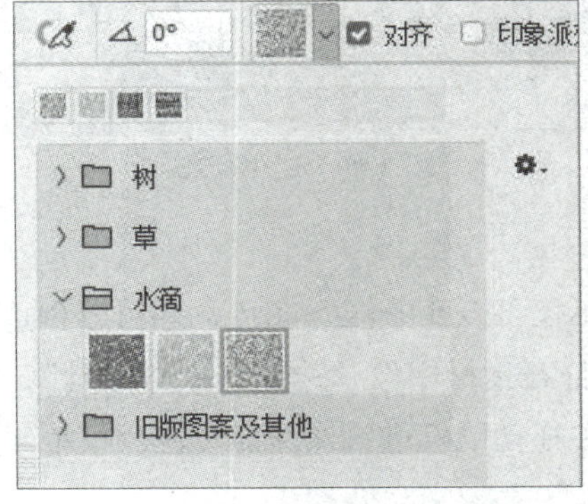

图 3-75　选择图章图案

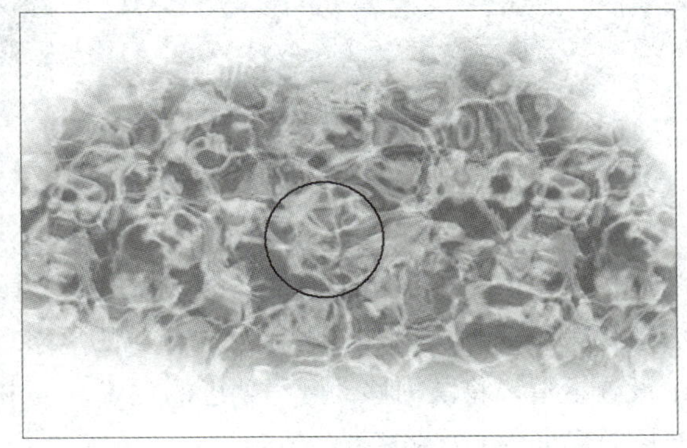
图 3-76　应用图案图章效果

3. 模糊类工具

模糊类工具包括模糊工具、锐化工具以及涂抹工具，这类工具可以通过调整画笔大小、混合模式等参数，调整图像的清晰度和创建独特的视觉效果。

（1）模糊工具

模糊工具用于柔化图像中的边缘或区域，通过减少相邻像素间的色彩反差，使得图像看起来更加柔和、朦胧，产生平滑的过渡效果。选择“模糊工具”，在选项栏中设置参数，将鼠标移动到需处理的位置，单击并拖动鼠标进行涂抹即可应用模糊效果，对比效果如图3-77和图3-78所示。

图 3-77　原图

图 3-78　模糊效果

（2）锐化工具

锐化工具与模糊工具相反，用于增大图像相邻像素间的色彩反差，从而提高图像的清晰度，可以增强图像的边缘和细节。选择“锐化工具”，在选项栏中设置参数，将鼠标移动到需处理的位置，单击并拖动鼠标进行涂抹即可应用锐化效果，对比效果如图3-79和图3-80所示。

图 3-79　原图

图 3-80　锐化效果

（3）涂抹工具

涂抹工具模拟了手指涂抹湿油漆的效果。该工具不仅可以用于混合颜色，还可以创造出独特的涂抹效果，为图像添加一种手绘或涂鸦的风格。打开素材图像，选择“涂抹工具”，在选项栏中设置参数，将鼠标移动到需处理的位置，单击并拖动鼠标进行涂抹即可应用模拟手绘效果，对比效果如图3-81和图3-82所示。

图 3-81　原图

图 3-82　涂抹效果

4. 减淡类工具

减淡类工具包括减淡工具、加深工具和海绵工具。该类工具可以通过设置工具的参数，如范围（阴影、中间调和高光）和曝光度，调整图像的亮度和色彩饱和度。

（1）减淡工具

减淡工具是用于局部提亮图像的工具，可以增加图像特定区域的亮度，使这些部分看起来更加突出或有光感。选择“减淡工具”，在选项栏中设置参数，将鼠标移动到需处理的位置，单击并拖动鼠标进行涂抹以提亮区域颜色，对比效果如图3-83和图3-84所示。

图 3-83 原图

图 3-84 减淡效果

（2）加深工具

加深工具与减淡工具相反，是用于局部加深的工具，可以降低图像某些区域的亮度，使这些区域看起来更加暗淡或有阴影感。选择“加深工具”，在选项栏中设置参数，将鼠标移动到需处理的位置，单击并拖动鼠标进行涂抹以增强阴影，对比效果如图3-85和图3-86所示。

图 3-85 原图

图 3-86 加深效果

（3）海绵工具

海绵工具用于精确地更改区域的色彩饱和度。选择“海绵工具”，在选项栏中设置“去色”模式，将鼠标移动到需处理的位置，单击并拖动鼠标应用去色效果，对比效果如图3-87和图3-88所示。将设置更改为“加色”模式后拖动鼠标应用加色效果，对比效果如图3-87和图3-89所示。

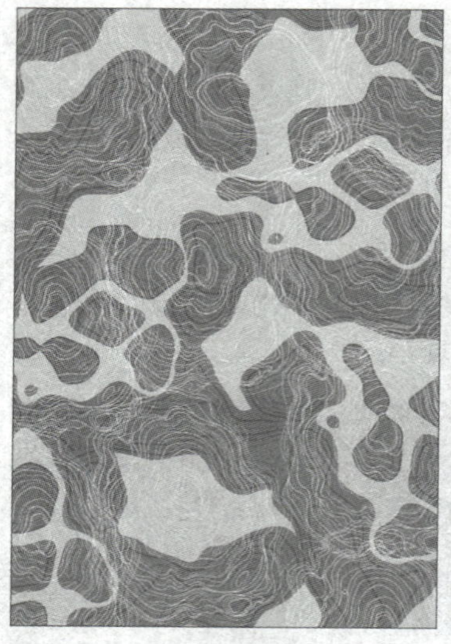

图 3-87　原图

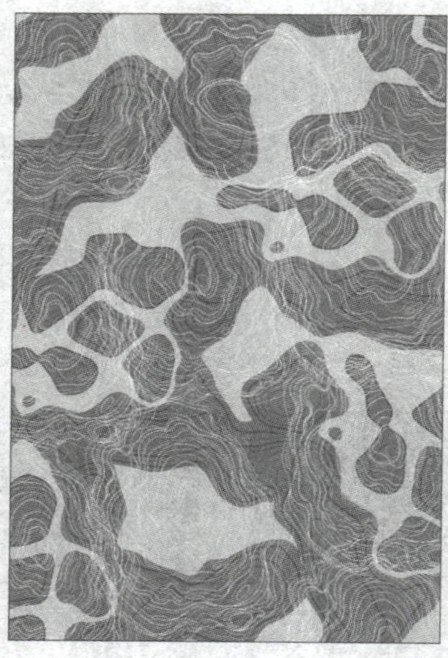
图 3-88　去色效果

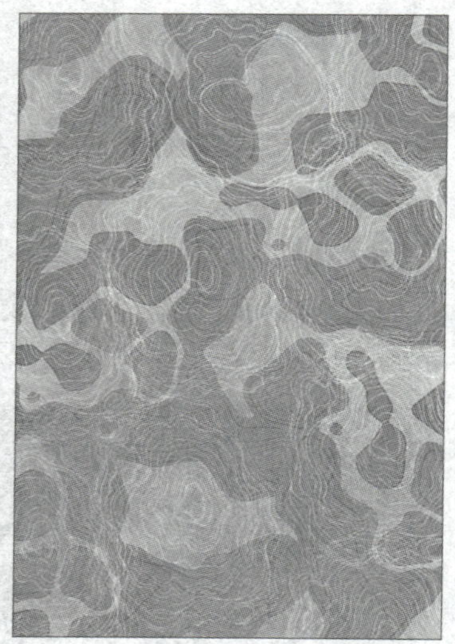
图 3-89　加色效果

■3.2.5　形状工具组

形状工具组中的工具可绘制出多种矢量形状，如矩形、椭圆、多边形等，是图形设计和图像处理中常用的工具。

1. 矩形工具

矩形工具可以绘制矩形、圆角矩形以及正方形。选择“矩形工具”，直接拖动鼠标可绘制任意大小的矩形，拖动内部的控制点可调整圆角半径，如图3-90所示。若要精准地绘制矩形，可以选择工具后在画布上单击，弹出“创建矩形”对话框，然后设置宽度、高度和半径等参数，如图3-91所示。

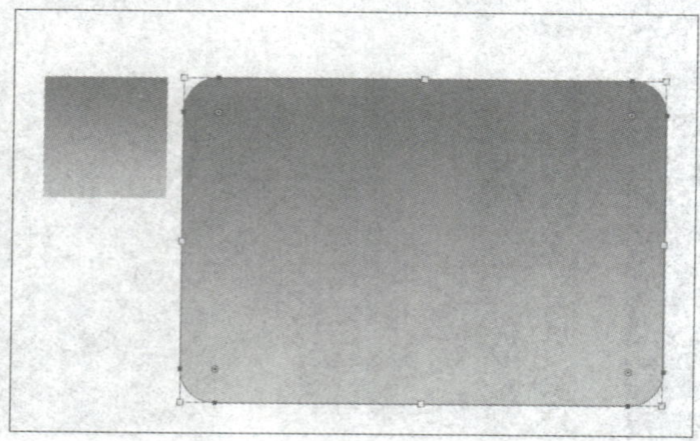
图 3-90　调整圆角半径

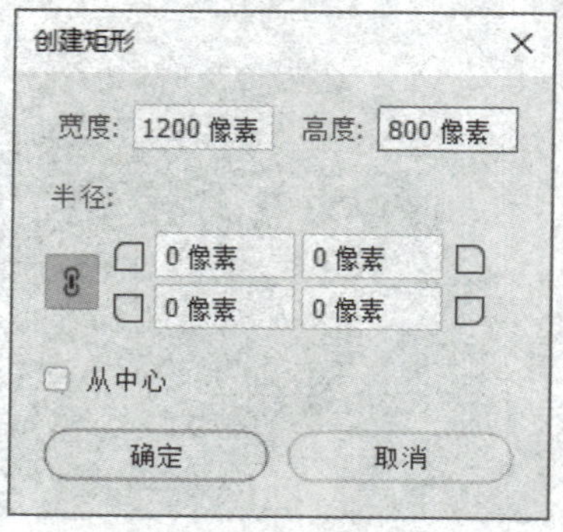

图 3-91　“创建矩形”对话框

> ❶ **提示**：选择矩形工具，按住Alt键可以以光标位置为中心绘制矩形；按住Shift+Alt组合键可以以光标位置为中心绘制正方形。

2. 椭圆工具

椭圆工具可以绘制椭圆形和正圆。选择“椭圆工具”，直接拖动可绘制任意大小的椭圆形，按住Shift键的同时拖动可绘制正圆，如图3-92所示。选择椭圆工具后在画布中单击，弹出“创建椭圆”对话框，然后设置宽度和高度，如图3-93所示。

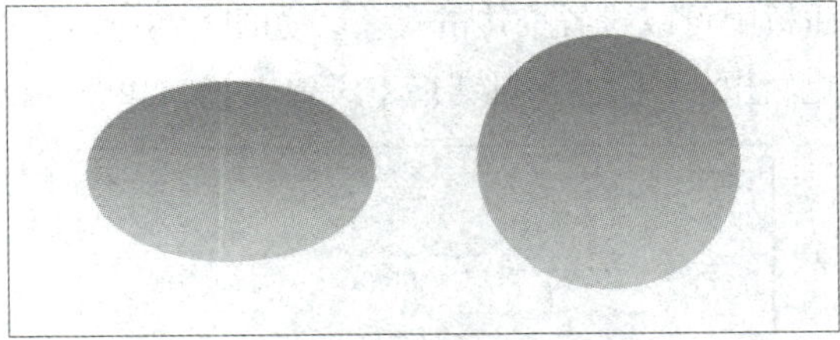

图 3-92　绘制椭圆形和正圆

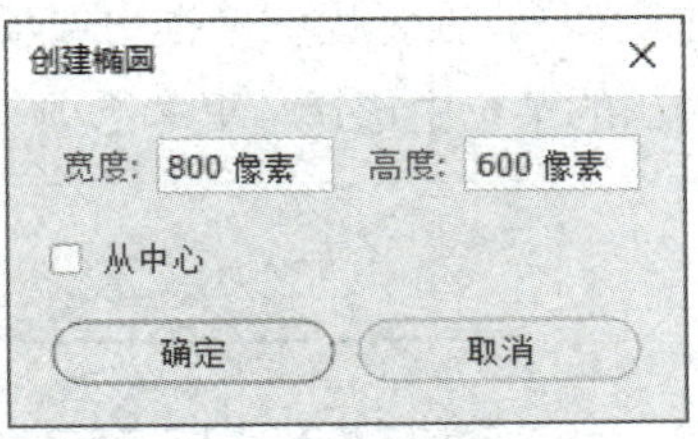

图 3-93　“创建椭圆”对话框

3. 三角形工具

三角形工具可以绘制三角形。选择“三角形工具”，直接拖动可绘制三角形，按住Shift键可绘制等边三角形，拖动内部的控制点可调整圆角半径，如图3-94所示。选择三角形工具后在画布中单击，弹出“创建三角形”对话框，然后设置宽度、高度、等边和圆角半径等参数，如图3-95所示。

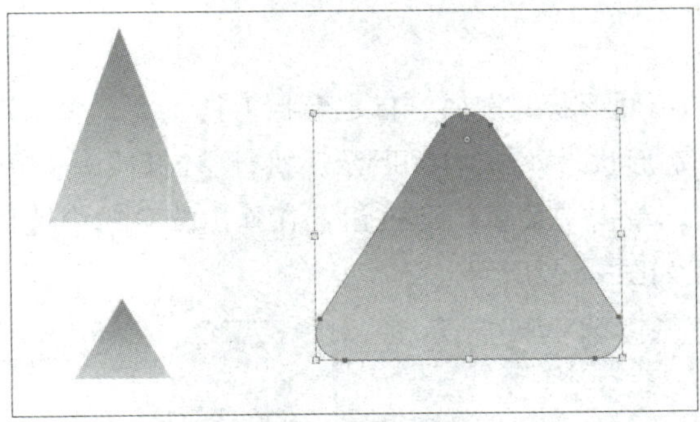

图 3-94　调整圆角半径

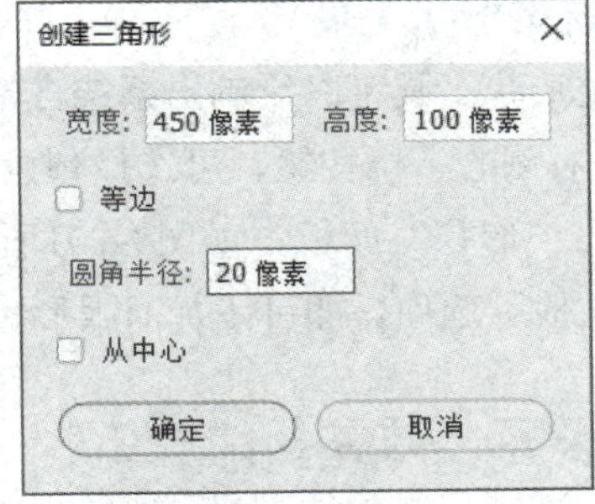

图 3-95　“创建三角形”对话框

4. 多边形工具

多边形工具可以绘制出正多边形（最少为3边）和星形。选择“多边形工具”，在选项栏中设置边数，拖动即可绘制。选择工具后在画布中单击，弹出“创建多边形”对话框，然后设置宽度、高度、边数、圆角半径等参数，如图3-96所示。绘制的五边形如图3-97所示。

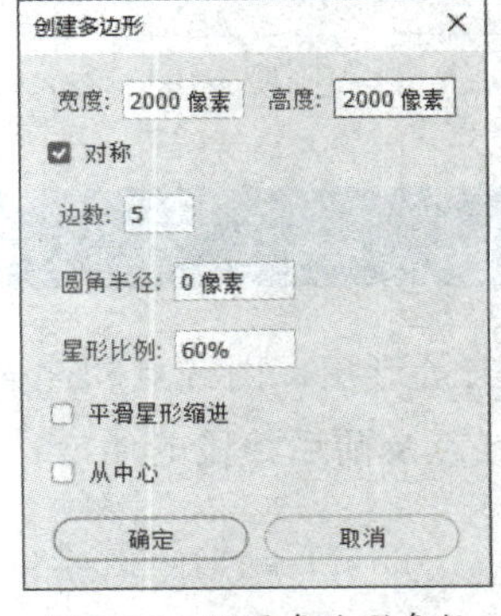

图 3-96　设置多边形参数

图 3-97　绘制的五边形

5. 直线工具

直线工具可以绘制直线和带有箭头的路径。选择“直线工具”，在选项栏中单击“设置形状描边类型”，在弹出的“描边选项”面板中可以设置描边的类型，如图3-98所示。单击按钮，在弹出的菜单中选择“更多选项”，在弹出的“描边”对话框中设置参数，如图3-99所示。

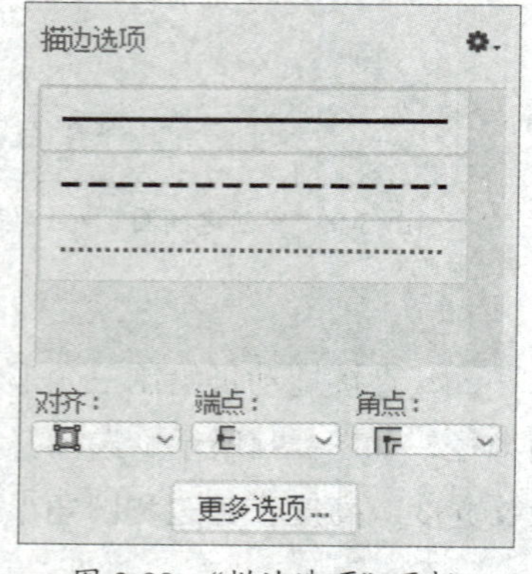

图 3-98 “描边选项”面板

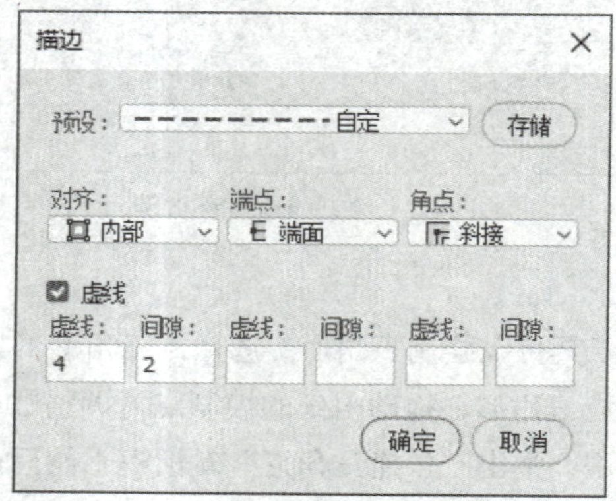

图 3-99 “描边”对话框

6. 自定形状工具

自定形状工具可以绘制出系统自带的不同形状。选择“自定形状工具”，单击选项栏中“形状”右侧的下拉按钮，可选择预设自定形状，如图3-100所示。执行“窗口”→“形状”命令，弹出“形状”面板，如图3-101所示。单击“菜单”按钮，在弹出的菜单中选择“旧版形状及其他”选项，即可添加旧版形状，如图3-102所示。

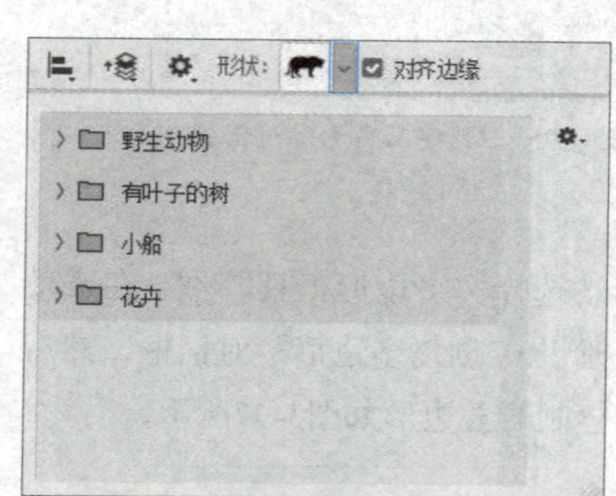

图 3-100 预设自定形状

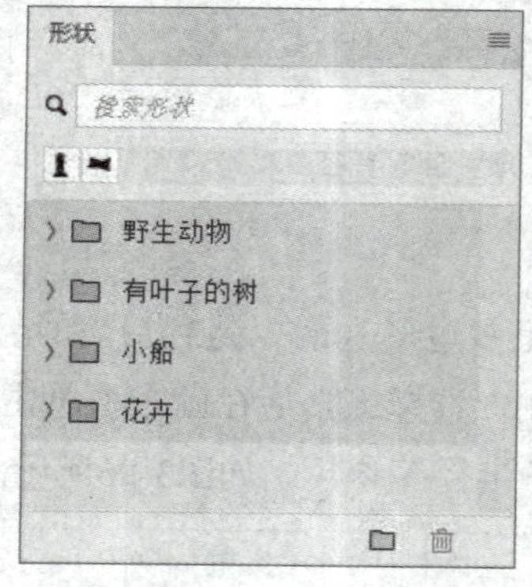

图 3-101 “形状”面板

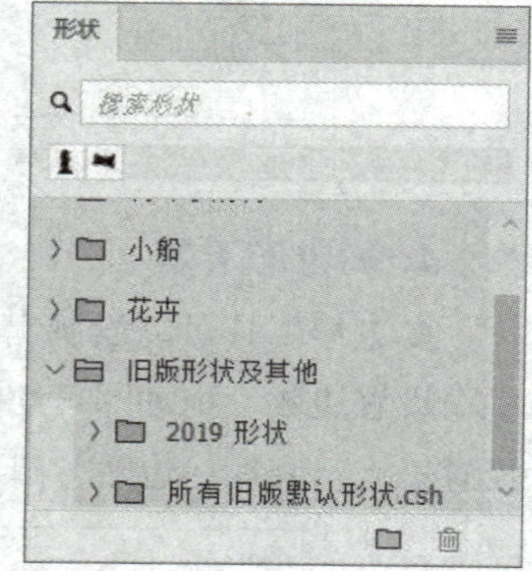

图 3-102 添加的旧版形状

3.3 路径的创建与应用

路径是指在屏幕上表现为不可打印、不能活动的一些矢量形状，由锚点和连接锚点的线段或曲线构成，每个锚点包含两个控制柄，用于精确调整锚点及前后线段的曲度，如图3-103所示。

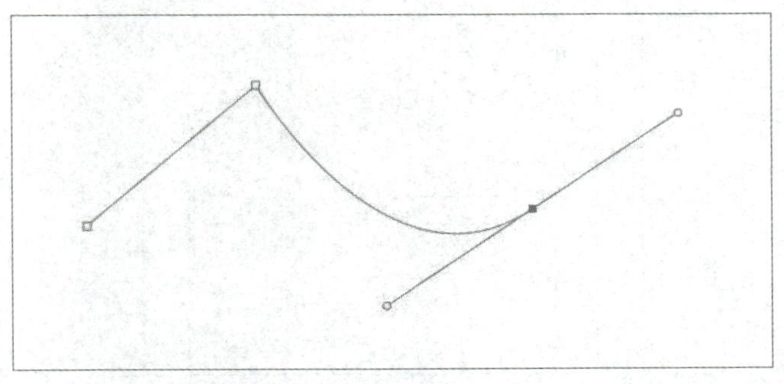

图 3-103　路径

■3.3.1　创建路径

在Photoshop中，可以使用钢笔工具、弯度钢笔工具创建路径，这些工具适用于不同的绘制需求。

1. 钢笔工具

钢笔工具是一种矢量绘图工具，可以精确绘制出直线或平滑的曲线。选择“钢笔工具”，单击图像创建路径起点，此时在图像上会出现一个锚点，沿图像中需要创建路径的图案轮廓方向单击并按住鼠标不放向外拖动，让曲线贴合图像边缘，当光标与创建的路径起点相连接时，路径会自动闭合，如图3-104和图3-105所示。

图 3-104　绘制路径

图 3-105　闭合路径

2. 弯度钢笔工具

弯度钢笔工具允许用户绘制具有平滑弯曲度的路径。通过钢笔工具的弯度，可以绘制出流畅的曲线。选择“弯度钢笔工笔”，在任意位置单击可创建第一个锚点，如图3-106所示，创建第二个锚点后将显示为直线段，如图3-107所示，继续创建第三个锚点，这三个锚点就会形成一条连接的曲线。当光标移到锚点上，出现时，可随意移动锚点位置，如图3-108所示。

图 3-106 绘制锚点

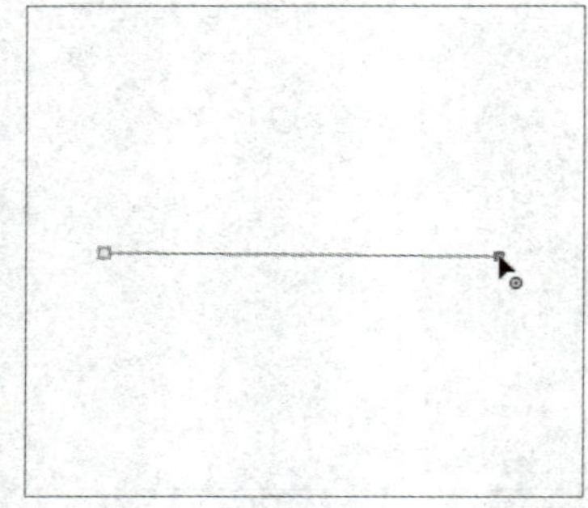

图 3-107 直线段

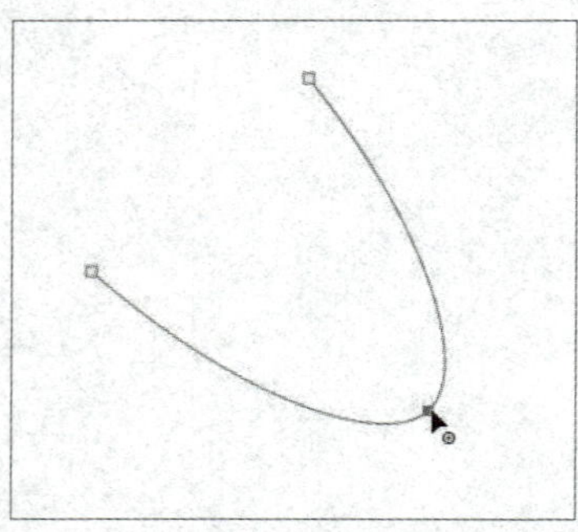

图 3-108 移动锚点

■3.3.2 路径运算

路径运算是一种用于组合和修改矢量图形的技术，允许用户通过加、减相交等操作来创建复杂的形状。下面介绍常用的路径运算。

- **合并形状**：将两个或多个路径合并为一个路径。如果路径有重叠部分，则这些部分也会被合并。绘制形状路径，如图3-109所示。在选项栏中选择“合并形状”选项，继续绘制路径，合并形状的效果如图3-110所示。

图 3-109 绘制路径

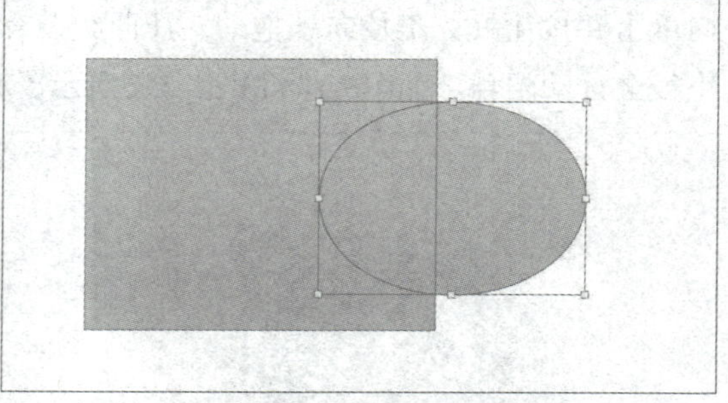

图 3-110 合并形状的效果

- **减去顶层形状**：从一个路径中减去另一个路径的区域。通常，后选择的路径会从先选择的路径中减去其重叠部分，如图3-111所示。
- **与形状区域相交**：只保留两个或多个路径重叠（相交）的部分，如图3-112所示。如果路径没有重叠，则不会生成新的路径。

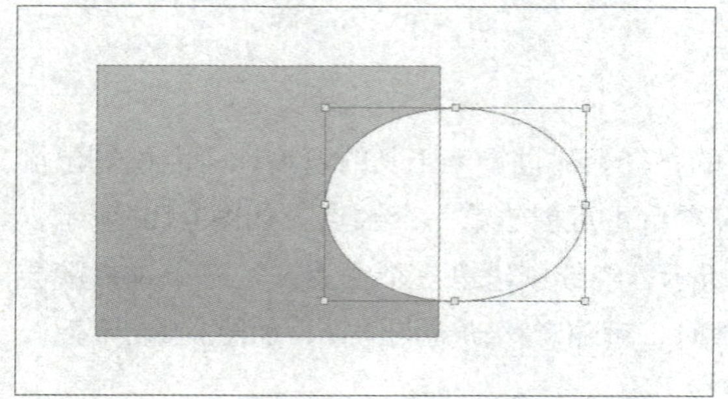

图 3-111 减去顶层形状

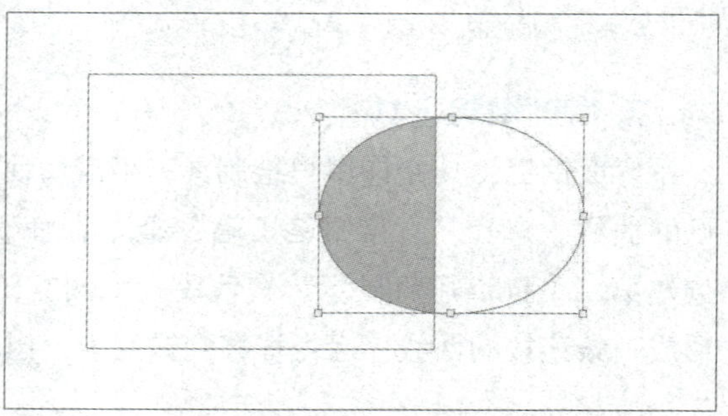

图 3-112 与形状区域相交

- **排除重叠形状**：去除两个形状重叠的部分，只保留非重叠的部分，如图3-113所示。
- **合并形状组件**：合并形状组件是将多个形状组件合并为一个单一的形状，如图3-114所示。

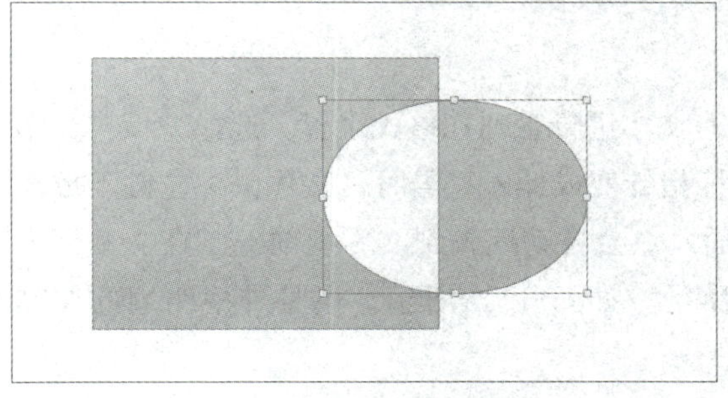

图 3-113 排除重叠形状

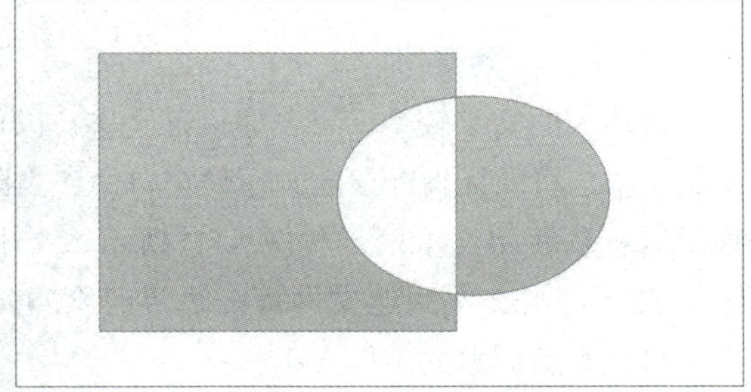

图 3-114 合并形状组件

3.4 文字的处理与应用

Photoshop除了可绘制图像，还可创建各种效果的文字。文字会在整个作品中充当非常重要的角色，可以快速展现作品的主题。

3.4.1 创建文本

选择“横排文字工具”，显示该工具的选项栏，如图3-115所示。

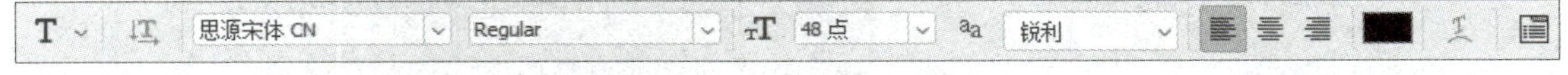

图 3-115 “横排文字工具”选项栏

1. 输入横排和直排文字

选择文字工具，在选项栏中设置文字的字体和字号，在图像中单击，出现相应的文本插入点即可输入文字。文本的排列方式包含横排文字和直排文字两种。使用“横排文字工具”可以在图像中从左到右输入水平方向的文字，如图3-116所示。使用“直排文字工具”可以在图像中输入垂直方向的文字，如图3-117所示。文字输入完成后，按Ctrl+Enter组合键或者单击文字图层完成输入。

图 3-116 横排文字效果

图 3-117 直排文字效果

> ❗ **提示**：如果需要调整已经创建好的文本的排列方式，可以直接单击文本工具选项栏中的“切换文本取向”按钮，或执行“文字”→“文本排列方向”→“横排/竖排”命令。

2. 输入段落文字

若输入的文字较多，可创建段落文字，以便对文字进行管理和格式设置。选择“横排文字工具”，将鼠标指针移动到图像窗口中，当鼠标指针变成插入符号时，按住鼠标左键不放，拖动鼠标创建出文本框，如图3-118所示。文本插入点会自动插入到文本框前端，在文本框中输入文字，当文字到达文本框的边界时会自动换行，如图3-119所示。调整外框四周的控制点，可以重新调整文本框大小。

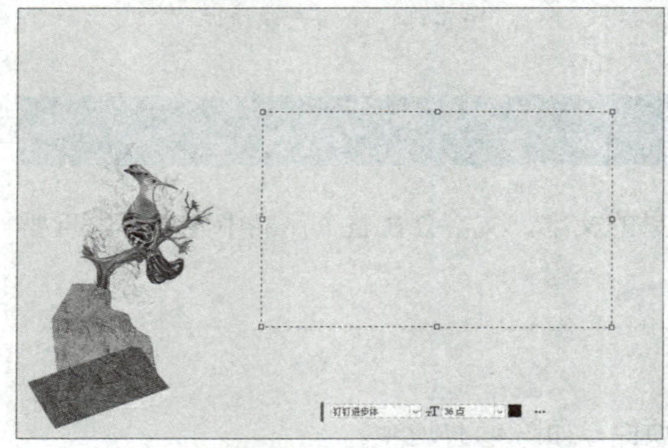
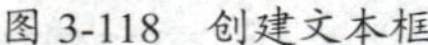

图 3-118　创建文本框

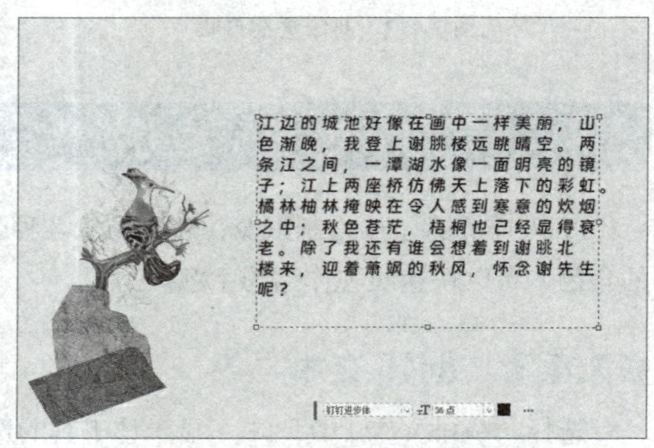

图 3-119　输入段落文字

3. 创建路径文字

创建路径文字是让文字跟随某一条路径的轮廓形状进行排列，有效结合文字和路径，在很大程度上扩充了文字带来的视觉效果。

选择钢笔工具或形状工具，在选项栏中选择“路径”选项，在图像中绘制路径，使用文字工具，将鼠标指针移至路径上方，当鼠标指针变为形状时，在路径上单击鼠标，此时光标会自动吸附到路径上，即可输入文字，如图3-120所示。按Ctrl+Enter组合键完成输入，路径文字效果如图3-121所示。

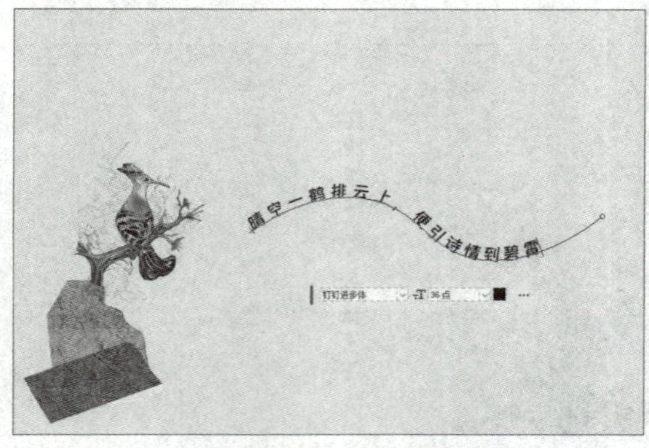

图 3-120　输入路径文字

图 3-121　路径文字效果

■3.4.2 设置文本属性

Photoshop有两个关于文本的面板，“字符”面板和“段落”面板，这两个面板可以设置字体的类型、大小、字距、基线移动以及颜色等属性。

1. “字符”面板

“字符”面板主要用于设置单个字符的属性，如字体、字号、颜色、字距微调等。在文本工具选项栏中单击“切换字符和段落面板”按钮或执行“窗口”→“字符”命令，打开“字符”面板，如图3-122所示。

2. “段落”面板

“段落”面板主要用于设置整个段落的格式和布局，包括对齐方式、缩进、段前空格和段后空格等选项，使用户能够灵活掌控段落的整体架构与排列方式。在选项栏中单击“切换字符和段落面板”按钮或执行“窗口”→“段落”命令，打开“段落”面板，如图3-123所示。

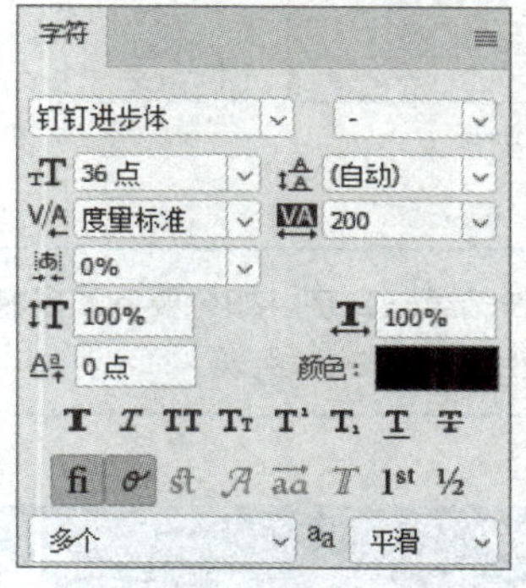

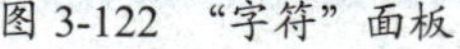
图 3-122 “字符”面板

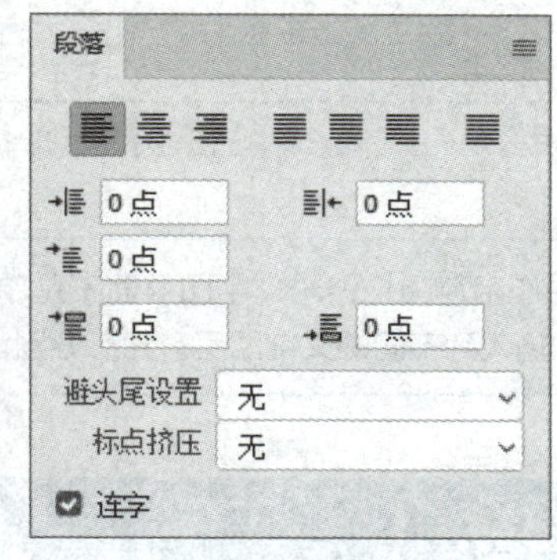

图 3-123 “段落”面板

■3.4.3 栅格化文字

文字图层是一种特殊的图层，具有文字的特性，可对其文字大小、字体等进行修改，若要在文字图层上进行绘制或应用滤镜等，需要将文字图层栅格化，将其转换为常规图层。文字图层栅格化后则无法更改字体的属性。在“图层”面板中选择文字图层，如图3-124所示，在图层名称上右击，在弹出的菜单中选择“栅格化文字”选项，文字图层转换为常规图层，效果如图3-125所示。

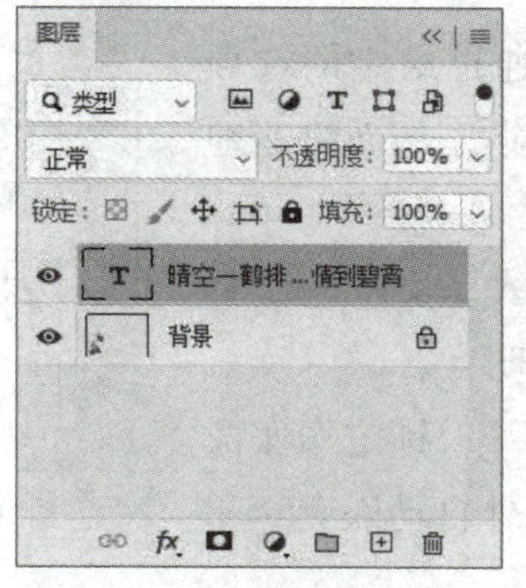

图 3-124 选择文字图层

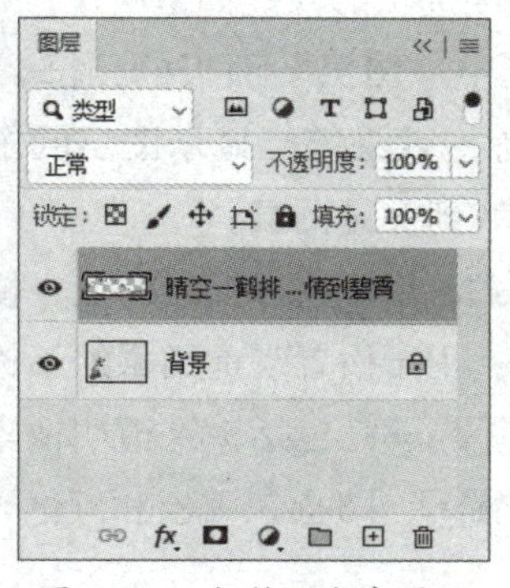

图 3-125 栅格化文字图层

■3.4.4 文字变形

文字变形是将文本沿着预设或自定义的路径进行弯曲、扭曲和变形处理，以创建出富于创意的艺术效果。执行“文字”→“文字变形”命令或单击选项栏中的“创建文字变形”按钮[icon]，在弹出的“变形文字”对话框中有15种文字变形样式，如图3-126所示。

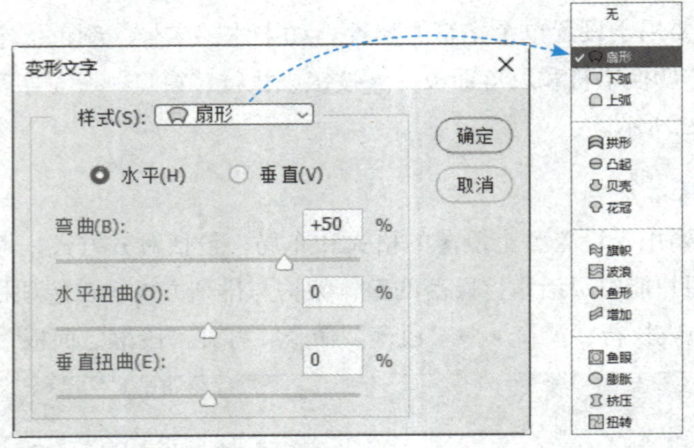

图 3-126 设置变形文字

知识点拨

文字变形调整的作用范围是整个文字图层而不是单独的某些文字。如果要制作多种文字变形混合的效果，可以通过将文字输入到不同的文字图层，然后分别设定变形样式来实现。

3.5 图层的应用

通过图层可以对图形、图像以及文字等元素进行有效的管理和归整，为创作过程提供良好的条件。

■3.5.1 认识图层

执行“窗口”→“图层”命令或按F7功能键，弹出“图层”面板，如图3-127所示。

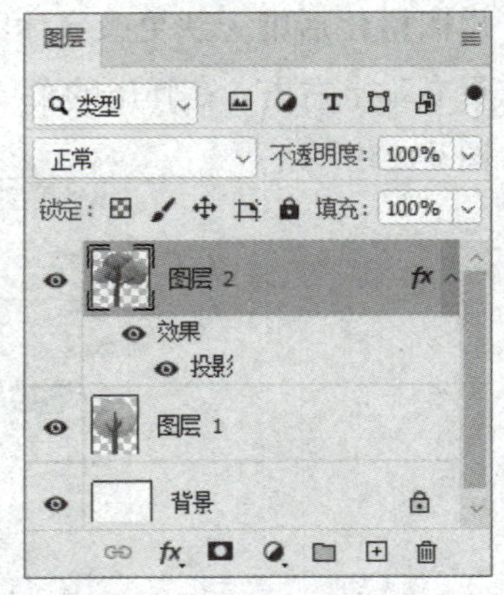

图 3-127 “图层”面板

在该面板中，主要选项的功能如下所述。

- **图层滤镜：**位于“图层”面板的顶部，通过给定的选项（如种类、名称、效果等）显示图层的子集，从而快速地在复杂文档中找到关键图层。
- **图层的混合模式：**用于选择图层的混合模式。
- **图层不透明度：**用于设置当前图层的不透明度。
- **图层锁定**[icon]：包括锁定透明像素[icon]、锁定图像像素[icon]、锁定位置[icon]、防止在画板和画框内外自动嵌套[icon]和锁定全部[icon]。

- **图层填充透明度**：可以在当前图层中调整某个区域的不透明度。
- **指示图层可见性**：用于控制图层显示或者隐藏，不能编辑隐藏状态下的图层。
- **图层缩览图**：指图层图像的缩小图，方便调整图层。在缩览图上右击，弹出菜单，在菜单中可以选择缩小图的大小、颜色、像素等。
- **图层名称**：用于定义图层的名称，更改图层名称只要双击需重命名的图层的名称部分，输入名称即可。
- **图层按钮组**："图层"面板底端的7个按钮分别是链接图层、添加图层样式、添加图层蒙版、创建新的填充或调整图层、创建新组、创建新图层和删除图层，它们是图层操作中常用的命令。

■3.5.2 管理图层

图像的创作和编辑离不开图层，必须熟练掌握图层的基本操作。在Photoshop中，图层的操作包括新建、删除、复制、合并、重命名、调整图层叠放顺序和合并图层等。

1. 新建图层

默认状态下，打开或新建的文件只有背景图层，如图3-128所示。在"图层"面板中，单击"创建新图层"按钮，即可在当前图层上面新建一个透明图层，新建的图层会自动成为当前图层，如图3-129所示。

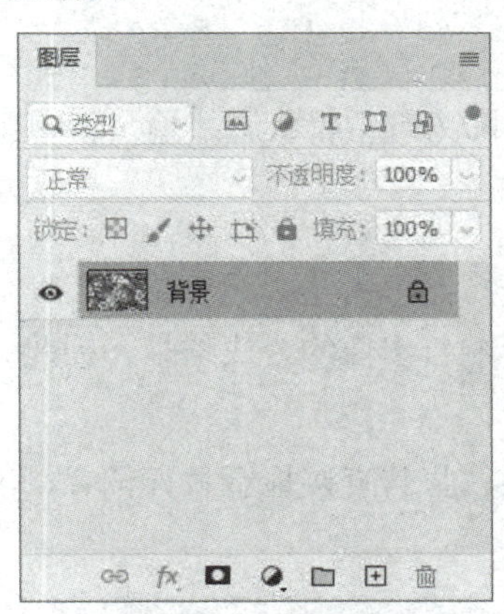

图 3-128 背景图层

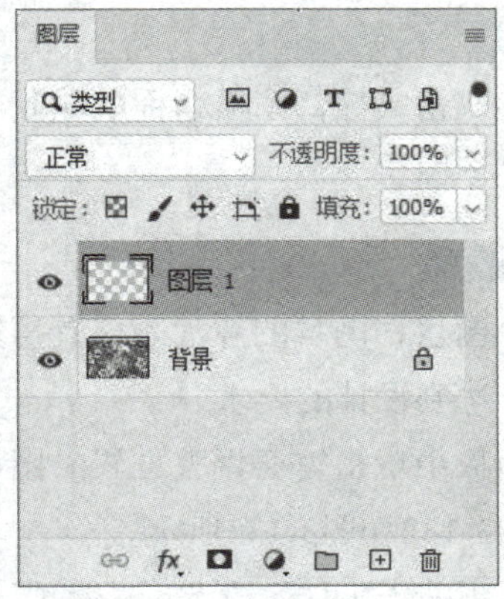

图 3-129 新建透明图层

除此之外，还应该掌握其他图层的创建方法。

- **文字图层**：选择文字工具，在图像中单击鼠标，出现闪烁光标后输入文字，按Ctrl+Enter组合键确认即可创建文字图层。
- **形状图层**：选择形状工具，拖动鼠标绘制形状即可生成形状图层。
- **填充或调整图层**：在"图层"面板中单击"创建新的填充或调整图层"按钮，在弹出的菜单中选择相应的命令并设置参数，单击"确定"按钮即可创建相关图层。
- **图层样式**：双击需添加图层样式的图层，或在图层上右击鼠标，在弹出的菜单中选择"图层样式"选项，添加图层样式。

- **图层蒙版：**在“图层”面板中单击“添加图层蒙版”按钮即可添加图层蒙版，按Ctrl+Alt+G组合键可创建剪贴蒙版。

2. 复制/删除图层

选择需要复制的图层，按Ctrl+J组合键，或将其拖动到“创建新图层”按钮上即可复制出一个图层，如图3-130所示。复制副本图层可以避免因为操作失误造成的图像效果的损失。若要删除图层，可以选择需要删除的图层，右击鼠标，在弹出的菜单中选择“删除图层”选项，或将要删除的图层拖至“删除图层”按钮上，如图3-131所示，释放鼠标即可删除。

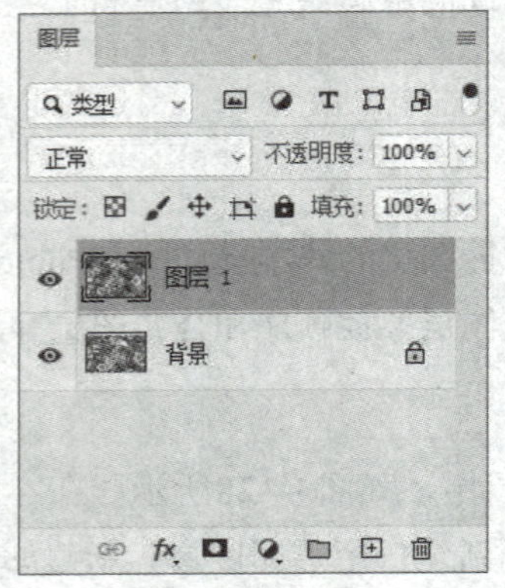

图 3-130　复制图层

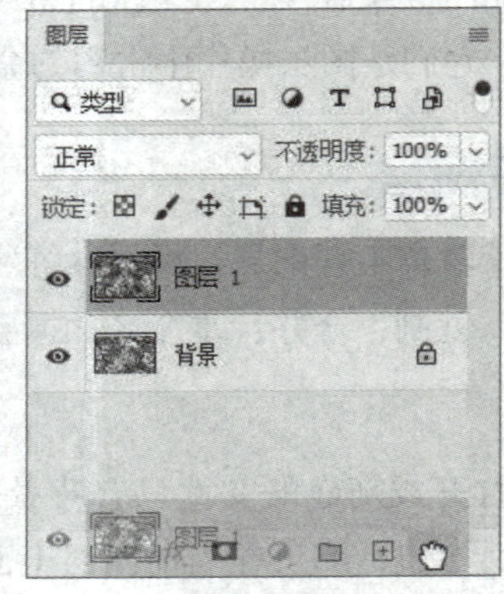

图 3-131　删除图层

3. 重命名图层

在图层名称上双击鼠标，图层名称呈现蓝色即为可编辑状态，输入新的图层名称，按Enter键确认即可重命名该图层。

4. 调整图层顺序

图像会有多个图层，图层的叠放顺序直接影响着图像的合成结果，因此，常常会通过调整图层的叠放顺序来达到设计的要求。

在“图层”面板中单击需要调整位置的图层，将其直接拖至目标位置，出现蓝色双线时释放鼠标即可，如图3-132和图3-133所示。

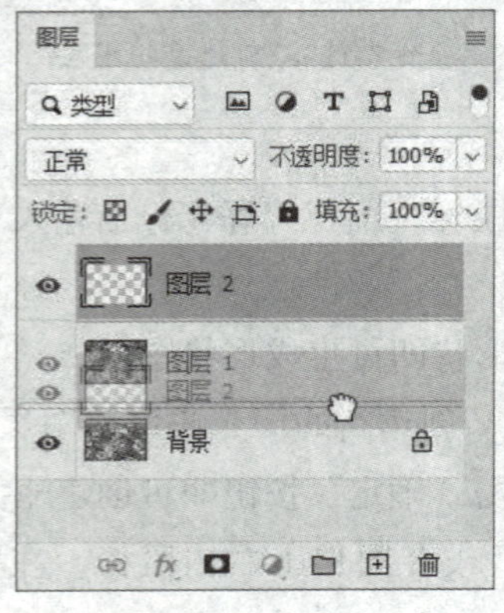

图 3-132　调整图层顺序

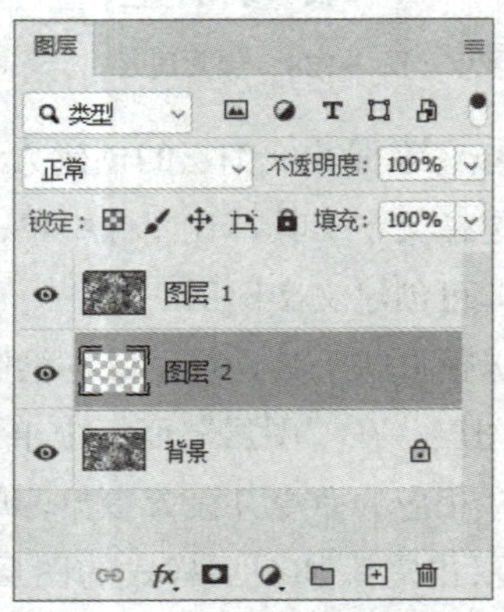

图 3-133　调整图层顺序效果

知识点拨

在“图层”面板上选择要移动的图层，执行“图层”→“排列”命令，在子菜单中执行相应的命令，如图3-134所示，即可将选定图层移至指定位置。

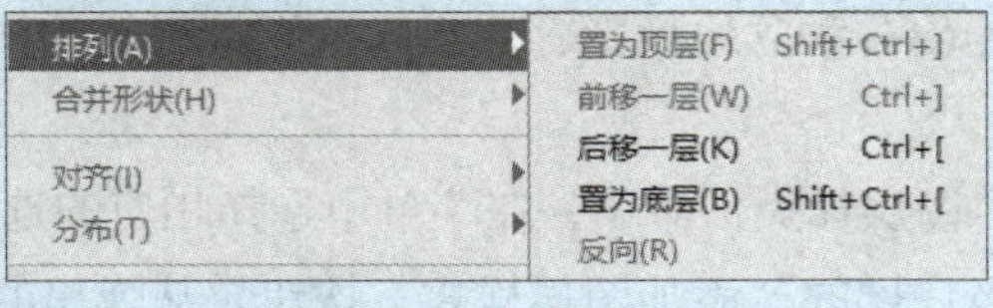

图 3-134 “排列”子菜单

5. 合并图层

合并图层是指将两个或多个图层合成为一个图层的过程。用户可根据需要对图层进行合并，从而减少图层的数量，以便后续的操作。

- **合并多个图层：**将两个或两个以上图层中的图像合并到一个图层中。
- **合并可见图层：**将图层中可见的图层合并到一个图层中，隐藏的图像保持不动。
- **拼合图像：**将所有图层进行合并，丢弃隐藏的图层。
- **盖印图层：**将多个图层的内容合并到一个新的图层中，同时保持原始图层的内容不变，按Ctrl+Alt+Shift+E组合键即可盖印图层。

3.5.3 图层样式

图层样式是Photoshop中的一项强大功能，可为图层上的对象应用各种视觉效果，如投影、发光、斜面和浮雕等。这些样式可以增强图像的外观，使设计更加生动和丰富。

1. 调整图层的不透明度

在Photoshop中，调整图层不透明度是一个常用的操作，它会影响图层上所有元素（包括图层样式）的透明程度。不透明度的设置范围为0%（完全透明）到100%（完全不透明）。

2. 设置图层混合模式

混合模式的应用非常广泛，在“图层”面板中，可以快速设置各图层的混合模式，选择不同的混合模式会得到不同的效果。

默认情况为正常模式，除正常模式外，Photoshop中提供了6组27种混合模式，如图3-135所示。

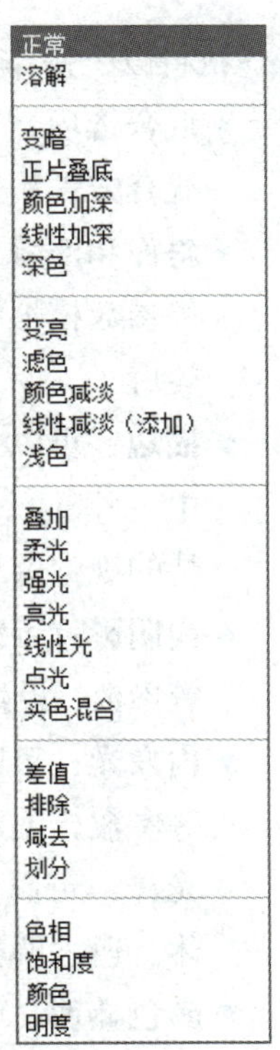

图 3-135 图层混合模式

- **组合模式：**正常和溶解。
- **加深模式：**变暗、正片叠底、颜色加深、线性加深和深色。
- **减淡模式：**变亮、滤色、颜色减淡、线性减淡（添加）和浅色。
- **对比模式：**叠加、柔光、强光、亮光、线性光、点光和实色混合。

- **比较模式：**差值、排除、减去和划分。
- **色彩模式：**色相、饱和度、颜色和明度。

3. 图层样式

通过图层样式可以制作出各种立体投影、质感以及光景气氛的图像特效。添加图层样式主要有以下3种方法。

（1）执行“图层”→“图层样式”命令，在菜单中选择相应的选项即可，如图3-136所示。

（2）单击“图层”面板底部的“添加图层样式”按钮，从弹出的下拉菜单中选择任意一种样式，如图3-137所示。

（3）双击需要添加图层样式的图层缩览图或图层。

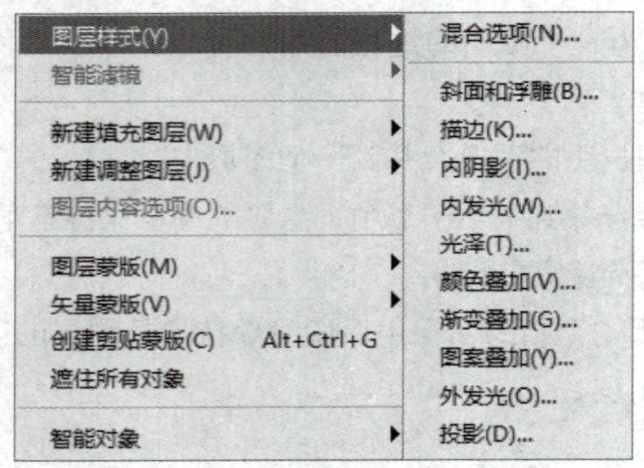

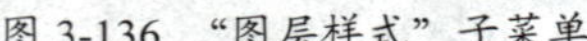
图 3-136 “图层样式”子菜单

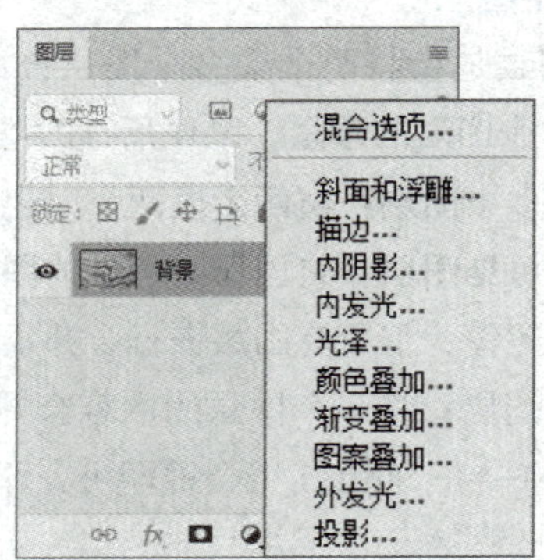

图 3-137 “图层样式”菜单

执行以上操作，均可打开“图层样式”对话框，该对话框中主要样式的功能如下所述。

- **混合选项：**可以调整图像的混合模式、不透明度等参数，主要用于控制图层样式的整体混合方式和透明度。
- **斜面和浮雕：**可以创建具有强烈立体感的浮雕效果，通过调整深度、角度、高度、光泽等参数模拟材质表面的凸起或凹陷。该样式还包含“等高线”选项，用于精细控制立体轮廓。
- **描边：**可以为图层内容的边缘添加线条，通过设置描边的颜色、宽度、位置（内部、居中、外部）、混合模式、不透明度，以及使用虚线或图案样式描边，可以为图像增添独特的视觉效果。
- **内阴影：**可以在图层内容的内部添加阴影效果，通过调整阴影的颜色、大小、形状和角度等参数，模拟出物体内部的阴影效果，增强图像的层次感和立体感。
- **内发光：**可以为图层内容的内部添加发光效果，通过调整发光的颜色、亮度和混合模式等参数，创建出独特的内部光照效果，使图像更加明亮。
- **光泽：**可以为图像添加光滑的、具有光泽的内部阴影，常用于制作具有光泽质感的物体。通过调整光泽的颜色、大小和分布方式，可模拟出不同材质表面的光泽效果。
- **颜色叠加：**可以通过调整颜色、混合模式和不透明度改变图层的颜色。

- **渐变叠加**：可以通过设置渐变类型、样式、角度、比例等参数添加平滑的颜色过渡效果。
- **图案叠加**：可以通过选择图案、调整混合模式、设置不透明度等参数，将图案应用于图层上，从而增添丰富的图案质感。
- **外发光**：可以为图层内容的外部边缘添加柔和或锐利的发光效果，使其看起来更加突出和有层次感。可通过设置发光颜色、不透明度、大小、杂色等属性调整外发光的效果。
- **投影**：可以为图层添加阴影效果，模拟物体在光源下的投影效果。通过调整阴影的颜色、大小、模糊程度和角度等参数，可以创建出逼真的投影效果，增强图像的立体感和空间感。

3.6 通道和蒙版

通道和蒙版在图像处理和编辑中都具有独特的作用。通道主要用于存储和编辑图像的颜色信息，实现并行处理等；蒙版主要用于保护图像、实现精确编辑和增强创意等。两者结合使用，可以大大提高图像处理的效率和效果。

3.6.1 通道的类型

在Photoshop中，通道主要有以下几种类型。

1. 颜色通道

颜色通道是保存图像颜色信息的通道。RGB模式的图像包含红、绿、蓝3个颜色通道，如图3-138所示。CMYK模式的图像包含青色、洋红、黄色和黑色4个通道，如图3-139所示。这些通道共同决定了图像的色彩表现。

2. Alpha通道

Alpha通道是一种特殊的通道，主要用于存储图像的透明度信息，如图3-140所示。黑白灰阶代表了图像的不同透明度层次，白色代表完全不透明，黑色代表完全透明，中间的灰色代表不同程度的透明。Alpha通道常用于精细地控制图像的边缘羽化、遮罩或者作为保存和载入选区的工具。

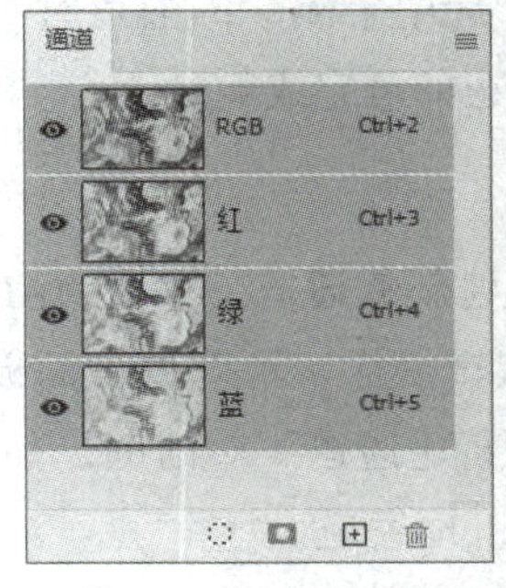

图 3-138　RGB 通道

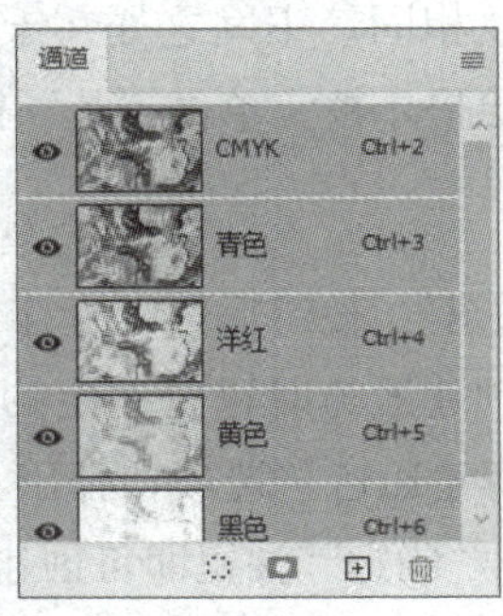

图 3-139　CMYK 通道

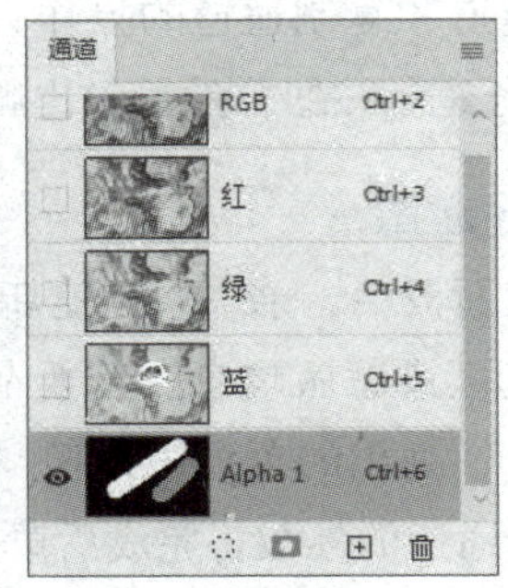

图 3-140　Alpha 通道

3. 专色通道

专色通道（也称为专色油墨）是一种特殊的颜色通道，用于补充印刷中的CMYK四色油墨，以呈现CMYK四色油墨无法准确混合出的特殊颜色，例如亮丽的橙色、鲜艳的绿色、荧光色、金属色等。

■3.6.2　通道的基础操作

通道是Photoshop中用于存储和管理图像颜色信息或选区信息的重要功能。

1. 查看和选择通道

在“通道”面板中，可以单独查看任何一个通道（如红色、绿色、蓝色或Alpha通道），如图3-141所示。选中的通道在工作区会显示为灰度图像，如图3-142所示。

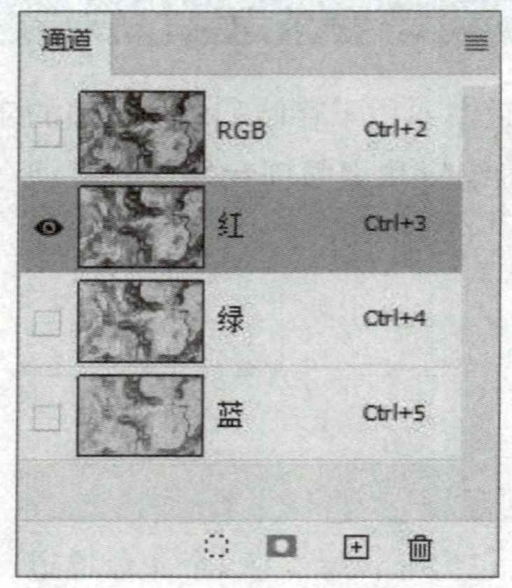

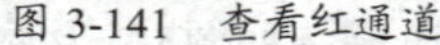

图 3-141　查看红通道

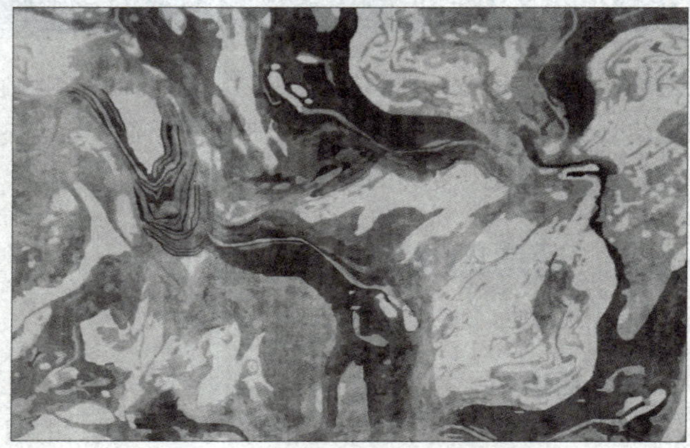

图 3-142　红通道灰度图像

2. 复制/删除通道

若要编辑通道中的选区，可先复制该通道的内容再进行编辑，避免编辑后不能还原图像。复制目标通道有两种方法。

- 选中目标通道，右击鼠标，在弹出的菜单中选择“复制通道”选项，在弹出的“复制通道”对话框中设置参数，然后单击“确定”按钮即可。
- 直接将目标通道拖至“创建新通道”⊞按钮，释放鼠标即可完成通道的复制。

删除通道和复制通道的操作大致相同。不同之处在于，选中要删除的通道时可直接单击“删除当前通道”按钮，然后弹出删除提示框，单击“是”按钮即可完成删除。

3. 创建通道

在通道面板中，单击“创建新通道” 按钮后可以直接创建新的通道，默认为Alpha通道，用于存储选区或蒙版信息。若要在创建通道时进行一定的编辑操作，可以单击面板右上角的菜单按钮，在弹出的菜单中选择“新建通道”选项，弹出“新建通道”对话框，如图3-143所示。设置新通道的参数，完成后单击“确定”按钮即可创建Alpha通道。

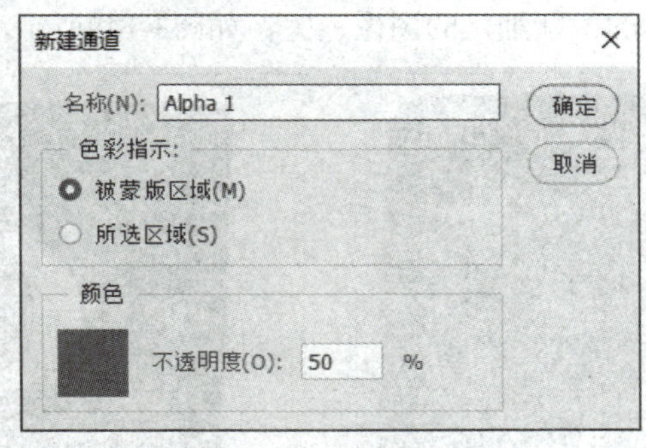

图 3-143 “新建通道”对话框

注意事项 创建专色通道的方法与创建Alpha通道的方法大致相同，在此不做赘述。

4. 载入选区

通道与选区紧密相关，可以互相转换。

- **将选区存储至通道：** 已有的选区可以执行“选择”→“存储选区”命令，在弹出的“存储选区”对话框中设置参数，如图3-144所示，单击“确定”按钮后即可保存为一个新的Alpha通道，以便重复使用，新建通道如图3-145所示。
- **从通道载入选区：** 在“通道”面板中，单击要作为选区的Alpha通道，然后按住Ctrl键并单击该通道缩略图，如图3-146所示，即可将该通道的灰度信息转化为选区。白色区域变为选区，黑色区域不选。

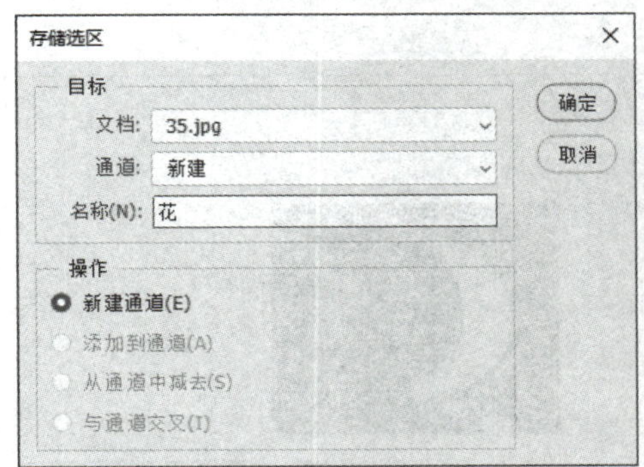

图 3-144 “存储选区”对话框

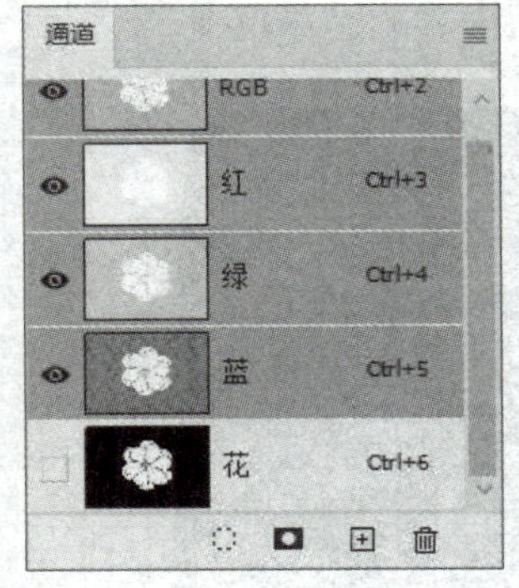

图 3-145 新建通道

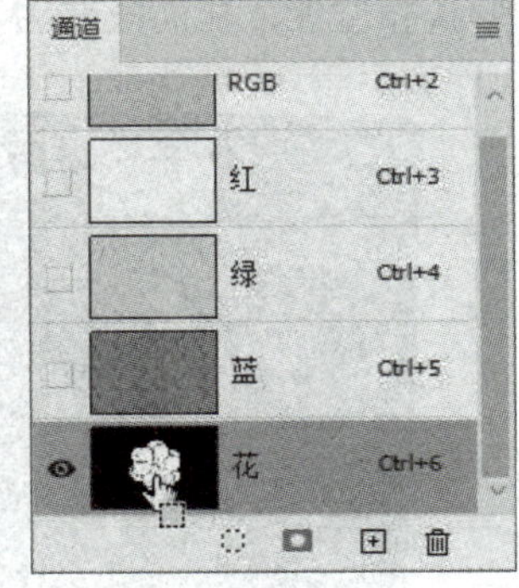

图 3-146 载入选区

■3.6.3 蒙版的类型

蒙版有多种类型，每种类型都有其特定的用途和功能。以下是一些常见的蒙版类型。

1. 快速蒙版

快速蒙版是一种非破坏性的临时蒙版，可以快速创建与编辑图像选区，适用于需要手工编辑和调整的复杂选区。

按Q键或者在工具栏中单击按钮可启用快速蒙版模式，通过画笔工具、橡皮擦工具和其他绘图工具进行调整，绘制选区的效果如图3-147所示。再次按Q键可退出快速蒙版模式，所编辑的蒙版将重新转化为实际的、精细化的图像选区，如图3-148所示。

图 3-147　绘制选区

图 3-148　退出快速蒙版模式

2. 矢量蒙版

矢量蒙版也称为路径蒙版，是配合路径一起使用的蒙版，它的优点是任意放大或缩小图像而不失真，因为矢量蒙版是矢量图形。矢量蒙版适用于需要精确控制图像显示区域和创建复杂图像效果的场景。

选择“矩形工具”，在选项栏中设置“路径”模式，在图像中绘制路径，如图3-149所示。在“图层”面板中，按住Ctrl键的同时，单击“图层”面板底部的“添加图层蒙版”按钮，创建的矢量蒙版效果如图3-150所示。矢量蒙版中的路径都是可编辑的，根据需要可随时调整其形状和位置，从而改变图层内容的遮罩范围。

图 3-149　绘制路径

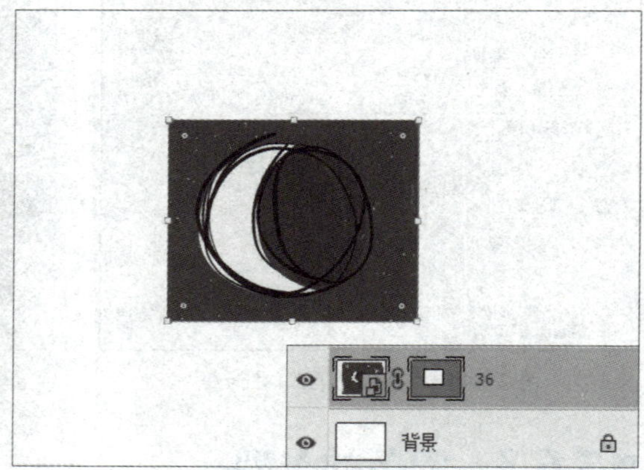

图 3-150　创建的矢量蒙版效果

3. 图层蒙版

图层蒙版是最常见的一种蒙版类型，它附着在图层上，用于控制图层的可见性，通过隐藏或显示图层的部分区域实现各种图像编辑效果。

选择想要添加图层蒙版的图层，然后单击“图层”面板底部的“添加图层蒙版”按钮，图层上添加了一个全白的蒙版缩略图。使用“画笔工具”或“渐变工具”可以调整图层蒙版的显示范围，如图3-151所示。在“图层”面板中，蒙版中的白色表示该图层完全显示的部分，黑色表示完全隐藏的部分，而灰色则表示不同程度的透明度的部分，如图3-152所示。

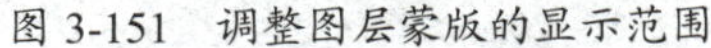

图 3-151　调整图层蒙版的显示范围

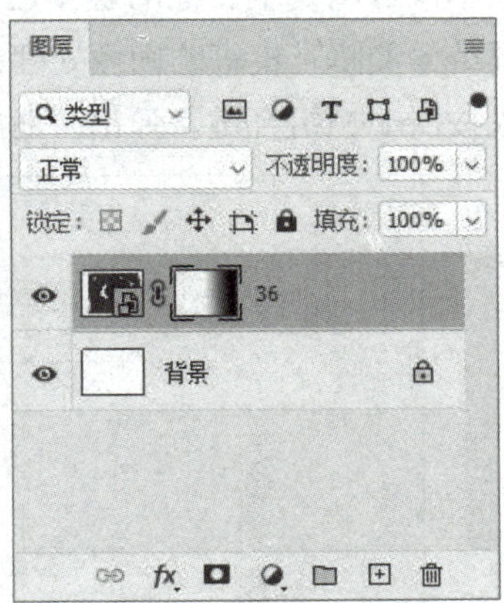

图 3-152　图层蒙版

4. 剪贴蒙版

剪贴蒙版是通过下方图层的形状来限制上方图层的显示状态。剪贴蒙版由两部分组成：一部分为基层，即基础层，用于定义显示图像的范围或形状；另一部分为内容层，用于存放将要表现的图像内容。创建剪贴蒙版有2种方法。

方法一：在“图层”面板中，按住Alt键的同时将鼠标指针移至两图层间的分隔线上，当其变为形状时，如图3-153所示，单击鼠标左键即可创建剪贴蒙版，如图3-154所示。方法二：在面板中选择内容层，然后按Alt+Ctrl+G组合键创建剪贴蒙版。

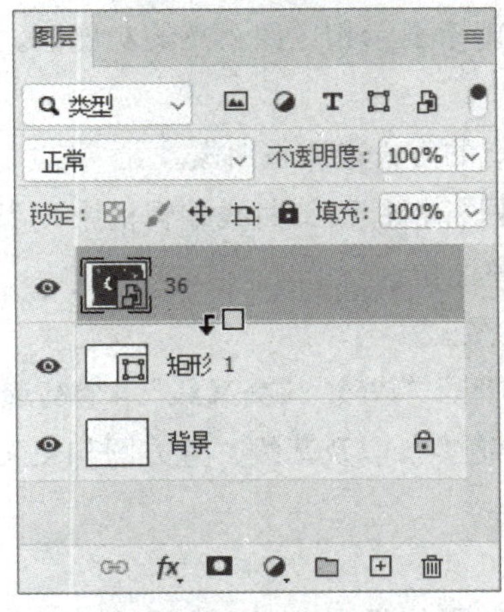

图 3-153　创建剪贴蒙版

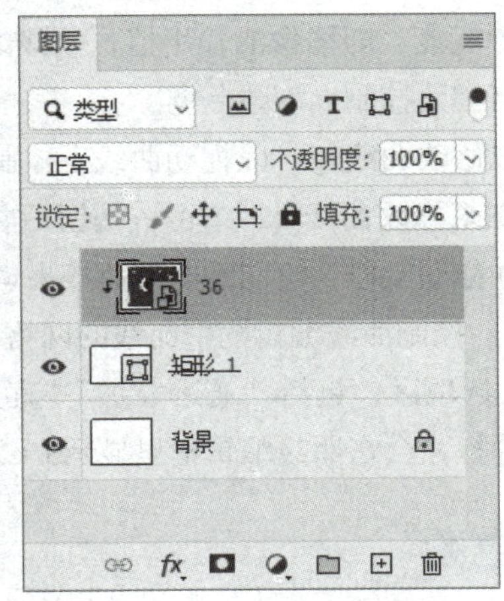

图 3-154　剪贴蒙版显示效果

3.7　图像色彩的调整

色彩是构成图像的关键元素之一。调整图像的色彩不仅能改变它带给人们的视觉感受，还会赋予图像全新的风格和面貌。

■3.7.1 曲线

曲线不仅可以调整图像的整体色调，还可以精确地控制图像中多个色调区域的明暗度，可以将一幅整体偏暗且模糊的图像处理得清晰和色彩鲜明。执行“图像”→“调整 ”→“曲线”命令，或按Ctrl+M组合键，弹出“曲线”对话框，如3-155所示。

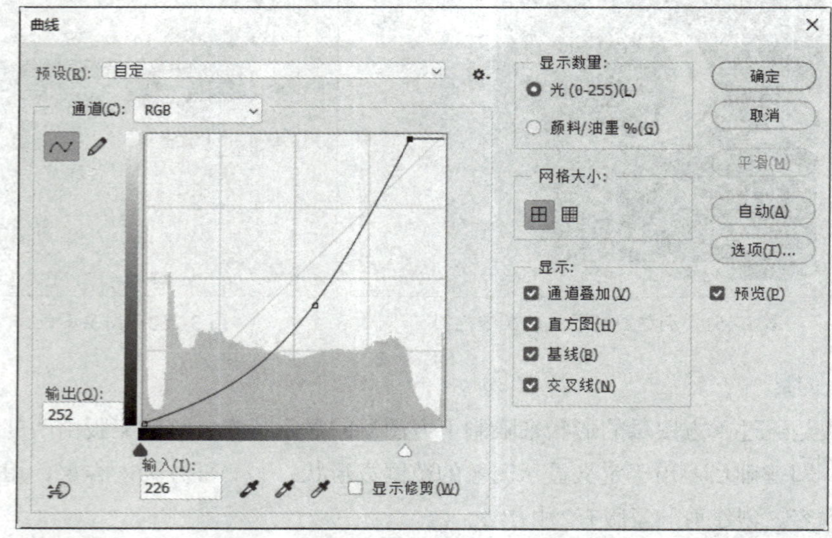

图 3-155 “曲线”对话框

在该对话框中，主要选项的功能如下所述。

- **曲线编辑框：**曲线的水平轴表示原始图像的亮度，即图像的输入值；垂直轴表示处理后新图像的亮度，即图像的输出值；曲线的斜率表示相应像素点的灰度值。在曲线上单击并拖动可创建控制点调整色调。
- **编辑点以修改曲线**：以拖动曲线上控制点的方式来调整图像。
- **通过绘制来修改曲线**：单击该按钮后将鼠标指针移到曲线编辑框中，当其变为形状时单击并拖动鼠标，绘制需要的曲线来调整图像。
- **按钮：**控制曲线编辑框中曲线的网格数量。
- **“显示”选项区：**包括“通道叠加”“直方图”“基线”“交叉线”4个复选框，只有勾选这些复选框才会在曲线编辑框里显示3个通道叠加以及基线、直方图和交叉线的效果。

■3.7.2 色阶

色阶主要用来调整图像的高光、中间调以及阴影的强度级别，从而校正图像的色调范围和色彩平衡。执行“图像”→“调整 ”→“色阶”命令，或按Ctrl+L组合键，弹出“色阶”对话框，如图3-156所示。

在该对话框中，主要选项的功能如下所述。

- **预设：**在下拉列表框中选择预设色阶文件对图像进行调整。
- **通道：**在下拉列表框中选择调整整体或者单个通道色调的通道。

- **输入色阶：**该选项分别对应上方直方图中的三个滑块，拖动即可调整其阴影、高光和中间调。
- **输出色阶：**设置图像的亮度范围，其取值范围为0～255，两个数值分别用于调整暗部色调和亮部色调。
- **自动按钮：**单击该按钮，Photoshop将以0.5的比例对图像进行调整，把最亮的像素调整为白色，把最暗的像素调整为黑色。
- **选项按钮：**单击该按钮，弹出“自动颜色校正选项”对话框，然后设置“阴影”“高光”所占的比例。
- **从图像中取样以设置黑场**：单击该按钮可在图像中取样，将单击处的像素调整为黑色，同时图像中比该单击处亮的像素也会变成黑色。
- **从图像中取样以设置灰场**：单击该按钮可在图像中取样，根据单击处的像素调整为灰度色，从而改变图像的色调。
- **从图像中取样以设置白场**：单击该按钮可在图像中取样，将单击处的像素调整为白色，同时图像中比该单击处亮的像素也会变成白色。

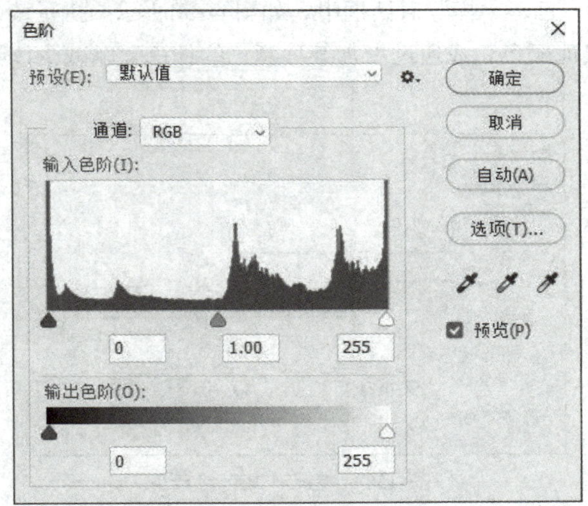

图 3-156 “色阶”对话框

■3.7.3 色相/饱和度

色相/饱和度主要用于调整图像像素的色相及饱和度，通过调整图像的色相、饱和度和亮度，达到改变图像色彩的目的。通过给像素定义新的色相和饱和度，还可以实现为灰度图像上色或创作单色调的效果。

执行“图像”→“调整”→“色相/饱和度”命令，或按Ctrl+U组合键，弹出“色相/饱和度”对话框，如图3-157所示。在该对话框中，若选择“全图”选项，可一次性调整整幅图像中的所有颜色；若选中“全图”选项之外的选项，色彩变化只对当前选中的颜色起作用；若勾选“着色”复选框，可通过调整色相和饱和度使图像呈现多种富有质感的单色调效果。

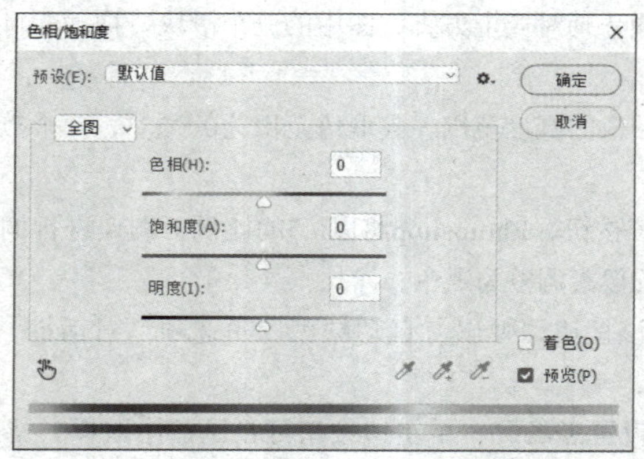

图 3-157 “色相 / 饱和度”对话框

■3.7.4 色彩平衡

色彩平衡是指调整图像的整体色彩平衡，只作用于复合颜色通道，在彩色图像中改变颜色的混合，用于纠正图像中明显的偏色问题。执行“图像”→“调整”→“色彩平衡”命令，或按Ctrl+B组合键，弹出“色彩平衡”对话框中，如图3-158所示。执行该命令可以在图像原色的基础上根据需要添加其他颜色，或通过增加某种颜色的补色，以减少该颜色的数量，从而改变图像的色调。

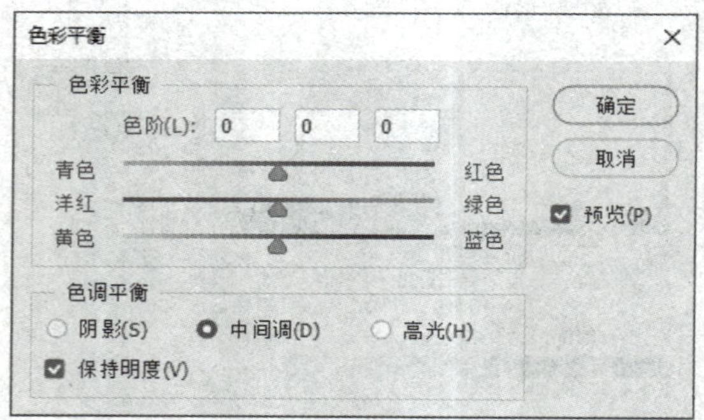

图 3-158 “色彩平衡”对话框

在该对话框中，主要选项的功能如下所述。

- **“色彩平衡”选项区：** 在“色阶”后的文本框中输入数值即可调整组成图像的6个不同原色的比例，也可直接用鼠标拖动文本框下方3个滑块的位置调整图像的色彩。
- **“色调平衡”选项区：** 用于选择需要进行调整的色彩范围，包括阴影、中间调和高光，选中某一个单选按钮，就可对相应色调的像素进行调整。勾选“保持明度”复选框，在调整色彩时将保持图像亮度不变。

■3.7.5 去色

去色即去掉图像的颜色，将图像中所有颜色的饱和度变为0，使图像显示为灰度，但每个像素的亮度值不会改变。执行“图像”→“调整”→“去色”命令，或按Shift+Ctrl+U组合键即可去色，对比效果如图3-159和图3-160所示。

图 3-159　原图

图 3-160　去色效果

3.8　滤镜

滤镜是通过应用各种预设效果增强、修改和创建独特的图像。滤镜可以应用于整个图像，也可以应用于图像中的特定区域或图层。

3.8.1　智能滤镜

智能滤镜是一种非破坏性的滤镜，为智能对象应用的滤镜都是智能对象滤镜，可以随时调整和撤销滤镜效果，不会对原始图像造成破坏。选择智能对象图层，应用任意滤镜，右击鼠标，在弹出的菜单中可对智能滤镜进行编辑，如图3-161所示。

- **编辑智能滤镜混合选项：** 调整滤镜的模式和不透明度，如图3-162所示。
- **编辑智能滤镜：** 重新设置应用滤镜的参数。
- **停用智能滤镜：** 停用该智能滤镜。
- **删除智能滤镜：** 删除该智能滤镜。

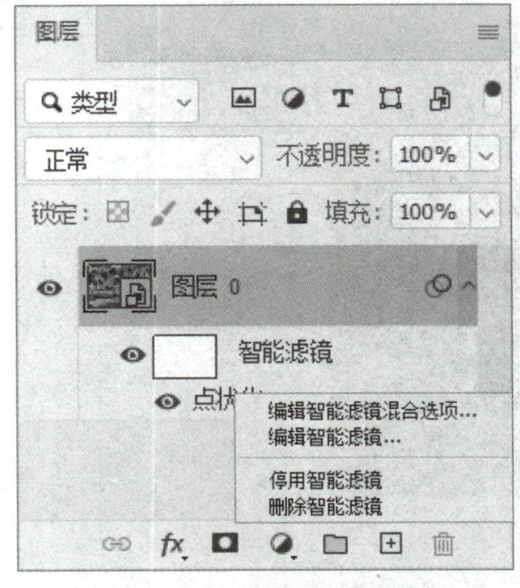

图 3-161　编辑智能滤镜菜单

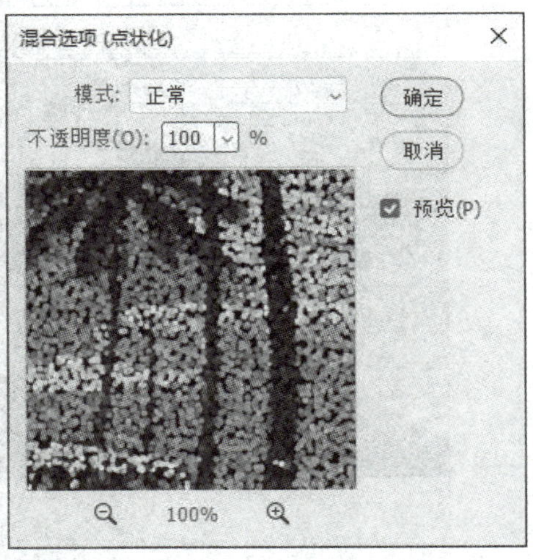

图 3-162　“混合选项（点状化）”对话框

■3.8.2　独立滤镜组

独立滤镜组不包含任何滤镜子菜单，直接执行即可使用，包括滤镜库、自适应广角滤镜、Camera Raw滤镜、镜头校正滤镜、液化滤镜以及消失点滤镜。下面对常用的滤镜进行介绍。

1. 滤镜库

滤镜库包含了风格化、画笔描边、扭曲、素描、纹理以及艺术效果6组滤镜，可以方便且直观地为图像添加滤镜。执行“滤镜”→“滤镜库”命令，单击不同缩览图，即可在左侧的预览框中看到应用滤镜后的效果，如图3-163所示。

图 3-163　“滤镜库”对话框

2. Camera Raw滤镜

Camera Raw滤镜不但提供了导入和处理相机原始数据的功能，还可以处理由不同相机和镜头拍摄的图像，并进行色彩校正、细节增强、色调调整等处理。执行“滤镜”→“Camera Raw滤镜”命令，弹出“Camera Raw 16.0.1”对话框，如图3-164所示。

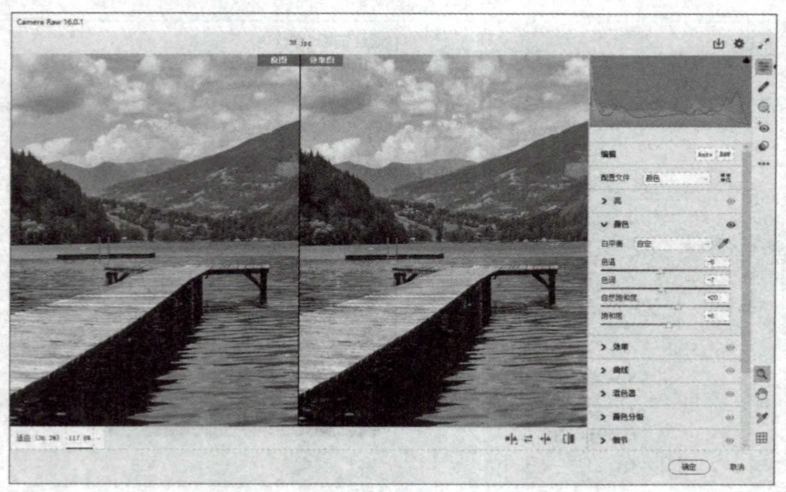

图 3-164　“Camera Raw 16.0.1”对话框

3. 液化滤镜

液化滤镜可推、拉、旋转、反射、折叠和膨胀图像的任意区域。创建的扭曲可以是细微的，也可以是剧烈的，这就使“液化”命令成为修饰图像和创建艺术效果的强大工具。执行“滤镜”→“液化”命令，弹出“液化”对话框，如图3-165所示。

图 3-165 “液化”对话框

4. 消失点滤镜

消失点滤镜能够在保证图像透视角度不变的前提下，执行绘制、仿制、复制、粘贴以及变换等操作。该操作会自动应用透视原理，根据透视的角度和比例智能调整图像，从而显著节省精确设计和修饰照片所需的时间。执行“滤镜”→“消失点”命令，弹出“消失点”对话框，如图3-166所示。

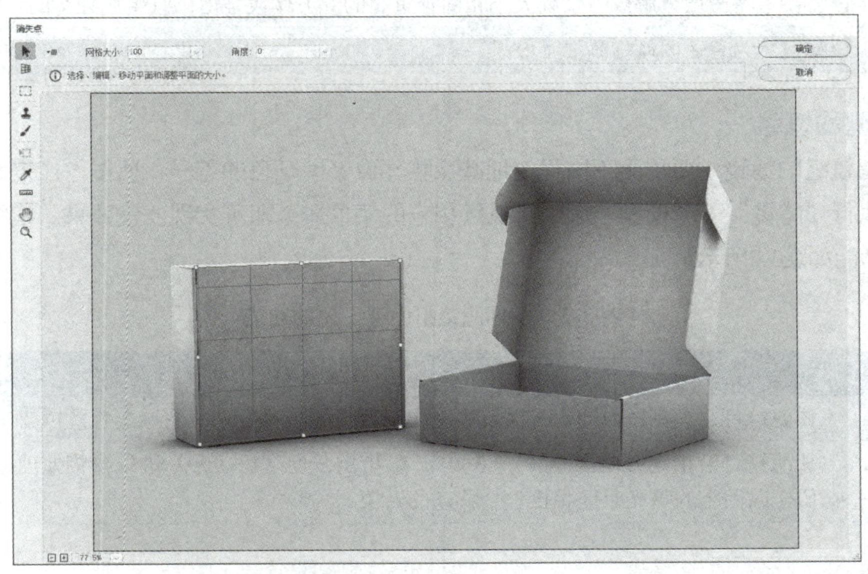

图 3-166 “消失点”对话框

■3.8.3 特效滤镜组

特效滤镜组主要包括风格化、模糊滤镜、扭曲、锐化、像素化、渲染、杂色和其它①等滤镜组，每个滤镜组中又包含多种滤镜效果，根据需要可自行选择想要的图像效果。

1. 风格化滤镜组

风格化滤镜组的滤镜主要用于通过置换图像像素并增加其对比度，在选区中创造印象派绘画以及其他风格化的效果。执行“滤镜”→“风格化”命令，弹出子菜单，执行相应的菜单命令即可实现滤镜效果。风格化滤镜组中各滤镜的功能如表3-1所示。

表 3-1 风格化滤镜组中各滤镜的功能

滤镜	功能描述
查找边缘	该滤镜可识别图像中颜色变化显著的区域，并将这些边缘轮廓进行描边，使图像呈现类似用笔刷勾勒的轮廓效果
等高线	该滤镜可识别图像中主要亮度区域，并为每个颜色通道勾勒出主要亮度区域的轮廓，以获得类似等高线图中的线条的效果
风	该滤镜可将图像的边缘进行位移，创建出用于模拟风的动感效果的水平线，是制作纹理或为文字添加阴影效果时常用的滤镜工具
浮雕效果	该滤镜通过勾画图像的轮廓和降低周围色值，创造一种灰色的浮雕效果。执行此操作后，图像会自动变为深灰色，从而营造出图像中物体凸起的视觉效果
扩散	该滤镜可按指定的方式移动相邻的像素，使图像形成一种类似透过磨砂玻璃观察物体的模糊效果
拼贴	该滤镜可将图像分解为一系列块状，并使其偏离原来的位置，从而产生不规则拼贴效果
曝光过度	该滤镜可混合正片和负片图像，产生类似摄影中的短暂曝光的效果
凸出	该滤镜可将图像分解成一系列大小相同且重叠的立方体或椎体，以生成独特的三维效果
油画	该滤镜可为普通图像增添油画效果

2. 模糊滤镜组

模糊滤镜组的滤镜主要用于不同程度地减少相邻像素间颜色的差异，使图像产生柔和、模糊的效果。执行“滤镜”→“模糊”命令，执行相应的菜单命令即可实现滤镜效果。模糊滤镜组中各滤镜的功能如表3-2所示。

表 3-2 模糊滤镜组中各滤镜的功能

滤镜	功能描述
表面模糊	该滤镜可在模糊图像的同时保留边缘。用于创建特殊效果并消除杂色或粒度
动感模糊	该滤镜可沿指定方向（-360°～360°）以指定强度（1～999）进行模糊处理，其效果类似于以固定的曝光时间拍摄一个移动的对象

① 注：为了与Photoshop软件的界面保持一致，此处写为“其它”。

（续表）

滤镜	功能描述
方框模糊	通过使用一个固定大小的方形或矩形区域来平均该区域内的像素值，从而实现对图像的模糊效果
高斯模糊	高斯是指对像素进行加权平均时所产生的钟形曲线。该滤镜可根据数值快速地模糊图像，产生朦胧效果
模糊	该滤镜可在图像中颜色变化明显的地方消除杂色。它通过平衡已定义的线条和遮蔽区域清晰边缘旁边的像素，使变化显得更柔和
进一步模糊	该滤镜的效果比“模糊”滤镜强三四倍
径向模糊	该滤镜可以产生具有辐射性模糊的效果。它模拟相机前后移动或旋转时产生的模糊效果
镜头模糊	该滤镜通过向图像添加模糊效果，营造出较窄的景深效果，使图像中的一些对象保持在焦点内，而其他区域则变模糊。用它来处理照片时，可创建景深效果，但需要用Alpha通道或图层蒙版的深度值来映射图像中像素的位置
平均	该滤镜可找出图像或选区中的平均颜色，用该颜色填充图像或选区，以创建平滑的外观
特殊模糊	该滤镜可精确地模糊对象。在模糊图像的同时仍使图像具有清晰的边界，有助于去除图像色调中的颗粒、杂色，从而产生一种边界清晰但中心模糊的效果
形状模糊	该滤镜可使用指定的形状作为模糊中心进行模糊

3. 模糊画廊滤镜组

使用模糊画廊可以通过直观的图像控件快速创建截然不同的模糊效果。执行“滤镜”→“模糊画廊”命令，在子菜单中执行相应的菜单命令即可实现滤镜效果。该滤镜组下的滤镜命令都可以在同一个对话框中进行设置。

- **场景模糊：**通过定义具有不同模糊量的多个模糊点来创建渐变的模糊效果。将多个图钉添加到图像中，并指定每个图钉的模糊量，最终结果是合并图像上所有模糊图钉的效果。也可在图像外部添加图钉，以对边角应用模糊效果。
- **光圈模糊：**使图片模拟浅景深效果，而不管使用的是什么相机或镜头。也可定义多个焦点，这是传统相机技术几乎不可能实现的效果。
- **移轴模糊：**模拟倾斜偏移镜头拍摄的图像。此特殊的模糊效果会定义锐化区域，然后在边缘处逐渐变得模糊，可用于模拟微型对象的照片。
- **路径模糊：**沿路径创建运动模糊，可控制其形状和模糊量。Photoshop能自动合成应用于图像的多路径模糊效果。
- **旋转模糊：**模拟在一个或更多点旋转和模糊图像。

4. 扭曲滤镜组

扭曲滤镜组的滤镜主要用于对平面图像进行扭曲，使其产生旋转、挤压、水波和三维等变形效果。执行“滤镜”→“扭曲”命令，在子菜单中执行相应的菜单命令即可实现滤镜效果。扭曲滤镜组中各滤镜的功能如表3-3所示。

表 3-3　扭曲滤镜组中各滤镜的功能

滤镜	功能描述
波浪	该滤镜可根据设定的波长和波幅产生波浪效果
波纹	该滤镜可根据参数设定不同的波纹效果
极坐标	该滤镜可将图像从直角坐标系转化成极坐标系或从极坐标系转化成直角坐标系，产生极端变形效果
挤压	该滤镜可使全部图像或选区图像产生向外或向内挤压的变形效果
切变	该滤镜能根据在对话框中设置的垂直曲线来使图像发生扭曲变形
球面化	该滤镜可使图像区域膨胀，呈现球形化，形成类似将图像贴在球体或圆柱体表面的效果
水波	该滤镜可模仿水面上产生的起伏状波纹和旋转效果，用于制作同心圆类的波纹
旋转扭曲	该滤镜可使图像产生类似于风轮旋转的效果，甚至可以制作出将图像置于一个大旋涡中心的螺旋扭曲效果
置换	该滤镜可用另一幅图像（必须是PSD格式）的亮度值替换当前图像的亮度值，使当前图像的像素重新排列，产生位移的效果

5. 锐化滤镜组

锐化滤镜组主要是通过增强图像相邻像素间的对比度，使图像轮廓分明、纹理清晰，以减弱图像的模糊程度。执行“滤镜”→“锐化”命令，执行相应的菜单命令即可实现滤镜效果。锐化滤镜组中各滤镜的功能如表3-4所示。

表 3-4　锐化滤镜组中各滤镜的功能

滤镜	功能描述
USM锐化	该滤镜可调整边缘细节的对比度，并在边缘的每侧生成一条亮线和一条暗线
防抖	该滤镜可有效降低由于抖动产生的模糊
进一步锐化	该滤镜可通过增强图像相邻像素的对比度来使图像清晰
锐化	该滤镜可增强图像像素之间的对比度，使图像清晰化，锐化效果微小
锐化边缘	该滤镜可以在保留总体平滑度的同时锐化图像的边缘
智能锐化	该滤镜可通过设置锐化算法或控制阴影和高光中的锐化量来锐化图像

6. 像素化滤镜组

像素化滤镜组的滤镜可以通过使单元格中颜色值相近的像素结成块来清晰地定义选区。执行“滤镜”→“像素化”命令，在子菜单中执行相应的菜单命令即可实现滤镜效果。像素化滤镜组中各滤镜的功能如表3-5所示。

表 3-5　像素化滤镜组中各滤镜的功能

滤镜	功能描述
彩块化	该滤镜可使纯色或相近颜色的像素结成相近颜色的像素块
彩色半调	该滤镜可模拟彩色报纸的印刷效果，将图像转换为由一系列网点组成的图案
点状化	该滤镜可在图像中随机产生彩色斑点，点与点之间的空隙用背景色填充
晶格化	该滤镜可将图像中颜色相近的像素集中到一个多边形网格中，然后把图像分割成许多个多边形的小色块，从而产生晶格化的效果
马赛克	该滤镜可将图像分解成许多规则排列的小方块，实现图像的网格化，每个网格中的像素均使用本网格内的平均颜色填充，从而产生类似马赛克的效果
碎片	该滤镜可使所建选区或整幅图像复制4个副本，并将其均匀分布、相互偏移，呈现重影效果
铜版雕刻	该滤镜可将图像转换为黑白区域的随机图案或彩色图像中完全饱和颜色的随机图案

7. 渲染滤镜组

渲染滤镜能够在图像中产生光线照明的效果，通过渲染滤镜可以制作云彩效果。执行“滤镜”→“渲染”命令，在子菜单中执行相应的菜单命令即可实现滤镜效果。渲染滤镜组中各滤镜的功能如表3-6所示。

表 3-6　渲染滤镜组中各滤镜的功能

滤镜	功能描述
分层云彩	该滤镜可使用前景色和背景色对图像中的原有像素进行差异运算，产生的图像与云彩背景混合，呈现反白的效果
光照效果	该滤镜中包括多种光照风格、类型以及属性，可在RGB图像上制作出各种光照效果，也可加入新的纹理及浮雕效果，使平面图像产生三维立体的效果
镜头光晕	该滤镜可为图像添加不同类型的镜头，从而模拟镜头产生眩光的效果，这是摄影技术中一种典型处理光晕效果的方法
纤维	该滤镜通过将前景色和背景色混合来填充图像，从而呈现类似纤维的视觉效果
云彩	该滤镜通过介于前景色与背景色之间的随机值生成柔和的云彩图案

8. 杂色滤镜组

杂色滤镜组可给图像添加一些随机生成的干扰颗粒，即噪点；还可创建不同寻常的纹理或去掉图像中有缺陷的区域。执行“滤镜”→“杂色”命令，在子菜单中执行相应的菜单命令即可实现滤镜效果。杂色滤镜组中各滤镜的功能如表3-7所示。

表 3-7　杂色滤镜组中各滤镜的功能

滤镜	功能描述
减少杂色	该滤镜能有效消除扫描照片和数码相机拍摄照片中出现的杂色
蒙尘与划痕	该滤镜可将图像中有缺陷的像素融入周围的像素，达到除尘和涂抹的效果
去斑	该滤镜通过对图像或选区内的图像进行轻微的模糊、柔化，达到掩饰图像中细小斑点、消除轻微折痕的作用
添加杂色	该滤镜可为图像添加一些微小的像素颗粒，这些颗粒在与图像融合的同时产生色散效果，常用于创造杂点纹理效果
中间值	该滤镜可采用杂点和其周围像素的折中颜色来平滑图像中的区域，是一种用于去除杂色点的滤镜，可减少图像中杂色的干扰

9. 其它滤镜组

其它滤镜组可用来创建自定义滤镜，也可修饰图像的某些细节部分。执行“滤镜”→“其它”命令，在子菜单中执行相应的菜单命令即可实现滤镜效果。其它滤镜组中各滤镜的功能如表3-8所示。

表 3-8　其它滤镜组中各滤镜的功能

滤镜	功能描述
HSB/HSL	该滤镜可转换图像的色彩模式
高反差保留	该滤镜能够在图像中颜色变化剧烈的区域，根据指定的半径保留边缘细节，同时隐藏图像的其他部分，产生一种类似于浮雕的效果
位移	该滤镜可调整参数值控制图像的偏移
自定	该滤镜可创建并存储自定义滤镜。根据周围的像素值为每个像素重新指定一个值，可以改变图像中每一个像素的亮度
最大值	该滤镜可应用收缩效果，向外扩展白色区域，收缩黑色区域
最小值	该滤镜可应用扩展效果，向外扩展黑色区域，收缩白色区域

案例实操 制作缓冲中动画效果

本案例制作缓冲中动画效果。本案例主要用到的知识点有新建文件、椭圆工具、旋转、自由变换、剪贴蒙版、帧动画、导出图像等。下面对案例的制作过程进行详细讲解。

扫码观看视频

步骤01 打开Photoshop软件，执行“文件”→“新建”命令，打开“新建文档”对话框，如图3-167所示，设置参数，单击“创建”按钮即可。

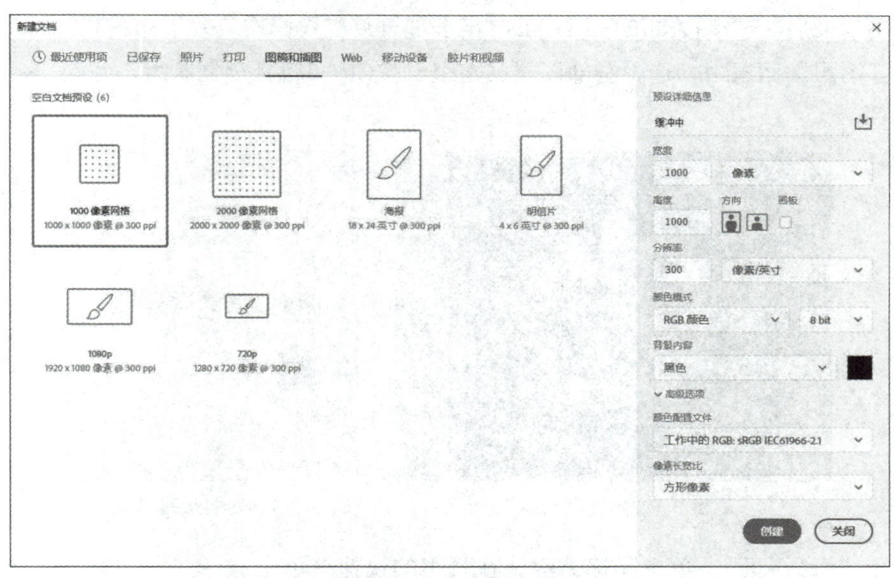

图 3-167 “新建文档”对话框

步骤02 显示网格，效果如图3-168所示。

步骤03 选择“椭圆工具”绘制正圆，填充灰色（#cccccc），效果如图3-169所示。

图 3-168 显示网格

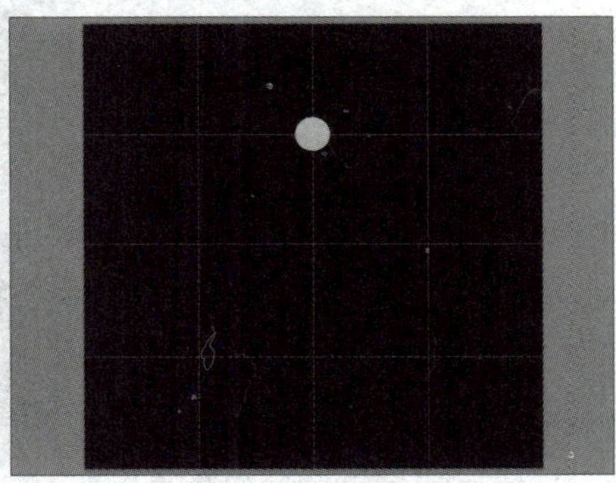

图 3-169 绘制正圆

步骤04 按Ctrl+T组合键，调整参考点的位置，效果如图3-170所示。

步骤05 设置旋转角度为30°，效果如图3-171所示。

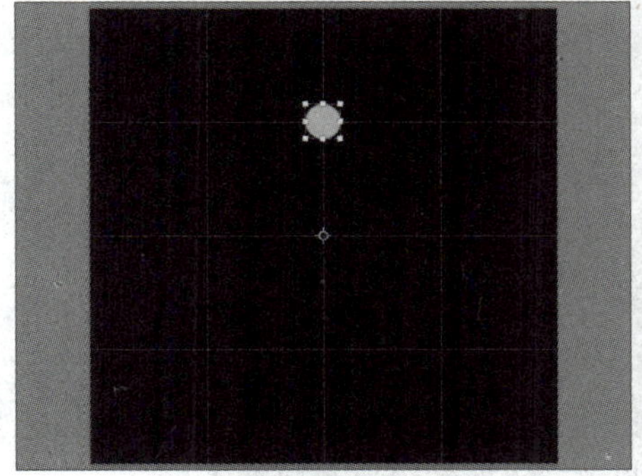

图 3-170 调整参考点

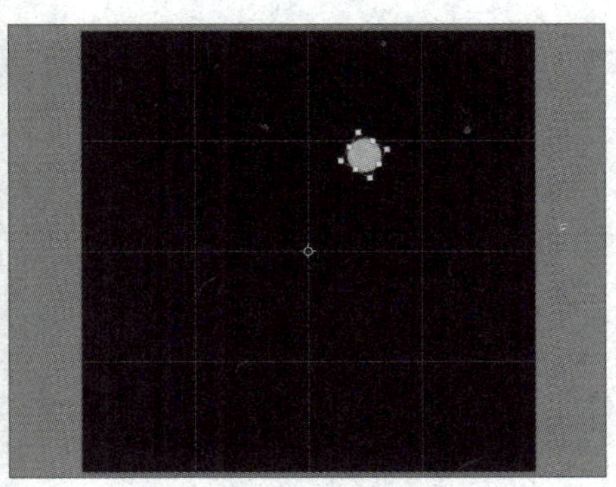

图 3-171 旋转效果

步骤06 应用效果后，连续按Shift+Ctrl+Alt+T组合键重复变换操作，效果如图3-172所示。

步骤07 在“图层”面板中，选中全部图层创建组，按Ctrl+J组合键复制组，隐藏“组1”，效果如图3-173所示。

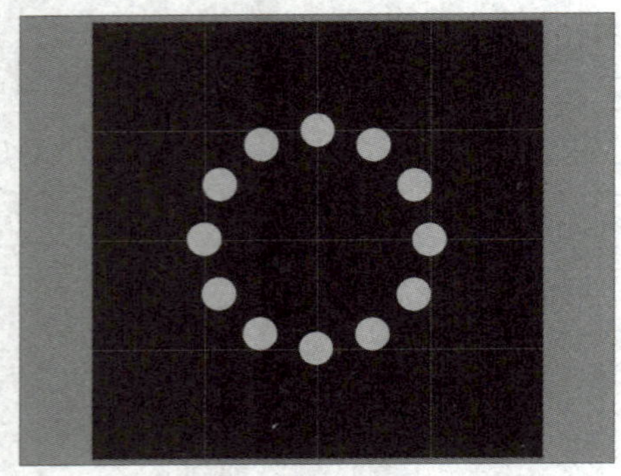

图 3-172　复制正圆

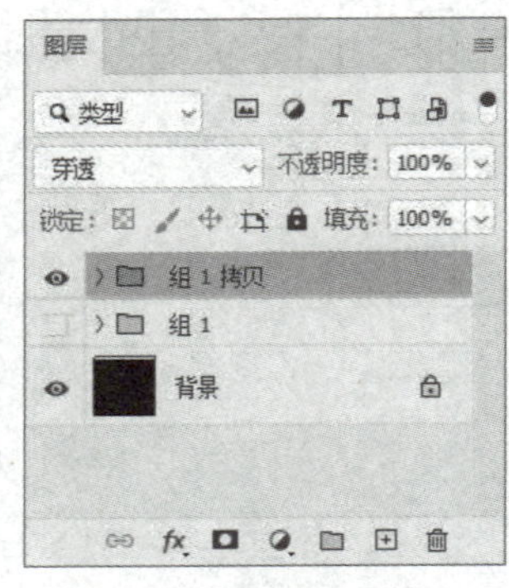

图 3-173　复制组并隐藏组 1

步骤08 选择“组1拷贝”，单击鼠标右键，在弹出的快捷菜单中选择“合并组”选项，效果如图3-174所示。

步骤09 选择“椭圆工具”绘制稍大一点的圆形，填充白色，效果如图3-175所示。

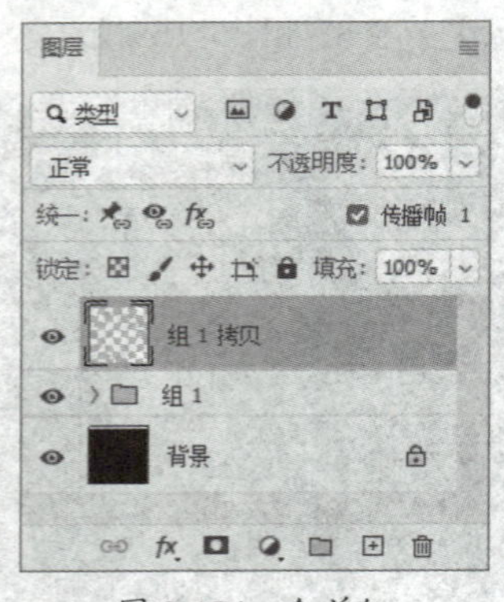

图 3-174　合并组

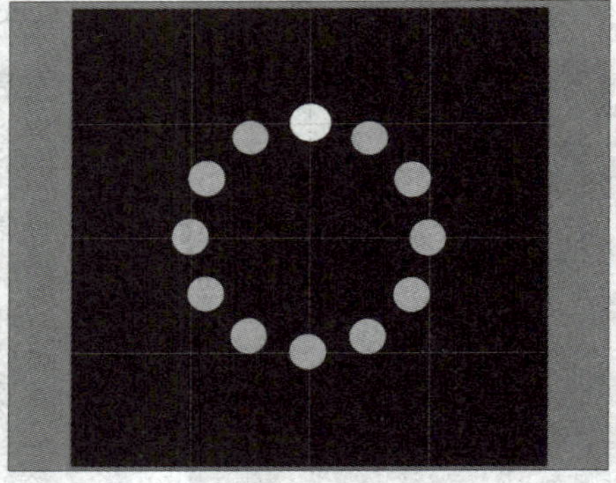
图 3-175　绘制白色正圆

步骤10 按Ctrl+Alt+G组合键创建剪贴蒙版，如图3-176所示。

步骤11 打开“时间轴”面板，选择“创建帧动画”，效果如图3-177所示。

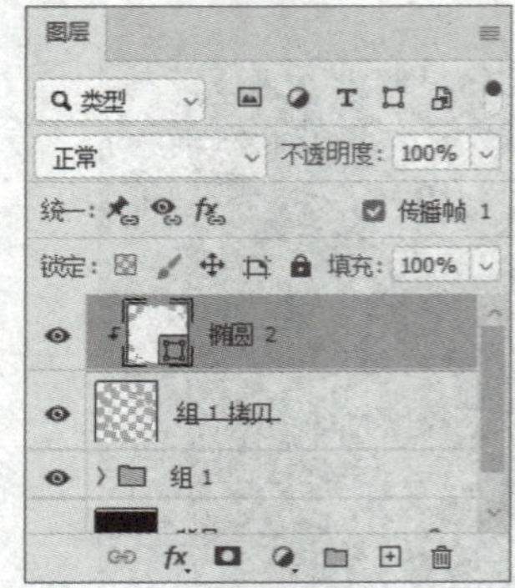

图 3-176　创建剪贴蒙版

图 3-177　选择“创建帧动画”

步骤12 单击“创建帧动画”按钮，效果如图3-178所示。

步骤13 按Shift+Ctrl+T组合键重复复制，调整白色正圆的位置，如图3-179所示。

图 3-178 创建帧动画

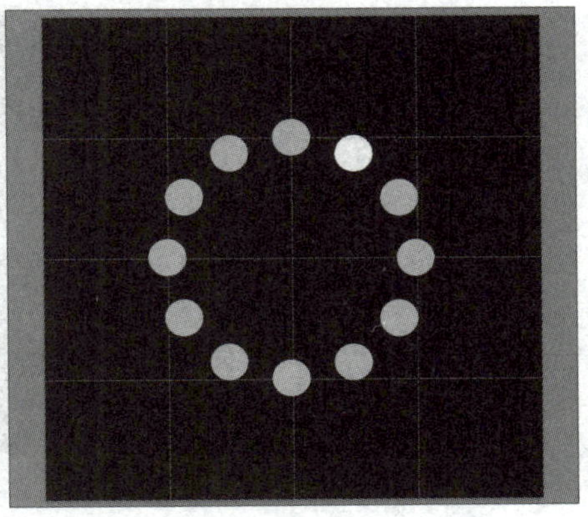
图 3-179 调整白色正圆的位置

步骤14 单击⊞按钮复制帧动画，如图3-180所示。

步骤15 按Shift+Ctrl+T组合键重复复制，效果如图3-181所示。

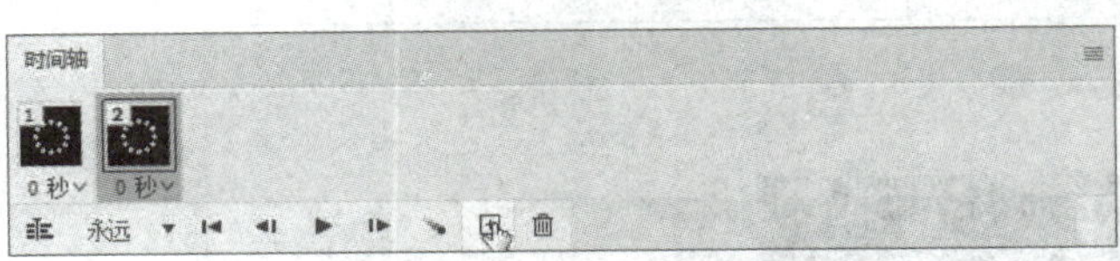

图 3-180 复制帧动画

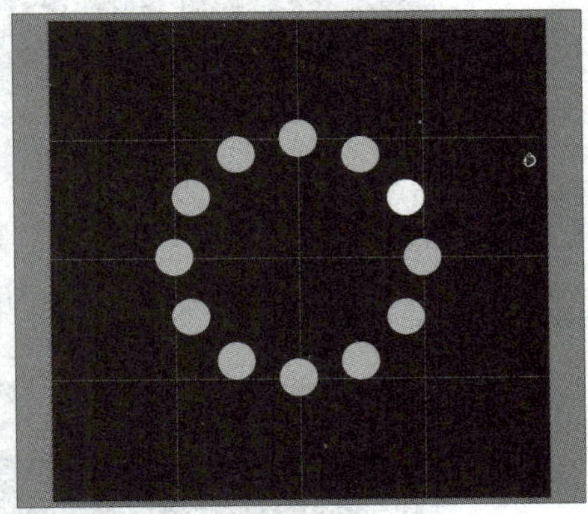
图 3-181 复制正圆

步骤16 使用相同的方法，复制帧动画并调整显示，如图3-182和图3-183所示。

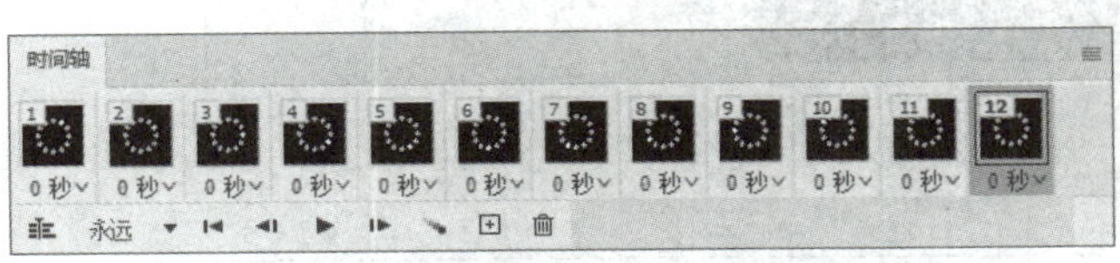

图 3-182 多次复制帧动画

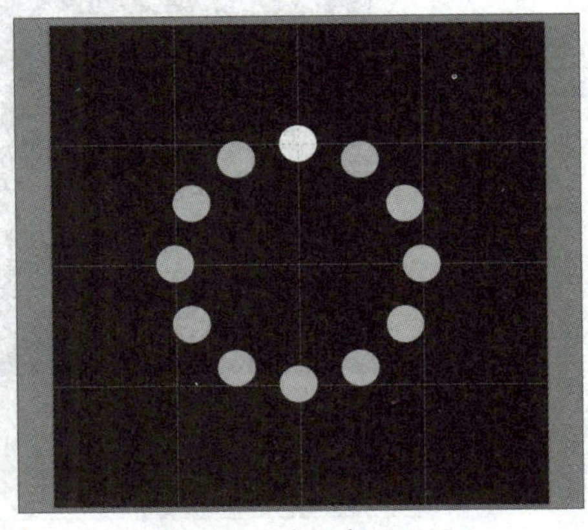
图 3-183 多次复制正圆

步骤17 在“时间轴”面板中逐帧查看效果，对有偏差的圆进行调整。偏差调整前后的对比效果如图3-184和图3-185所示。

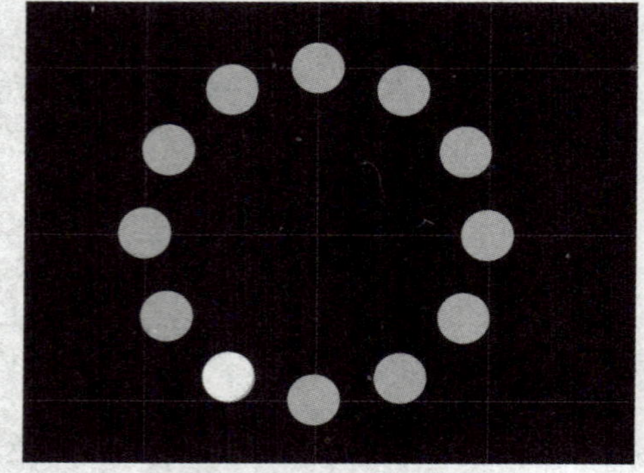

图 3-184　偏差调整前效果

图 3-185　偏差调整后效果

步骤18 在“时间轴”面板中选中所有帧，设置时长为0.2 s，效果如图3-186所示。

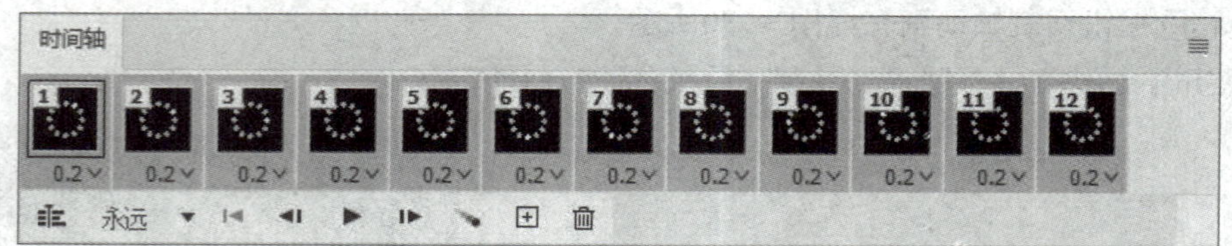

图 3-186　设置帧时长

步骤19 执行“文件”→“导出”→“存储为Web所用格式（旧版）”命令，在弹出的“存储为Web所用格式”对话框中设置参数，如图3-187所示。

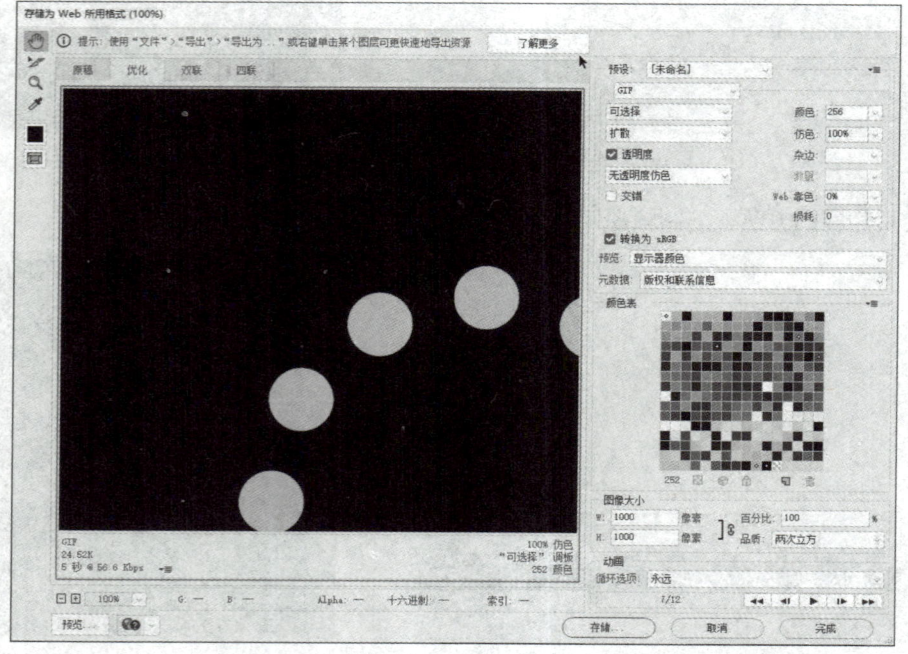

图 3-187　“存储为 Web 所用格式”对话框

步骤20 打开导出的GIF格式文件查看效果，缓冲中动画的效果如图3-188所示。

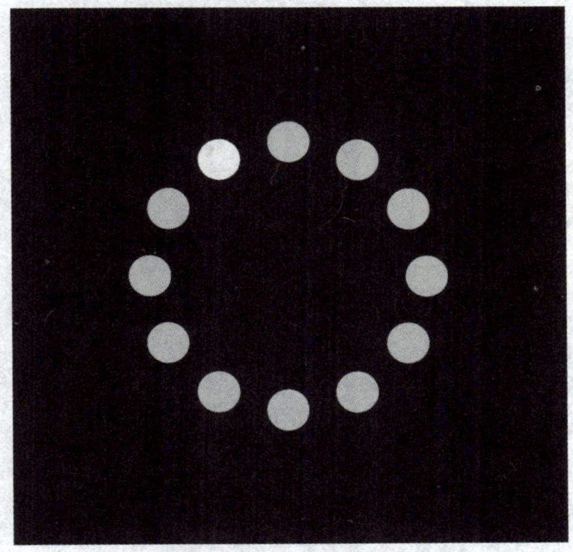

图 3-188 缓冲中动画的效果

课后寄语

数字时代的工匠精神

在数字时代，工匠精神依然是我们不可或缺的职业素养。在Photoshop的“图层”面板中，每一次对色彩的微调、每一次对图像瑕疵的修复，都体现了设计师对品质的执着追求。滤镜库中的“油画效果”，不仅是对传统艺术形式的数字尊重，更是对匠心精神的传承与发扬。设计师应该像工匠一样，对每一个细节都精益求精，力求完美。同时，我们也应该学会在数字时代保持一颗匠心，不被快节奏的生活所影响，静下心来打磨自己的作品，让数字设计也充满温度和情感。

课后练习 “红色记忆·初心传承”动态UI图标设计

以“长征精神”为核心，设计具有动态交互效果的UI图标，通过视觉语言传递“艰苦奋斗、团结奋进”的内涵。

（1）基础视觉元素：五角星采用棱角分明的设计风格，并以金色渐变进行填充，彰显庄重与荣耀。雪山轮廓象征长征的艰难历程，采用简洁流畅的线条表现，搭配蓝白冷色调的渐变，营造出寒冷而肃穆的氛围。草鞋与脚印元素寓意艰苦奋斗的精神，设计上采用手绘质感的表现方式，以棕黄色为主色调，传递历史的温度与厚重感。飘带与红旗则象征团结奋进与精神的传承，采用红色渐变飘带设计，结合动态飘逸的效果，展现出积极向上的力量。

（2）动效参数：星火闪烁，每次持续0.5 s，闪烁间隔为0.3 s，共3次。

模块 4 Illustrator矢量绘图详解

内容概要

Illustrator在UI动效制作的初期阶段和素材准备中发挥着关键作用。它生成的矢量图形为后续的动画制作提供了坚实的基础。通过与动画软件的协同工作，设计师可以创建出高质量的UI动效，提升用户体验和加强界面吸引力。

学习目标

【知识目标】

- 掌握Illustrator基础工具的操作。
- 掌握路径的绘制与编辑。
- 熟知图形填充、描边与文本的创建与编辑。
- 掌握混合对象、剪贴蒙版等高级功能的运用。

【能力目标】

- 能够运用矢量工具设计动效需要的图形素材。
- 能通过特效与样式库实现动态图标的交互反馈效果，提升用户操作的可视化体验。

【素质目标】

- 提升矢量图形绘制与编辑的专业意识。
- 强化审美感知与图形表现能力。

4.1 认识Illustrator

Illustrator简称AI，是一款矢量图形处理软件，广泛应用于平面设计、插画、排版、印刷、网页设计等多个领域。它具有强大的矢量绘图功能和灵活的编辑能力，成为不可或缺的设计工具之一。

■4.1.1 Illustrator工作界面

启动Illustrator，打开文件或图像，进入工作界面。该工作界面主要包括菜单栏、控制栏、工具栏、浮动面板、图像编辑窗口、状态栏和上下文任务栏等，如图4-1所示。

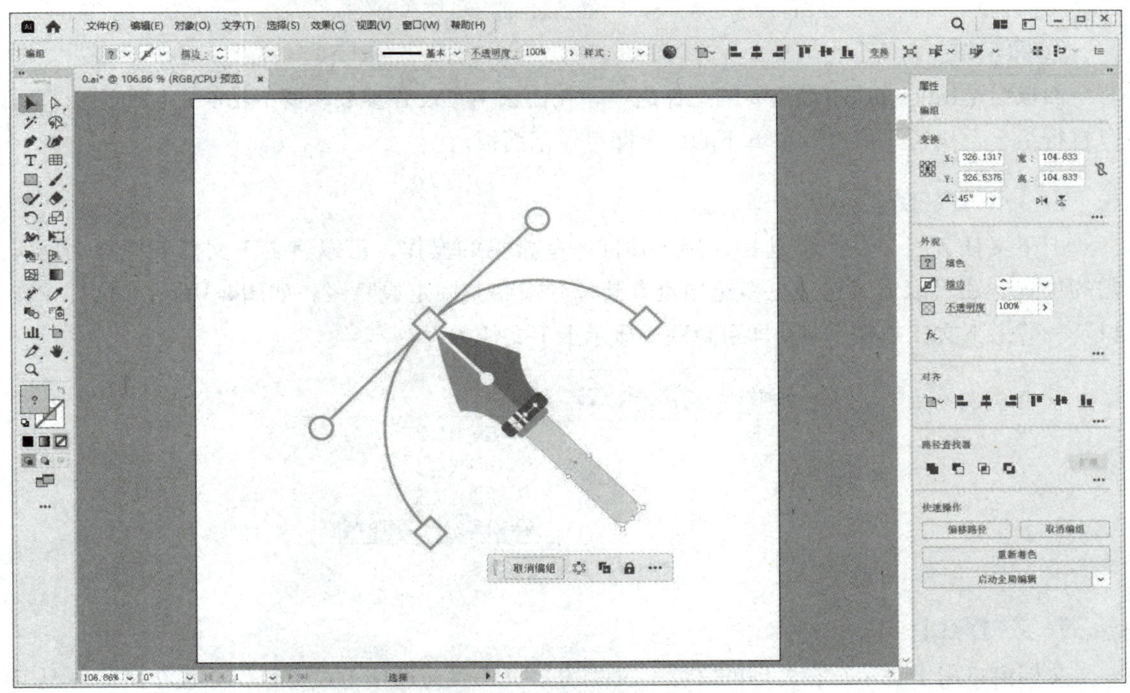

图 4-1 Illustrator 工作界面

1. 菜单栏

菜单栏包括文件、编辑、对象、文字和帮助等9个主菜单。每一个菜单包括多个子菜单，通过应用这些命令可以完成大多数常规操作。

2. 控制栏

控制栏显示的选项因所选的对象或工具类型而异。例如，使用“选择工具”选择路径，控制栏上将显示路径选项，除用于更改对象颜色、位置和尺寸的选项外，还会显示对齐、变换等选项，如图4-2所示。执行“窗口”→“控制”命令可显示或隐藏控制栏。

图 4-2 控制栏

提示：当控制栏中的文本带下画线时，可以单击文本以显示相关的面板或对话框。例如，单击“描边”可显示“描边”面板。

3. 标题栏

打开一张图像或文档，在工作区域上方会显示文档的相关信息，包括文档名称、文档格式、缩放等级、颜色模式等。

4. 工具栏

工具栏在软件左侧，包括在处理文档时需要使用的各种工具，通过这些工具可绘制、选择、移动、编辑和操纵对象。

5. 面板组

面板组是Illustrator中最重要的组件之一，在面板中可设置参数和调节功能，每个面板都可以自行组合，执行“窗口”菜单下的命令即可显示面板。

6. 上下文任务栏

上下文任务栏是一个浮动栏，用于访问一些常见的操作。可以将上下文任务栏移动到所需的位置。还可以通过选择更多选项重置其位置或将其固定或隐藏，如图4-3所示。执行“窗口”→“上下文任务栏”命令即可隐藏或显示上下文任务栏。

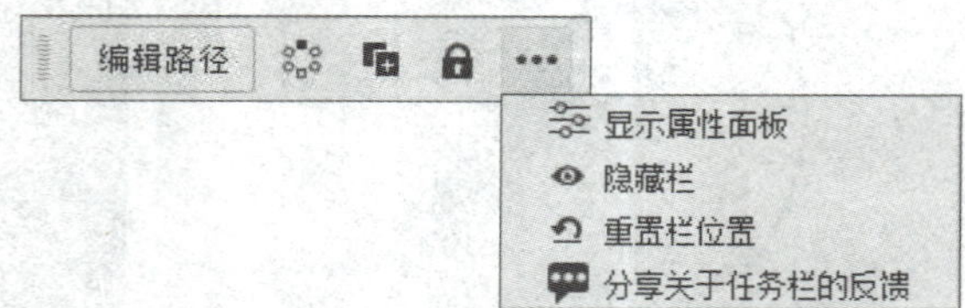

图 4-3　上下文任务栏

7. 文档窗口

文档窗口用于显示正在处理的文件。文档窗口可设置为选项卡式窗口，并且在某些情况下可以进行分组和停放。在文档窗口中，黑色实线框内的区域称为画板，该区域的大小与用户设置的页面大小一致。画板的外部空白区域称为画布，可以自由绘制。

8. 状态栏

状态栏显示在插图窗口的左下边缘。单击当前工具旁的▶按钮，选择“显示”选项，在弹出的菜单中可设置显示的选项，如图4-4所示。

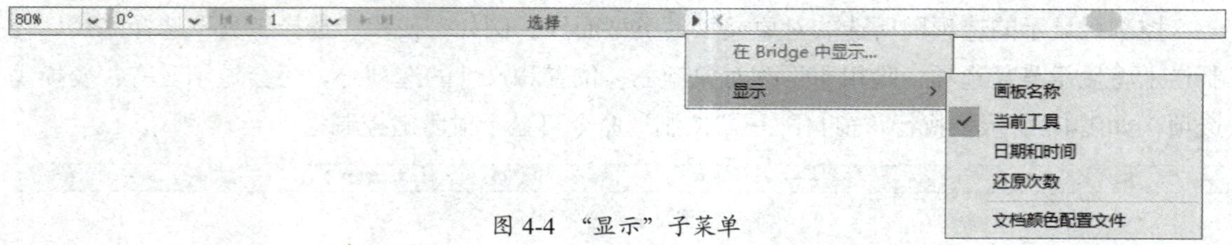

图 4-4　“显示”子菜单

■4.1.2 文档的基本操作

在Illustrator中，文档的创建、置入与导出是基本的操作。下面详细介绍这些操作的步骤。

1. 创建文档

安装Illustrator后双击图标，显示Illustrator主屏幕界面，在该界面中可通过以下几种方法创建文档：

- 单击“新文件”按钮。
- 在预设区域单击“更多预设”按钮。
- 执行“文件”→“新建”命令。
- 按Ctrl+N组合键。

以上方法都将弹出“新建文档”对话框，如图4-5所示。在该对话框中，各选项的含义如下所述。

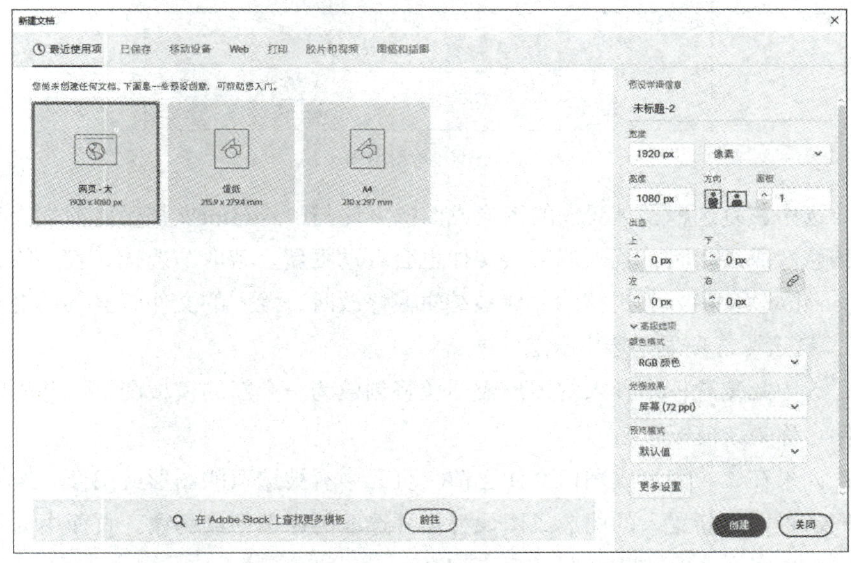

图 4-5 “新建文档”对话框

- **最近使用项：** 显示最近设置文档的尺寸，也可单击“移动设备”“Web”等类别中的预设模板，在右侧窗格中设置参数。
- **预设详细信息：** 在该文本框中输入新建文件的名称。
- **宽度、高度、单位：** 设置文档尺寸和度量单位，默认单位是“像素”。
- **方向：** 设置文档的页面方向为横向或纵向。
- **画板：** 设置画板数量。
- **出血：** 设置出血参数值，当数值大于0时，可在创建文档的同时，在画板四周显示出血的范围。
- **颜色模式：** 设置新建文件的颜色模式，默认为“RGB颜色”。
- **光栅效果：** 为文档中的光栅效果指定分辨率，默认为“屏幕（72 ppi）”。

- **预览模式：**为文档设置预览模式，包括默认值、像素和叠印3种模式。
- **更多设置：**单击此按钮，显示“更多设置”对话框。

2. 置入文档

执行“文件”→“置入”命令，在弹出的“置入”对话框中，选择一个或多个目标文件，在左下方可对置入的素材进行设置，如图4-6所示。在该对话框中，各选项的含义如下所述。

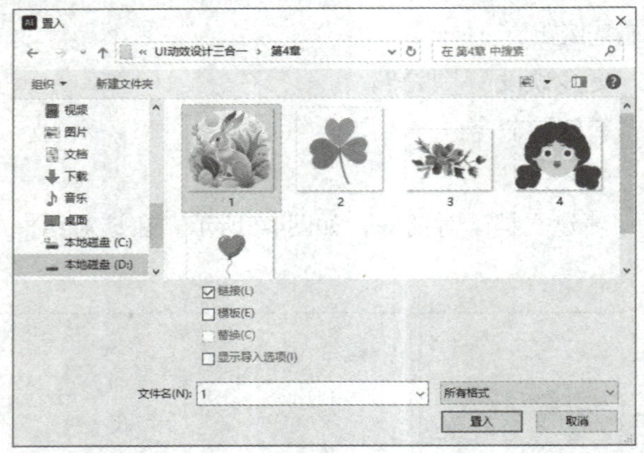

图 4-6　置入图像

- **链接：**选中该复选框，被置入的图形或图像文件与Illustrator文档保持独立。当链接的原文件被修改或编辑时，置入的链接文件也会自动更新。若取消选择，置入的文件会嵌入到Illustrator软件中，当链接的文件被编辑或修改时，置入的文件不会自动更新。默认状态下，“链接”选项处于选中状态。
- **模板：**选中此复选框，置入的图形或图像将创建为一个新的模板图层，并用图形或图像的文件名称为该模板命名。
- **替换：**如果在置入图形或图像文件之前，页面中有被选取的图形或图像，选中“替换”复选框，可以用新置入的图形或图像替换被选取的原图形或图像。页面中如果没有被选取的图形或图像文件，“替换”选项不可用。

单击“置入”按钮后，拖动光标以置入图像，图像会自动适应形状，如图4-7所示。若直接在画板上单击，文件将以原始尺寸置入，如图4-8所示。

图 4-7　拖动置入图像

图 4-8　单击置入图像

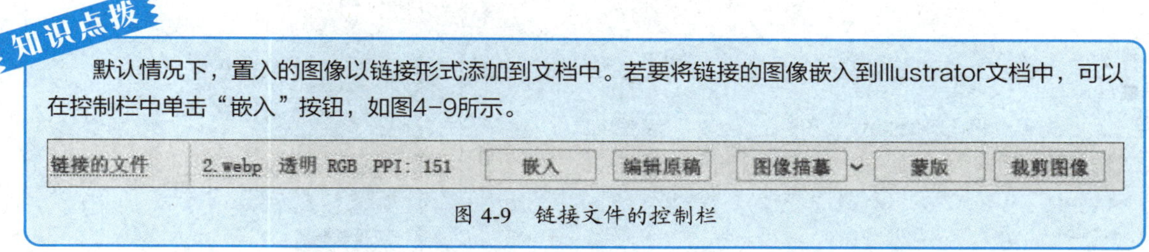

知识点拨

默认情况下，置入的图像以链接形式添加到文档中。若要将链接的图像嵌入到Illustrator文档中，可以在控制栏中单击“嵌入”按钮，如图4-9所示。

图 4-9 链接文件的控制栏

3. 导出文档

执行“文件”→“存储”命令，或按Ctrl+S组合键，在弹出的“存储为”对话框中可以将文档保存为AI、PDF、EPS等格式。若要保存为其他格式，可以执行“文件”→“导出”→“导出为”命令，弹出“导出”对话框，在“保存类型”右侧的下拉列表框中设置导出的文件类型，如图4-10所示。

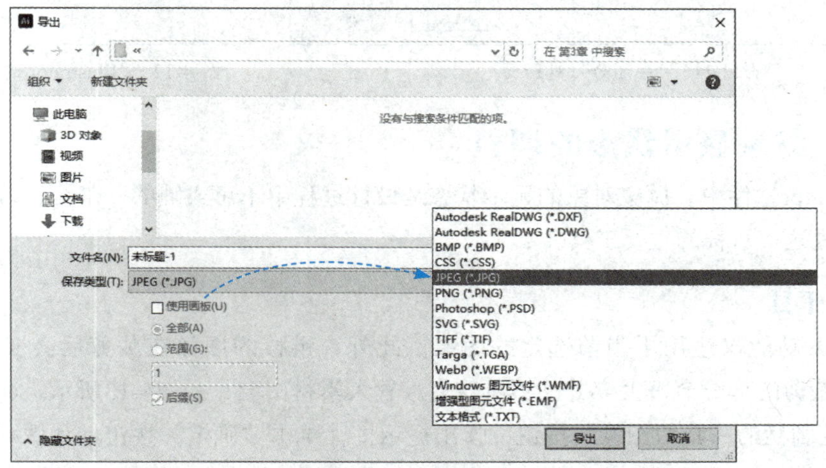

图 4-10 “导出”对话框

4. 保存文档

首次保存文件时，执行“文件”→“存储”命令，或按Ctrl+S组合键，弹出“存储为”对话框，如图4-11所示。在对话框中输入要保存文件的名称，设置保存文件的位置和类型。设置完成后，单击“保存”按钮，弹出“Illustrator选项”对话框，如图4-12所示。

在“Illustrator选项”对话框中，各选项的含义如下所述。

- **版本：**指定文件兼容的Illustrator版本，低版本格式不支持当前版本中的所有功能。
- **创建PDF兼容文件：**在Illustrator文件中存储文档的PDF演示。
- **嵌入ICC配置文件：**创建色彩受管理的文档。
- **使用压缩：**在Illustrator文件中压缩PDF数据。
- **将每个画板存储为单独的文件：**将每个画板存储为单独的文件，同时还会单独创建一个包含所有画板的主文件。触及某个画板的相关内容都会包括在与该画板对应的文件中。用于存储文件的画板基于默认文档启动配置文件的大小。

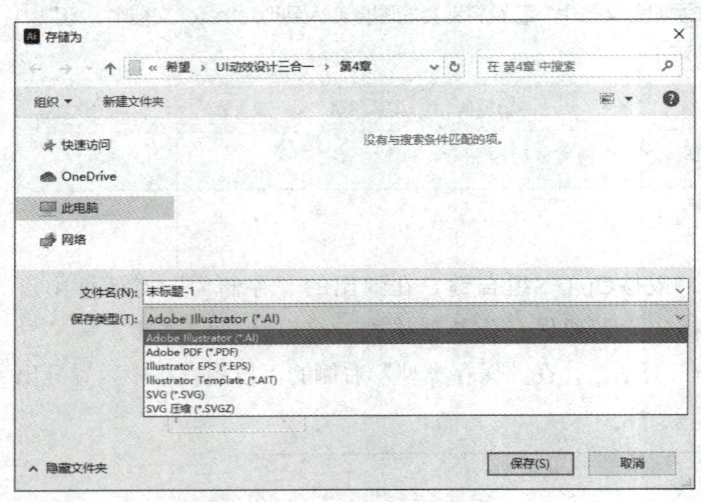

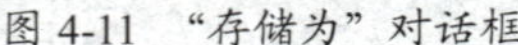

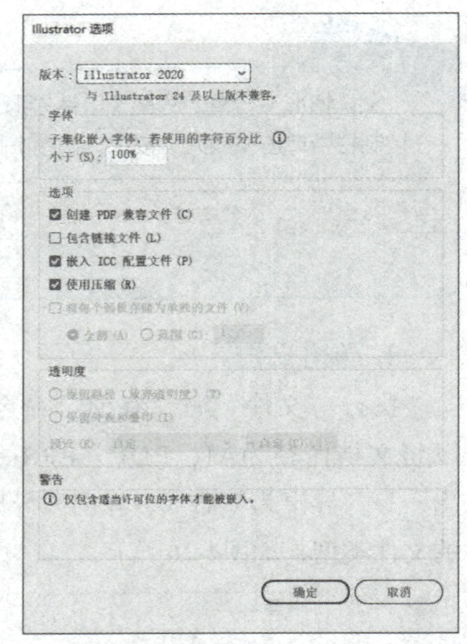

图 4-11 “存储为”对话框

图 4-12 “Illustrator 选项”对话框

■4.1.3 对象显示状态的调整

在Illustrator软件中，调整对象的显示状态是设计过程中不可或缺的一部分，裁剪工具和画板工具是实现这一目标的重要工具。

1. 裁剪工具

裁剪图像功能仅适用于当前选定的图像。此外，链接的图像在裁剪后会变为嵌入的图像。图像被裁剪的部分会被丢弃并且不可恢复。置入素材图像，如图4-13所示。选择“选择工具”，单击控制栏的“裁剪图像”按钮，弹出提示框，单击“确定”按钮，如图4-14所示。若是在嵌入图像后单击“裁剪图像”按钮，则不会出现该提示框。

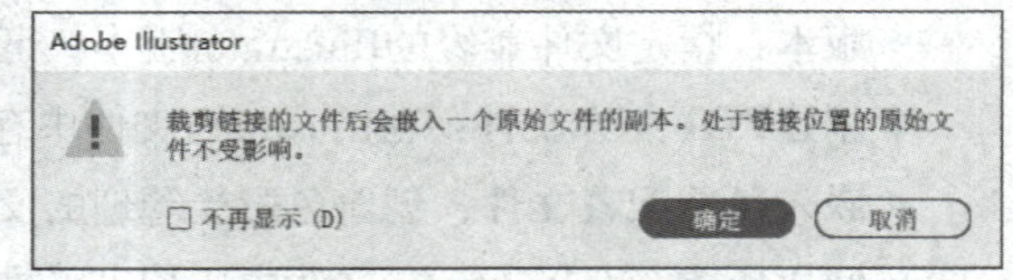

图 4-13 置入图像

图 4-14 提示框

拖动裁剪框调整裁剪的范围，如图4-15所示。单击“应用”按钮或按Enter键完成裁剪，如图4-16所示。

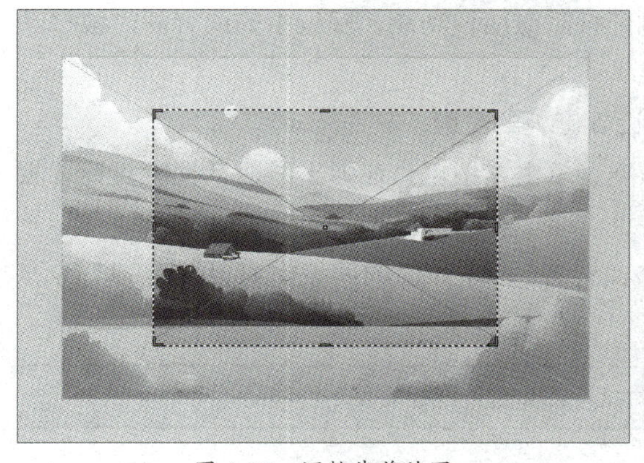

图 4-15 调整裁剪范围

图 4-16 应用裁剪

2. 画板工具

画板是设计作品的基础框架，用于承载各种图形和文本元素。画板工具用于创建、选择和调整画板的大小、位置和方向。

选择“画板工具”或按Shift+0组合键，在原有画板边缘显示定界框，如图4-17所示。拖动定界框可以自定义画板大小，如图4-18所示。

图 4-17 选择画板

图 4-18 调整画板大小

在画板的控制栏中可以精准地设置画板大小，如图4-19所示。

画板 自定 名称：画板 1 X: 149.704 Y: 112.328 宽：410.678 高：400.251

图 4-19 画板工具的控制栏

在该控制栏中，部分选项按钮的功能如下所述。

- **预设：**选择需要修改的画板，在“预设”下拉列表框中选择预设尺寸，例如A4、B5、640×480（VGA）、1280×800等。
- **纵向/横向：**选择画板后，单击或按钮调整画板方向。
- **新建画板：**单击按钮新建与当前所选画板等大的画板。
- **删除画板：**选择画板后，单击按钮删除所选画板。
- **名称：**设置画板的名称。

- **移动/复制带画板的图稿**：在移动并复制画板时激活该功能，画板中的内容同时被移动复制。
- **画板选项**：单击该按钮，在弹出对话框中设置画板的参数。
- **全部重新排列**：当有多个画板时激活该功能。单击该按钮，在弹出的对话框中可设置版面、列数以及间距等参数。
- **对齐**：当有多个面板时激活该功能。单击“对齐”，在弹出的面板中可设置对齐与分布效果。

提示：若画板中有隐藏或者锁定的对象时，这些对象将不会随着画板的移动而移动。

4.2 路径的绘制与编辑

在Illustrator中，路径的绘制与编辑是设计矢量图形的基础。路径由锚点和连接这些锚点的线段（或曲线）组成，它们构成了图形的基本框架和形状。通过精确控制路径的锚点、线段和曲线，设计师可以创建出各种复杂的矢量图形。

■4.2.1 绘制线段和网格

使用直线段工具、弧形工具和矩形网格工具，可以创建由线段组成的各种图形。下面主要介绍绘制直线、曲线以及网格的方法。

1. 绘制直线

选择“直线段工具”，拖动鼠标绘制直线，也可在画板上的任意位置单击，在弹出的“直线段工具选项”对话框中设置参数，单击“确定”按钮即可。

2. 绘制曲线

选择“弧形工具”，在页面上拖动鼠标绘制弧线。如果要精确绘制弧线，在画板上单击，在弹出的“弧线段工具选项”对话框中设置参数，如图4-20所示。绘制弧线段的效果如图4-21所示。

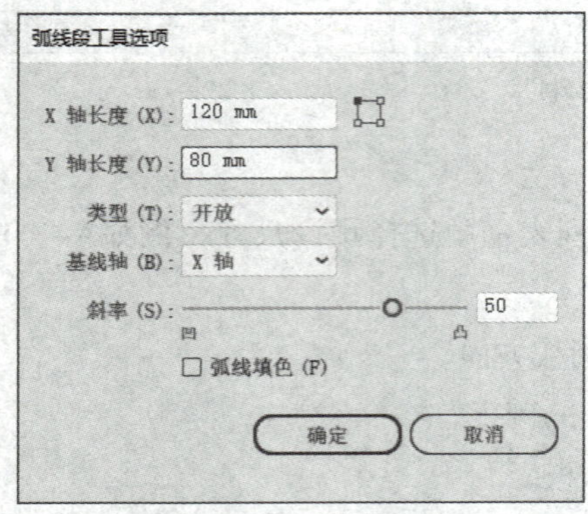

图 4-20 “弧线段工具选项”对话框

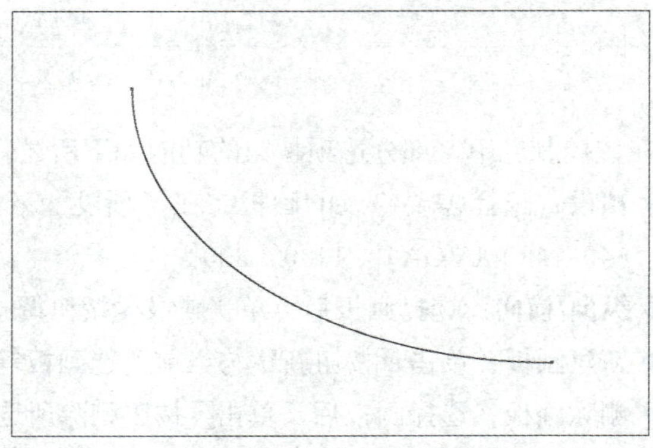

图 4-21 绘制弧线段的效果

3. 绘制网格

选择“矩形网格工具”▦，可绘制指定大小和指定分隔线数目的矩形网格。选择工具后在画板上单击，弹出“矩形网格工具选项”对话框，在该对话框中设置参数，如图4-22所示，矩形网格效果如图4-23所示。

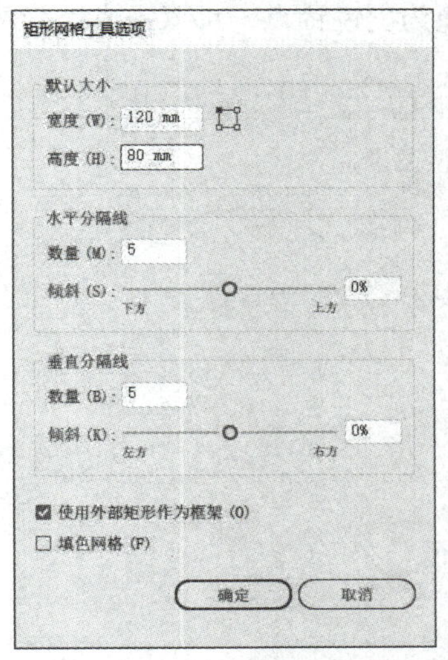

图 4-22 “矩形网格工具选项”对话框

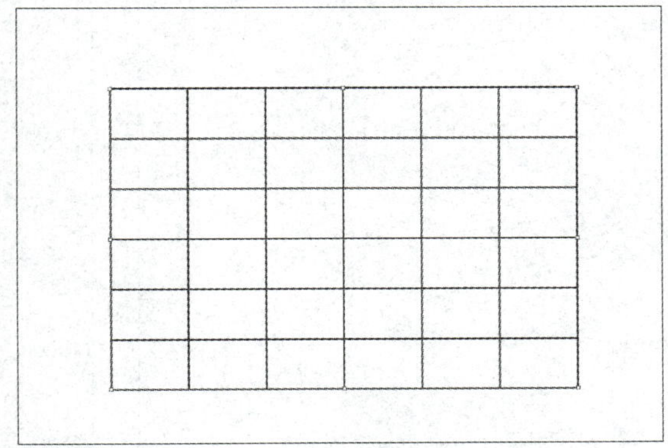

图 4-23 矩形网格效果

■4.2.2 绘制路径

路径是Illustrator中非常重要的概念，它由锚点和线段组成，用于定义图形的轮廓。使用钢笔工具和曲率工具可以创建直线路径和曲线路径。

1. 钢笔工具

钢笔工具可以使用锚点和手柄精确创建路径。选择“钢笔工具”✒，按住Shift键可以绘制水平、垂直或以45°角倍增的直线路径，如图4-24所示。若绘制曲线线段，可以在曲线改变方向的位置添加一个锚点，然后拖动构成曲线形状的方向线。方向线的长度和斜度决定了曲线的形状，如图4-25所示。

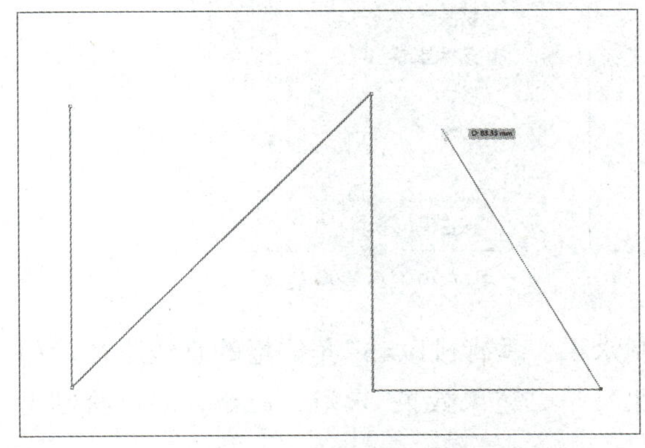

图 4-24 绘制直线路径

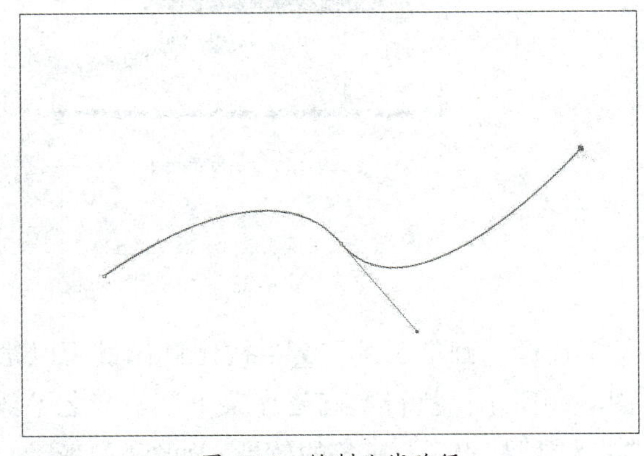

图 4-25 绘制曲线路径

2. 曲率工具

曲率工具可以轻松创建和编辑曲线及直线。选择“曲率工具”，在画板上单击两个锚点以绘制一条直线，移动光标时，可以实时预览形成的曲线路径，如图4-26所示。完成绘制闭合路径后，其变成具有平滑弧度的形状，按住鼠标左键拖动任何一个锚点可更改形状，效果如图4-27所示。若想更改锚点的类型，比如从平滑锚点转换为尖锐锚点，可双击或连续两次单击一个点即可实现切换。

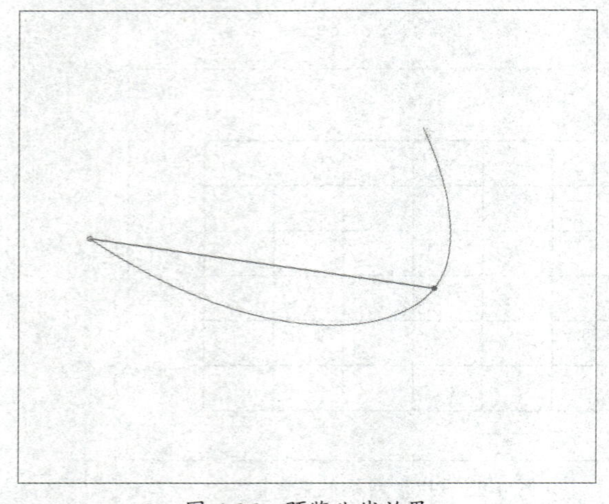

图 4-26　预览曲线效果

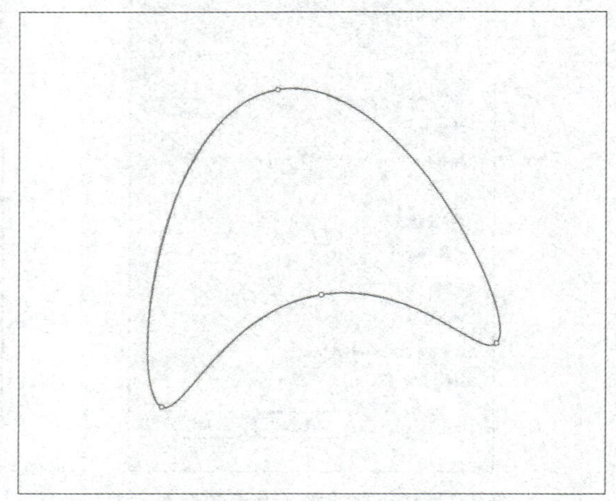

图 4-27　调整图形形状

3. 画笔工具

画笔工具可以在描边的情况下绘制自由路径。执行“窗口”→“画笔”命令或按F5键，弹出“画笔”面板，如图4-28所示。单击底部的“画笔库菜单”按钮，在下拉菜单中选择相应画笔，如图4-29所示。

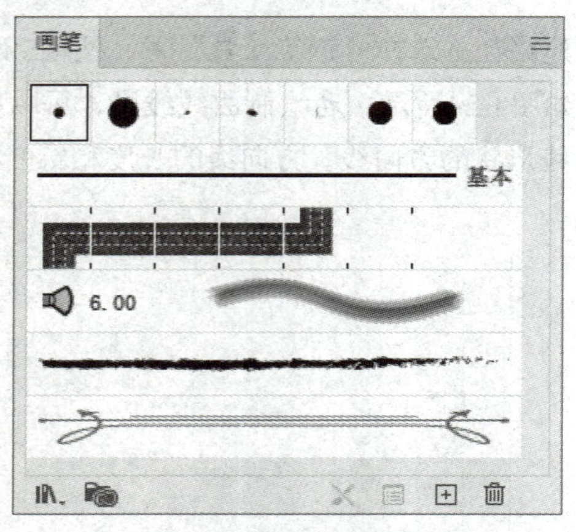

图 4-28　“画笔”面板

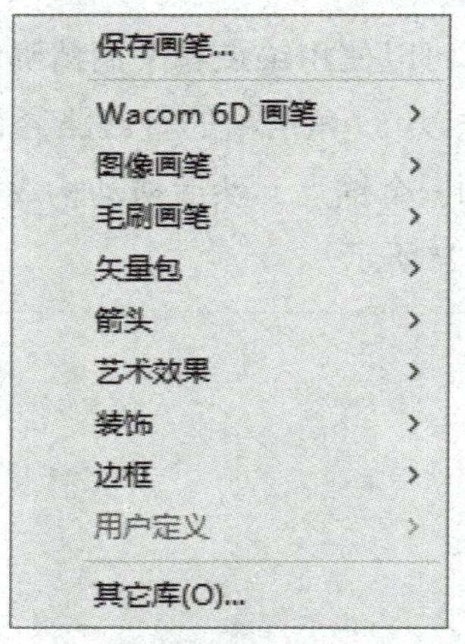

图 4-29　画笔库菜单

选择“画笔工具”，按住Shift键可以绘制水平、垂直或以45°角倍增的直线路径，如图4-30所示。执行“画笔库菜单”→“艺术效果”→“艺术效果_水彩”命令，即可绘制出“艺术效果_水彩”画笔的效果，如图4-31所示。

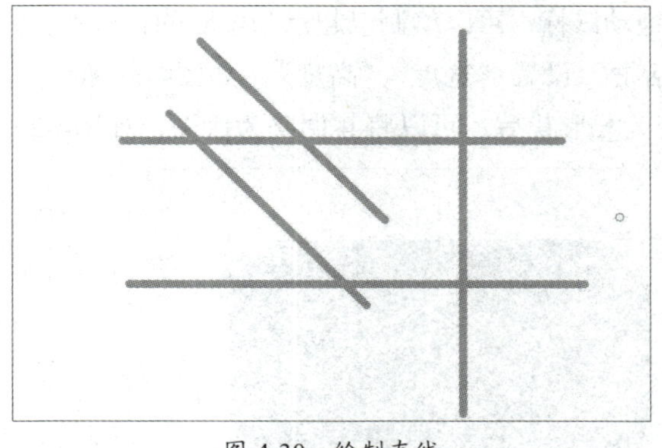
图 4-30 绘制直线

图 4-31 “艺术效果_水彩”画笔效果

■4.2.3 绘制几何形状

Illustrator提供了多种形状工具用于绘制基本的几何形状，如矩形工具、圆角矩形工具、椭圆工具、多边形工具等。

1. 绘制矩形和正方形

选择“矩形工具”，直接拖动可绘制自定义大小的矩形。按住Shift键绘制正方形，按住Alt键，鼠标光标变为形状时，拖动鼠标可以绘制以此点为中心点向外扩展的矩形；按住Shift+Alt组合键，可以绘制出以单击处为中心点的正方形，如图4-32所示。在页面任意位置单击，弹出“矩形”对话框，设置“宽度”“高度”都为60 mm，如图4-33所示，单击“确定”按钮即可生成正方形。

图 4-32 绘制矩形和正方形

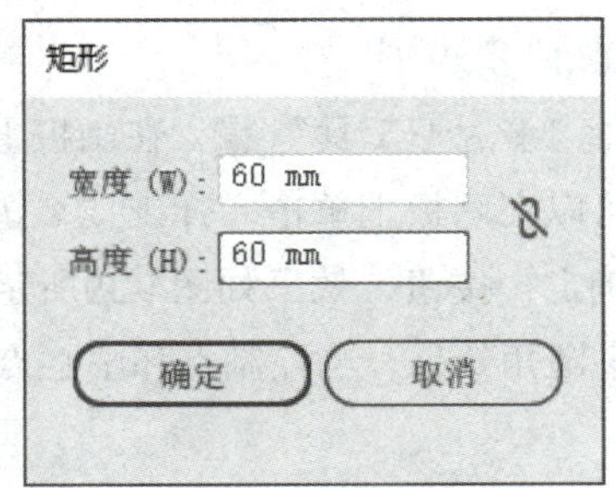

图 4-33 “矩形”对话框

2. 绘制圆角矩形

选择“圆角矩形工具”，直接拖动鼠标可绘制自定义大小的圆角矩形。在画板的任意位置单击，弹出“圆角矩形”对话框，设置“宽度”“高度”“圆角半径”，如图4-34所示。单击“确定”按钮即可生成圆角矩形，如图4-35所示。

3. 绘制椭圆形与圆形

选择“椭圆工具”，直接拖动鼠标可绘制自定义大小的椭圆形，在绘制椭圆形的过程中按住Shift键，可以绘制正圆形；按住Alt+Shift键拖动鼠标，可以绘制以起点为中心的正圆形。

在画板的任意位置单击，弹出“椭圆”对话框，设置“宽度”“高度”，如图4-36所示。绘制完成后，将鼠标光标放至控制点，当光标变为形状后，可以将其调整为饼图，如图4-37所示。

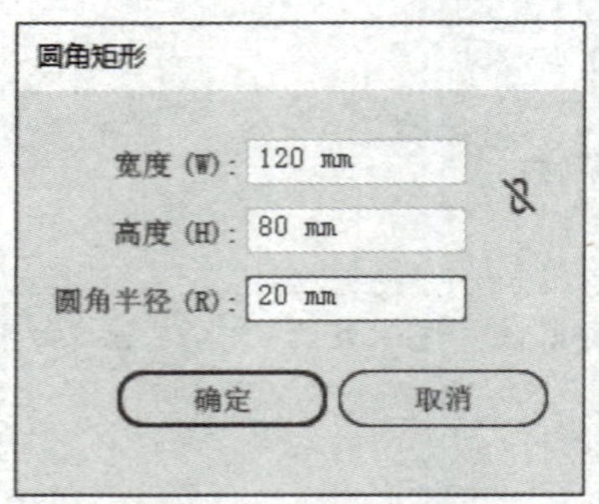

图 4-34 “圆角矩形”对话框

图 4-35 圆角矩形

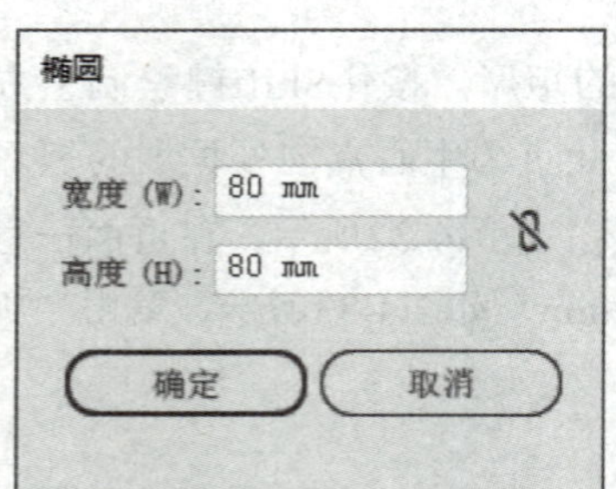

图 4-36 “椭圆”对话框

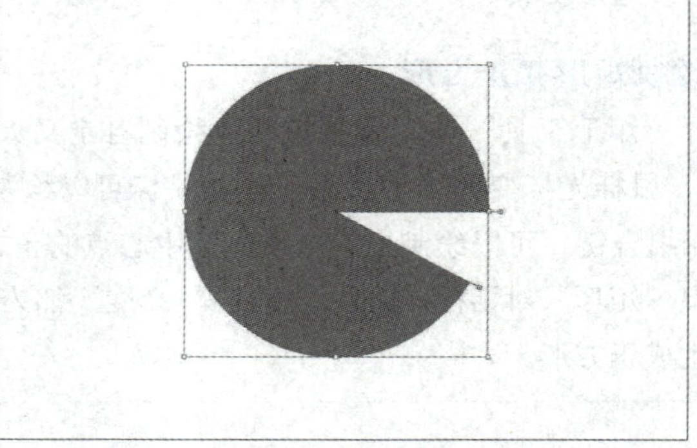

图 4-37 饼图效果

4. 绘制多边形

选择“多边形工具”，在画板上拖动鼠标可绘制不同边数的多边形。若要绘制精确的多边形，可以在画板上单击，弹出“多边形”对话框，在该对话框中设置参数，如图4-38所示。单击“确定”按钮，效果如图4-39所示。按住鼠标拖动多边形任意一角的控制点，向下拖动可以产生圆角效果，当控制点和中心点重合时，则变成圆形。

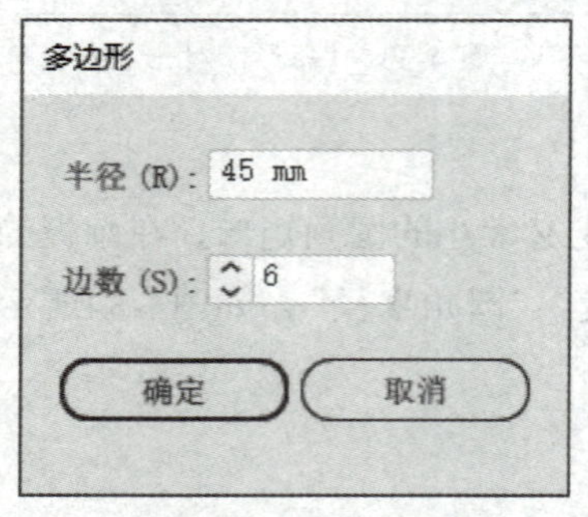

图 4-38 “多边形”对话框

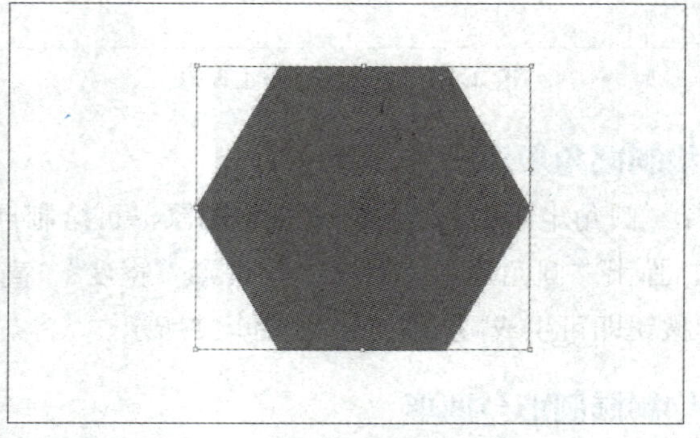

图 4-39 多边形

5. 绘制星形

选择“星形工具”☆可以绘制不同的星形图形，在页面任意位置单击，弹出“星形”对话框，“半径1”是设置星形图形内侧点到星形中心的距离，“半径2”是设置星形图形外侧点到星形中心的距离，“角点数”是设置星形图形的角数，如图4-40所示。绘制的星形如图4-41所示。

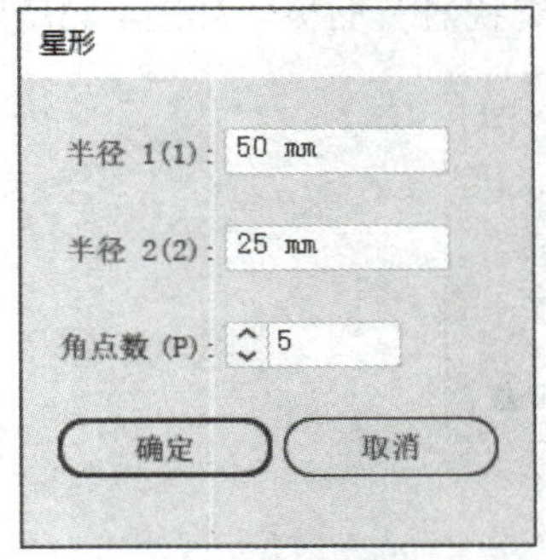

图 4-40 “星形”对话框

图 4-41 绘制的星形

■4.2.4 编辑路径与形状

创建路径后，还可对路径进行编辑。编辑路径需要执行“对象”→“路径”命令，在子菜单中选择相应的功能编辑路径对象，如图4-42所示。下面对部分功能进行介绍。

路径(P)
形状(P)
图案(E)
重复
缠绕
混合(B)
封套扭曲(V)
透视(P)
实时上色(N)
模型 (Beta)
图像描摹
文本绕排(W)
剪切蒙版(M)

连接(J) Ctrl+J
平均(V)... Alt+Ctrl+J
轮廓化描边(U)
偏移路径(O)...
反转路径方向(E)
简化(M)...
平滑...
添加锚点(A)
移去锚点(R)
分割下方对象(D)
分割为网格(S)...
清理(C)...

图 4-42 “路径”的子菜单

- **连接：**用于将两个或多个开放路径的端点连接在一起，形成一个单一的开放或闭合路径。如果路径的端点足够接近，它们将自动连接。
- **平均：**用于计算两个或多个选定锚点的平均位置，并将这些锚点移动到平均位置上。该命令有助于对齐或均匀分布锚点。
- **轮廓化描边：**将对象的描边（线条）转换为填充路径。
- **偏移路径：**通过指定的距离在原始路径的外部或内部创建新的路径。
- **简化：**通过减少路径中的锚点数量简化路径。
- **分割下方对象：**当两个或多个对象重叠时，该命令会根据最上面对象的形状分割下面的对象。

- **分割为网格：** 允许用户将选定的路径或图形对象分割成多个均匀分布的小块（网格），每个小块都可以单独进行编辑或操作。
- **清理：** 用于移除不可见的锚点、重叠的锚点或多余的路径段，以简化路径。

除了以上操作，还可以通过"路径查找器"面板对路径和形状进行编辑。执行"窗口"→"路径查找器"命令或按Shift+Ctrl+F9组合键，弹出"路径查找器"面板，如图4-43所示。

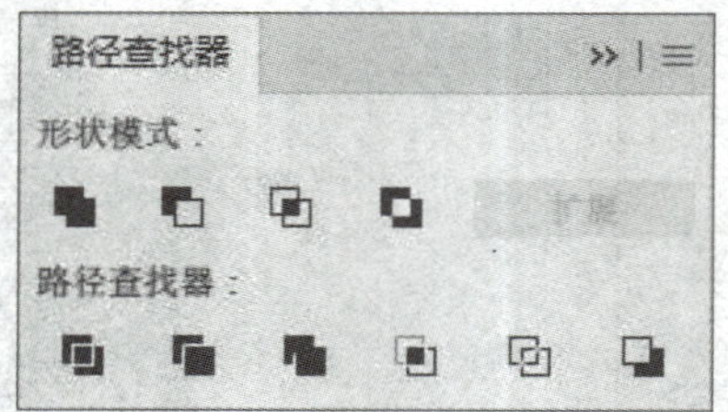

图 4-43 "路径查找器"面板

在该面板中，各选项的功能如下所述。

- **联集**：描摹所有对象的轮廓，最终形状会采用顶层对象的上色属性。
- **减去顶层**：从最后面的对象中减去最前面的对象。
- **交集**：描摹所有对象重叠的区域轮廓。
- **差集**：描摹所有对象未被重叠的区域，并使重叠区域透明。
- **分割**：将一份图稿分割成构成它的各个填充表面。将图形分割后，可以通过取消编组查看分割效果。
- **修边**：删除已填充对象被隐藏的部分，这会删除所有描边，且不会合并相同颜色的对象。将图形修边后，可以取消编组查看修边效果。
- **合并**：删除已填充对象被隐藏的部分，这会删除所有描边，并且合并具有相同颜色的相邻或重叠的对象。
- **裁剪**：选择两个或多个重叠的形状，指定其中一个形状作为"刀具"，应用该命令后，只有"刀具"形状与其他形状重叠的部分会被保留下来，其余部分将被移除。
- **轮廓**：将对象转换为其组件线段或边缘。
- **减去后方对象**：用最前面的对象减去后面的对象。

4.3 图形的填充与描边

在Illustrator中，图形的填充与描边是设计过程中不可或缺的基础操作，它们能赋予图形丰富的色彩和轮廓效果。

■4.3.1 吸管工具

在Illustrator中，吸管工具不仅可以拾取颜色，还可以拾取对象的属性，并赋予其他矢量对象。矢量图形的描边样式、填充颜色、文字对象的字符属性、段落属性和位图中的某种颜色，都可以通过“吸管工具”实现“复制”相同的样式。

选择右侧图形，使用“吸管工具”单击左侧图形，即可为其添加相同的属性，如图4-44所示。若在单击的同时按住Alt键，此时吸管工具的图标显示为相反方向，单击则应用当前颜色与属性，如图4-45所示。按住Shift键，吸管只复制颜色而不包括其他样式属性。

图 4-44　拾取相同属性

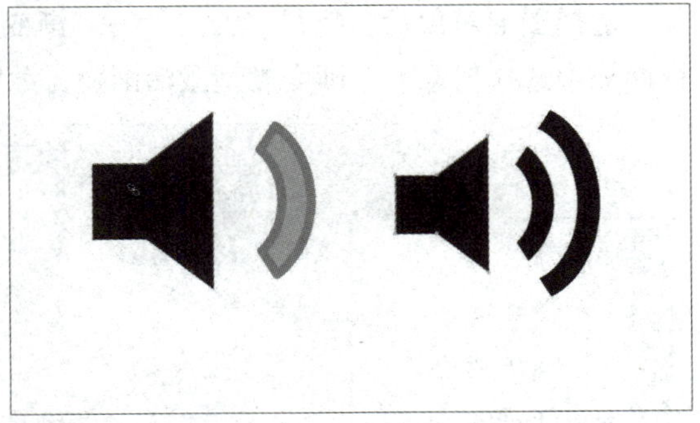
图 4-45　反向拾取属性

■4.3.2　图形填充

在Illustrator中，可以使用“颜色”面板、“色板”面板、“图案”面板、渐变工具和“渐变”面板轻松实现各种复杂的颜色效果和处理需求。

1.“颜色”面板

“颜色”面板可以为对象填充单色或设置单色描边。执行“窗口”→“颜色”命令，打开“颜色”面板，该面板可使用不同颜色模型显示颜色值，图4-46所示为CMYK颜色模型的“颜色”面板。

2.“色板”面板

“色板”面板可以为对象和描边添加颜色、渐变或图案。执行“窗口”→“色板”命令，打开“色板”面板，如图4-47所示。选中要填色或描边的对象，在“色板”面板中选择“填色”或“描边”按钮，单击色板中的颜色、图案或渐变即可为对象添加相应的填色或描边。

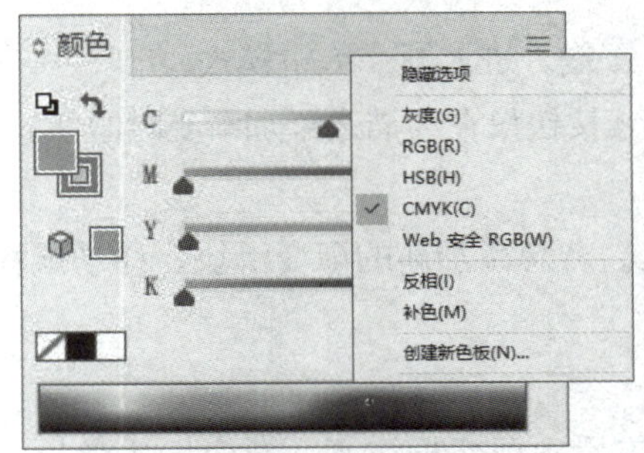

图 4-46　“颜色”面板

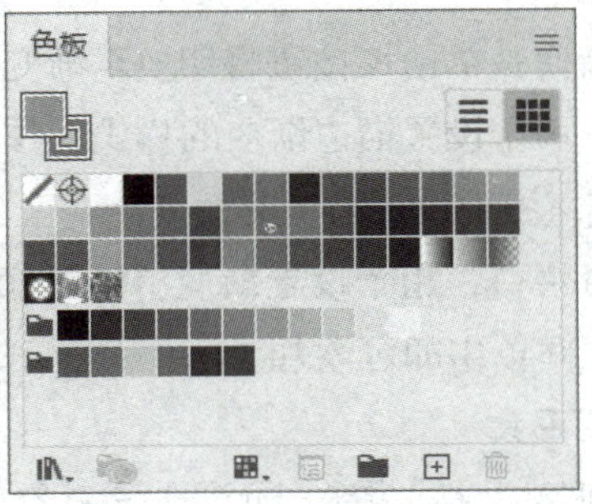

图 4-47　“色板”面板

3. 渐变填充

渐变是两种或多种颜色之间或同一颜色的不同色调之间的逐渐混和。创建渐变效果有两种方法：一种是使用工具栏中的“渐变工具”，另一种是使用“渐变”面板。

（1）“渐变”面板

选择图形对象后，执行“窗口”→“渐变”命令，打开“渐变”面板，如图4-48所示。在该面板中选择任意一个渐变类型激活渐变，如图4-49所示。

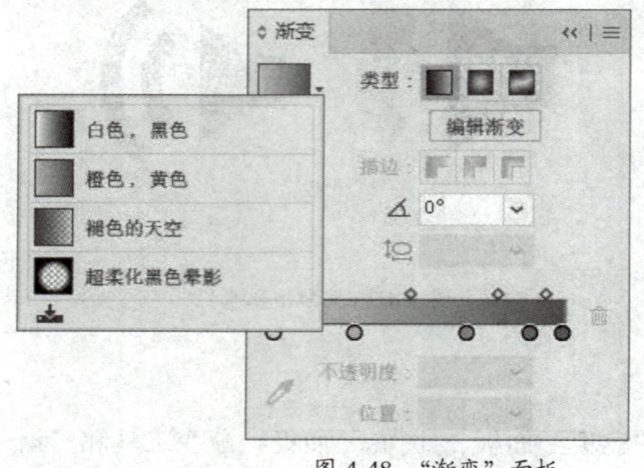

图 4-48 “渐变”面板

图 4-49 应用渐变

在“渐变”面板中，部分按钮的作用如下所述。

- **渐变**：单击该按钮，可赋予填色或描边渐变色。
- **填色/描边**：用于设置填色或描边的渐变。
- **反向渐变**：将现有的渐变颜色顺序反转，使一种颜色平滑过渡到另一种颜色的方向相反。
- **类型**：用于选择渐变的类型，包括“线性渐变”、“径向渐变”和“任意形状渐变”3种，如图4-50所示。

图 4-50 渐变类型

- **编辑渐变**：单击该按钮将切换至渐变工具，进入渐变编辑模式。
- **描边**：用于设置描边渐变的样式。该区域按钮仅在为描边添加渐变时激活。
- **角度**：用于设置渐变的角度。
- **渐变滑块**：用于设置渐变滑块的颜色。若想添加新的渐变滑块，移动鼠标指针至渐变滑块之间单击即可添加。

（2）渐变工具

选择“渐变工具”，即可在该对象上方看到渐变标注者，渐变标注者是一个滑块，该滑块会显示起点、终点、中点的色标，如图4-51所示。可以使用渐变标注者修改线性渐变的角度、位置和范围，以及修改径向渐变的焦点、原点和扩展，如图4-52所示。

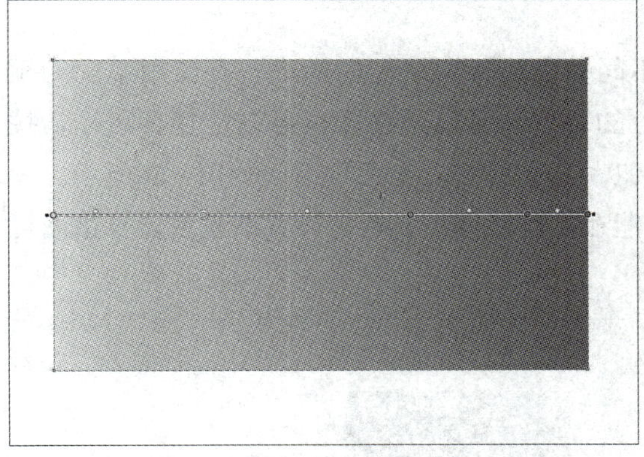

图 4-51　渐变标注者

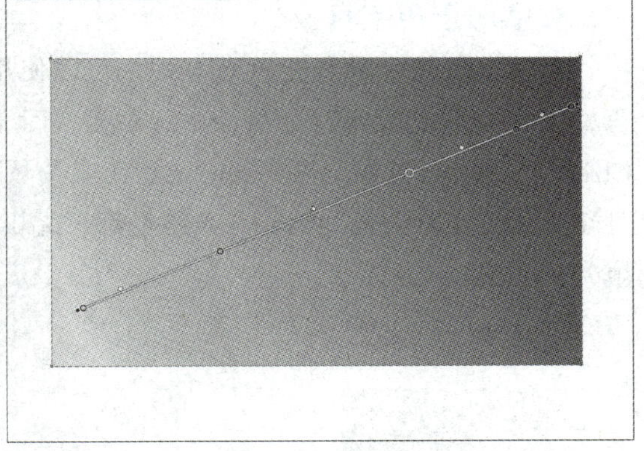

图 4-52　改变线性渐变的角度

4.“图案”面板

除颜色和渐变填充外，Illustrator软件中还提供了多种图案，用于制作出更加精美的效果。通过“色板”面板或执行“窗口”→“色板库”→“图案”命令，可添加基本图形、自然和装饰3大类预设图案，如图4-53所示。

图案 >	基本图形 >	基本图形_点
大地色调	自然 >	基本图形_纹理
庆祝	装饰 >	基本图形_线条

图 4-53　“图案”的级联菜单

图4-54所示为“基本图形_纹理”面板，图4-55所示为应用“粗麻布”图案效果。

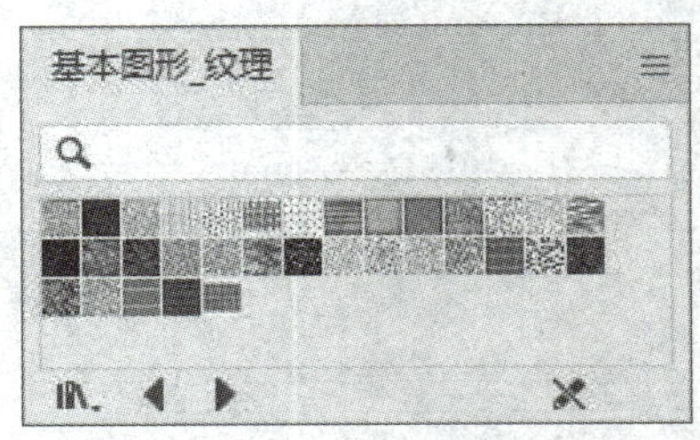

图 4-54　“基本图形＿纹理”面板

图 4-55　应用“粗麻布”图案效果

知识点拨

若想添加新的图案，可以选中要添加的图案对象，执行“对象”→“图案”→“建立”命令，在“图案选项”面板中设置参数。

5. 实时上色工具

实时上色是一种智能填充方式，可以使用不同颜色为每个路径段描边，并使用不同的颜色、图案或渐变填充每个路径。选中要实时上色的对象，可以是路径也可以是复合路径，按Ctrl+Alt+X组合键或单击“实时上色工具”按钮，建立“实时上色”组，如图4-56所示。一旦建立了“实时上色”组，每条路径都可编辑，能在控制栏或工具栏中设置前景色，单击即可填充，如图4-57所示。

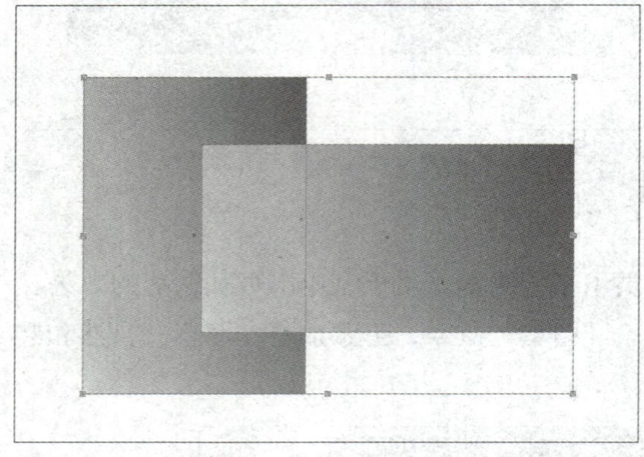

图 4-56　建立实时上色组

图 4-57　实时上色

6. 网格填充

网格工具主要通过在图像上创建网格，设置网格点上的颜色，然后沿不同方向顺畅分布且从一点平滑过渡到另一点。通过移动和编辑网格线上的点，可以更改颜色的变化强度，或者更改对象上的着色区域范围。

选择“网格工具”，当光标变为形状时，在图形上单击添加网格点，如图4-58所示。通过“颜色”面板、“色板”面板或拾色器填充颜色，效果如图4-59所示。

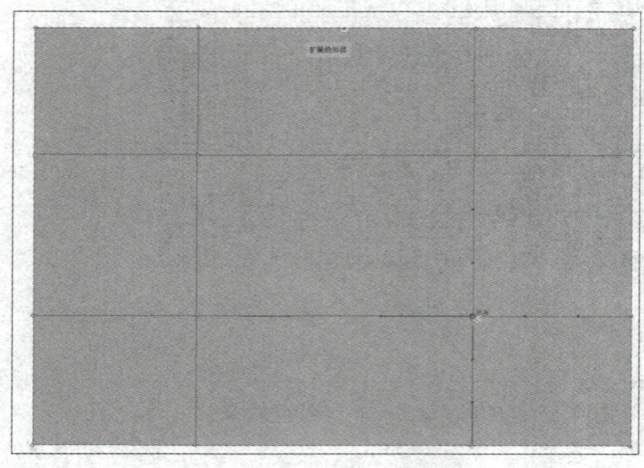

图 4-58　添加网格点

图 4-59　填充颜色

若要调整图形中某部分颜色所处的位置时，可以调整网格点的位置。选择“网格工具”，选中网格点并拖至目标位置释放即可，如图4-60所示。调整颜色的效果如图4-61所示。

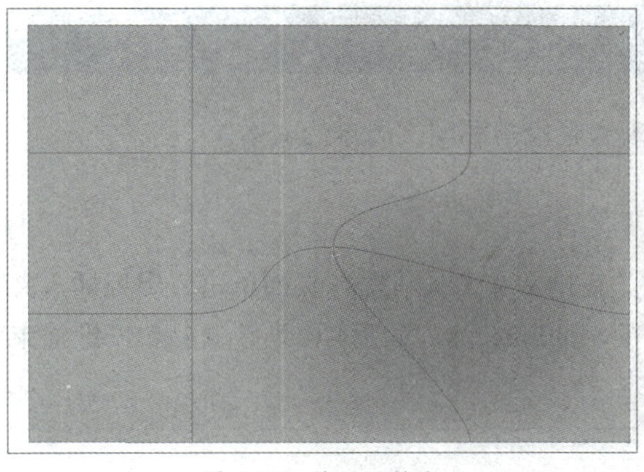

图 4-60 拖动网格点

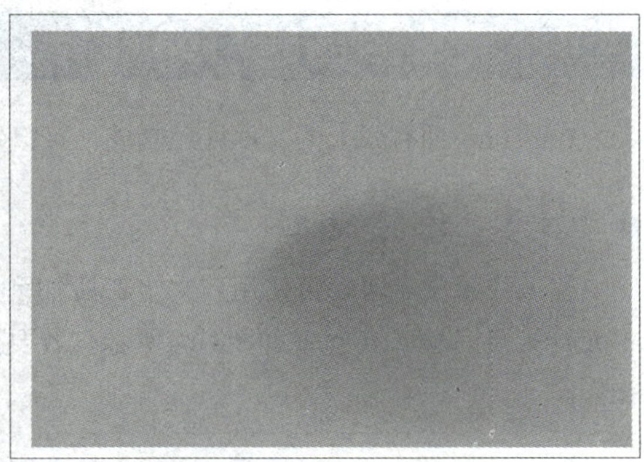

图 4-61 调整颜色的效果

■4.3.3 图形描边

执行“窗口”→“描边”命令，打开“描边”面板，如图4-62所示。选中要设置描边的对象，在该面板中设置描边的粗细、端点和边角等参数，描边效果如图4-63所示。

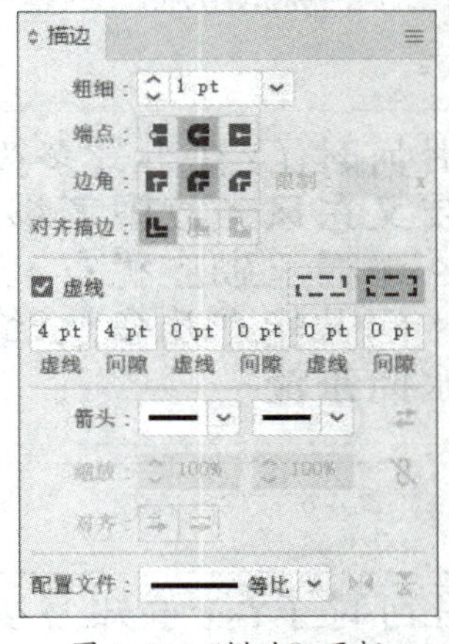

图 4-62 “描边”面板

图 4-63 描边效果

在“描边”面板中，部分参数的含义如下所述。

- **粗细：**设置选中对象的描边粗细。
- **端点：**设置端点样式，包括平头端点、圆头端点和方头端点。
- **边角：**设置拐角样式，包括斜接连接、圆角连接和斜角连接。
- **限制：**控制程序在何种情形下由斜接连接切换成斜角连接。
- **对齐描边：**设置描边路径对齐样式。当对象为封闭路径时，可激活全部选项。
- **虚线：**选择该复选框将激活虚线选项。可以通过设置数值确定虚线与间距的大小。
- **箭头：**添加箭头。
- **缩放：**调整箭头大小。
- **对齐：**设置箭头与路径的对齐方式。
- **配置文件：**选择预设的宽度配置文件改变线段宽度，从而制作造型各异的路径效果。

4.4 文本的创建与编辑

Illustrator拥有强大的文本处理功能，可以处理大量段落和图文混排的文本。

4.4.1 创建文本

输入少量文字时，可使用“文字工具”T或“直排文字工具”IT在页面单击，出现插入文本光标则可以输入文本，如图4-64所示。若要换行，按Enter键，如图4-65所示。按ESC键结束操作。

春花秋月何时了？往事知多少。

图 4-64　输入文本

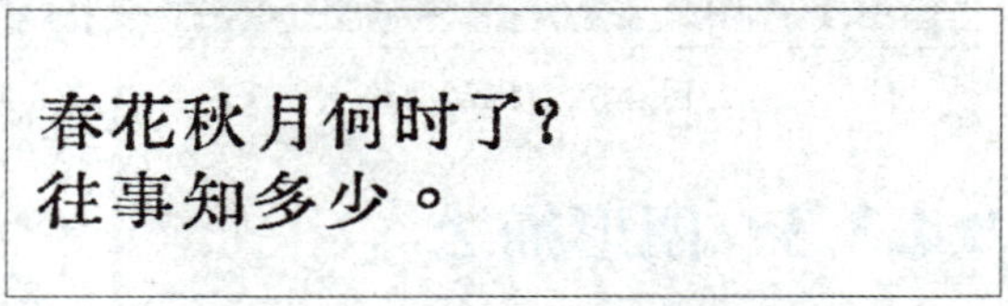

春花秋月何时了？
往事知多少。

图 4-65　换行效果

若要输入大段的文字，可以创建段落文本。使用“文字工具”拖动鼠标，创建一个文本框，如图4-66所示。输入文字，文本可自动换行，图4-67所示。

图 4-66　创建文本框

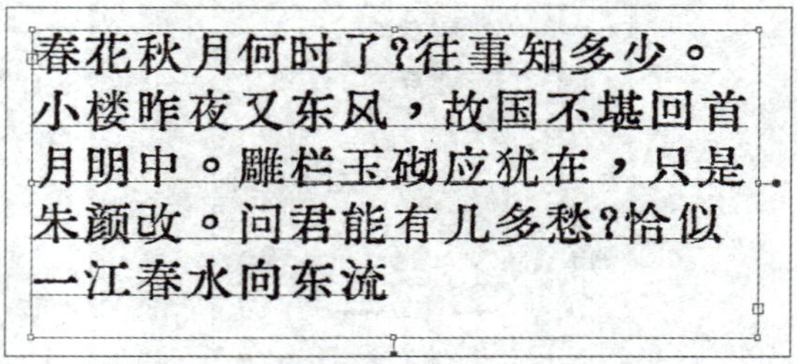

春花秋月何时了？往事知多少。
小楼昨夜又东风，故国不堪回首
月明中。雕栏玉砌应犹在，只是
朱颜改。问君能有几多愁？恰似
一江春水向东流

图 4-67　输入文本

若输入的文字超出了文本框所能容纳的范围，将出现文本溢出的现象，会显示“⊞”标记，如图4-68所示。

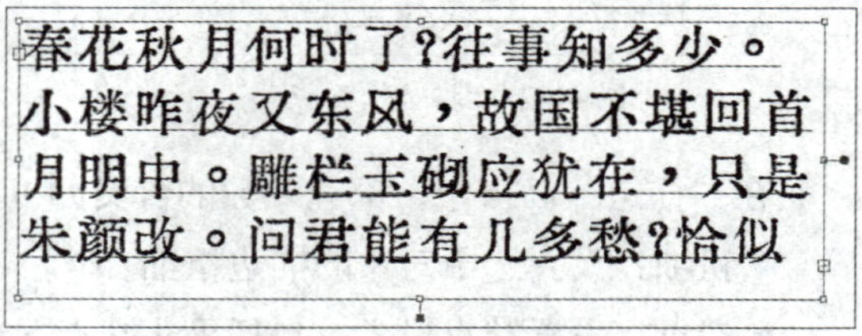

春花秋月何时了？往事知多少。
小楼昨夜又东风，故国不堪回首
月明中。雕栏玉砌应犹在，只是
朱颜改。问君能有几多愁？恰似

图 4-68　溢流文本

4.4.2 编辑文本

创建完文本后，可借助“选择工具”“字符”面板和“段落”面板对文本进行编辑。

1. 选择文本

选择“文字工具”T，移动鼠标光标到文本上，单击并拖动鼠标即可选中部分文本，选中的文本将反白显示，如图4-69所示。双击或按Ctrl+A组合键可全选文字，如图4-70所示。

春花秋月何时了

图 4-69 选择部分文本

春花秋月何时了

图 4-70 全选文字

2. 设置字符参数

使用“文字工具”选中要设置字符格式的文字。执行“窗口”→“文字”→“字符”命令或按Ctrl+T组合键，弹出“字符”面板，如图4-71所示。在该面板中可以设置常规样式、字符格式、字符颜色、缩进和间距、对齐字形等。

在“字符”面板中，部分常用选项的功能如下所述。

- **设置字体系列：**在下拉列表中选择文字的字体。
- **设置字体样式：**设置所选字体的字体样式。
- **设置字体大小**：在下拉列表中可以选择字体大小，也可以输入数字自定义大小。
- **设置行距**：设置字符行之间的间距大小。
- **垂直缩放**：设置文字的垂直缩放百分比。
- **水平缩放**：设置文字的水平缩放百分比。
- **设置两个字符间距微调**：微调两个字符间的距离。
- **设置所选字符的字距调整**：设置所选字符的间距。
- **对齐字形：**准确对齐实时文本的边界，包括“全角字框”、“全角字框、居中”、“字形边框”、“基线”、“角度参考线”和“锚点”。执行“视图”→“对齐字形/智能参考线”命令，可启用该功能。

在“字符”面板中，单击右上角按钮，在弹出的菜单中选择“显示选项”，此时，面板中间部分会显示被隐藏的选项，如图4-72所示。

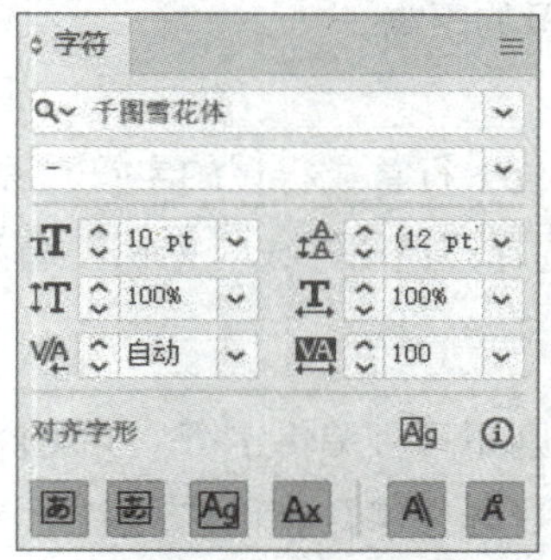

图 4-71 “字符”面板

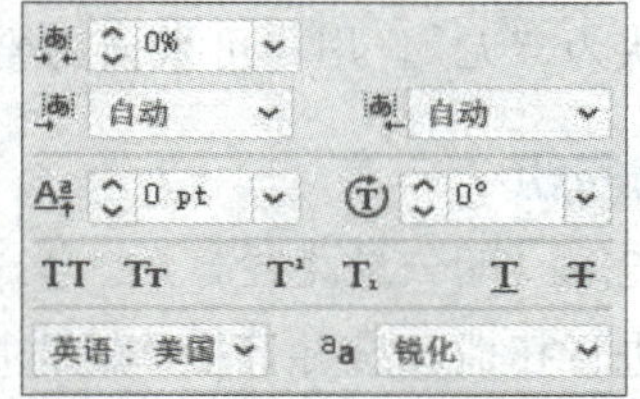

图 4-72 显示隐藏选项

该部分选项的功能如下所述。

- **比例间距**：设置字符的比例间距。
- **插入空格（左）**：在字符左端插入空格。
- **插入空格（右）**：在字符右端插入空格。
- **设置基线偏移**：设置文字与文字基线之间的距离。

- **字符旋转**：设置字符旋转的角度。
- TT Tr T¹ T₁ T T：设置字符效果，从左至右依次为全部大写字母TT、小型大写字母Tr、上标T¹、下标T₁、下画线T和删除线T。
- **设置消除锯齿的方法**：在下拉列表框中可选择无、锐化、明晰和强。

> **提示**：除了在“字符”面板中设置参数，还可以在“文字工具”的控制栏中、“属性”面板和上下文任务栏中进行设置。

3. “段落”面板

“段落”面板可以设置段落格式，包括对齐方式、段落缩进、段落间距等。选中要设置段落格式的段落，执行“窗口”→“文字”→“段落”命令，或按Ctrl+Alt+T组合键，即可打开“段落”面板，如图4-73所示。

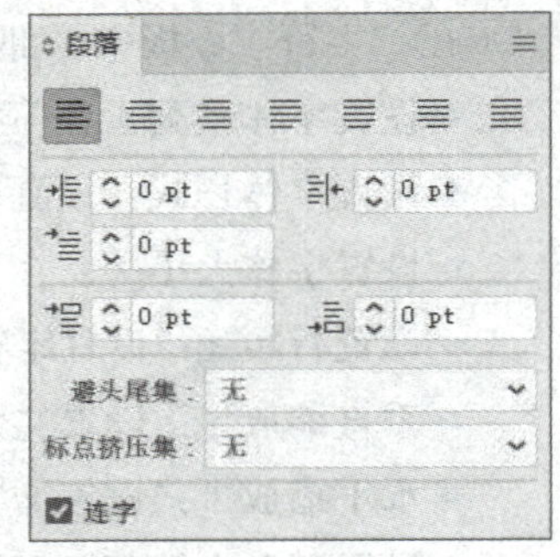

图 4-73 “段落”面板

（1）文本对齐

“段落”面板最上方包括7种对齐方式：“左对齐”、“居中对齐”、“右对齐”、“两端对齐，末行左对齐”、“两端对齐，末行居中对齐”、“两端对齐，末行右对齐”和“全部两端对齐”。

（2）段落缩进

缩进是指文本和文字对象边界间的距离，可以为多个段落设置不同的缩进。在“段落”面板中，包括“左缩进”、“右缩进”和“首行左缩进”3种缩进方式。

（3）段落间距

设置段落间距可以更加清楚地区分段落，便于阅读。在“段落”面板中可以通过设置“段前间距”和“段后间距”设定前一段或后一段的距离。

（4）避头尾集

该功能用于指定中文文本的换行方式。不能位于行首或行尾的字符被称为避头尾字符。默认情况下，系统默认为“无”，用户可根据需要选择“严格”或“宽松”选项。

4. 文本轮廓的创建

将文本转换为轮廓（即矢量路径）后，文本则不可再编辑字符，但能自由调整每个字母的形状、大小，甚至进行扭曲和合并等操作。选中目标文字，执行“文字”→“创建轮廓”命令或按Shift+Ctrl+O组合键即可，如图4-74所示。

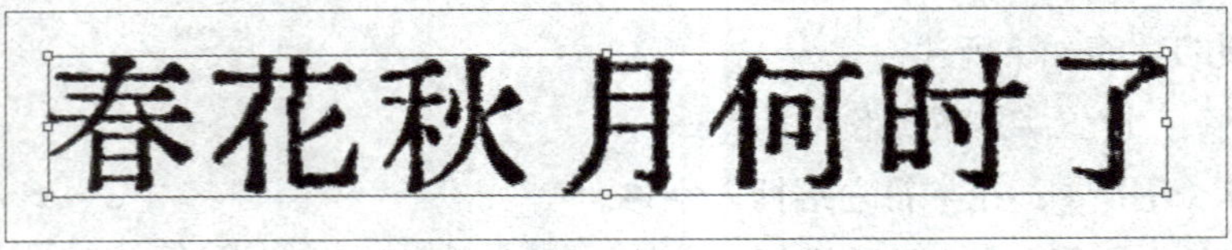

春花秋月何时了

图 4-74 创建轮廓

4.5 特效与样式

在Illustrator中，特效、外观和图形样式是设计过程中不可或缺的元素，它们能极大地提升和丰富作品的视觉效果以及创意表达。

■4.5.1 特效详解

Illustrator提供了丰富的特效功能，这些特效可以通过菜单栏中的“效果”选项找到。特效主要分为“Illustrator效果”“Photoshop效果”，如图4-75所示。

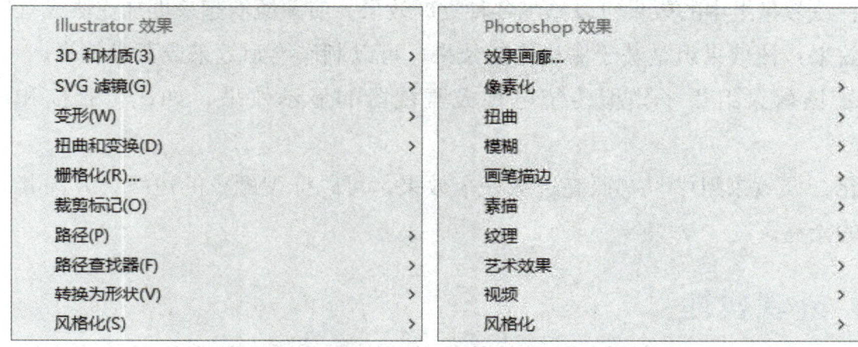

图 4-75　Illustrator 效果和 Photoshop 效果

1. Illustrator效果（矢量效果）

Illustrator效果主要为绘制的矢量图形应用效果，同时也可以应用于位图对象。Illustrator效果主要有3D和材质、SVG滤镜、变形、扭曲和变换、栅格化、裁剪标记、路径等多个命令组。部分常用效果如下所述。

- **3D和材质：**该效果组可以为对象添加立体效果，通过高光、阴影、旋转和其他属性控制3D对象的外观，还可以在3D对象的表面添加贴图效果。
- **变形：**该效果组中的效果可以使选中的对象在水平或垂直方向上产生变形，可以将这些效果应用到对象、组合和图层中。
- **扭曲和变换：**该效果组中的效果可以快速改变对象的形状，但不会改变对象的几何形状。
- **栅格化：**该效果主要用于将矢量图形或文字转换为栅格图像（位图）。
- **裁剪标记：**该效果用于指示图像的裁剪区域，通常在准备打印或输出图像时使用。
- **路径：**该效果组中的效果能够改变对象的外观。
- **路径查找器：**该效果和“路径查找器”面板原理相同，不同的是执行该命令不会对原始对象产生真实的变形。
- **转换为形状：**该效果组中的效果可以将矢量对象的形状转换为矩形、圆角矩形或椭圆形。
- **风格化：**该效果组中的效果可以为对象添加特殊的效果，制作出具有艺术质感的图像。

2. Photoshop效果

Photoshop效果可以制作出丰富的纹理和质感效果。Photoshop效果主要有效果画廊、像素化、扭曲、模糊、画笔描边等多个命令组。部分常用效果如下所述。

- **效果画廊**：Illustrator中的“效果画廊”就是Photoshop中的滤镜库。有风格化、画笔的描边、扭曲、素描、纹理和艺术效果等选项，每个选项中包含了多种滤镜效果。
- **像素化**：该效果组通过将颜色值相近的像素集结成块来清晰地定义一个选区。
- **扭曲**：该效果组可以扭曲图像。
- **模糊**：该效果组可以使图像产生一种朦胧模糊的效果。
- **画笔描边**：该效果组可以模拟不同的画笔绘制图像，制作绘画的艺术效果。
- **素描**：该效果组可以重绘图像，使其呈现特殊的效果。
- **纹理**：该效果组中的效果可以添加各种纹理效果，使图像看起来更加立体或有质感。
- **艺术效果**：该效果组是基于栅格化的效果，可以制作绘画效果或艺术效果。
- **视频**：该效果组用于模拟传统电视或监视器的显示效果，如逐行扫描和NTSC颜色校正。
- **风格化**：该效果组中只有照亮边缘一个效果，可以标识颜色的边缘，并向其添加类似霓虹灯的光亮。

■4.5.2　外观属性

外观属性是一组在不改变对象基础结构的前提下影响对象外观的属性。执行“窗口”→“外观”命令或按Shift+F6组合键，即可打开“外观”面板，选中对象后，该面板中将显示相应对象的外观属性，包括填色、描边和不透明度，如图4-76所示。在该面板中，部分选项的作用如下所述。

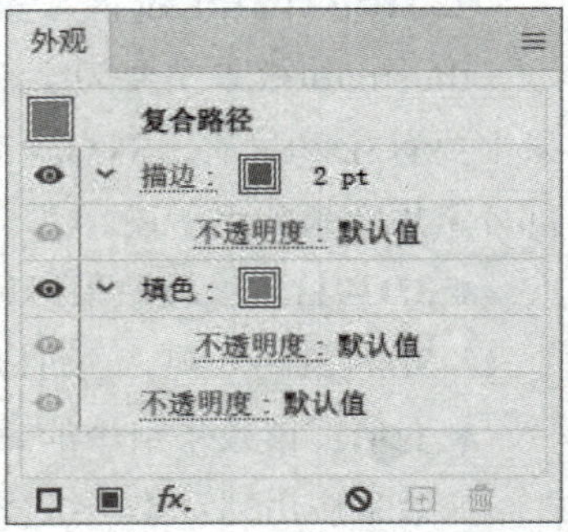

- **菜单**：打开快捷菜单以执行相应的命令。
- **单击切换可视性**：切换属性或效果的显示与隐藏。
- **添加新描边**：为选中对象添加新的描边。
- **添加新填色**：为选中对象添加新的填色。
- **添加新效果**：为选中的对象添加新的效果。
- **清除外观**：清除选中对象的所有外观属性与效果。
- **复制所选项目**：复制选中的属性。
- **删除所选项目**：删除选中的属性。

图 4-76　“外观”面板

通过“外观”面板，可以修改对象的现有外观属性，如对象的填色、描边、不透明度等。

1. 更改颜色

在“外观”面板中，直接单击描边或填色中的色块或下拉列表框，可以在弹出的面板中选择合适的颜色替换当前选中对象的填色，如图4-77所示。按住Shift键则可以调出自定义颜色界面，如图4-78所示。

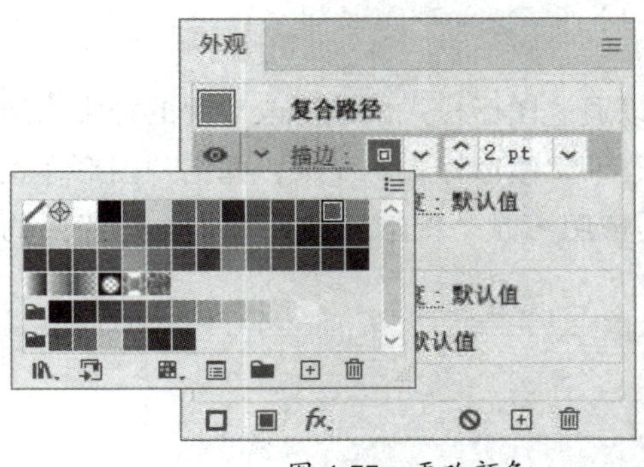

图 4-77　更改颜色

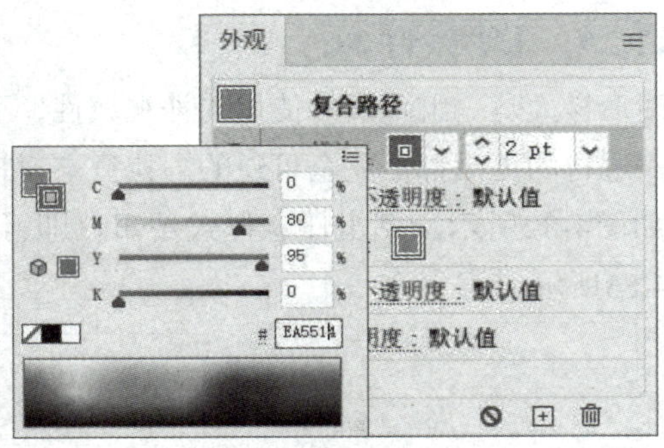

图 4-78　自定义颜色界面

2. 更改描边参数

在“描边”选项中，单击带有下画线的“描边”按钮，可以在弹出的面板中设置描边参数，如图4-79所示。

3. 不透明度

单击“不透明度”按钮，打开“不透明度”面板，在该面板中可以调整对象的不透明度和混合模式等参数，如图4-80所示。

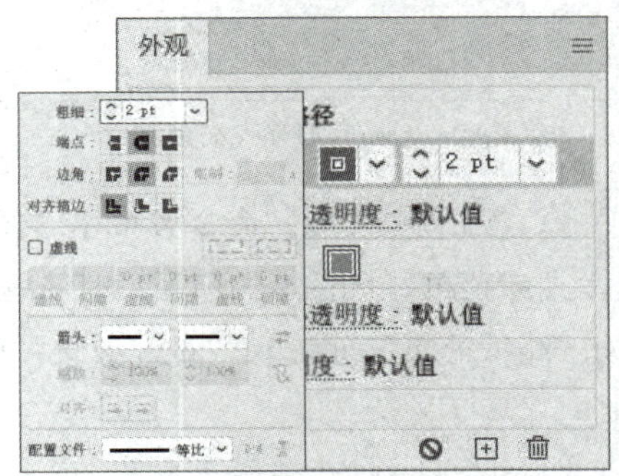

图 4-79　设置描边参数

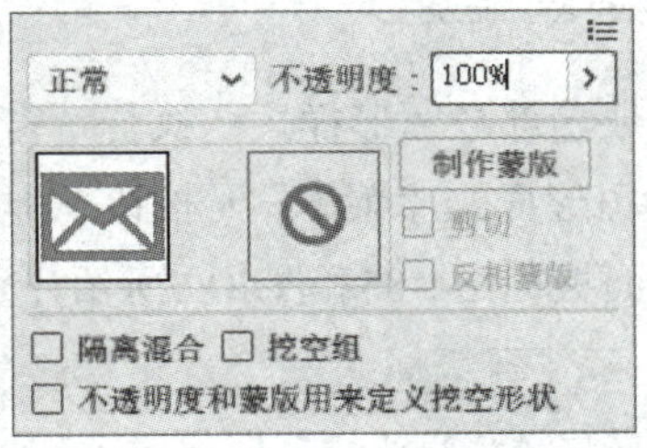

图 4-80　不透明度面板

4. 效果

单击面板中的“添加新效果”fx按钮，在弹出的菜单中执行相应的效果命令即可添加新效果。若要更改已有效果，可以直接单击带有下画线的效果名称编辑效果，如图4-81所示。

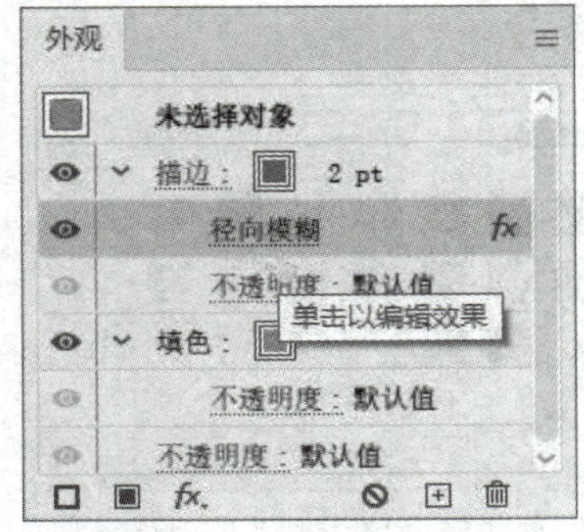

图 4-81　单击名称以编辑效果

■4.5.3 图形样式

图形样式是一组可反复使用的外观属性，可以通过图形样式快速更改对象的外观。通过图形样式进行的更改都是完全可逆的。执行“窗口”→“图形样式”命令，弹出“图形样式”面板，如图4-82所示。单击任意样式按钮，即可为该图形赋予图形样式，添加图形样式的效果如图4-83所示。

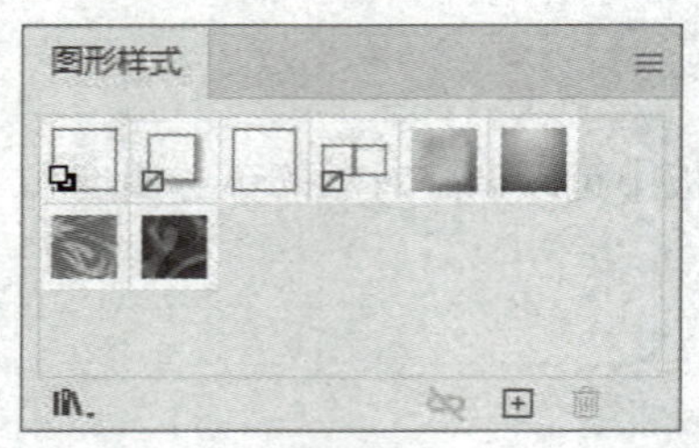

图 4-82 “图形样式”面板

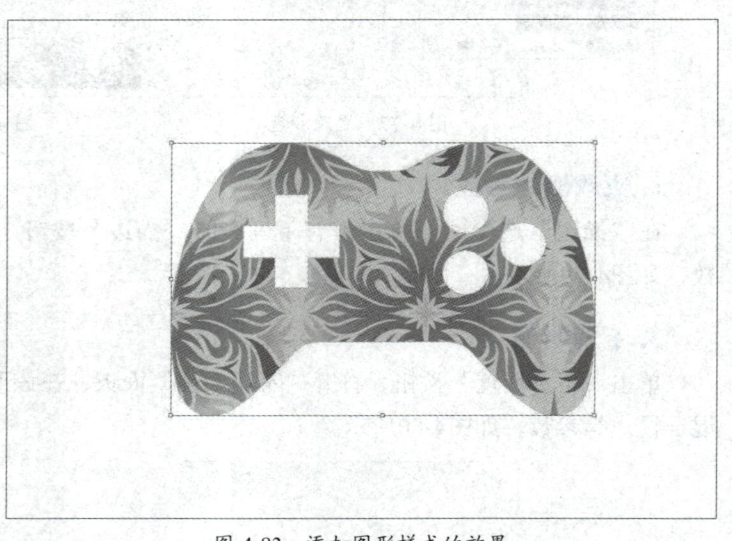

图 4-83 添加图形样式的效果

该面板中仅展示部分图形样式，执行“窗口”→“图形样式库”命令或单击“图层样式”面板左下角的“图形样式库菜单”按钮，弹出样式库菜单，如图4-84所示。任选一个选项，即可弹出相应的面板，图4-85和图4-86所示分别为“涂抹效果”面板和“霓虹效果”面板。

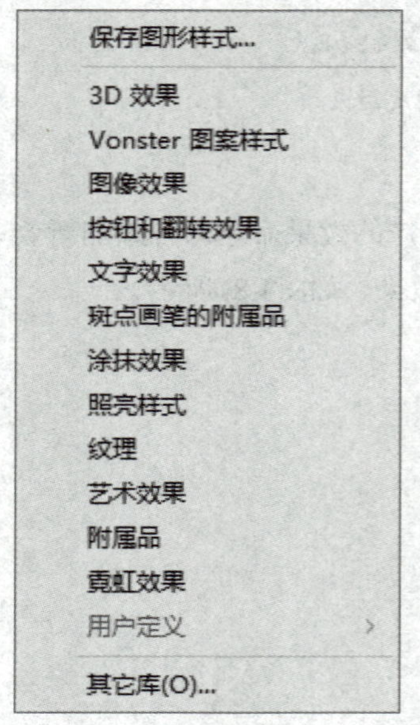

图 4-84 图形样式库

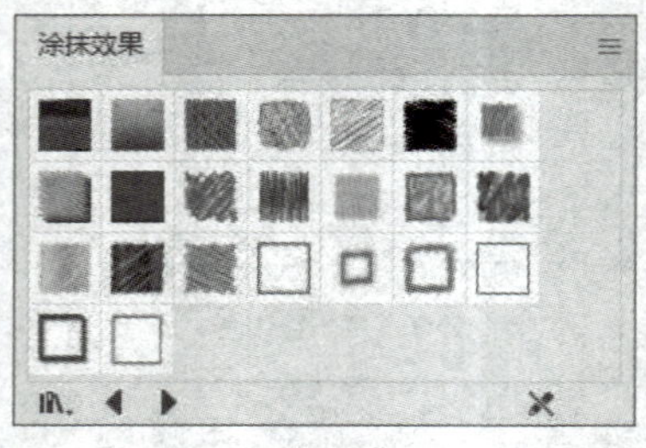

图 4-85 “涂抹效果”面板

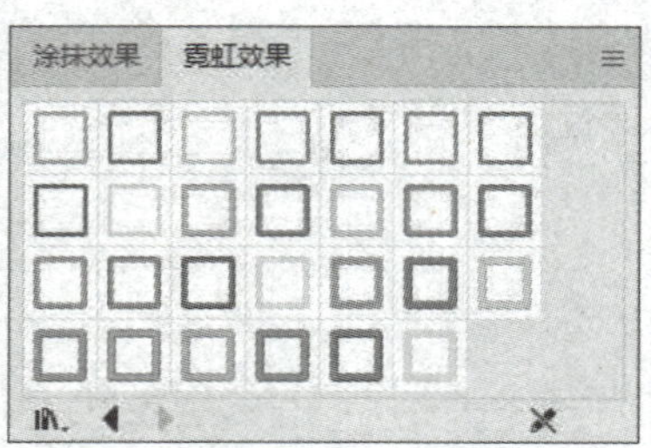

图 4-86 “霓虹效果”面板

4.6 高级应用技巧

在Illustrator中，高级应用技巧对提升设计效率和创作质量至关重要，如混合对象、剪贴蒙版、封套扭曲和图像描摹。

■4.6.1 混合对象

混合对象可以在一个或多个对象之间创建连续的中间形状或颜色渐变的过渡效果。它不仅限于形状，还可以用于颜色和透明度等属性的混合。选择目标对象，双击混合工具或执行“对象”→“混合”→“混合选项”命令，在打开的“混合选项”对话框中可以设置间距和取向，如图4-87所示。

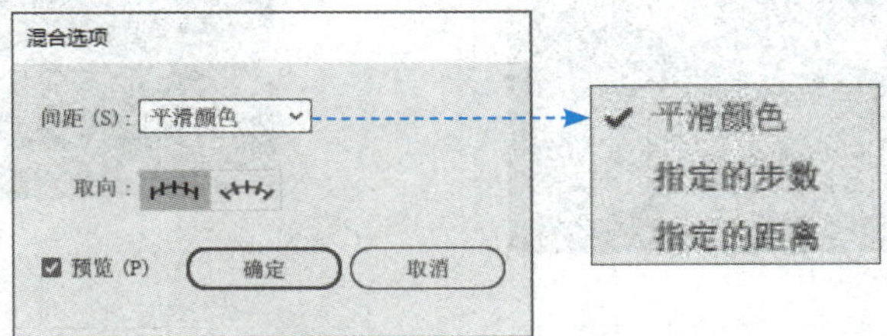

图 4-87 混合选项

完成设置后，在要创建混合的对象上依次单击即可创建混合效果，按Alt+Ctrl+B组合键也可以实现混合效果。图4-88和图4-89所示分别为应用混合步数前后的效果。

图 4-88 应用混合步数前的效果

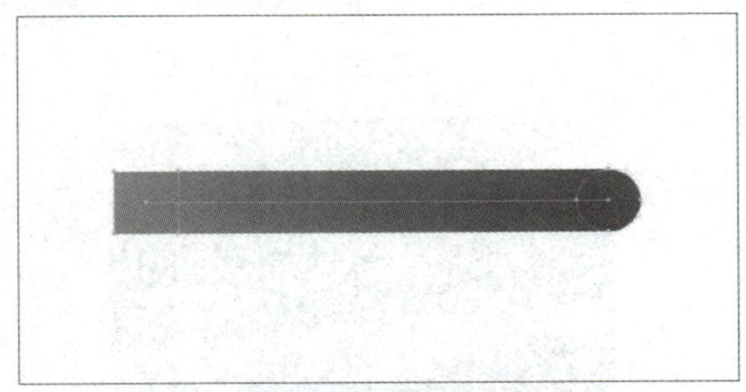

图 4-89 应用混合步数后的效果

创建混合效果后仍可进行编辑，双击“混合工具”，在弹出的“混合选项”对话框中修改参数调整显示，图4-90和图4-91所示分别为平滑步数为10和平滑距离为20的效果。

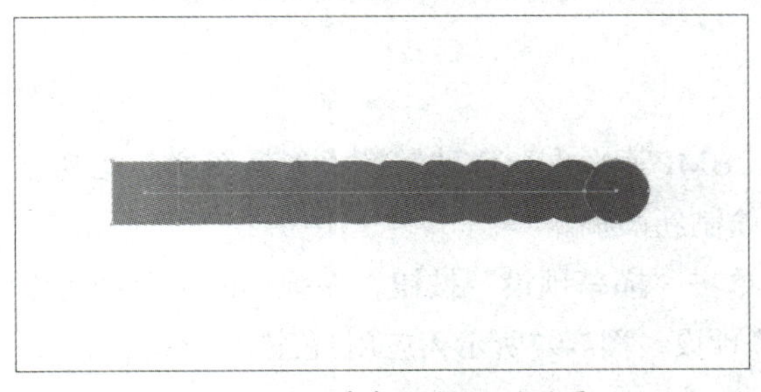

图 4-90 平滑步数为 10 的效果

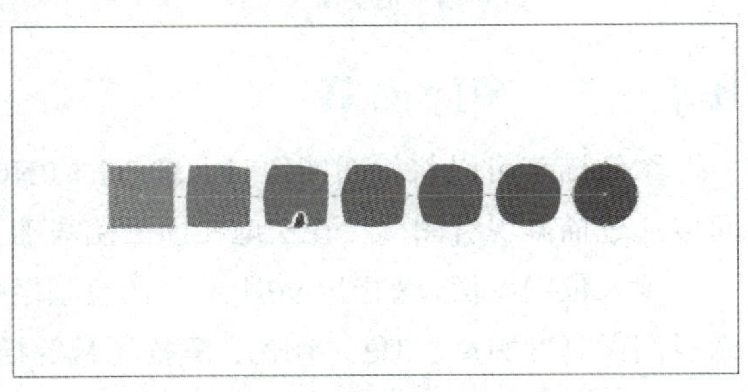

图 4-91 平滑距离为 20 的效果

■4.6.2 剪贴蒙版

剪贴蒙版可以将一个对象的形状或图案限定在另一个对象的范围内，从而实现图形的修饰、填充和遮罩效果。置入一张位图图像，绘制一个矢量图形，使矢量图形位于位图上方，按Ctrl+A组合键全选，如图4-92所示；按Ctrl+7组合键或执行“对象”→“剪贴蒙版”→“建立”命令，创建剪贴蒙版，如图4-93所示。

图 4-92　全选

图 4-93　创建剪贴蒙版

使用“直接选择工具”单击锚点，调整剪贴蒙版的大小，拖动内部控制点可调整圆角半径，如图4-94和图4-95所示。

图 4-94　调整圆角半径

图 4-95　应用圆角半径的效果

■4.6.3 图像描摹

图像描摹可以将位图图像（如JPEG、PNG、BMP等格式）自动转换成矢量图形。此功能可以通过描摹现有图稿，轻松地在该图稿基础上绘制新图稿。

置入位图图像，如图4-96所示，在控制栏中单击“描摹预设”按钮，在弹出的菜单中可以选择高保真度照片、3色、16色、素描图稿等描摹预设，图4-97所示为应用3色描摹效果。

图 4-96 置入位图图像

图 4-97 3 色描摹效果

描摹完成后，在控制栏中的“视图”选项可以指定描摹对象的视图，包括描摹结果、源图像、轮廓以及其他选项，图4-98所示为轮廓视图效果。单击“扩展”按钮，即可将描摹对象转换为路径，如图4-99所示。取消分组后，可删除多余路径。

图 4-98 轮廓视图效果

图 4-99 扩展效果

■4.6.4 封套扭曲

Illustrator中的封套扭曲是一种强大的图形变形工具，它将选定的对象沿着指定的路径进行扭曲，从而创造出各种有趣的视觉效果。

1. 用变形建立

用变形建立可以快速创建简单的变形效果。选中需要变形的对象，执行“对象”→“封套扭曲”→“用变形建立”命令或按Alt+Shift+Ctrl+W组合键，在弹出的“变形选项”对话框中设置变形参数，如图4-100所示，单击“确定”按钮即可变形，如图4-101所示。

2. 用网格建立

用网格建立适用于需要基于特定形状进行扭曲的场景。选中需要变形的对象，执行“对象”→“封套扭曲”→“用网格建立”命令或按Alt+Ctrl+M组合键，在弹出的“封套网格”对话框中设置网格行数与列数，如图4-102所示。单击“确定”按钮即可创建网格，选择“直接选择工具”，调整网格格点可使对象变形，如图4-103所示。

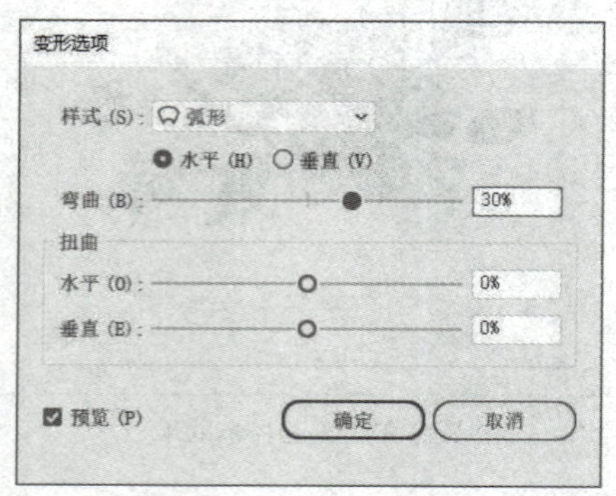

图 4-100　“变形选项”对话框

图 4-101　弧形变形效果

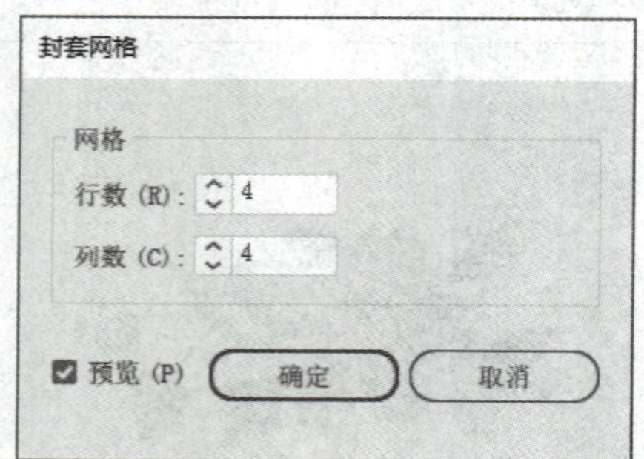

图 4-102　“封套网格”对话框

图 4-103　封套网格变形效果

3. 用顶层对象建立

用顶层对象建立适用于需要精细调整变形效果的场景，如创建复杂的曲面或流线型设计。选中顶层对象和需要进行封套扭曲的对象，如图4-104所示。执行“对象”→“封套扭曲”→“用顶层对象建立”命令或按Alt+Ctrl+C组合键即可创建封套扭曲效果，如图4-105所示。

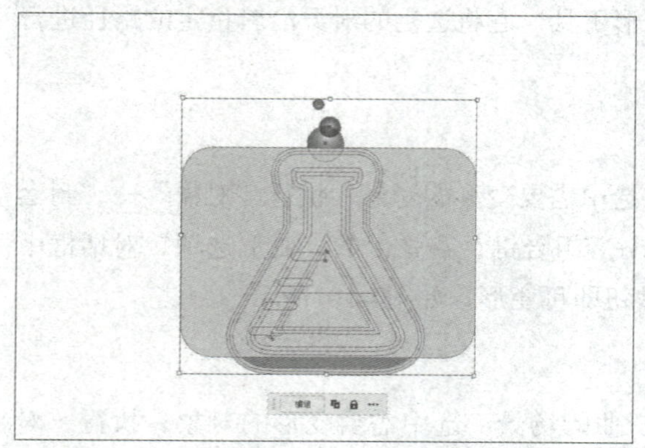

图 4-104　选择对象

图 4-105　顶层对象变形效果

案例实操 制作空状态插画

本案例制作空状态插画效果，主要用到的知识点包括新建文件、钢笔工具、剪刀工具、实时上色工具、画笔工具、符号、文字工具等。下面详细讲解案例的制作过程。

扫码观看视频

步骤01 打开Illustrator软件，执行“文件”→“新建”命令，打开“新建文档”对话框，如图4-106所示，设置参数，单击“创建”按钮即可。

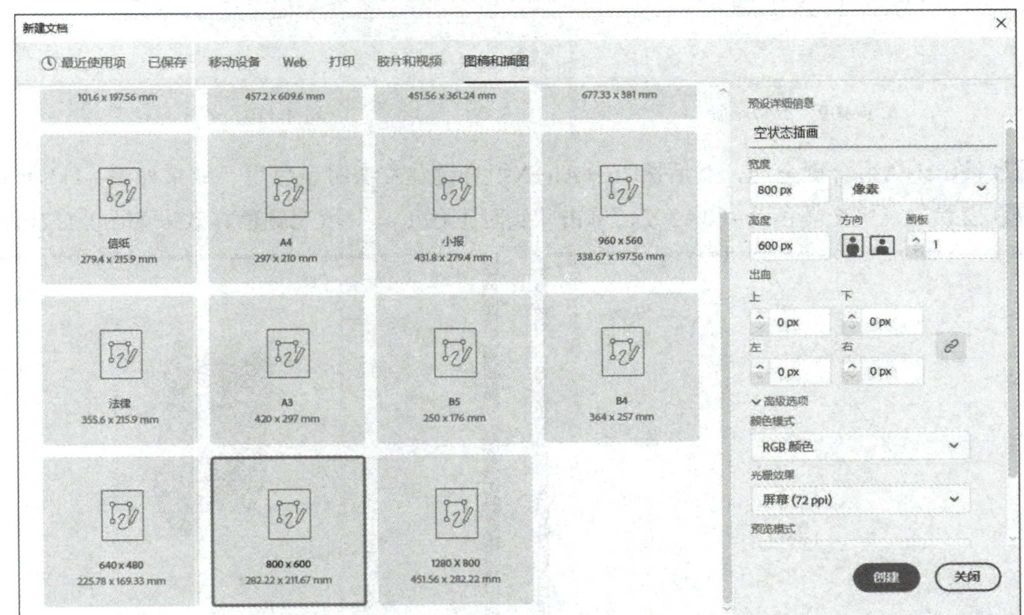

图 4-106 “新建文档”对话框

步骤02 选择“钢笔工具”绘制闭合路径，如图4-107所示。

步骤03 继续绘制开放路径，如图4-108所示。

图 4-107 绘制闭合路径

图 4-108 绘制开放路径

步骤04 选择闭合路径，使用“剪刀工具”剪切路径，如图4-109所示。

步骤05 按Delete键删除路径，如图4-110所示。

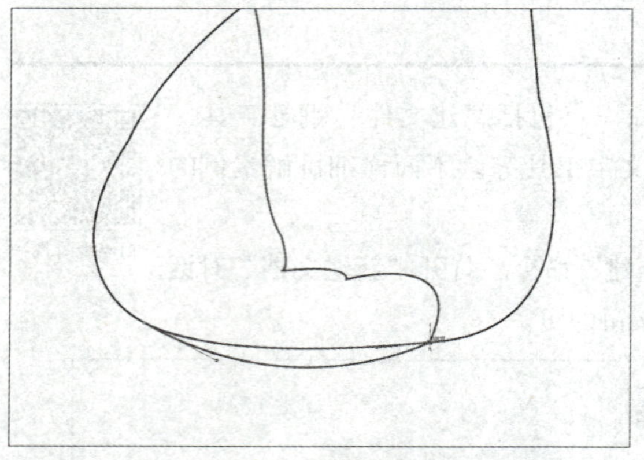

图 4-109　剪切路径

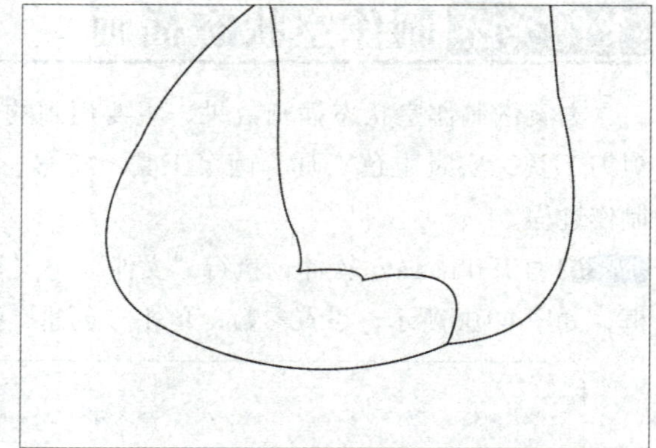

图 4-110　删除路径

步骤06 按Ctrl+A组合键全选，然后按Ctrl+Alt+X组合键建立实时上色组，效果如图4-111所示。

步骤07 设置前置填充颜色为#E3A302，单击“实时上色工具”填充颜色，效果如图4-112所示。

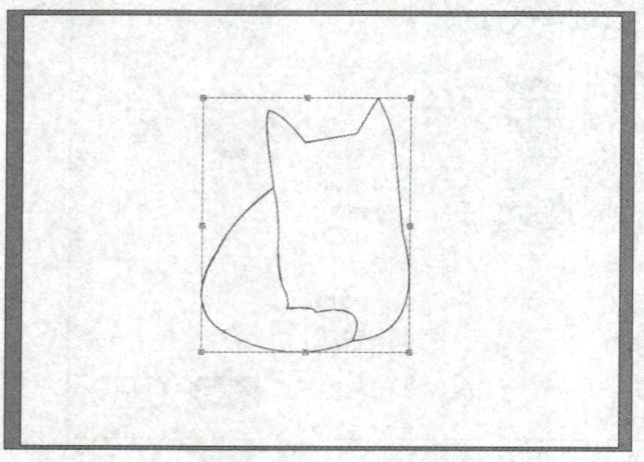

图 4-111　建立实时上色组

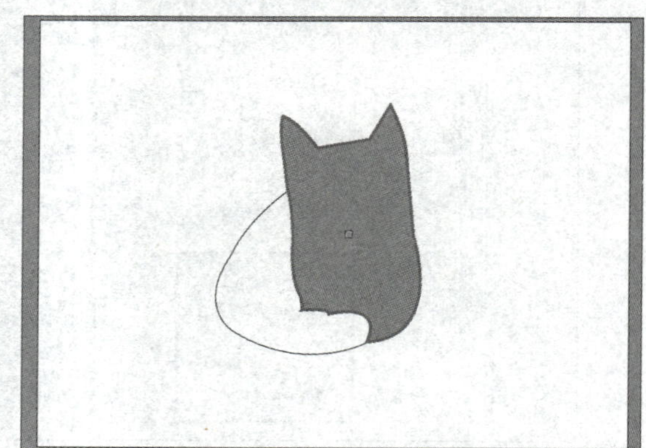

图 4-112　填充颜色 1

步骤08 更改填充颜色为#C9510E，填充效果如图4-113所示。

步骤09 设置描边为无，效果如图4-114所示。

图 4-113　填充效果 2

图 4-114　描边为无的效果

步骤10 使用“钢笔工具”绘制耳部，然后填充颜色为#B77902，耳朵的效果如图4-115所示。

步骤11 继续绘制脸部路径并填充颜色（#C9510E），效果如图4-116所示。

图 4-115　耳朵的效果

图 4-116　脸部的效果

步骤12 选择“钢笔工具”绘制眼睛，填充颜色为黑色，右眼的效果如图4-117所示。

步骤13 按住Alt键复制出左眼，调整旋转角度，左眼的效果如图4-118所示。

图 4-117　右眼的效果

图 4-118　左眼的效果

步骤14 选择“钢笔工具”绘制鼻子，填充颜色为黑色，鼻子的效果如图4-119所示。

步骤15 选择“画笔工具”绘制嘴巴，嘴巴的效果如图4-120所示。

图 4-119　鼻子的效果

图 4-120　嘴巴的效果

步骤16 选择“钢笔工具”绘制闭合路径并填充颜色为#E29002，向下移动三个图层，效果如图4-121所示。

步骤17 选择“椭圆工具”绘制椭圆并填充黑色，置于底层，椭圆效果如图4-122所示。

图 4-121 绘制闭合路径的效果

图 4-122 椭圆效果

步骤18 选择“画笔工具”绘制路径，在控制栏中设置描边参数，如图4-123所示，描边效果如图4-124所示。

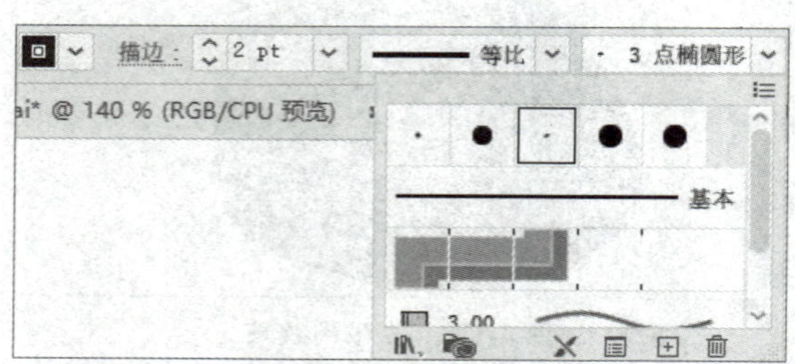

图 4-123 设置描边参数

图 4-124 绘制路径

步骤19 继续绘制路径装饰纹理，纹理效果如图4-125所示。

步骤20 调整显示顺序，将步骤18 绘制的路径置于顶层，如图4-126所示。

图 4-125 纹理效果

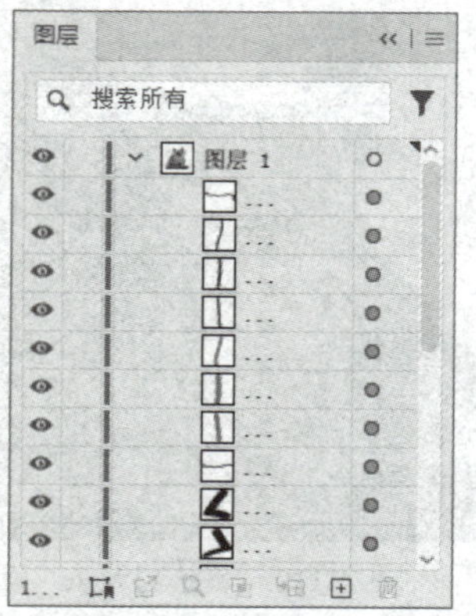

图 4-126 调整图层顺序

步骤21 将描边改为1 pt，绘制点状，效果如图4-127所示。

步骤22 将描边改为0.5 pt，绘制胡须，效果如图4-128所示。

图 4-127　点状效果

图 4-128　胡须效果

步骤23 全选路径后，在控制栏中单击“重新着色图稿”按钮，弹出调整颜色的面板，如图4-129所示。

步骤24 调整颜色饱和度，如图4-130所示，调整颜色饱和度的效果如图4-131所示。

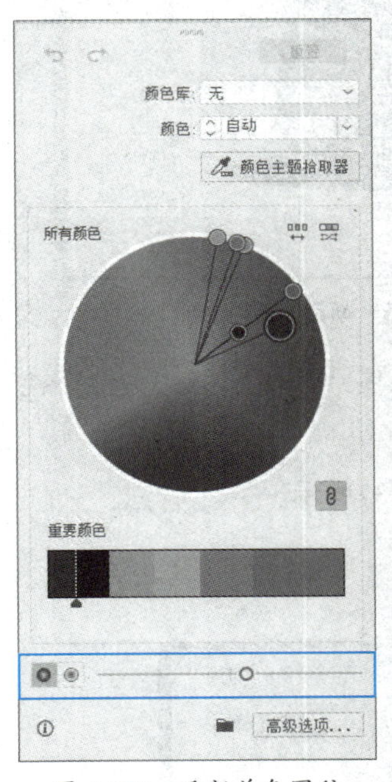

图 4-129　重新着色图稿

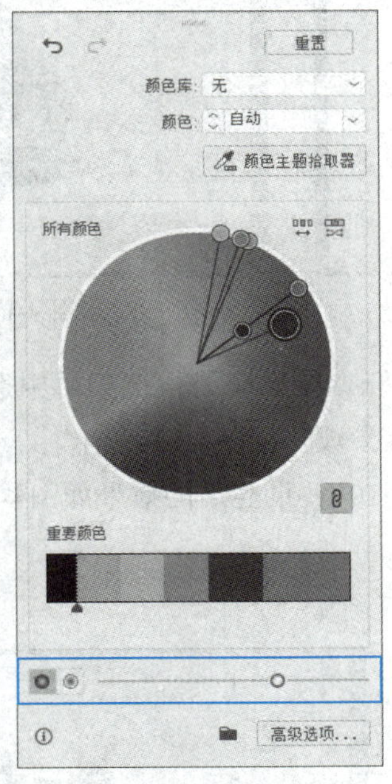

图 4-130　调整颜色饱和度

图 4-131　调整颜色饱和度的效果

步骤25 打开“符号”面板，如图4-132所示。

步骤26 从符号库菜单中打开“网页图标”面板，如图4-133所示。

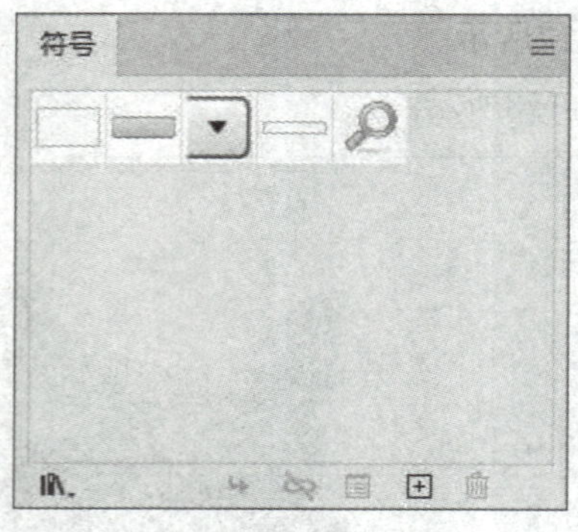

图 4-132 “符号”面板

图 4-133 “网页图标”面板

步骤 27 单击并拖动“RSS”图标至画板中，效果如图4-134所示。

步骤 28 选中置入的图标，在控制栏中单击“断开链接”按钮，断开该对象与符号的链接，效果如图4-135所示。

图 4-134 添加“RSS”图标

图 4-135 断开链接

步骤 29 选中断开链接后的图标，右击鼠标，在弹出的快捷菜单中选择“变换”→“缩放”选项，在弹出的“比例缩放”对话框中设置参数，如图4-136所示。

步骤 30 设置不透明度为30%，旋转角度为10°，调整后的效果如图4-137所示。

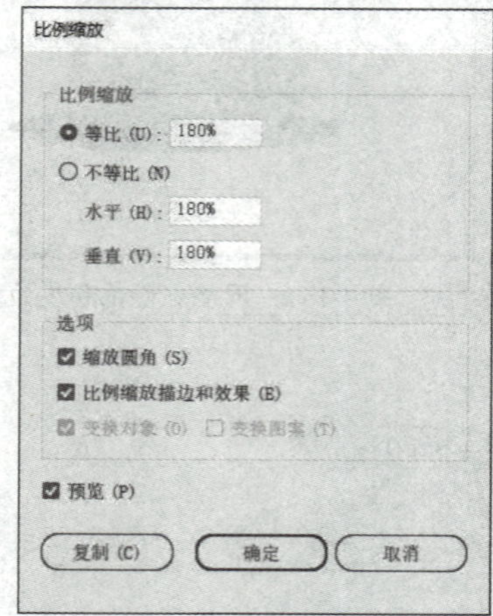

图 4-136 “比例缩放”对话框

图 4-137 旋转后的效果

步骤31 选择“文字工具”输入文字，在“字符”面板中设置参数，如图4-138所示。空状态插画的效果如图4-139所示。

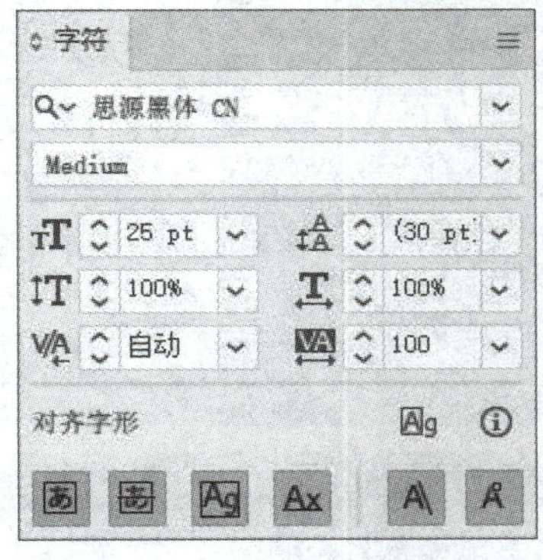

图 4-138 “字符”面板

图 4-139 空状态插画的效果

课后寄语

锚点与路径间的文化转译

Illustrator中的钢笔工具不仅是设计的基础利器，也在无形中连接着传统与现代的交汇。每次添加锚点、调整路径，其实都是在进行一种图形语言的构建。当用贝塞尔曲线勾勒圆形时，也可以联想到“天圆地方”的宇宙观念。当编辑路径时，切换“平滑点”与“角点”的过程，类似于书法中“中锋”与“侧锋”的转换。正如我们用矢量图形重新描绘青铜器纹样时，直线与弧线的交织不只是形式的再现，更是在数字环境中对传统纹样所承载的文化意涵的一种回应与延续。

课后练习 “活字生光”动态UI图标设计

要求设计者收集不同朝代的“活”字字体样本（如宋体、楷体的演变），分析汉字结构中的平衡美学，在Illustrator中使用“文字工具”“路径工具”绘制具有历史韵味的“活”字轮廓，在笔触转折处体现传统书法的笔意。

技术要点：用“矩形工具”创建“活”字底座，然后通过“添加锚点工具”对木纹肌理进行细化处理，结合“渐变叠加”图层样式模拟木材年轮。同时运用“混合工具”制作油墨从“活”字边缘向外渗透的晕染效果，以此隐喻文化传播的浸润性。这一设计也引导设计者思考如何让现代设计像油墨渗透纸张一样，将传统文化自然融入数字界面中。

动态效果：在“动画”面板中创建3个关键帧，分别用于表现“活”字初始状态、下压接触“纸面”（用半透明矩形模拟）时的着色状态，以及弹起后的悬停状态，从而实现生动的交互效果。

模块5 After Effects 基础知识详解

内容概要

After Effects是一款出色的动态图形和视觉效果编辑软件，在UI动效设计中为用户提供了丰富的创作工具和灵活的表达方式。本模块介绍After Effects的基础知识，包括工作界面、基本操作、素材的导入与管理和常用视频效果等。通过学习这些知识，可以制作基础的UI动效。

学习目标

【知识目标】

- 了解After Effects的基本功能与工作界面。
- 掌握素材的导入与管理方法。
- 熟悉常用视频效果及其应用。

【能力目标】

- 能够根据不同类型的素材进行正确导入，并在“项目”面板中进行有序管理。
- 能够根据设计需求选择合适的视频效果，并合理调整效果参数。

【素质目标】

- 在视频效果与动效设计中逐步培养审美判断力，能够结合视觉美感与功能性进行创作。
- 培养主动探索软件功能、尝试新工具与效果的习惯，提升自主学习能力。

5.1 认识After Effects

After Effects，简称AE，是一款功能强大的视频后期处理软件，它可以创建流畅的动画和视觉效果。下面对After Effects进行介绍。

■5.1.1 After Effects工作界面

After Effects工作界面包括菜单栏、“工具”面板、“预览”面板、“时间轴”面板、“合成”面板等常用面板，如图5-1所示。这些面板各自发挥着不同的作用，协同工作，助力设计师呈现出精彩的动效效果。

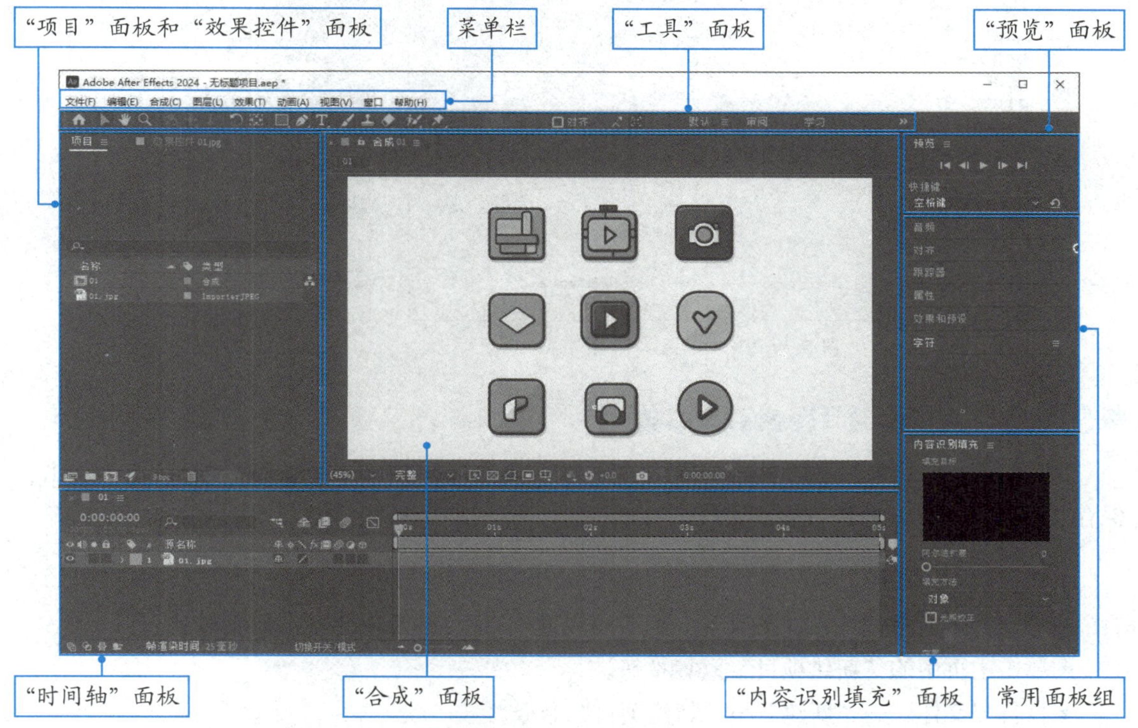

图 5-1 After Effects 工作界面

在工作界面中，常用面板的作用如下所述。

- **“工具”面板**：包括一些常用的工具按钮，如选取工具、手形工具、缩放工具、旋转工具、形状工具、钢笔工具、文字工具等。部分含有小三角形的图标工具含有多个工具选项，单击并按住鼠标不放即可看到隐藏的工具。
- **“项目”面板**：存放着After Effects文档中所有的素材文件、合成文件以及文件夹。面板中将显示素材的名称、类型、大小、媒体持续时间、文件路径等信息，用户还可以单击左下方的按钮进行新建合成、新建文件夹等操作。
- **“合成”面板**：实时显示合成画面的效果，具有预览、控制、操作、管理素材、缩放窗口比例等功能，可以直接在该面板上编辑素材。

- **"时间轴"面板：**是After Effects中最重要的面板之一，可以精确设置合成中各种素材的位置、特效、属性等参数，从而控制图层效果和图层运动，还可以调整图层的顺序、制作关键帧动画等。

用户可以自定义工作界面中的面板。执行"窗口"命令，然后可以打开或关闭面板，图5-2所示为"窗口"菜单。执行"工作区"命令打开子菜单，从中可切换工作界面至设置的工作区，如图5-3所示。

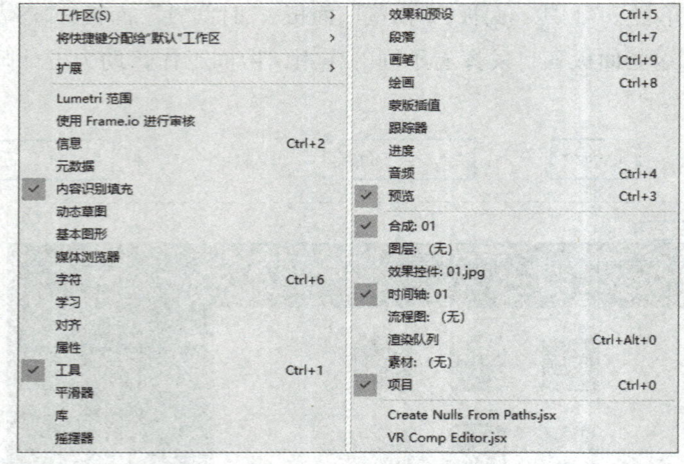

图 5-2 "窗口"菜单

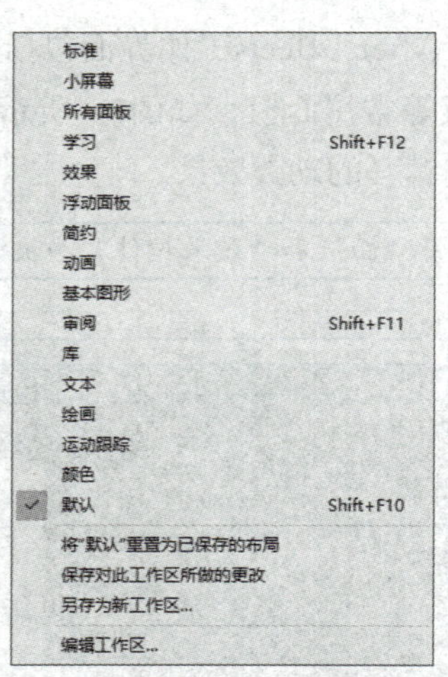

图 5-3 "工作区"子菜单

■5.1.2 After Effects基本操作

制作UI动效之前，了解一些基本操作是非常必要的，包括如何创建项目文档、渲染输出、保存文档等。下面对此进行介绍。

1. 创建项目文档

项目是存储在硬盘中的单独文件，用户可以通过以下3种常用的方式创建项目。

- 单击主页中的"新建项目"按钮。
- 执行"文件"→"新建"→"新建项目"命令。
- 按Ctrl+Alt+N组合键。

这3种方式都可以新建默认的项目文档，若想对项目文档进行设置，可以在新建项目后单击"项目"面板名称右侧的菜单按钮，在弹出的快捷菜单中选择"项目设置"命令，打开"项目设置"对话框，如图5-4所示。在该对话框中根据需要进行设置即可。

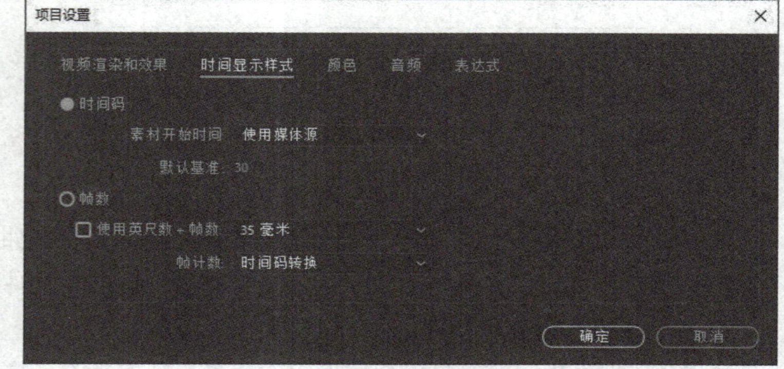

图 5-4 "项目设置"对话框

2. 创建合成

合成是After Effects中的一个工作空间，类似于Illustartor中的画板，主要用于创建、组织和管理动画、特效以及各种图层元素。用户可以创建空白合成，也可以基于已有的素材创建合成，具体介绍如下。

（1）创建空白合成

执行“合成”→“新建合成”命令或按Ctrl+N组合键，打开“合成设置”对话框，如图5-5所示。在该对话框中设置合成名称、尺寸、持续时间等参数，单击“确定”按钮后即可创建空白合成。

（2）基于素材创建合成

在“项目”面板中选中素材文件，右击鼠标，在弹出的快捷菜单中执行“基于所选项新建合成”命令，将基于素材新建合成。若选择多个素材文件执行相同的命令，将打开“基于所选项新建合成”对话框，如图5-6所示。在该对话框中设置创建合成的数量、选项等参数，单击“确定”按钮后即可按照设置基于素材创建合成。

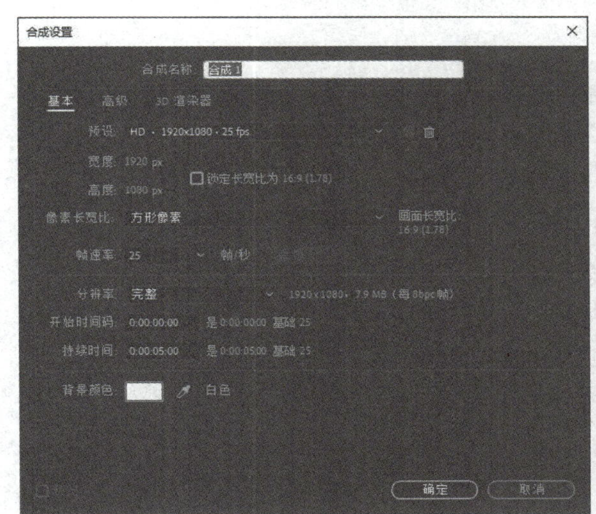

图 5-5 “合成设置”对话框

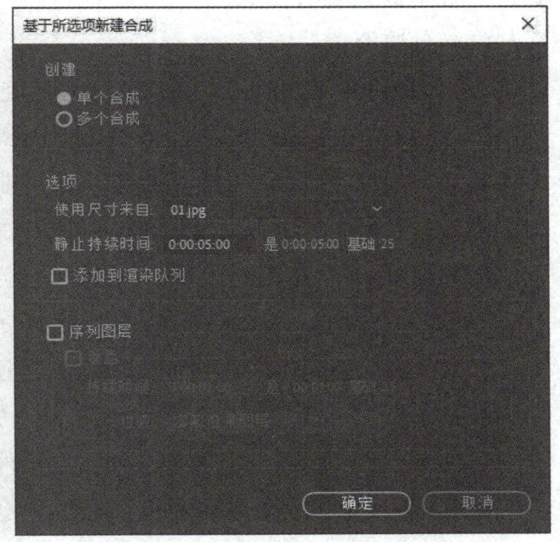

图 5-6 “基于所选项新建合成”对话框

> **提示：** 也可以在“项目”面板空白处右击鼠标，在弹出的快捷菜单中执行“新建合成”命令，或单击“项目”面板左下角的“新建合成”按钮新建合成。

After Effects中有一种特殊的合成，即预合成，又称嵌套合成，是指将一个或多个图层组合成一个新的合成，使其作为一个图层出现在主合成中，便于进行复杂的动效制作，还可以简化主合成中的图层。

选中“时间轴”面板中的图层，执行“图层”→“预合成”命令或右击鼠标，在弹出的快捷菜单中执行“预合成”命令，打开“预合成”对话框，设置预合成的名称和属性等参数，单击“确定”按钮后即可创建预合成，如图5-7所示。

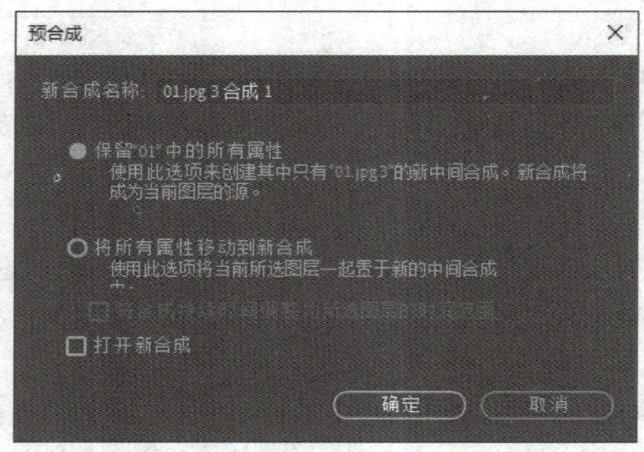

图 5-7 “预合成”对话框

3. 动效的渲染与输出

为了与其他软件更好地衔接，在After Effects中制作完动效后，可以将其输出为不同的格式。下面对此进行介绍。

(1) 预览合成

设计UI动效时，可以通过预览及时查看制作效果。执行“窗口”→“预览”命令，打开“预览”面板，如图5-8所示。在该面板中单击“播放/停止”▶按钮，可控制“合成”面板中素材的播放。“预览”面板中部分选项的作用如下所述。

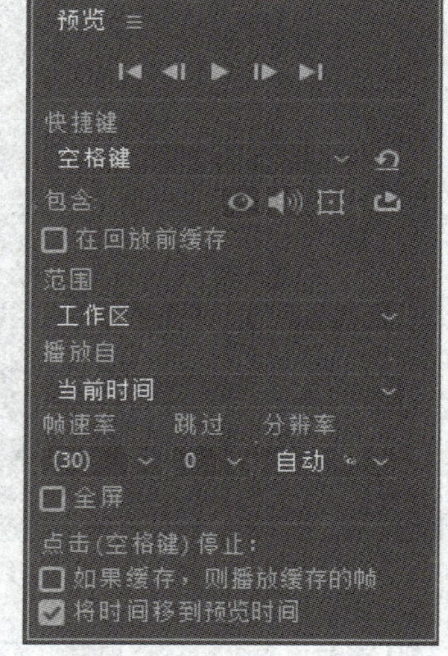

图 5-8 “预览”面板

- **快捷键：** 播放/停止的快捷键默认为空格键。选择不同的快捷键时，默认的预览设置也会有所不同。
- **重置**：单击该按钮将恢复所有快捷键默认的预览设置。
- **包含：** 用于设置预览时播放的内容，从左至右依次为包含视频、包含音频、包含叠加和图层控件。
- **循环**：用于设置是否要循环播放预览。
- **在回放前缓存：** 启用该选项，可在开始回放前缓存帧。
- **范围：** 用于设置要预览的帧的范围。
- **帧速率：** 用于设置预览的帧速率，选择自动则与合成的帧速率相等。
- **跳过：** 选择预览时要跳过的帧数，以提高回放性能。
- **分辨率：** 用于设置预览分辨率。

(2) 渲染和输出

渲染和输出都需要在“渲染队列”面板中进行设置，选中要渲染的合成，执行“合成”→“添加到渲染队列”命令或按Ctrl+M组合键，将合成添加至渲染队列，如图5-9所示。在“渲染队列”面板中设置参数，单击右上角的“渲染”按钮即可进行渲染输出。

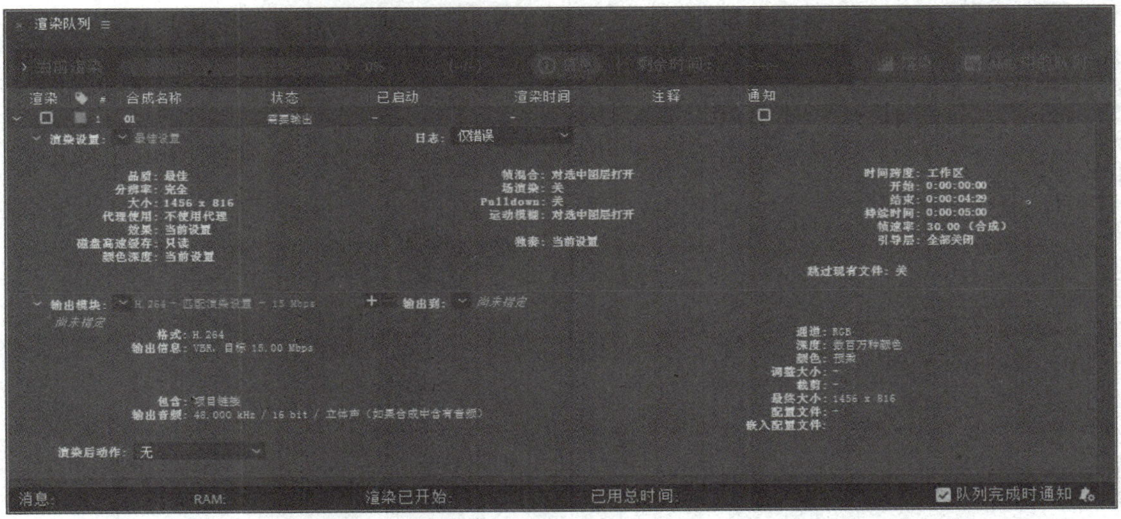

图 5-9 “渲染队列”面板

“渲染队列”面板中部分选项的作用如下所述。

- **渲染设置：**用于确定如何渲染当前渲染项的合成，包括输出帧速率、持续时间、分辨率等。单击“渲染队列”面板中“渲染设置”右侧的模块名称，打开“渲染设置”对话框进行设置即可。
- **输出模块：**用于设置影片最终输出的渲染方式，包括输出格式、压缩选项、裁剪等。在“渲染队列”面板中单击“输出模块”右侧的模块名称，在弹出的“输出模块设置”对话框中进行设置即可。
- **输出到：**用于设置影片的存储路径和存储名称。
- **渲染：**单击该按钮，则开始渲染输出。

提示：将合成放入“渲染队列”面板中，它将变为渲染项，可以一次性添加多个渲染项，进行批量渲染。

4. 保存和关闭文档

及时保存文件可有效避免因误操作或意外关闭带来的损失，也方便后续编辑修改。下面对此进行介绍。

（1）保存项目

第一次保存项目文档时，执行“文件”→“保存”命令或按Ctrl+S组合键，在打开的“另存为”对话框中指定项目文档的名称及存储位置，如图5-10所示。完成后单击“保存”按钮即可保存文档。非首次保存的项目文档，执行“保存”命令后将依照原有设置覆盖原项目。

（2）另存为

执行“文件”→“另存为”命令，在子菜单中可以选择另存为、保存副本或将副本另存为XML等命令，如图5-11所示。

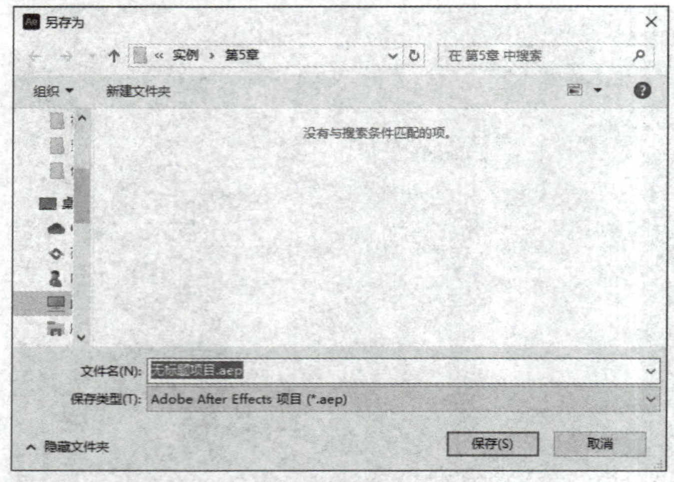

图 5-10 “另存为”对话框

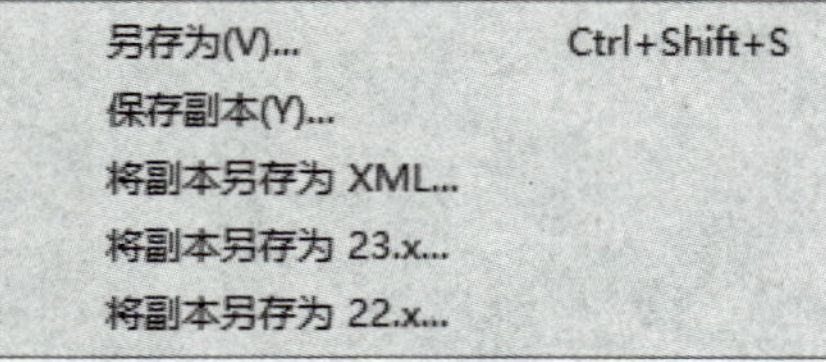

图 5-11 “另存为”子菜单

其中常用选项的含义如下所述。

- **另存为：**重新保存当前项目文档，设置不同的保存路径或名称时，不会影响原文件。
- **保存副本：**备份文件，其内容和原文件一致。
- **将副本另存为XML：**将当前项目文档保存为XML编码文件。XML中文名为可扩展标记语言，是一种简单的数据存储语言。

（3）关闭项目

完成动效设计后，执行“文件”→“关闭项目”命令，关闭当前项目文档。若关闭之前没有保存文件，软件会自动弹出提示对话框提醒用户是否保存文件，如图5-12所示。

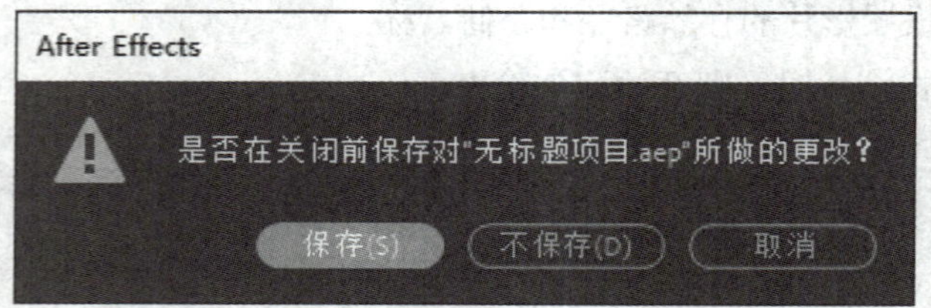

图 5-12 提示对话框

5.2 素材的导入与管理

素材是构建动效的基本组件，可以在软件中创建素材或导入外部素材应用。为了更好地管理素材，可以对其进行排序、归纳等操作。下面对此进行介绍。

■5.2.1 导入素材

导入素材可以有效节省制作时间，提升制作效率。常用的导入素材的方式有以下5种。

- 执行“文件”→“导入”→“文件”命令或按Ctrl+I组合键，打开“导入文件”对话框，如图5-13所示，从中选择素材，单击“导入”按钮即可。

- 执行“文件”→“导入”→“多个文件”命令或按Ctrl+Alt+I组合键，打开“导入多个文件”对话框，如图5-14所示，从中选择文件素材，单击“导入”按钮。要注意的是，执行该命令导入素材后，可再次打开“导入多个文件”对话框继续导入操作，而不需要多次执行导入命令。
- 在“项目”面板素材列表的空白区域右击鼠标，在弹出的菜单中执行“导入”→“文件”命令，打开“导入文件”对话框进行选择。
- 在“项目”面板素材列表的空白区域双击鼠标，打开“导入文件”对话框进行选择。
- 将素材文件或文件夹直接拖至“项目”面板。

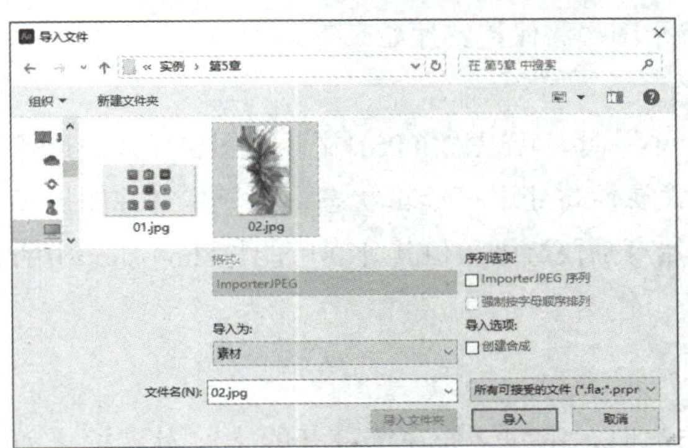

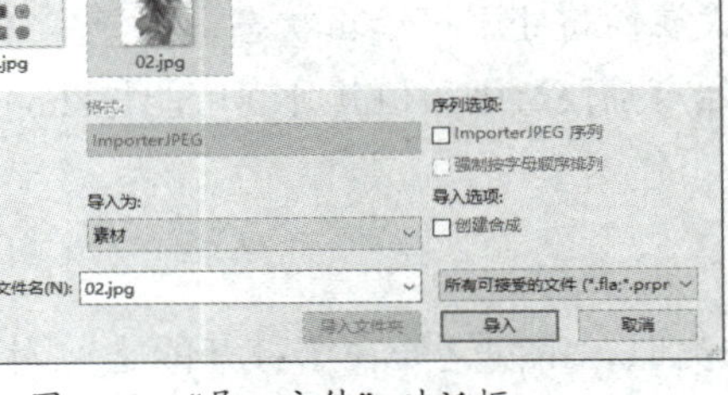

图 5-13 “导入文件”对话框

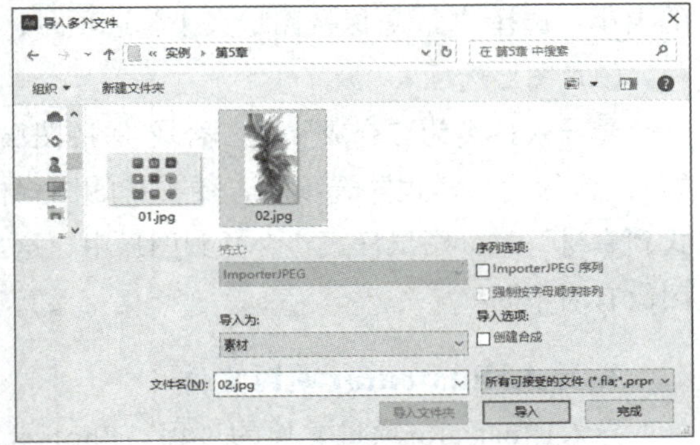

图 5-14 “导入多个文件”对话框

除普通素材外，After Effects还支持导入Premiere、Photoshop、Illustrator等软件的源文件，并能保留文档中的序列或图层。

1. 导入Premiere项目文件

执行“文件”→“导入”→“导入Adobe Premiere Pro项目”命令，打开“导入Adobe Premiere Pro项目”对话框选择文件，单击“打开”按钮，在弹出的“Premiere Pro导入器”对话框中设置参数，如图5-15所示。单击“确定”按钮，将其导入After Effects中，如图5-16所示。

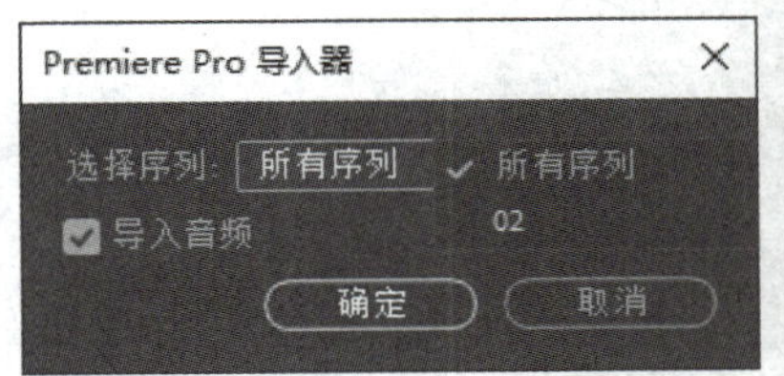

图 5-15 “Premiere Pro 导入器”对话框

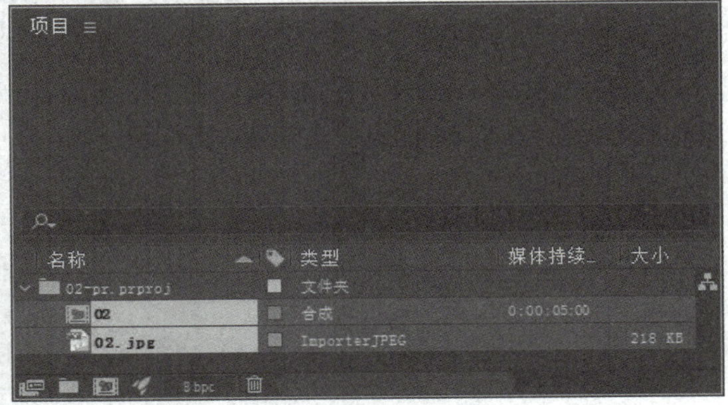

图 5-16 导入的项目

2. 导入Photoshop项目文件

导入Photoshop项目文件的过程与导入常规素材相似，不同之处在于执行导入操作后会弹出一个PSD对话框，如图5-17所示。在这个过程中可以选择导入的类型、图层选项等。PSD对话框中各选项的作用如下所述。

（1）导入种类

在导入素材时，可以选择不同的导入类型。如果选择“素材”选项，可以指定要导入的图层；选择“合成”或“合成-保持图层大小”选项时，将导入所有图层并新建一个新的合成。这两种合成方式的区别在于，选择“合成”选项时，每个图层的大小会自动调整以匹配合成帧的大小；选择“合成-保持图层大小”选项时，每个图层将保持其原始尺寸。

（2）图层选项

当导入种类为“合成”或“合成-保持图层大小”时，可以设置PSD文件的图层样式。选择“可编辑的图层样式”选项时，受支持的图层样式属性将处于可编辑状态；选择“合并图层样式到素材”时，图层样式将合并到图层中，这虽然可加快渲染，但其外观可能与Photoshop中的图像有所不同。

3. 导入Illustrator项目文件

导入Illustrator项目文件的过程与Photoshop类似，不同之处在于打开的是AI对话框，如图5-18所示。在对话框中设置导入素材的参数，完成后单击“确定”按钮即可。

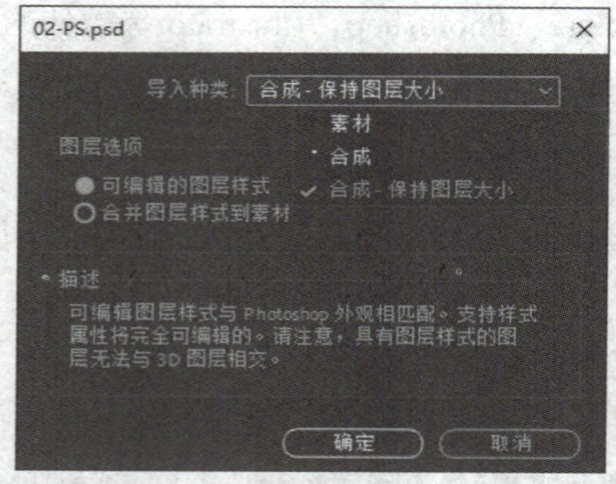

图 5-17　PSD 对话框

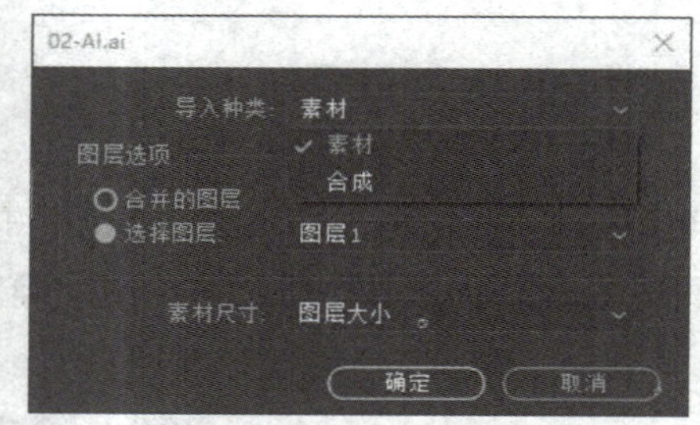

图 5-18　AI 对话框

在导入Illustrator项目文件之前，需要先在Illustrator软件中执行“释放到图层”命令，将对象分离为单独的图层才能成功导入分层的文件。

■5.2.2　管理素材

当项目文件包含大量素材时，可以通过整理、分类、排序素材等操作提高管理效率和使用便捷性。下面对此进行详细讲述。

1. 排序素材

在“项目”面板中，存储了项目文件中的所有素材，单击属性标签可以使素材按照该属性进行排序，图5-19所示为按“名称”排序的效果。再次单击可按“名称”反向排序。

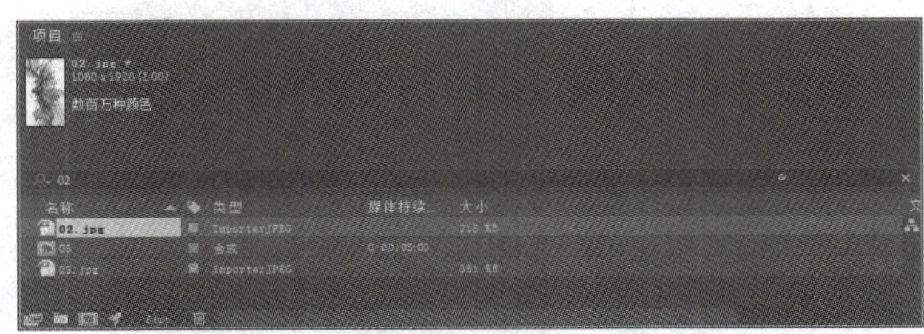

图 5-19 按“名称”排序

2. 归纳素材

在素材类别较为明显的情况下，可以通过创建文件夹来整理素材，创建文件夹的方式有以下3种。

- 执行“文件”→“新建”→“新建文件夹”命令或按Ctrl+Alt+Shift +N组合键。
- 在“项目”面板素材列表空白区域右击鼠标，在弹出的快捷菜单中执行“新建文件夹”命令。
- 单击“项目”面板下方的“新建文件夹”按钮。

以上3种方式都可在“项目”面板中新建一个名称处于可编辑状态的文件夹，如图5-20所示。设置名称后将素材按照类别拖至不同的文件夹中进行分类即可。

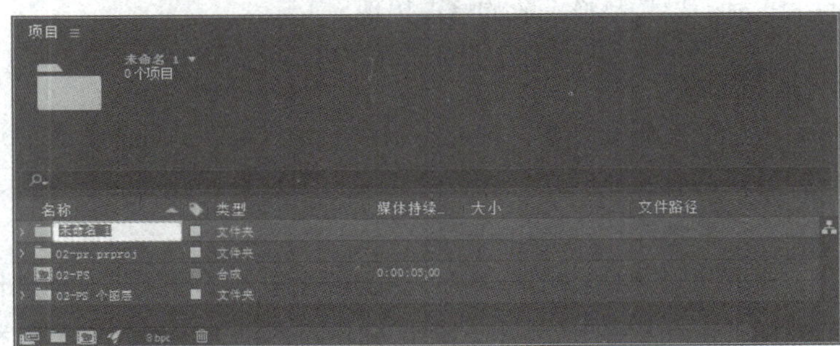

图 5-20 名称处于可编辑状态的文件夹

3. 搜索素材

当“项目”面板中的素材数量过多时，通过搜索功能可以快速找到所需的素材。单击“项目”面板的搜索框，输入关键字即可快速找到对应的素材，如图5-21所示。

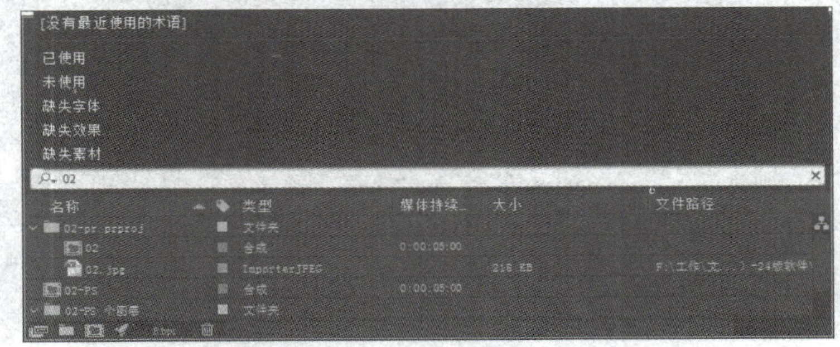

图 5-21 搜索素材

4. 替换素材

“替换素材”命令在不影响整体动效的情况下，可单独替换某个素材。在“项目”面板中选择要替换的素材并右击鼠标，在弹出的快捷菜单中执行“替换素材”→“文件”命令，打开“替换素材文件”对话框，选择要替换成的素材，如图5-22所示。完成后单击“导入”按钮，即可用选中的素材替换“项目”面板中的素材。

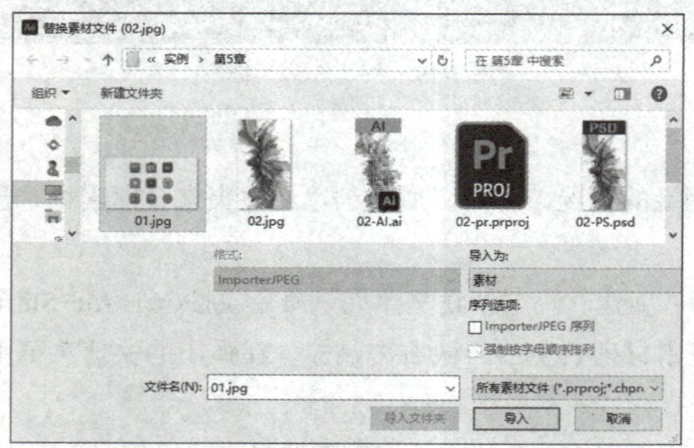

图 5-22　选中要替换成的素材

在“替换素材文件”对话框中需要取消勾选“ImporterJPEG序列”复选框，避免“项目”面板中同时存在两个素材而导致替换失败的情况出现。

5. 代理素材

代理素材是指使用一个低质量的素材替换高质量的素材，以减轻剪辑软件运行的压力，在完成制作输出时，再替换回高品质的素材。在最终素材项目替换图层的代理时，将保留应用到图层的任何蒙版、属性、表达式、效果和关键帧。

选中“项目”面板中的素材并右击鼠标，在弹出的快捷菜单中执行“创建代理”命令，选择“静止图像”或“影片”，然后打开“将帧输出到”对话框，设置代理名称和输出目标。在“渲染队列”面板中指定渲染设置后单击“渲染”![渲染]按钮，“项目”面板中选中的素材名称左侧将显示代理指示器■，如图5-23所示。单击该代理指示器可以在原始素材和代理素材之间进行切换。

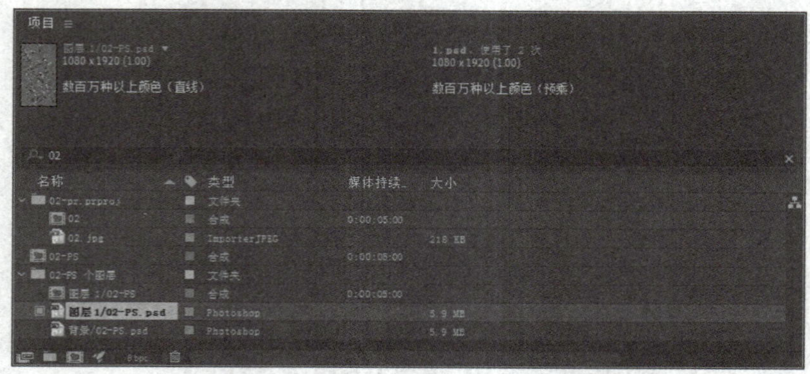

图 5-23　设置代理素材

> **提示**：执行“文件”→“设置代理”→“文件”命令或按Ctrl+Alt+P组合键也可以打开“设置代理文件”对话框，选择代理文件进行应用。

在“项目”面板中，通过标记素材名称来指出当前使用的是实际素材还是其代理。

- **实心框**：表示整个项目当前在使用代理项目。当选定素材项目后，将在“项目”面板的顶端用粗体显示代理的名称。
- **空心框**：表示虽然已分配了代理，但整个项目目前在使用素材项目。
- **无框**：表示未向素材项目分配代理。

使用“替换素材”命令中的占位符功能也可以临时使用某内容代替素材项目。占位符是一个静止的彩条图像，执行该命令后软件会自动生成占位符，而无须提供相应的占位符素材。

5.3 常用视频效果

添加视频效果可以增强UI动效的视觉吸引力和层次感，提高用户体验。下面讲解常用的视频效果。

5.3.1 视频效果的应用

视频效果集中在“效果”菜单和“效果和预设”面板中。选中要添加效果的图层，执行“效果”命令，在其子菜单中选择要添加的效果，或在“效果和预设”面板中选择所需的效果，如图5-24所示，并将其拖至“时间轴”或“合成”面板中的素材上进行应用。添加“径向模糊”前后的对比效果如图5-25和图5-26所示。

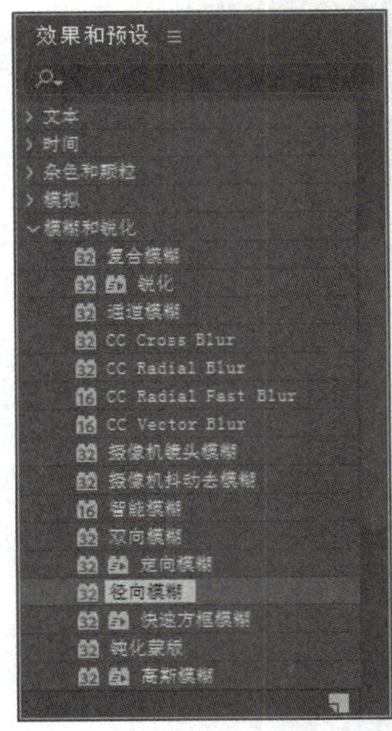

图 5-24 选中的效果

图 5-25 原素材

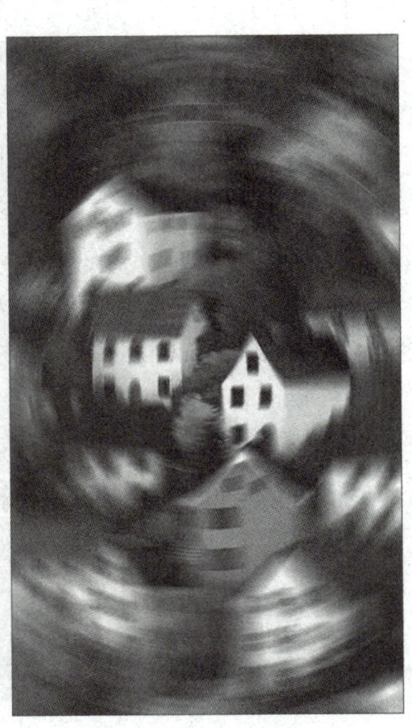

图 5-26 “径向模糊”后的素材

添加效果后，可以在“效果控件”面板和“时间轴”面板中调整参数设置，如图5-27和图5-28所示。不同视频效果的属性参数各不相同，使用时根据效果类型和动效制作的需求进行调整即可。

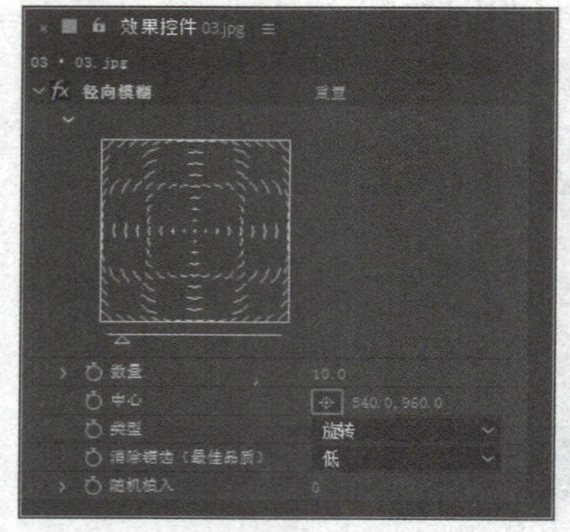

图 5-27 “效果控件”面板中的属性设置

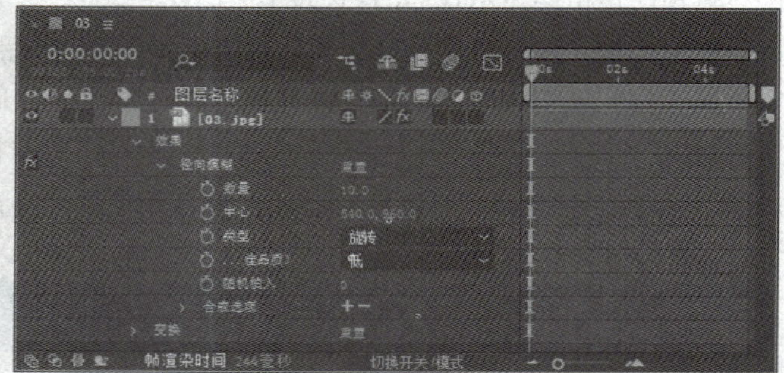

图 5-28 时间轴中的属性设置

在“效果控件”或“时间轴”面板中，单击效果名称左侧的“隐藏”fx按钮，可以切换效果的显示与隐藏。若想删除添加的视频效果，选中效果后按Delete键即可删除。若在“时间轴”面板中选中“效果”属性组，按Delete键将删除该图层添加的所有效果。

■5.3.2 扭曲效果

“扭曲”效果组中包括湍流置换、置换图、边角定位等多种效果，这些效果可以在不损坏素材质量的前提下，变形或扭曲素材对象。

常用的扭曲效果的作用如下所述。

- **镜像：** 可以沿设置的反射中心和反射角度翻转图像，制作出镜像的效果。
- **湍流置换：** 可以使用分形杂色在图像中创建湍流扭曲的效果，添加该效果前后的对比效果如图5-29和图5-30所示。
- **置换图效果：** 可以根据置换图层的属性，根据控件图层中像素的颜色值，在水平和垂直方向上置换像素，从而创造出扭曲的效果。
- **液化：** 该效果提供了多种工具，通过这些工具可以推动、旋转、扩大或收缩图层中的区域，制作出液化的效果，如图5-31所示。扭曲效果一般集中在笔刷区域的中心，其效果随着按住鼠标或在某个区域内重复拖动而增强。
- **边角定位：** 通过调整图像的四个边角位置，制作出拉伸、收缩、扭曲等变形效果。

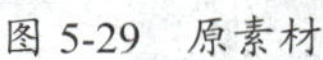

图 5-29 原素材

图 5-30 湍流置换效果

图 5-31 液化效果

■5.3.3 模拟效果

“模拟”效果组包括CC Drizzle、CC Particle World、粒子运动场等多种效果，这些效果可以模拟下雨、粒子运动、炸裂等特殊效果。常用模拟效果的作用如下所述。

- **CC Drizzle（细雨）：** 可以模拟雨滴落入水面时产生的涟漪效果。添加该效果前后的对比效果如图5-32和图5-33所示。
- **CC Particle World（粒子世界）：** 可以模拟烟花、飞灰等三维粒子运动，如图5-34所示。

图 5-32 原素材

图 5-33 CC Drizzle 效果

图 5-34 CC Particle World 效果

- **CC Rainfall**：可以模拟下雨的效果，如图5-35所示。
- **碎片**：可以模拟出图像爆炸破碎的效果，如图5-36所示，在“效果控件”面板中可以调整碎片的形状、爆炸范围等。
- **粒子运动场**：可以模拟出现实世界中各种符合自然规律的粒子运动效果，如图5-37所示，在“效果控件”面板中可以设置粒子的大小、颜色和形状等。

图 5-35　CC Rainfall 效果

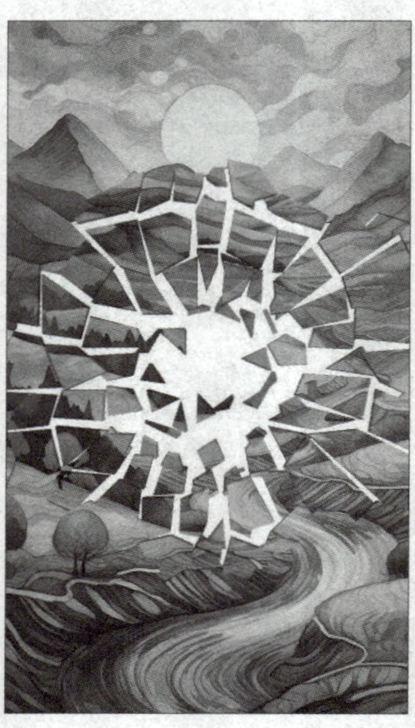

图 5-36　碎片效果

图 5-37　粒子运动场效果

5.3.4　模糊和锐化效果

“模糊和锐化”效果组包括锐化、径向模糊、高斯模糊等多种效果，这些效果可以影响画面的清晰度和对比度，制作出不同的视觉效果。常用的模糊和锐化效果的作用如下所述。

- **锐化**：可以增强图像中发生颜色变化的对比度，突出图像中的细节，使图像看起来更清晰。
- **径向模糊**：可以围绕一个点产生推拉或旋转的模糊效果，离点越远，模糊程度越强。添加该效果前后的对比效果如图5-38和图5-39所示。
- **高斯模糊**：可以模糊和柔化图像，并消除杂色，如图5-40所示。

知识点拨

添加径向模糊效果后，在“效果控件”面板中可以设置模糊的类型为旋转和缩放，以创建不同的径向模糊效果。

知识点拨

高斯模糊效果可以设置单独的水平或垂直方向模糊，添加该效果后，在“效果控件”面板中设置模糊方向即可。

图 5-38　原素材

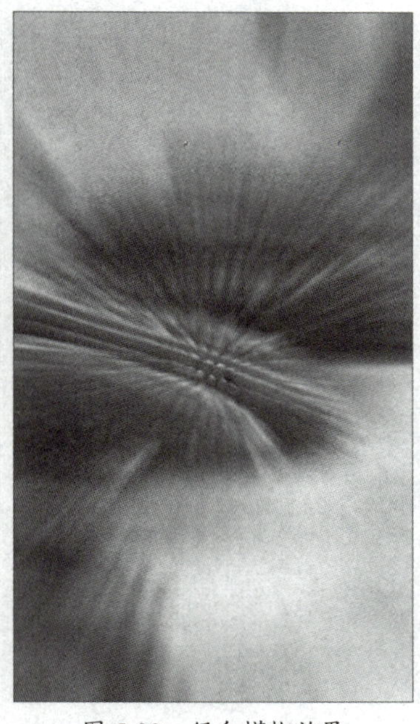

图 5-39　径向模糊效果

图 5-40　高斯模糊效果

■5.3.5　生成效果

“生成”效果组包括镜头光晕、CC Light Burst 2.5、写入等多种生成效果，这些效果可以在合成中创建全新的元素，如光晕和渐变等，从而影响视觉效果。常用的生成效果的作用如下所述。

- **镜头光晕：**可以模拟强光投射到摄像机镜头时产生的折射。添加该效果前后的对比效果如图5-41和图5-42所示。
- **CC Light Burst 2.5（光线缩放2.5）：**这是After Effects附带的第三方效果，可以创建光线爆发或光芒四射的效果。
- **CC Light Rays（射线光）：**可以创建从特定点向外辐射的光线效果，如图5-43所示。
- **CC Light Sweep：**可以模拟扫描光线，结合关键帧制作动态的扫光效果，如图5-44所示。
- **写入：**可以结合关键帧，在图层上为描边设置动画，模拟书写的效果，如图5-45所示。
- **勾画：**可以在对象周围生成类似航行灯的效果，以及其他沿路径运行的脉冲动画。
- **四色渐变：**可以创建4种颜色的平滑渐变，增加画面的丰富度，如图5-46所示。

知识点拨

勾画效果可作用于图像等高线、蒙版或路径，添加该效果后，在“效果控件”面板中设置“描边”选项为“图像等高线”或“蒙版/路径”即可。

图 5-41　原素材

图 5-42　镜头光晕效果

图 5-43　CC Light Rays 效果

图 5-44　CC Light Sweep 效果

图 5-45　写入效果

图 5-46　四色渐变效果

■5.3.6　透视效果

"透视"效果组包括径向阴影、斜面Alpha等多种效果，这些效果可以增强对象的透视感。常用的透视效果的作用如下所述。

- **径向阴影：** 可以根据点光源创建阴影，阴影从源图层的Alpha通道投射，当光透过半透

明区域时，源图层的颜色会影响阴影的颜色。添加该效果前后的对比效果如图5-47和图5-48所示。

- **斜面Alpha**：可以为图像的Alpha边界增加高光和阴影，使平面元素看起来有立体感和光泽度，如图5-49所示。

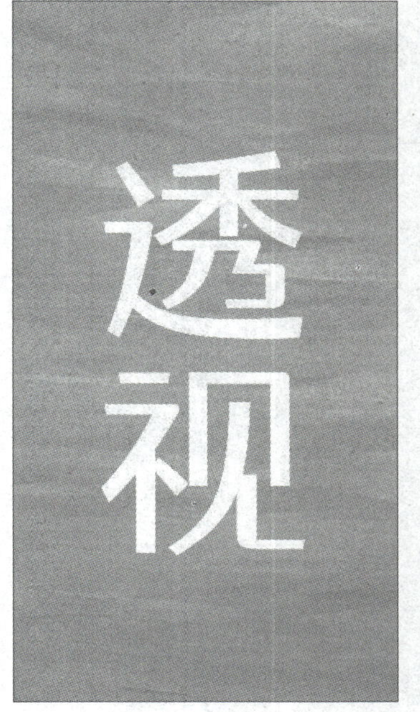

图 5-47　原素材

图 5-48　径向阴影效果

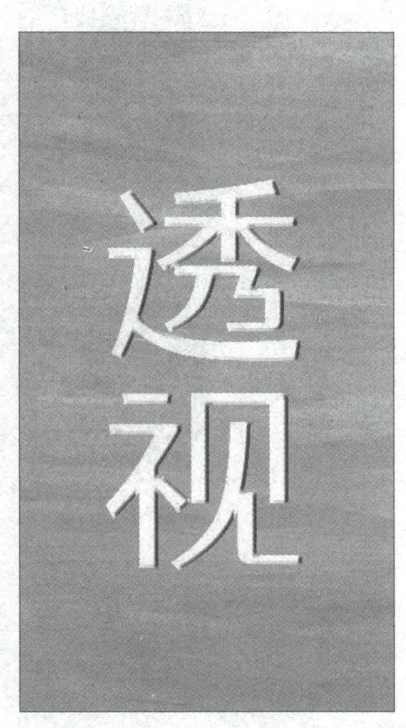

图 5-49　斜面Alpha 效果

■5.3.7　风格化效果

“风格化”效果组包括CC Glass（玻璃）、动态拼贴、发光等多种效果，通过修改、置换原图像像素和改变图像的对比度等操作可以增强对象的艺术效果。常用的风格化效果的作用如下所述。

- **CC Glass**：这是After Effects附带的第三方效果，可以模拟玻璃表面的光学特性，如玻璃的透明度、折射和反射等，为图像或视频添加逼真的玻璃质感和光影效果。添加该效果前后的对比效果如图5-50和图5-51所示。
- **马赛克**：可以制作马赛克效果，结合蒙版可以使局部马赛克，如图5-52所示。
- **动态拼贴**：可以复制源图像，并将它们在水平或垂直方向上进行拼贴，制作出类似墙砖拼贴的效果，如图5-53所示。
- **发光**：可以检测图像中较亮的部分，并使这些像素及其周围的像素变亮，从而创建漫射的发光光环。此外，还可以模拟光照对象的过度曝光，如图5-54所示。
- **查找边缘**：可以检测图像中具有显著过渡的区域，并通过特定的视觉效果强调这些边缘，制作出原始图像草图的效果，从而突出其结构和轮廓，如图5-55所示。

图 5-50　原素材

图 5-51　CC Glass 效果

图 5-52　局部马赛克效果

图 5-53　动态拼贴效果

图 5-54　发光效果

图 5-55　查找边缘效果

■5.3.8　颜色校正效果

“颜色校正”效果组包括曲线、色阶、保留颜色等多种调色效果。这些效果可以统一不同动效元素的视觉风格，修正光线和色温缺陷，赋予动效独特的视觉效果和情感氛围。常用的颜色校正效果的作用如下所述。

- **三色调：** 可以将画面中的阴影、中间调和高光像素映射到选择的颜色上，从而改变图像效果。
- **通道混合器：** 可以通过调整图像中各颜色通道的比例，调整图像效果。添加该效果前后的对比效果如图5-56和图5-57所示。
- **阴影/高光：** 可以根据周围的像素单独调整阴影和高光。添加该效果后的效果如图5-58所示。

图 5-56 原素材

图 5-57 通道混合器调色效果

图 5-58 阴影 / 高光调色效果

- **照片滤镜：** 可以模拟在相机镜头前增加彩色滤镜的效果，以调整图像的颜色平衡和色温。
- **Lumetri颜色：** 是综合性的颜色校正效果，可以实现专业品质的颜色分级和颜色校正，图5-59所示为该效果的部分选项。
- **色调均化：** 可以重新分布图像的像素值，以产生均匀的亮度或颜色分量分布。
- **色阶：** 可以将输入颜色或Alpha通道的色阶范围重新映射到输出色阶的新范围，并通过灰度系数值来确定值的分布。添加该效果后的效果如图5-60所示。
- **色相/饱和度：** 可以对整个图像或单个颜色通道的色相、饱和度和亮度进行调整，从而改变画面的视觉效果。添加该效果后的效果如图5-61所示。
- **亮度和对比度：** 可以一次性调整整个图层的亮度和对比度。
- **保留颜色：** 可以保留指定的颜色，并通过脱色降低图层上其他颜色的饱和度。添加该效果后的效果如图5-62所示。
- **曲线：** 通过调整色调曲线可以调整整体图像或单个颜色通道的色调范围。色调曲线是一条绘制在二维坐标系上的曲线，横轴表示输入亮度值，纵轴表示输出亮度值，默认状态下，色调曲线表现为一条从左下角到右上角的对角线，如图5-63所示。

- **更改为颜色：**可以将选中的颜色更改为使用色相、亮度和饱和度（HLS）值的其他颜色，同时使其他颜色不受影响。添加该效果后的效果如图5-64所示。

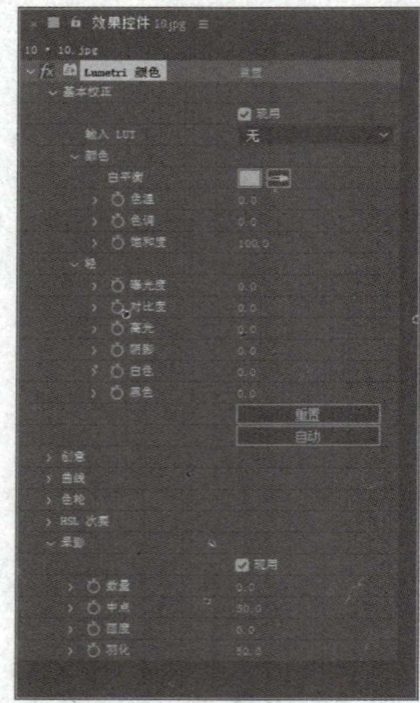

图 5-59　Lumetri 颜色属性选项

图 5-60　色阶调色效果

图 5-61　色相 / 饱和度调色效果

图 5-62　保留颜色效果

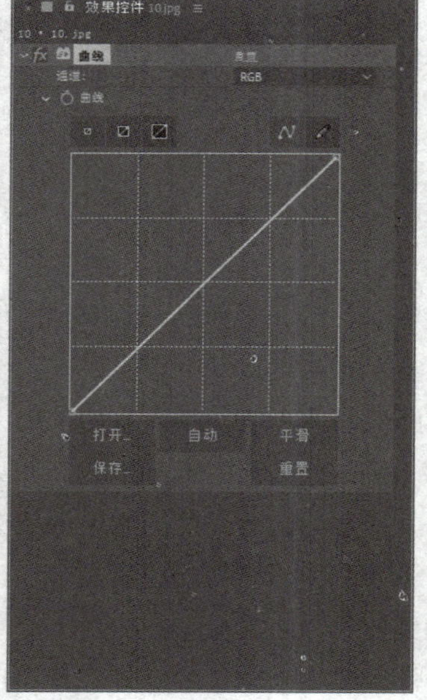

图 5-63　曲线属性选项

图 5-64　更改为颜色效果

- **更改颜色：**可以更改选中颜色的色相、亮度和饱和度，从而改变图像视觉效果。
- **颜色平衡：**可以更改图像阴影、中间调和高光中的红色、绿色和蓝色数量，从而调整颜色。

- **颜色平衡（HLS）**：可以改变图像的色相、亮度和饱和度，从而调整颜色。
- **颜色链接**：可以使用一个图层的平均像素值为另一个图层着色，以便快速找到与背景图层相匹配的颜色。

案例实操 清理加速界面动效

在移动端设备上，清理加速界面是用户进行手机优化时常见的场景。为了提升用户体验，减少等待时的枯燥感，可以为整个过程添加一个动画效果。通过运用After Effects中的基础知识和常用视频效果制作一个有趣的清理加速界面动效。

扫码观看视频

步骤01 打开After Effects软件，单击主页中的“新建项目”按钮新建一个项目文件，然后按Ctrl+I组合键打开“导入文件”对话框，选择要导入的素材文件，如图5-65所示。

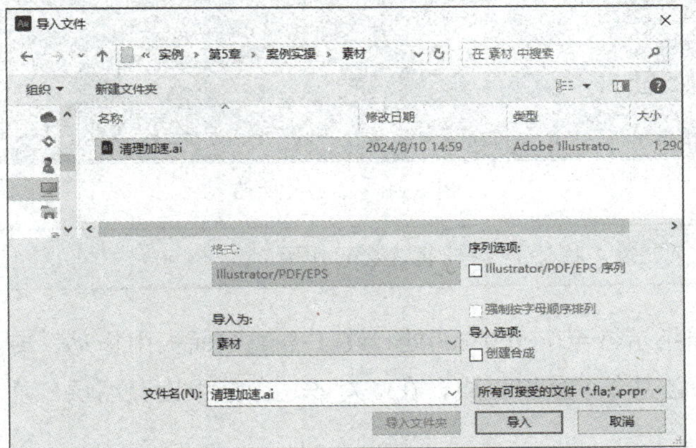

图 5-65 “导入文件”对话框

步骤02 单击“导入”按钮，打开对应的“清理加速.ai”对话框，设置参数，如图5-66所示。

步骤03 单击“确定”按钮，导入AI素材文件，并双击合成将其打开，如图5-67所示。

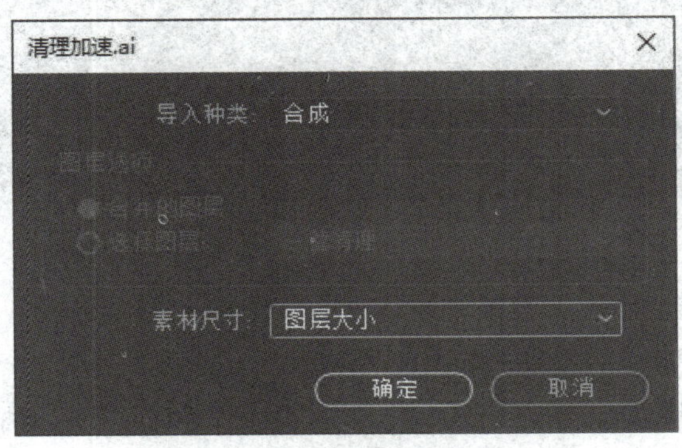

图 5-66 “清理加速.ai”对话框

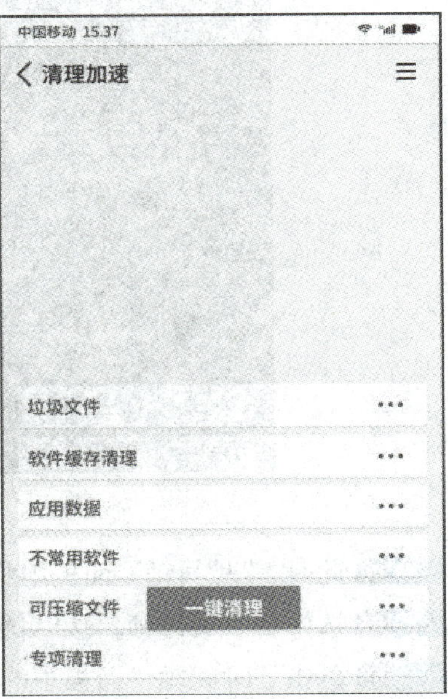

图 5-67 打开的合成

步骤 04 移动当前时间指示器至0:00:04:00处，选中“专项清理”至“垃圾文件”之间的图层，然后按P键展开“位置”属性，单击“位置”属性左侧的“时间变化秒表”按钮添加关键帧，如图5-68所示。

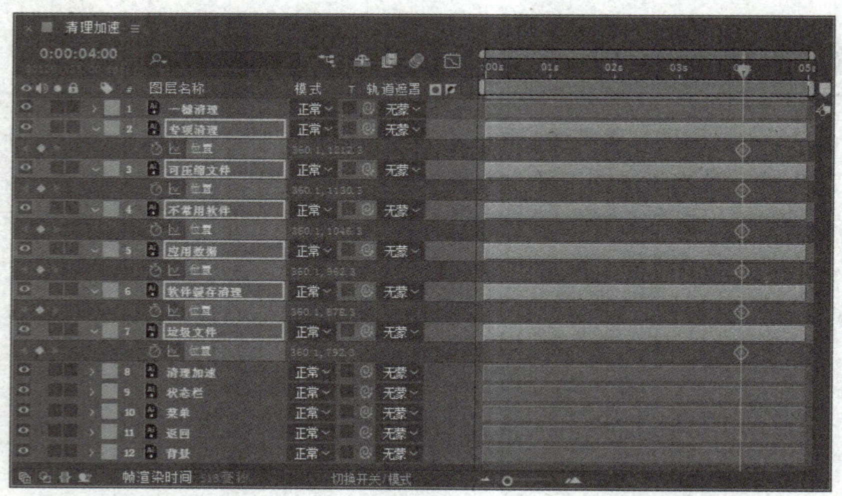

图 5-68　添加关键帧

提示：只有切换至英文输入状态下，按P键才会起作用。

步骤 05 移动当前时间指示器至0:00:03:00处，在“合成”面板中拖动“专项清理”至“垃圾文件”图层的位置，将之完全下移出合成，在“对齐”面板中设置图层“垂直均匀分布”，效果如图5-69所示。

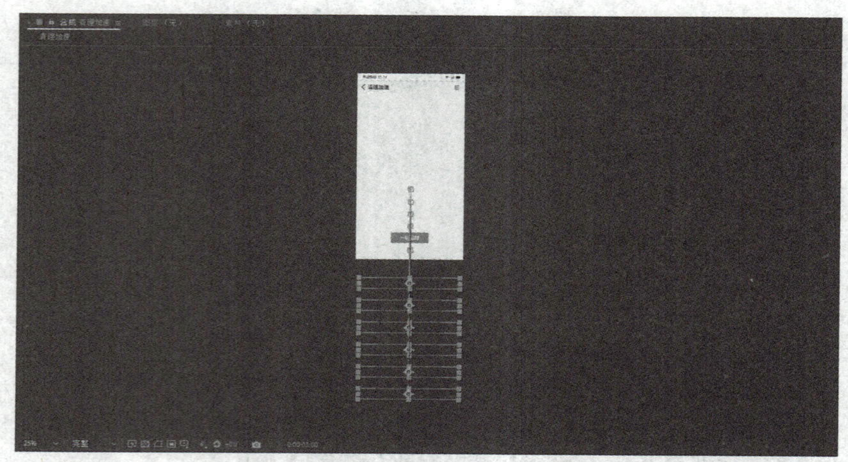

图 5-69　移动素材位置

步骤 06 此时，“时间轴”面板中将自动出现关键帧，如图5-70所示。

步骤 07 选中所有关键帧，按F9键创建缓动效果，如图5-71所示。

步骤 08 单击“时间轴”面板中的“图表编辑器”按钮，切换至图表编辑器，调整速率图表，如图5-72所示。完成后再次单击“图表编辑器”按钮切换至原时间轴。

图 5-70 调整参数后自动出现关键帧

图 5-71 创建缓动效果后的关键帧

图 5-72 调整速率图表

步骤09 移动当前时间指示器至0:00:03:00处，选中“一键清理”图层，然后按T键展开其“不透明度”属性，并添加关键帧。移动当前时间指示器至0:00:03:05处，然后更改“不透明度”属性为0%，软件将自动添加关键帧，如图5-73所示。

图 5-73　添加不透明度并添加关键帧

步骤10 移动当前时间指示器至0:00:03:00处，选中“一键清理”图层，按S键展开其缩放属性，并添加关键帧。移动当前时间指示器至0:00:02:20处，然后更改缩放属性为“90.0,90.0%”，软件将自动添加关键帧。移动当前时间指示器至0:00:02:15处，然后更改缩放属性为“100.0,100.0%”，软件将自动添加关键帧，如图5-74所示。

图 5-74　设置缩放属性并添加关键帧

步骤11 移动当前时间指示器至0:00:02:15处，选中“一键清理”图层，执行“效果”→“颜色校正”→“色阶”命令，为其添加“色阶”效果，并在0:00:02:15和0:00:03:00处为“直方图”属性添加关键帧，如图5-75所示。

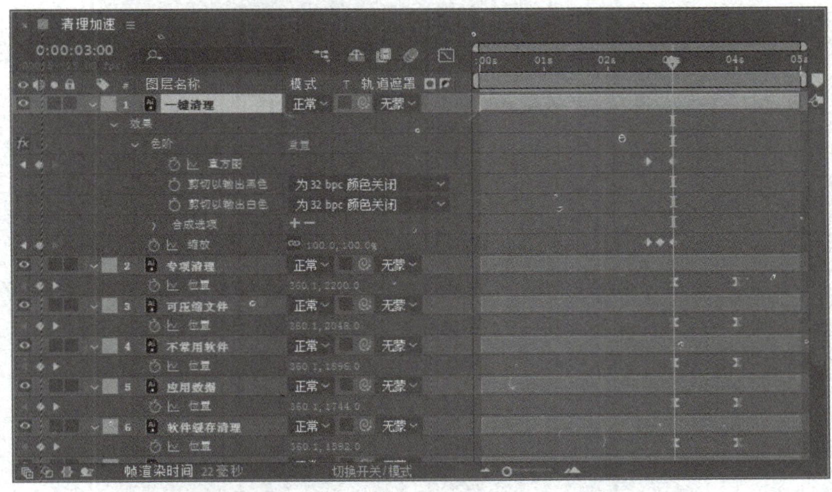

图 5-75 设置直方图属性并添加关键帧

步骤12 移动当前时间指示器至0:00:02:20处，在“效果控件”面板中调整直方图，如图5-76所示。调整后，软件将自动添加关键帧，如图5-77所示。

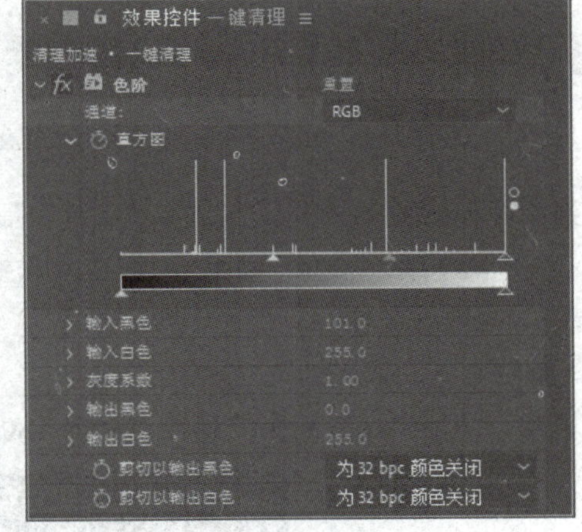

图 5-76 设置直方图属性

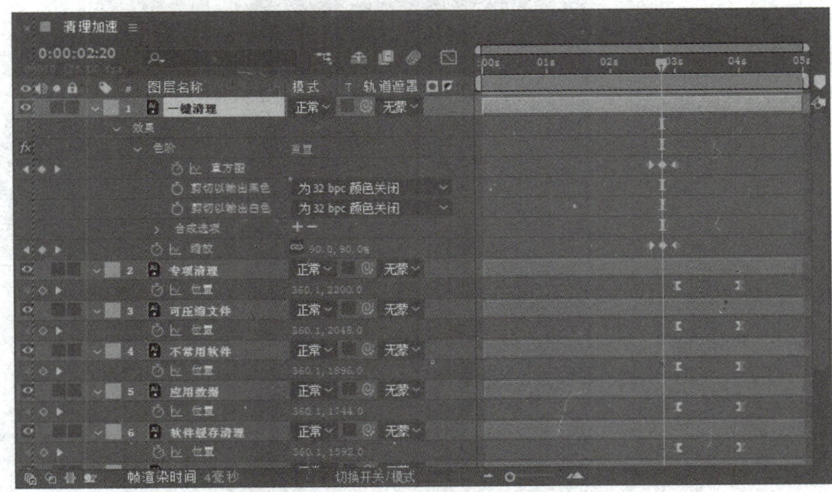

图 5-77 软件自动添加关键帧

步骤13 在“合成”面板中预览效果，如图5-78所示。

图 5-78 预览效果

步骤14 在不选中任何对象的情况下，长按“工具”面板中的“矩形工具”，在弹出的列表中选择“椭圆工具”，在“合成”面板中按住Ctrl+Shift组合键，从中心拖动鼠标绘制正圆，然后按Ctrl+Alt+Home组合键使锚点居中，接着单击“对齐”面板中的“水平对齐”和“垂直对齐”按钮，调整对齐，效果如图5-79所示。

步骤15 在“属性”面板中设置正圆的属性，如图5-80所示。调整后的效果如图5-81所示。

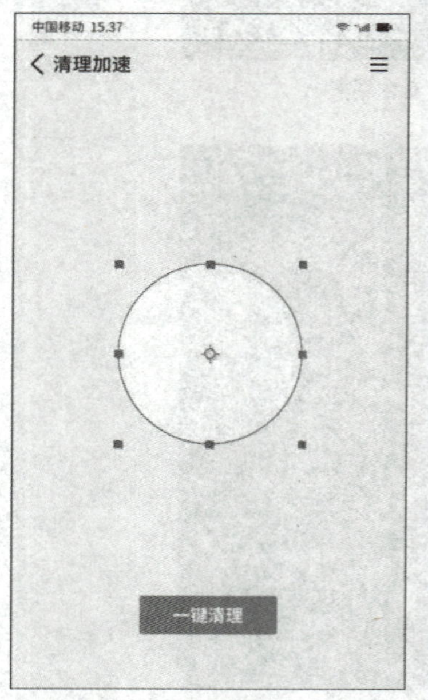

图 5-79 绘制圆形并居中

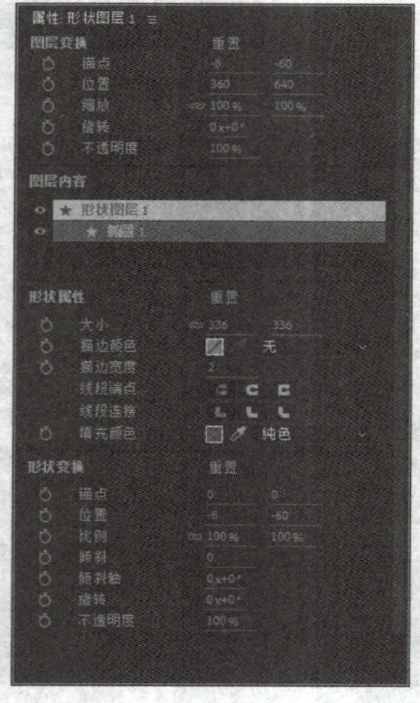

图 5-80 设置正圆的属性

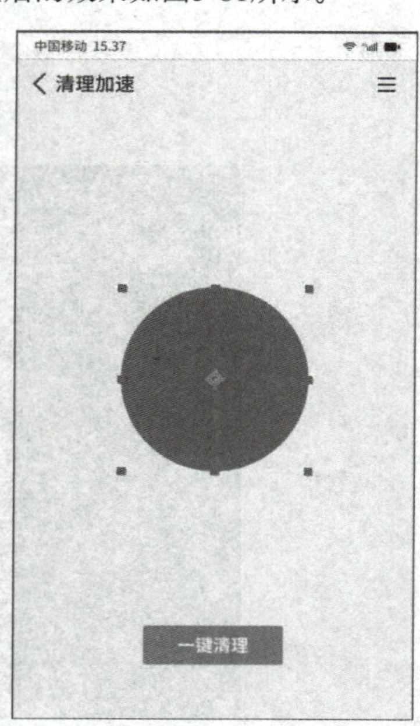

图 5-81 调整后的效果

步骤16 选中圆形所在的图层，执行“效果”→“风格化”→“发光”命令，添加“发光”效果，在“效果控件”面板中设置参数，并在0:00:00:00处为“发光半径”属性添加关键帧，如图5-82所示。发光效果如图5-83所示。

步骤17 移动当前时间指示器至0:00:00:10处，将“发光半径”设置为“0.0”，如图5-84所示，软件将自动添加关键帧。

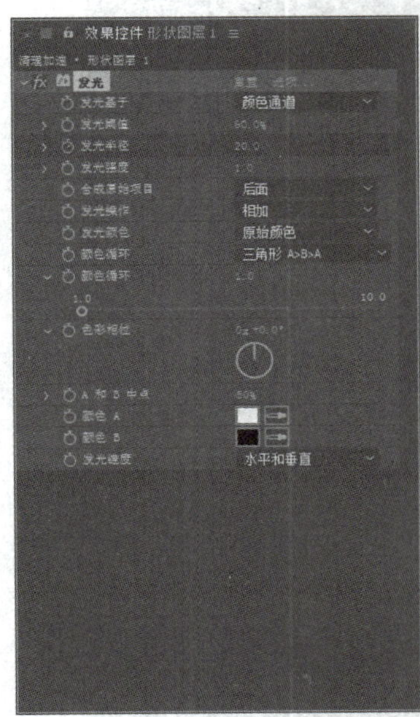

图 5-82　添加发光效果和关键帧

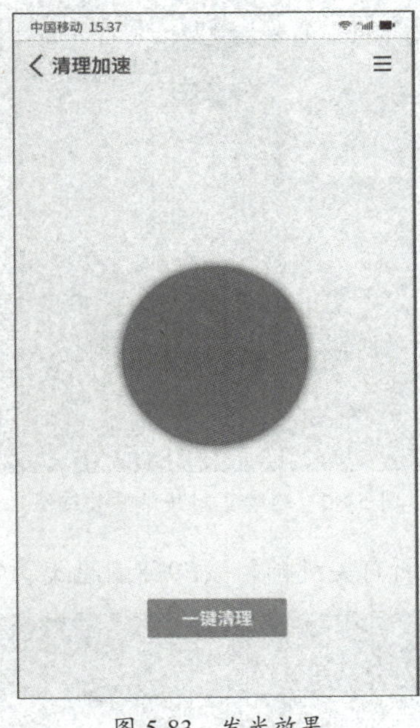

图 5-83　发光效果

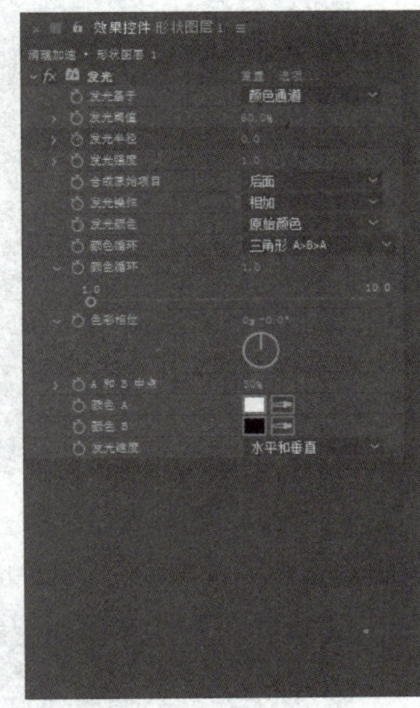

图 5-84　设置参数并添加关键帧

步骤18 选中圆形所在的图层，按U键展开添加关键帧的属性，然后复制关键帧，移动当前时间指示器至0:00:00:20处，接着选中“发光半径”属性，粘贴关键帧，如图5-85所示。

图 5-85　复制并粘贴关键帧

步骤 19 继续复制并粘贴关键帧，如图5-86所示。

图 5-86　继续复制并粘贴关键帧

步骤 20 选中“发光半径”属性的所有关键帧，按F9键创建缓动效果，如图5-87所示。

图 5-87　创建关键帧缓动效果

步骤 21 选择“横排文字工具”，在“合成”面板中输入文本，如图5-88所示。

步骤 22 在“属性”面板中设置参数，如图5-89所示。文本效果如图5-90所示。

图 5-88 输入文本

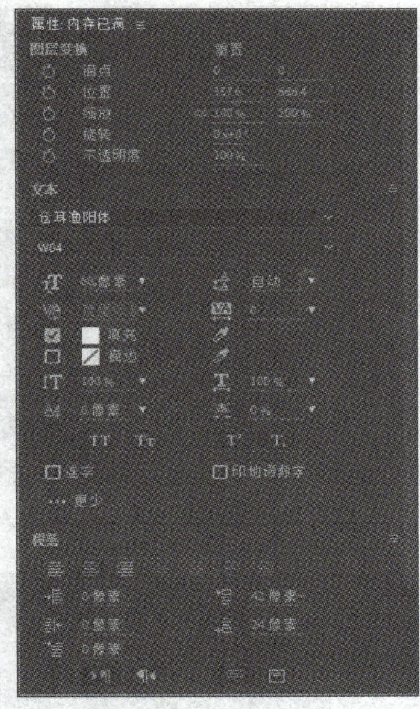

图 5-89 设置文本参数

图 5-90 文本效果

步骤23 选中文本所在的图层和圆形所在的图层，按P键展开“位置”属性，在0:00:03:00处为“位置”属性添加关键帧，如图5-91所示。

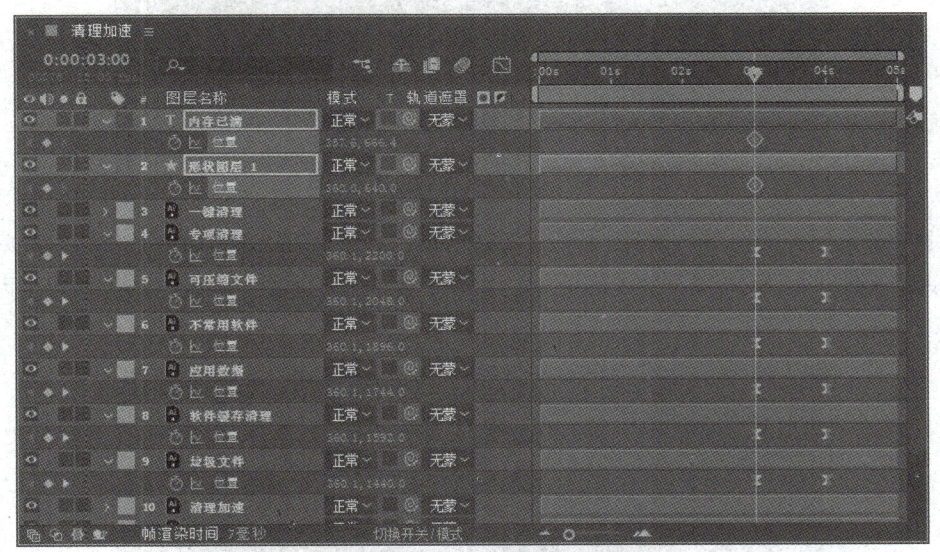

图 5-91 展开“位置”属性并添加关键帧

步骤24 移动当前时间指示器至0:00:04:00处，在“合成”面板中上移文本和圆形，软件将自动添加关键帧，如图5-92所示。

步骤25 选中文本和圆形图层的所有关键帧，按F9键创建缓动；然后单击“时间轴”面板中的“图表编辑器”按钮，切换至图表编辑器，调整速率图表，如图5-93所示。完成后再次单击“图表编辑器”按钮，切换至原时间轴。

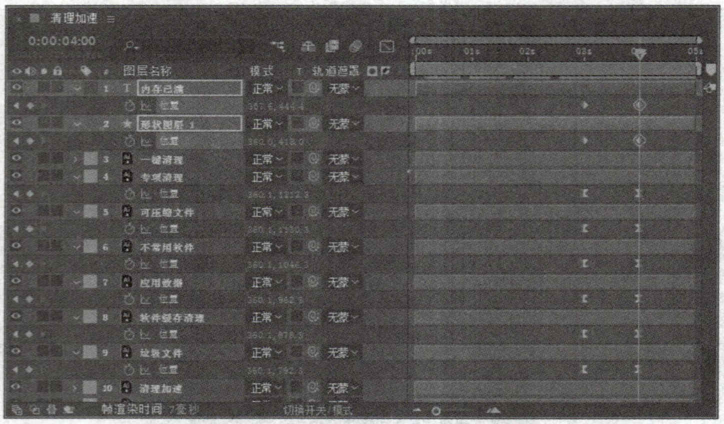

图 5-92　调整文本和圆形位置并自动添加关键帧

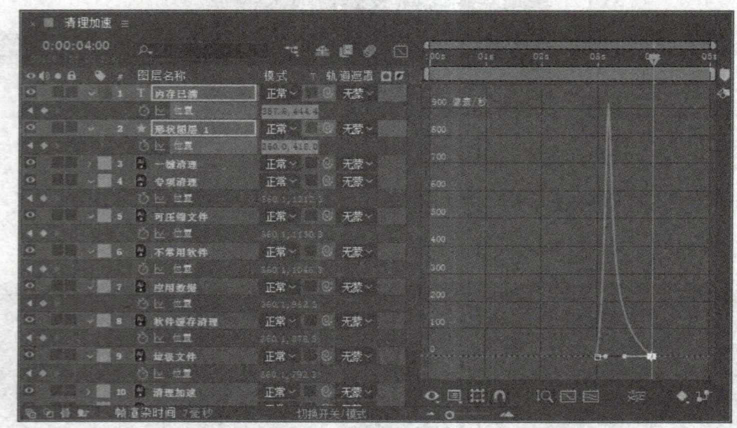

图 5-93　创建缓动并调整速率图表

步骤 26 选中文本所在的图层，按T键展开“不透明度”属性，在0:00:03:00处为其添加关键帧，然后移动当前时间指示器至0:00:03:05处，设置“不透明度”属性为0%，软件将自动添加关键帧，如图5-94所示。

图 5-94　设置文本不透明度并自动添加关键帧

步骤27 选中圆形所在的图层，在0:00:03:00处为其填充颜色并添加关键帧，如图5-95所示。

图 5-95　为圆形填充颜色并添加关键帧

步骤28 移动当前时间指示器至0:00:03:05处，设置填充颜色为白色，软件将自动添加关键帧；然后选中“颜色”属性的所有关键帧，按F9键创建缓动，如图5-96所示。

图 5-96　更改颜色自动添加关键帧后创建缓动效果

步骤29 在不选择任何对象的情况下，选择“矩形工具”，在“合成”面板中绘制矩形，填充色设置为绿色（#32B045），效果如图5-97所示。

步骤30 选中矩形所在的图层，执行“效果”→“扭曲”→“湍流置换”命令，为其添加“湍流置换”效果。移动当前时间指示器至0:00:03:00处，在“效果控件”面板中设置参数，并为“演化”属性添加关键帧，如图5-98所示。此时“合成”面板中效果如图5-99所示。

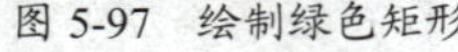

图 5-97　绘制绿色矩形

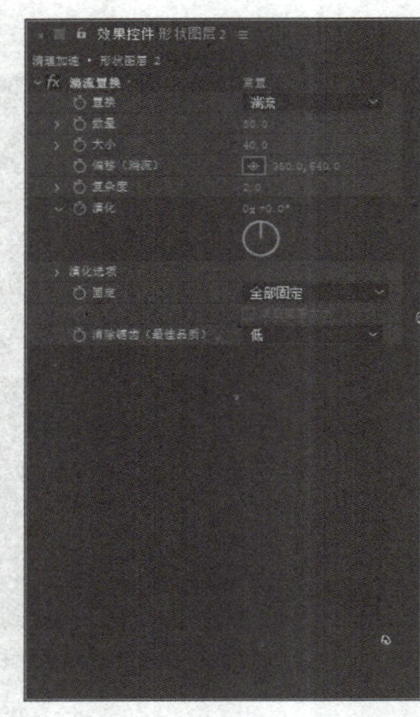

图 5-98　为“演化”属性添加关键帧

图 5-99　湍流置换效果

步骤31 选中矩形所在的图层，按P键展开“位置”属性并添加关键帧，如图5-100所示。

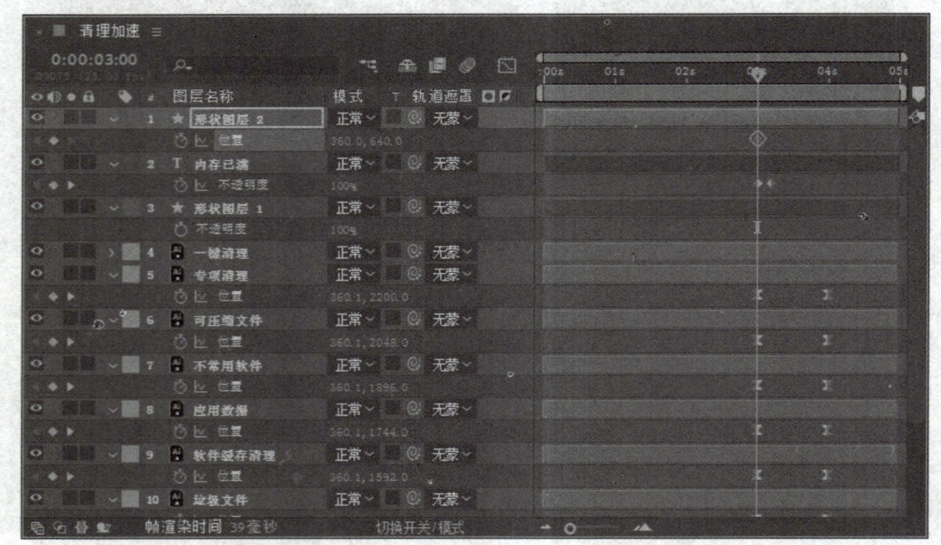

图 5-100　为矩形所在图层的“位置”属性添加关键帧

步骤32 移动当前时间指示器至0:00:04:00处，在“效果控件”面板中设置“演化”的参数为“5×+0.0°”，如图5-101所示。

步骤33 在“合成”面板中选中矩形并将其上移，如图5-102所示。

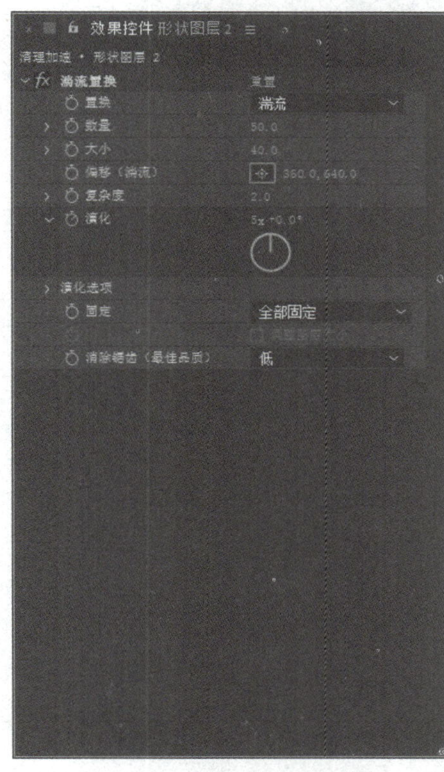

图 5-101 设置“演化”的参数

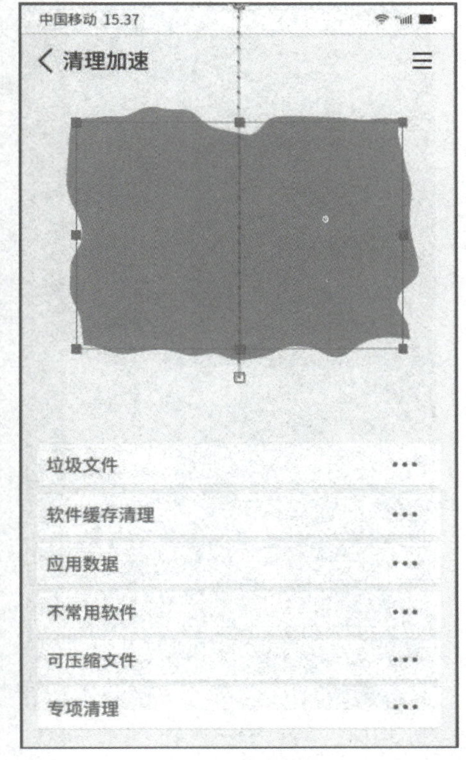

图 5-102 上移矩形

步骤34 软件将自动添加“演化”属性和“位置”属性的关键帧，如图5-103所示。

图 5-103 软件自动添加的关键帧

步骤35 选中矩形所在的图层，执行“效果”→“通道”→“设置遮罩”命令，添加“设置遮罩”效果，在“效果控件”面板中设置参数，如图5-104所示。

步骤36 此时“合成”面板中的预览效果如图5-105所示。

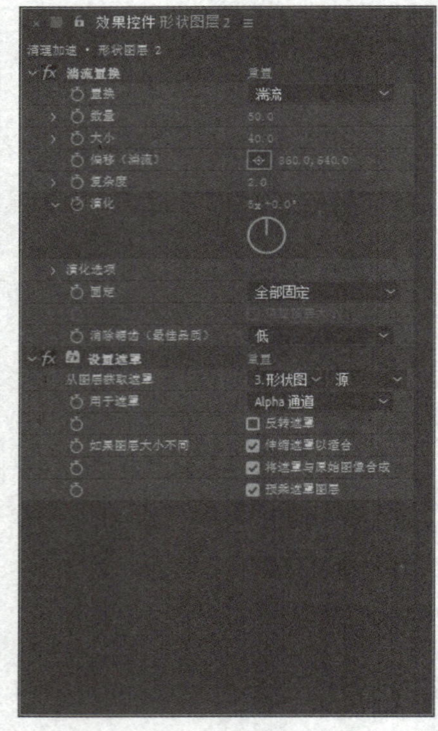

图 5-104 添加“设置遮罩”效果并设置

图 5-105 预览效果

步骤37 选中圆形所在图层的“发光半径”属性的关键帧，右击鼠标，在弹出的快捷菜单中执行“关键帧辅助”→“时间反向关键帧”命令，反转关键帧，并删除最后一个关键帧，如图5-106所示。

图 5-106 反转“发光半径”属性的关键帧

步骤38 选中矩形所在的图层，按T键展开“不透明度”属性，将参数设置为40%，如图5-107所示。

图 5-107　设置矩形的“不透明度”参数

步骤39 选中矩形所在的图层，按Ctrl+D组合键复制，然后按U键展开复制图层的关键帧属性，在0:00:03:00处更改“演化”“位置”的属性参数，如图5-108所示。

图 5-108　复制矩形图层并调整关键帧的参数

步骤40 执行“图层”→“新建”→“纯色”命令，打开“纯色设置”对话框，新建纯色图层，如图5-109所示。

步骤41 选中新建的纯色图层，执行“效果”→“文本”→“编号”命令，打开“编号”对话框，设置参数，如图5-110所示。

步骤42 单击“确定”按钮，在弹出的“效果控件”面板中设置“编号”的属性，并在0:00:03:00处为“数值/位移/随机最大”属性添加关键帧，如图5-111所示。

步骤43 在“合成”面板中预览效果，如图5-112所示。

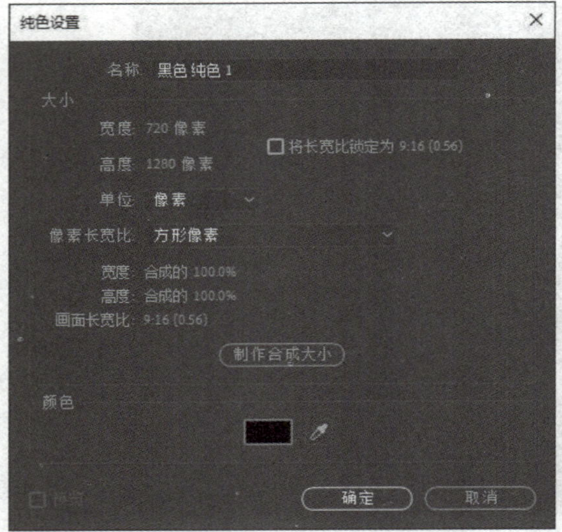

图 5-109 “纯色设置”对话框

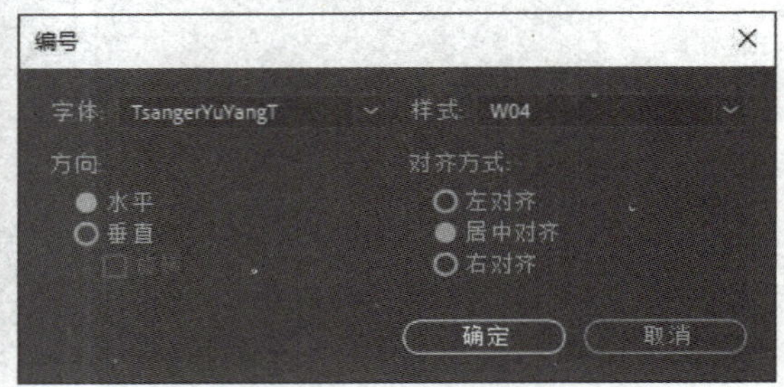

图 5-110 “编号”对话框

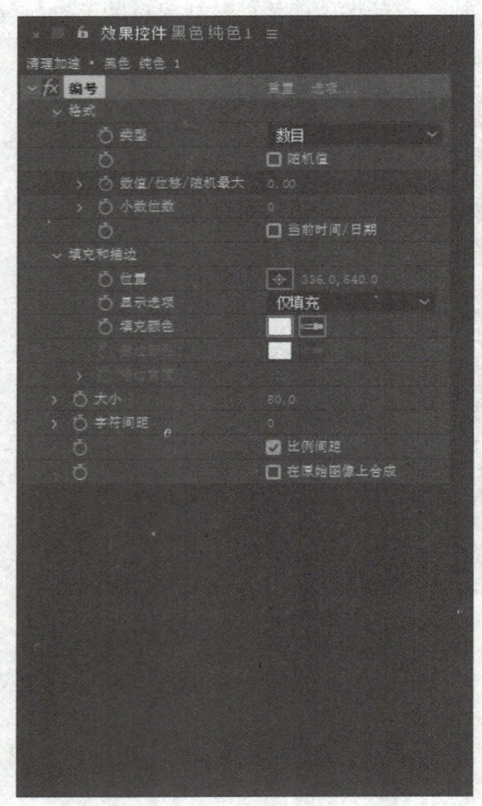

图 5-111 设置“编号”的属性并添加关键帧

图 5-112 预览效果

步骤 44 移动当前时间指示器至0:00:04:00处，更改“数值/位移/随机最大”的属性为“100.00”，如图5-113所示。软件将自动添加关键帧。

步骤 45 选择“横排文本工具”，在“合成”面板中输入文本“%”，如图5-114所示。

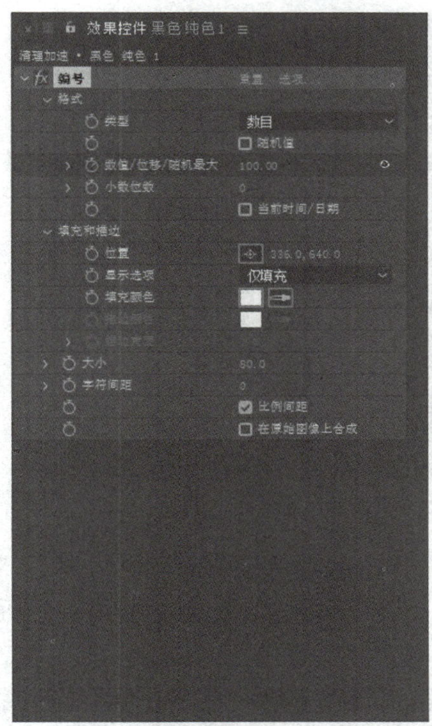

图 5-113 设置“编号”的属性

图 5-114 输入文本

步骤46 选中新建的文本图层，在0:00:03:00处按Alt+【组合键调整图层入点，如图5-115所示。

图 5-115 调整图层入点

步骤47 选中新建的文本图层，按P键展开其“位置”属性，在0:00:03:00处为“位置”属性添加关键帧。移动当前时间指示器至0:00:03:03处，更改“位置”属性为“430.0,672.0”，软件将自动添加关键帧。移动当前时间指示器至0:00:04:00处，更改“位置”属性为“446.0,672.0”，软件将自动添加关键帧，如图5-116所示。

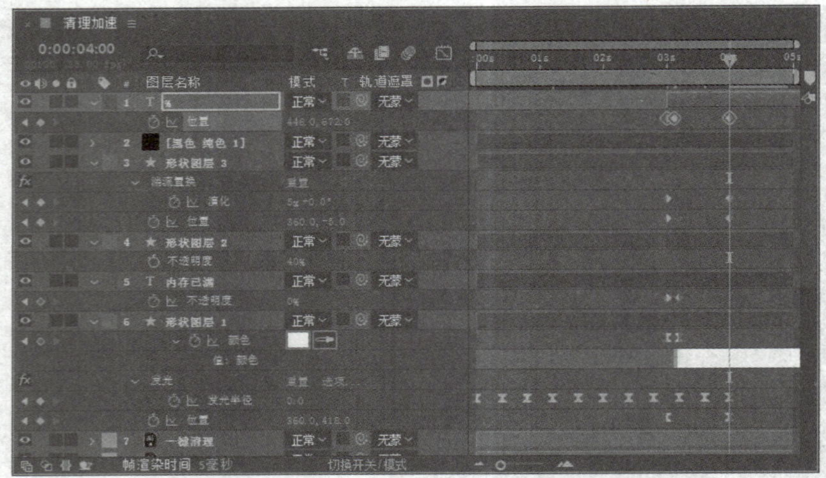

图 5-116　设置文本图层不同位置的关键帧

步骤48 选中文本图层的“位置”属性关键帧，右击鼠标，在弹出的快捷菜单中执行“关键帧插值”命令，打开“关键帧插值”对话框，设置“临时插值”为“定格”，如图5-117所示；然后单击“确定”按钮，设置关键帧为定格关键帧，如图5-118所示。

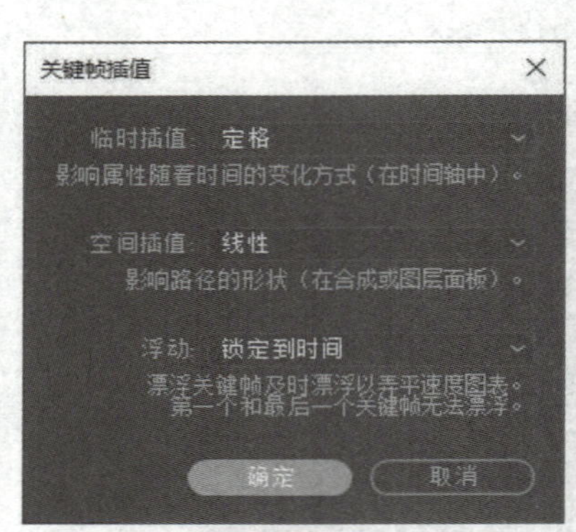

图 5-117　“关键帧插值”对话框

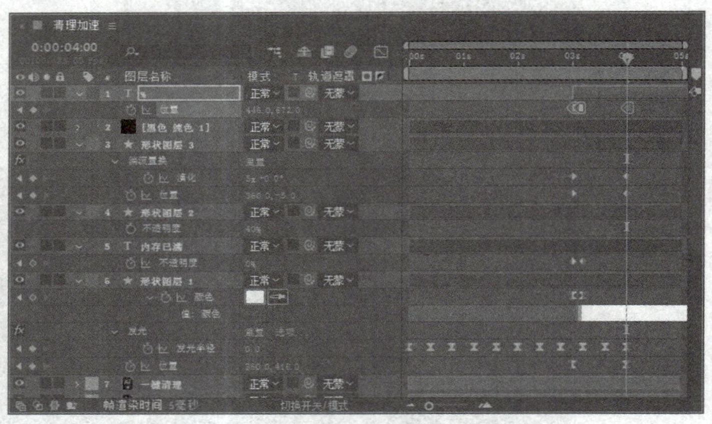

图 5-118　定格关键帧

步骤49 选中纯色图层和其上方的文本图层，右击鼠标，在弹出的快捷菜单中选择“预合成”选项，打开“预合成”对话框，设置参数，如图5-119所示。

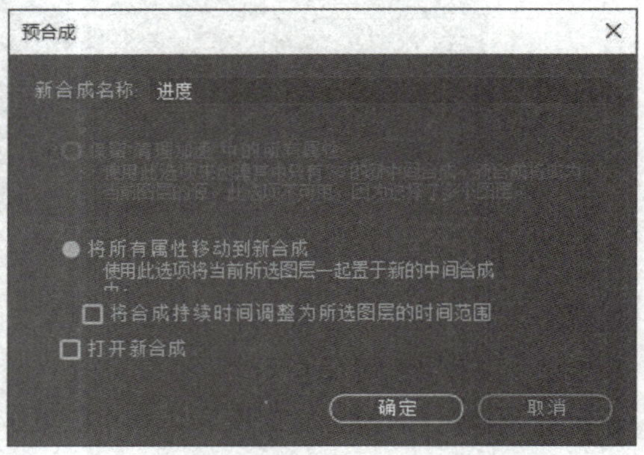

图 5-119　“预合成”对话框

步骤50 单击“确定”按钮创建预合成，如图5-120所示。

步骤51 选中新建的“进度”预合成，在0:00:03:00处为其“位置”属性和“不透明度”属性添加关键帧，并设置不透明度为0%，如图5-121所示。

图 5-120 创建的预合成

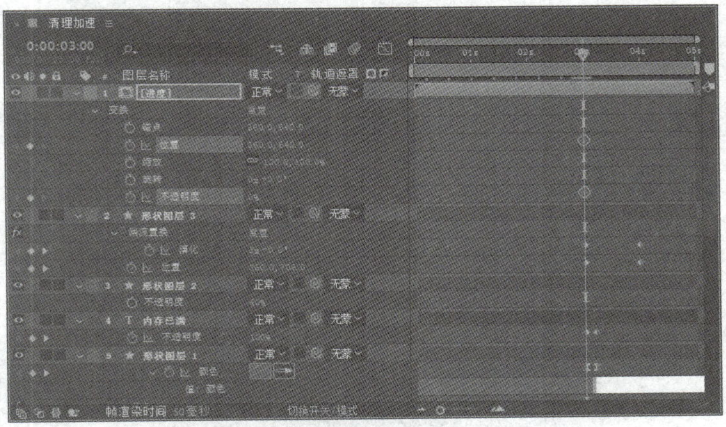

图 5-121 设置预合成的位置和不透明度关键帧

步骤52 移动当前时间指示器至0:00:03:05处，更改“不透明度”属性为100%，软件将自动添加关键帧。移动当前时间指示器至0:00:04:00处，更改“位置”属性为“360.0,424.0”，软件将自动添加关键帧，如图5-122所示。

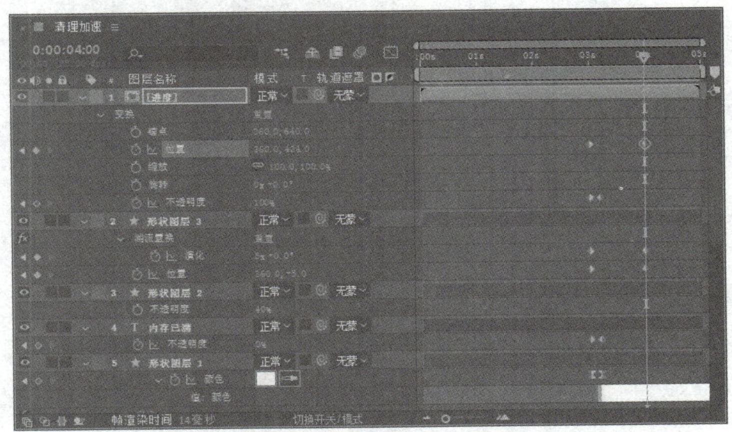

图 5-122 调整预合成的位置和不透明度并添加关键帧

步骤53 按空格键，在“合成”面板中预览播放，如图5-123所示。

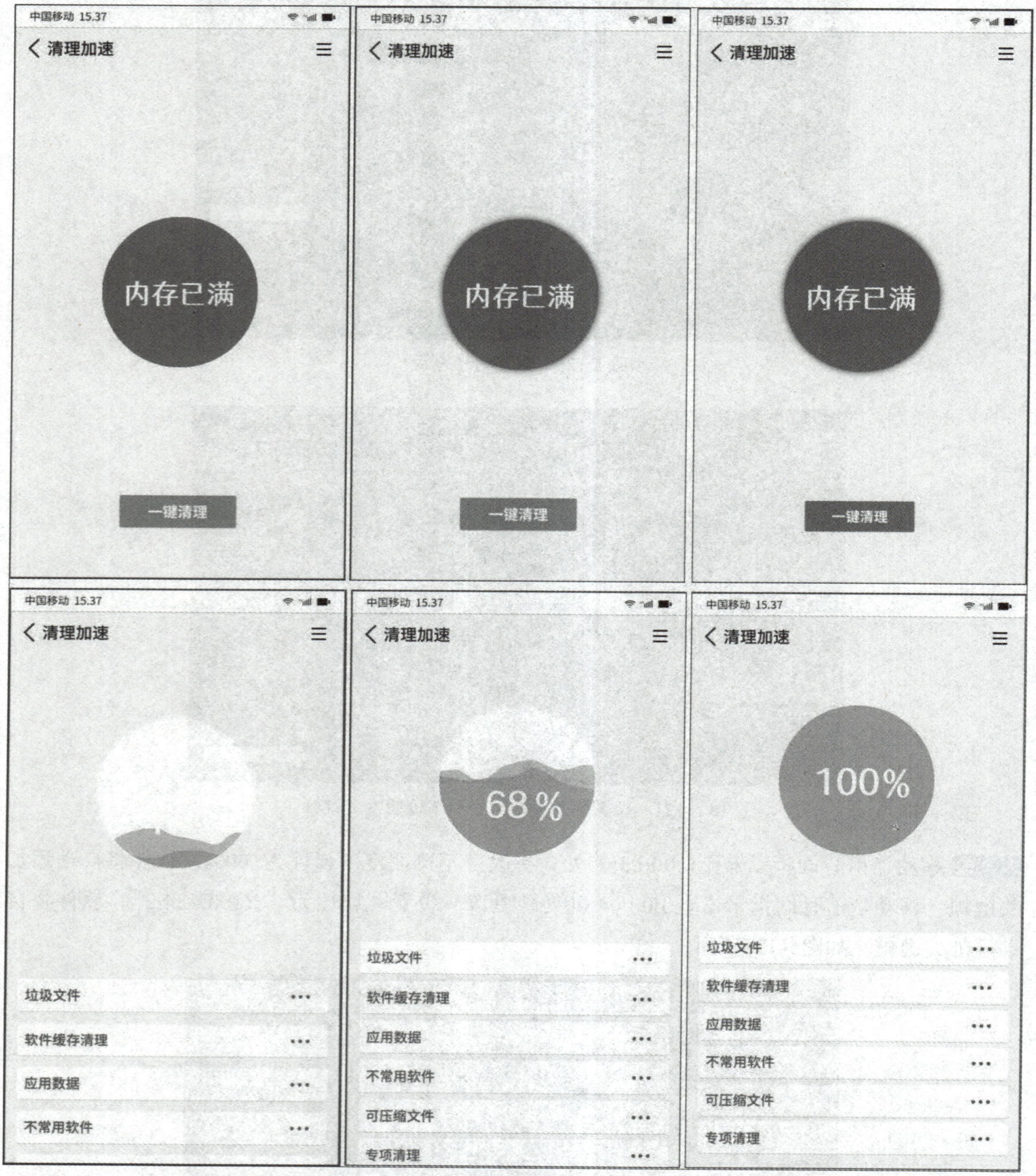

图 5-123　预览效果

课后寄语

帧动画里的东方美学叙事

After Effects的时间轴是视觉叙事的剧场，每一帧动画都是文化符号的舞台。当为图层添加“摄像机跟踪”效果时，可尝试用“推、拉、摇、移”的镜头语言重现《清明上河图》中多点透视的空间布局，让画面更具层次感和节奏感。制作“湍流置换”特效时，思考如何用算法模拟水墨在宣纸上自然晕染的效果。

在关键帧动画中添加“缓入缓出”效果，实际上是模仿了物体运动的自然惯性，这也与中国传统戏曲中讲究的“起承转合”节奏有一定呼应。图层混合模式里的“正片叠底”效果，接近于国画中的“叠染”技法。还原“皮影戏”的动态风格，可通过锚点绑定技术让传统民间艺术在屏幕上“活”起来。在掌握“表达式控制”“3D摄像机”等技术的同时，可以从中国古代工艺典籍《考工记》中的“审曲面势”的造物观中汲取灵感，让动效视频成为带有东方美学特点的现代影像作品。

课后练习 “星火燎原”加载动效制作

以红色为背景，通过“星火”动态效果隐喻“星星之火可以燎原”的精神内涵，结合After Effects基础操作与动效效果，练习素材管理、关键帧设置及特效应用。

主体素材：用AIGC生成金色星火、五角星和火焰等，导入After Effects后拆分为独立图层。背景采用深色渐变底图，增强星火的对比效果。

技术要点：通过“项目”面板导入星火PNG序列图像，使用“时间轴”面板调整图层顺序，为“星火”图层添加发光效果。在效果应用方面，对“火焰”图层应用湍流置换效果，模拟火焰随风飘动的效果；同时，为五角星添加径向模糊效果，营造出视觉上的动感。

动态效果：“星火”图层在0～3 s内设置“位置”关键帧，使其从画面左下角沿轨迹移至右上角），同时配合“不透明度”关键帧的变化，实现闪烁效果。“火焰”图层通过设置“缩放”关键帧来模拟燃烧的动态，每间隔1 s添加一次缓动效果。

模块6 图层与关键帧动效

内容概要

UI动效制作离不开图层的创建和关键帧的设定，通过调整不同属性的关键帧，可制作出丰富的UI动效。本模块讲解图层与关键帧动效，包括不同类型图层的创建、图层属性的设置、图层样式的设置、混合模式的设置及关键帧动画的创建与编辑等。通过学习和掌握这些知识，用户可以设计和实现各种风格的UI动效。

学习目标

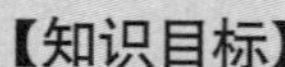

【知识目标】

- 掌握常见图层类型的特点与使用场景。
- 了解位置、缩放、旋转、不透明度等图层属性的含义及操作方法。
- 理解关键帧的概念、插值方式以及动画曲线的编辑逻辑。

【能力目标】

- 能为图层添加关键帧，并通过时间轴和图表编辑器精确控制动画节奏。
- 具备调试复杂动画序列、排查关键帧错误的能力。

【素质目标】

- 在图层样式、混合模式和动画节奏的学习中，提升视觉美感的判断与表达能力。
- 鼓励尝试不同的图层组合与关键帧设定方式，激发个性化创作灵感。

6.1 图层的基本操作

图层是动效制作的基础，掌握不同类型的图层及其属性可以帮助用户提高制作效率，并实现丰富多彩的视觉效果。

■6.1.1 认识图层

图层可以理解为带有文本、图形等元素的透明片，将这些透明片按照一定的顺序叠放在一起，就形成了“合成”面板中呈现出的效果。根据承载内容的不同，这些图层的作用也各不相同，一般可以将图层分为素材图层、文本图层、纯色图层、形状图层、灯光图层等不同类型的图层。

（1）素材图层

素材图层是After Effects中最常见的图层。将图像、视频和音频等素材从外部导入After Effects软件中，然后应用至“时间轴”面板会自动形成素材图层，从而可以对其进行移动、缩放、旋转等操作。

（2）文本图层

使用文本图层可以快速地创建文字并制作文字动画，还可以对其进行移动、缩放、旋转和调整透明度等操作。此外，还可以应用各种特效（如模糊、阴影和颜色渐变等），使文字更加生动和引人注目。

（3）纯色图层

用户可以创建任何颜色和尺寸（最大尺寸可达30 000 × 30 000 px）的纯色图层，它和其他素材图层一样，可以创建遮罩、修改图层的变换属性，还可以添加特效。

（4）灯光图层

灯光图层主要用于模拟不同种类的真实光源，实现真实的阴影效果。

（5）摄像机图层

摄像机图层常用于固定视角，可以制作摄像机动画，模拟真实的摄像机游离效果。需注意的是，摄像机和灯光不适用2D图层，仅适用于3D图层。

（6）空对象图层

空对象图层是具有可见图层的所有属性的不可见图层。用户可以将“表达式控制”效果应用于空对象，然后使用空对象控制其他图层中的效果和动画。空对象图层多用于制作父子链接和配合表达式等。

（7）形状图层

形状图层可以制作多种矢量图形效果。在不选择任何图层的情况下，使用形状工具或钢笔工具可以直接在“合成”面板中绘制形状，生成形状图层。

（8）调整图层

调整图层的效果可以影响在图层堆叠顺序中位于该图层之下的所有图层。

（9）Photoshop图层

执行“图层”→“新建”→“Adobe Photoshop文件”命令，可创建PSD图层及PSD文件，PSD文件若更新，After Effects中引用了这个PSD源文件的影片也会随之更新。创建的PSD图层的尺寸与合成一致，色位深度与After Effects项目相同。

■6.1.2　创建图层

After Effects中不同类型图层的创建方式基本相同，都可以通过“图层”命令进行创建，也可以通过现有素材创建，下面对此进行介绍。

1. 通过“图层”命令创建

执行“图层”→“新建”命令，在其子菜单中选择相关选项，将创建相应类型的图层，如图6-1所示。也可在“时间轴”面板空白处右击鼠标，在弹出的快捷菜单中执行“新建”命令，在其子菜单中选择相关选项进行创建，如图6-2所示。

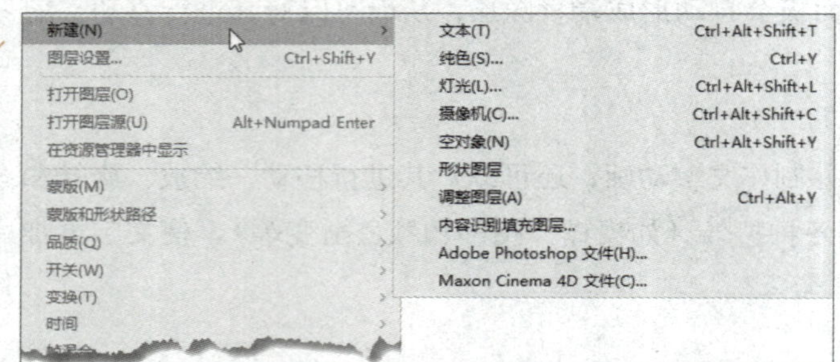

图 6-1　“新建”命令子菜单

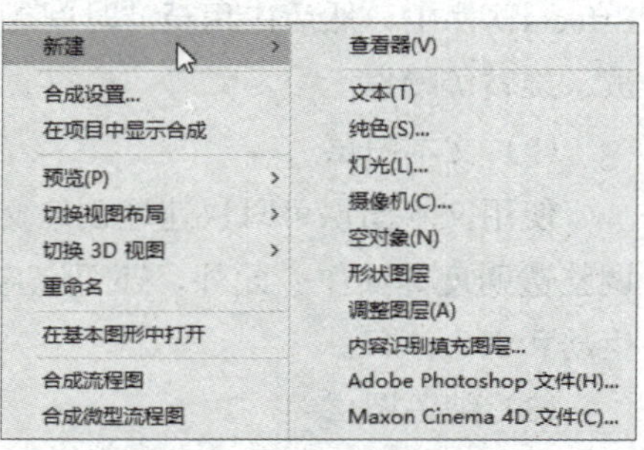

图 6-2　快捷菜单中的“新建”命令

在创建部分类型图层时，如纯色图层、灯光图层，会弹出对话框，从中可以设置图层的名称等参数。

2. 根据素材创建

选中“项目”面板中的素材，直接拖至“时间轴”面板中或“合成”面板中，将在“时间轴”面板中生成新的图层，如图6-3所示。

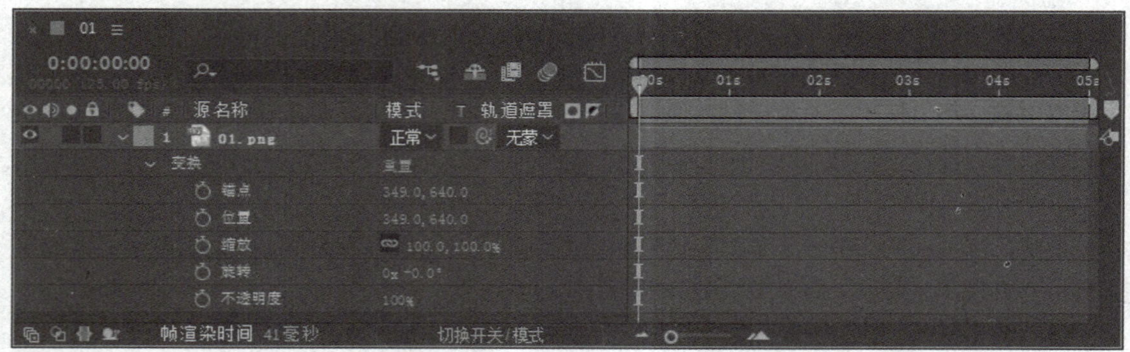

图 6-3　根据素材创建图层

■6.1.3 图层的基本属性

“时间轴”面板中几乎每个图层都包含锚点、位置、缩放、旋转和不透明度5个基本属性，这5个基本属性和关键帧结合可创造出丰富的动效。

1. 锚点

锚点是非常基础的工具，用于定位图层的位置和旋转中心。默认情况下，锚点在图层的中心，若不在，可以按Ctrl+Alt+Home组合键将锚点移至图层中心，如图6-4和图6-5所示。

选择“工具”面板中的“向后平移（锚点）工具”可以移动锚点的位置，此时位置数值和锚点数值都会改变，从而保证图层对象在合成中的位置与移动锚点之前相同。若仅想更改锚点数值，可以按住Alt键的同时使用“向后平移（锚点）工具”移动。

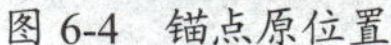
图 6-4 锚点原位置

图 6-5 移动锚点后的位置

2. 位置

“位置”属性控制图层对象的位置坐标，更改位置参数后，图层的锚点和对象均会移动，如图6-6和图6-7所示。

3. 缩放

“缩放”属性可以以锚点为中心改变图层的大小，如图6-8所示。当缩放参数为负值时，将出现翻转效果，如图6-9所示。

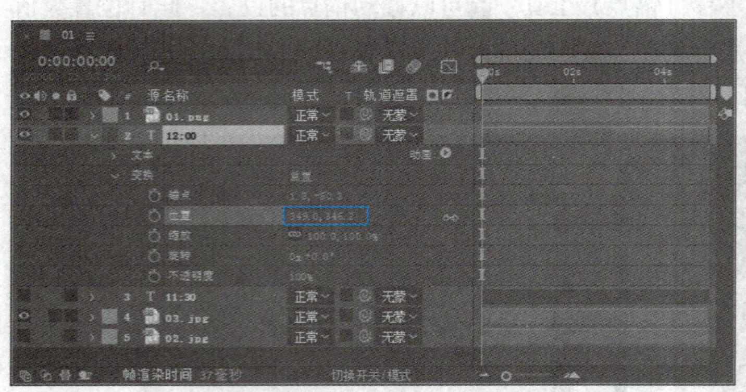

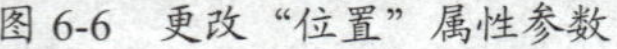
图 6-6 更改“位置”属性参数

图 6-7 更改“位置”属性参数后的效果

提示：“位置”属性的数值指的是锚点在整个窗口的位置，“锚点”属性的数值指的是锚点相对于该图层左上角的位置。在“位置”数值不变的情况下，调整锚点数值会移动锚点所在图层而不是锚点本身。

图 6-8 缩放对象

图 6-9 缩放参数为负值时的翻转效果

执行“图层”→“变换”→“水平翻转”命令或“图层”→“变换”→“垂直翻转”命令也可以翻转所选图层。

提示：摄像机、光照和仅音频图层等图层没有缩放属性。

4. 旋转

“旋转”属性可以围绕图层的锚点旋转图层，其中“旋转”属性值的第一部分表示完整旋转的圈数；第二部分表示部分旋转的度数。

5. 不透明度

“不透明度”属性可以控制图层的透明度，数值越小，图层越透明。图6-10和图6-11分别为不透明度为20%和80%时的效果。

图 6-10 不透明度为 20% 时的效果

图 6-11 不透明度为 80% 时的效果

提示：在编辑图层属性时，可以利用快捷键快速展开属性。选择图层后，按A键可以展开“锚点”属性，按P键可以展开“位置”属性，按R键可以展开“旋转”属性，按T键可以展开“不透明度”属性，按U键可以展开所有添加了关键帧的属性。在显示一个图层属性的前提下按Shift键及其他图层属性快捷键可以显示多个图层的属性。

6.2 图层的编辑与管理

图层的编辑与管理在UI动效中至关重要，它可以提升UI动效设计的可控性，增强动效的表现力，以获得更好的用户体验。

■6.2.1 图层的编辑

在“时间轴”面板中，可以进行图层的扩展、工作区域调整等工作，下面对常用操作进行介绍。

1. 选择图层

在对图层进行操作之前，首先需要选中图层，一般可以通过以下3种方式选择图层。

- 在“时间轴”面板中单击图层即可。按住Ctrl键可加选不连续图层，如图6-12所示。按住Shift键单击两个图层，可选中这两个图层之间的所有图层。
- 在“合成”面板中单击素材，“时间轴”面板中素材对应的图层也将被选中。
- 在键盘右侧数字键盘中按数字键，可选中对应的图层。

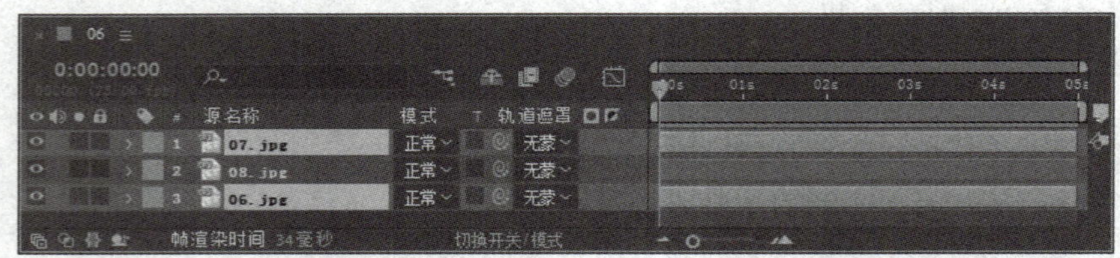

图 6-12 选择不连续图层

2. 复制图层

复制图层可以备份原始图层，避免在编辑过程中丢失或破坏原始图层，也可以快速制作相同的效果和动画。常用的复制图层的方式包括以下3种。

- 在“时间轴”面板中选中图层，执行“编辑”→“复制”命令和“编辑”→“粘贴”命令进行复制粘贴。
- 选中图层，按Ctrl+C组合键复制，按Ctrl+V组合键粘贴。
- 选中图层，执行“编辑”→“重复”命令或按Ctrl+D组合键。

复制图层后的效果如图6-13所示。

图 6-13 复制图层效果

3. 删除图层

在“时间轴”面板中选中图层，执行“编辑”→“清除”命令即可删除该图层。也可以按Delete键或BackSpace键快速删除。

4. 重命名图层

重命名图层便于分类整理区分素材，以及团队协作和后期修改。选择“时间轴”面板中的图层，按Enter键进入编辑状态，输入名称即可，如图6-14所示。也可以选中图层后右击鼠标，在弹出的快捷菜单中执行“重命名”命令，进入编辑状态输入新名称。

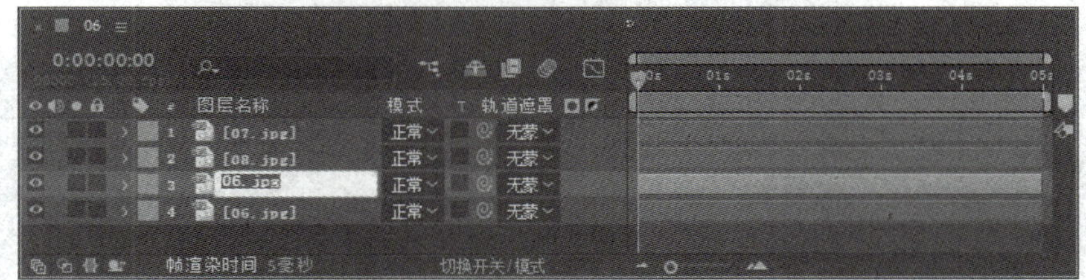

图 6-14 重命名图层

5. 调整图层顺序

After Effects是一个层级式的后期处理软件，图层顺序会影响视觉显示效果，用户可以根据制作需要进行调整。选中“时间轴”面板中的图层，执行“图层”→“排列”命令，在其子菜单中选择相应选项来前移或后移图层，如图6-15所示。

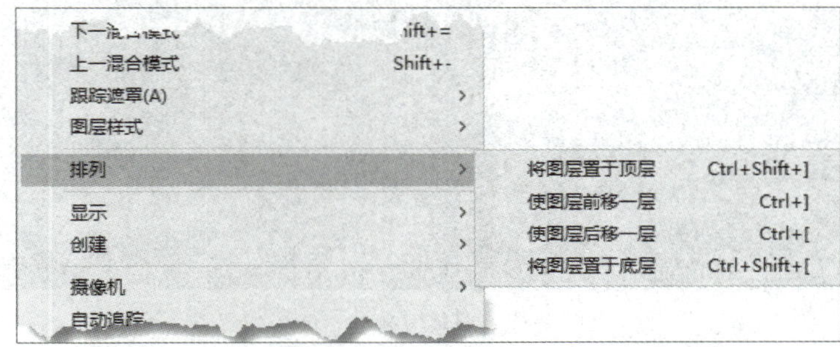

图 6-15 “排列”命令子菜单

调整图层顺序后的效果如图6-16所示。

图 6-16 调整图层顺序效果

也可以在“时间轴”面板中直接上下拖动图层进行调整，如图6-17所示。

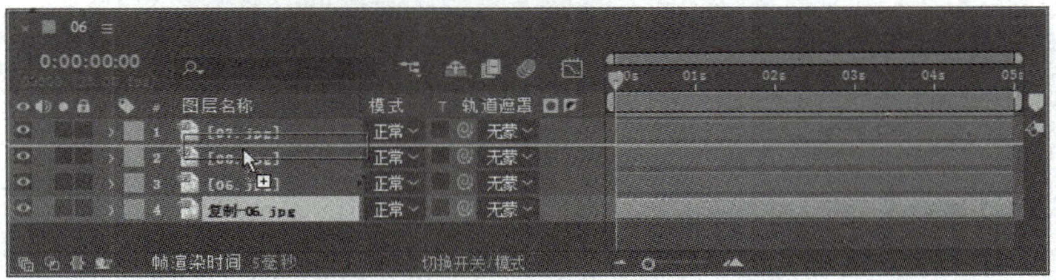

图 6-17 拖动调整图层顺序

6. 剪辑/扩展图层

剪辑和扩展图层可以调整图层长度，从而改变影片的显示内容。移动鼠标指针至图层的入点或出点处，按住左键拖动进行剪辑，图层长度会发生变化，如图6-18所示。

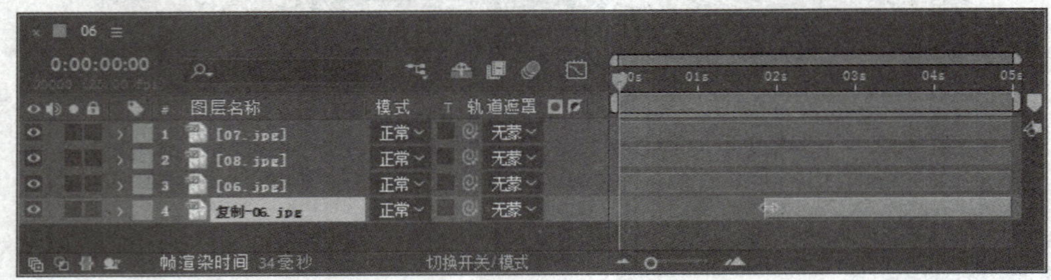

图 6-18　调整图层入点

用户也可以通过移动当前时间指示器至指定位置，选中图层后，按Alt+【组合键定义图层的入点位置，如图6-19所示。或按Alt+】组合键定义图层的出点位置，如图6-20所示。

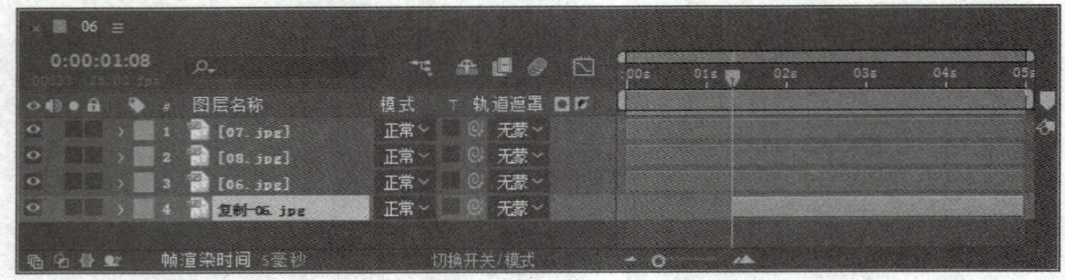

图 6-19　调整图层入点位置

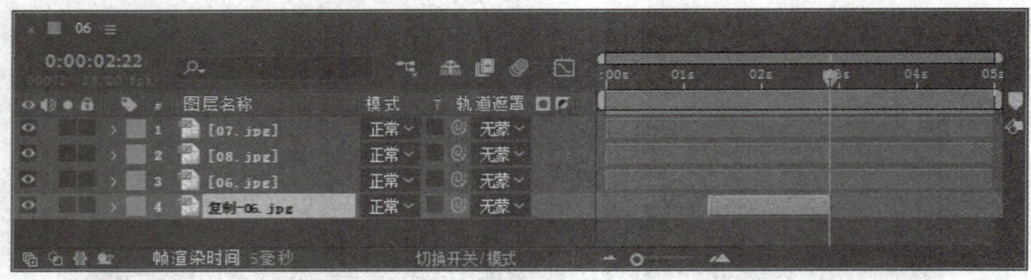

图 6-20　调整图层出点位置

> **提示**：图像图层和纯色图层可以随意剪辑或扩展，视频图层和音频图层可以剪辑，但不能直接扩展。

7. 提升/提取工作区域

“提升工作区域”命令和“提取工作区域”命令均可去除工作区域内的部分素材，但适用场景和效果略有不同。

“提升工作区域”命令可以移除选中图层工作区域中的内容，并保留移除后的空隙，将工作区域前后的素材拆分到两个图层中。在“时间轴”面板中调整工作区域的入点和出点，如图6-21所示。

图 6-21 设置工作区域的入点和出点

> **提示**：移动当前时间指示器至指定位置，按B键可以确定工作区域的入点，按N键可以确定工作区域的出点。

选中图层后，执行“编辑”→“提升工作区域”命令，可提升工作区域，如图6-22所示。

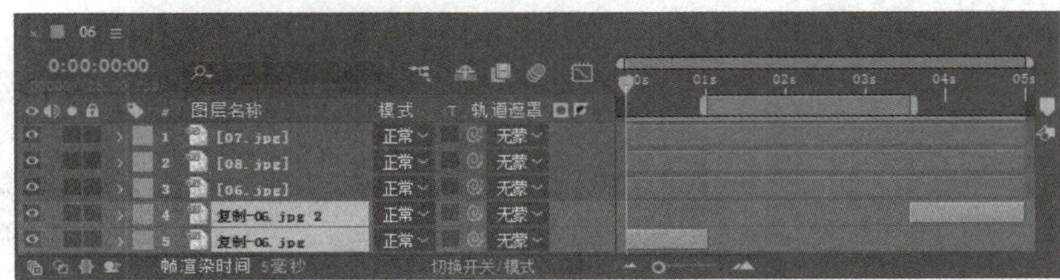

图 6-22 提升工作区域

“提取工作区域”命令同样可以移除选中图层工作区域内的内容，但不会保留原有空隙，如图6-23所示。

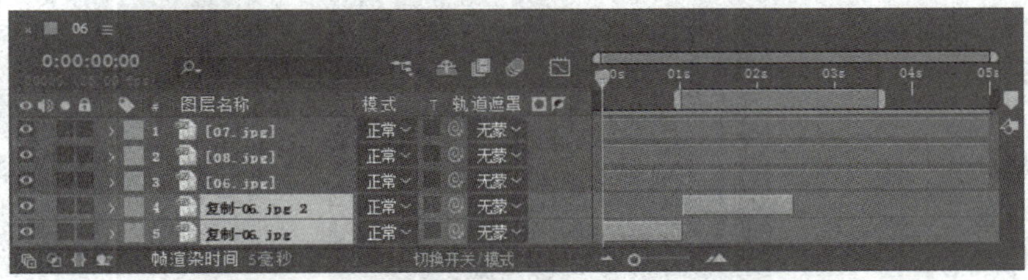

图 6-23 提取工作区域

8. 拆分图层

“拆分图层”命令可以在指定的时间点将选定的素材一分为二，分别放置在两个独立的图层上，以便对两个图层执行不同的操作。在“时间轴”面板中选中图层，移动当前时间指示器至要拆分的位置，执行“编辑”→“拆分图层”命令或按Ctrl+Shift+D组合键，即可完成拆分。图6-24和图6-25所示为拆分图层前后的效果。

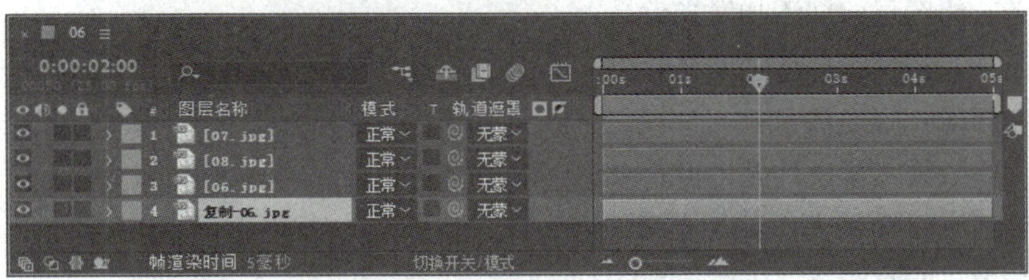

图 6-24 拆分图层前的效果

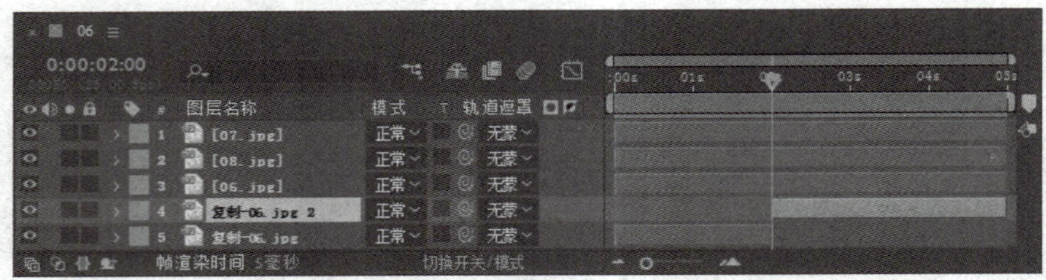

图 6-25　拆分图层后的效果

■6.2.2　图层样式

图层样式可以为图层添加各种视觉效果，如投影、发光、描边等。选中图层，执行“图层”→“图层样式”命令，展开其子菜单，如图6-26所示。选择“投影”选项，并在弹出的“时间轴”面板中设置相关参数，添加“投影”前后的对比效果如图6-27和图6-28所示。

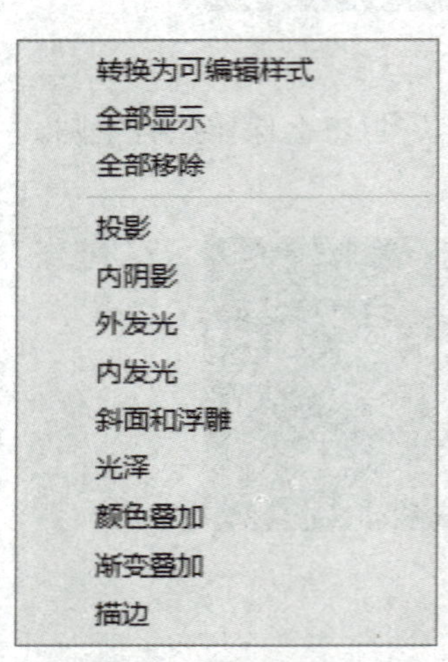

图 6-26　“图层样式”子菜单

图 6-27　原素材

图 6-28　添加“投影”图层样式效果

常用图层样式的作用如下所述。

- **投影**：为图层增加阴影效果。
- **内阴影**：为图层内部添加阴影，使图层呈现凹陷效果。
- **外发光**：为图层外部添加发光效果。
- **内发光**：为图层内部添加发光效果。
- **斜面和浮雕**：通过添加高光和阴影的组合来模拟三维冲压效果，从而为图层制作出浮雕般的立体效果，使设计元素看起来更突出和生动。
- **光泽**：通过在图层表面添加光滑的磨光或金属质感，使图层呈现出闪亮和反射的特性，可增加图层的真实感。

- **颜色叠加：**通过在图层上叠加新的颜色层，使原始图层呈现出不同的色调和色彩效果。
- **渐变叠加：**通过在图层上叠加渐变颜色层，使原始图层呈现出平滑的颜色过渡效果。
- **描边：**在图层的边缘添加颜色像素，从而使图层轮廓更加清晰。

■6.2.3 图层的混合模式

图层的混合模式决定了图层如何与其下方的图层进行交互和融合。在“时间轴”面板中“模式”列的混合模式菜单中，或执行“图层”→“混合模式”命令，可以设置图层的混合模式，如图6-29和图6-30所示。

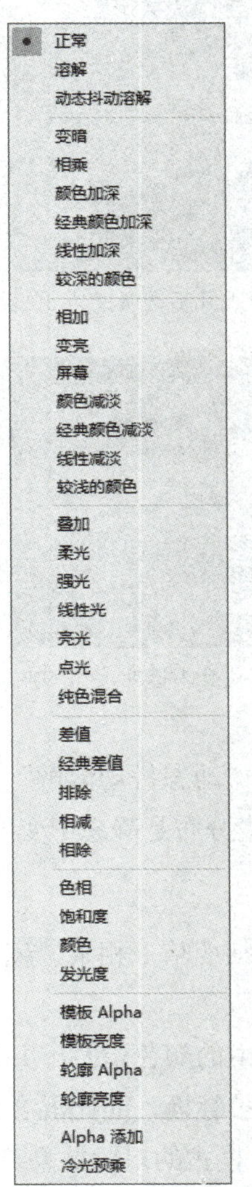

图 6-29 “时间轴”面板中的混合模式菜单

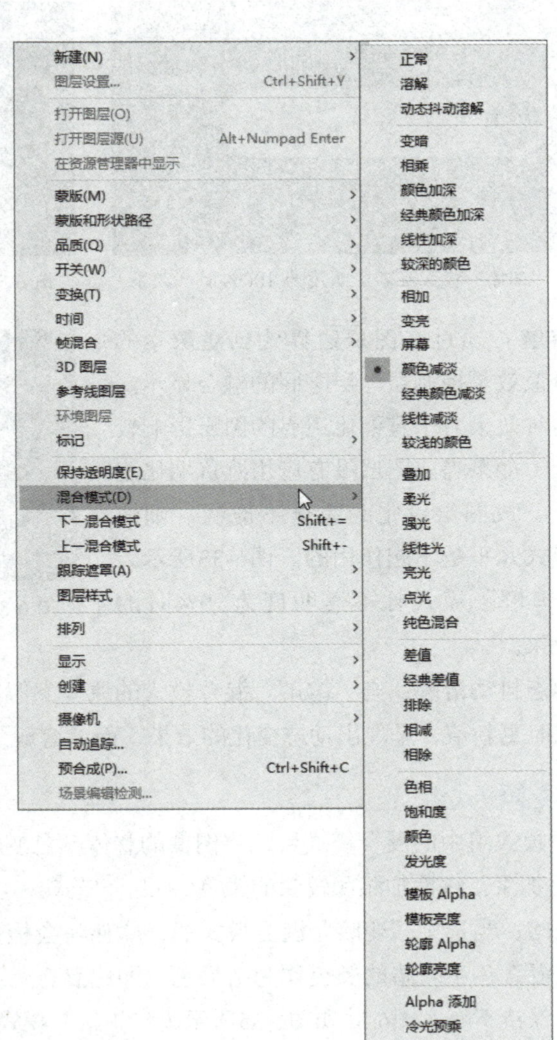

图 6-30 菜单命令中的“混合模式”子菜单

根据混合模式所实现效果的相似性，可将其分为8个类别。

1. 正常模式组

在不考虑透明度影响的前提下，正常模式组中的混合模式生成的最终颜色不会受底层像素颜色的影响，除非底层像素的不透明度低于当前图层。该组中包括正常、溶解和动态抖动溶解3种混合模式。

- **正常**：大多数图层默认的混合模式，当不透明度为100%时，此混合模式将根据Alpha通道正常显示当前图层，并且此图层的显示不会受到其他图层的影响；当不透明度小于100%时，当前图层的每一个像素点的颜色都将受到其他图层的影响，会根据当前的不透明度值和其他层的色彩来确定显示的颜色，图6-31和图6-32所示为“正常”模式且不透明度分别为100%和30%时的效果。

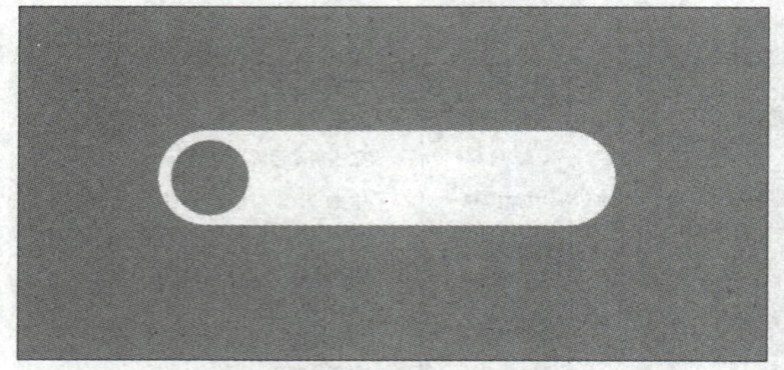

图 6-31 “正常”模式且不透明度为 100% 时的效果

图 6-32 “正常”模式且不透明度为 30% 时的效果

- **溶解**：通过在图层边界处创建像素的分散效果控制层与层之间的融合显示。这种效果对于有羽化边界的图层影响较大。如果当前图层没有应用遮罩羽化边界，或图层设定为完全不透明，则该模式几乎是不起作用的。图6-33所示为“溶解”模式且不透明度为50%时的效果。

图 6-33 “溶解”模式且不透明度为 50% 时的效果

- **动态抖动溶解**：与“溶解”混合模式的原理类似，区别在于“动态抖动溶解”模式可以随时更新值，呈现出动态变化的效果，而“溶解”模式的像素分布是静态不变的。

2. 减少模式组

减少模式组中的混合模式可以将图像的整体颜色变暗，该组包括变暗、相乘、颜色加深、经典颜色加深、线性加深和较深的颜色6种混合模式。

- **变暗**：当选中“变暗”混合模式后，软件将会检查每个通道中的颜色信息，并选择基色或混合色中较暗的颜色作为结果色，即比混合色亮的像素会被替换，而比混合色暗的像素保持不变。图6-34和图6-35所示为“正常”模式和“变暗”模式的对比效果。
- **相乘**：模拟了在纸上用多个记号笔绘图或将多个彩色透明滤光板置于光源前的效果。对于每个颜色通道，该混合模式将源颜色通道值与基础颜色通道值相乘，再除以8-bpc、16-bpc或32-bpc像素的最大值，具体取决于项目的颜色深度。结果颜色永远不会比原始颜色更明亮，如图6-36所示。在与除黑色或白色之外的颜色混合时，使用该混合模式的每个图层或画笔都将生成深色。

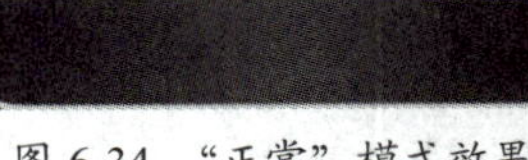

图 6-34 “正常”模式效果

图 6-35 “变暗”混合模式效果

图 6-36 “相乘”混合模式效果

- **颜色加深：**当选择“颜色加深”混合模式时，软件将会检查每个通道中的颜色信息，并通过增加对比度使基色变暗以反映混合色，但与白色混合不会发生变化。图6-37所示为“颜色加深”混合模式效果。
- **经典颜色加深：**为了确保旧版本中的“颜色加深”模式在新版软件中打开时能保持其原始状态，新版软件保留了这一旧版模式，并将其命名为“经典颜色加深”模式。
- **线性加深：**当选择“线性加深”混合模式时，软件将会检查每个通道中的颜色信息，并通过减小亮度使基色变暗以反映混合色，但与白色混合不会发生变化。图6-38所示为“线性加深”混合模式效果。
- **较深的颜色：**每个结果像素是源颜色值和相应的基础颜色值中的较深颜色。“较深的颜色”与“变暗”模式类似，但是“较深的颜色”模式不会对各个颜色通道分别执行操作。图6-39所示为“较深的颜色”混合模式效果。

3. 添加模式组

添加模式组中的混合模式可以使当前图层中的黑色消失，从而使图像变亮，该组包括相加、变亮、屏幕等7种混合模式。

- **相加：**当选择“相加”混合模式时，将会比较混合色和基色的所有通道值的总和，并显示通道值较小的颜色。图6-40和图6-41所示为“正常”模式和“相加”混合模式的对比效果。
- **变亮：**当选择“变亮”混合模式时，软件会检查每个通道中的颜色信息，并选择基色或混合色中较亮的颜色作为结果色，即比混合色暗的像素会被替换，而比混合色亮的像素保持不变。图6-42所示为“变亮”混合模式效果。

图 6-37 “颜色加深”混合模式效果

图 6-38 “线性加深”混合模式效果

图 6-39 “较深的颜色”混合模式效果

图 6-40 “正常”模式

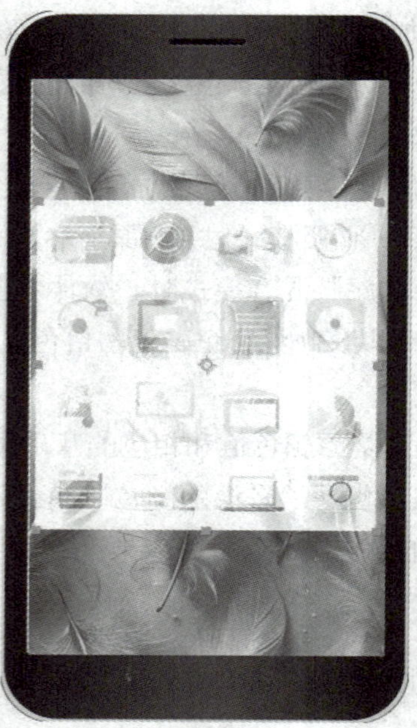

图 6-41 “相加”混合模式效果

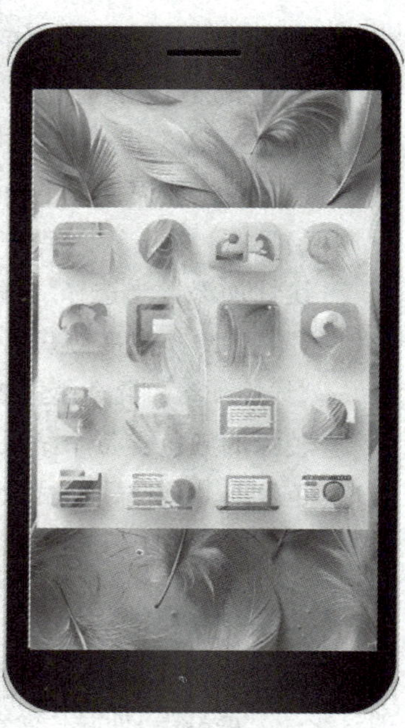

图 6-42 “变亮”混合模式效果

- **屏幕：**它是一种加色混合模式，通过将颜色值相加产生效果。由于黑色的RGB通道值为0，所以在“屏幕”混合模式下与黑色混合不会改变原始图像的颜色。但与白色混合时，结果将是RGB通道的最大值，即白色。图6-43所示为“屏幕”混合模式效果。
- **颜色减淡：**当选择“颜色减淡”混合模式时，软件将会检查每个通道中的颜色信息，并通过减小对比度使基色变亮以反映混合色，与黑色混合则不会发生变化。图6-44所示为

"颜色减淡"混合模式效果。

- **经典颜色减淡：**为了确保旧版本中的"颜色减淡"模式在新版软件中打开时能保持其原始状态，新版本保留了这一旧版模式，并将其命名为"经典颜色减淡"模式。
- **线性减淡：**当选择"线性减淡"混合模式时，软件将会检查每个通道中的颜色信息，并通过增加亮度使基色变亮以反映混合色，但与黑色混合不会发生变化。
- **较浅的颜色：**每个结果像素是源颜色值和相应的基础颜色值中的较亮颜色。"较浅的颜色"与"变亮"模式类似，但是"较浅的颜色"模式不会对各个颜色通道分别执行操作。图6-45所示为"较浅的颜色"混合模式效果。

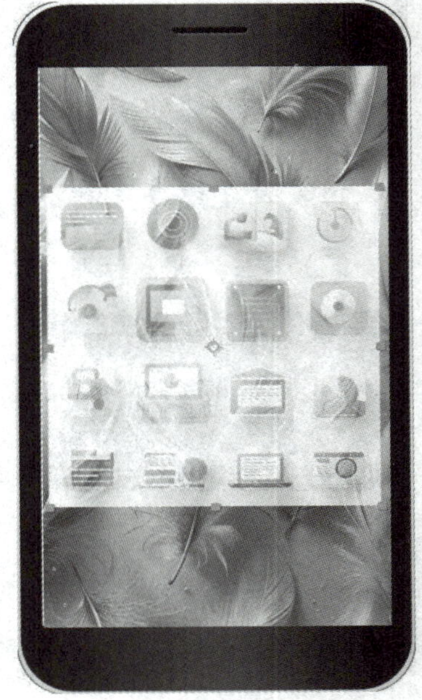

图 6-43 "屏幕"混合模式效果

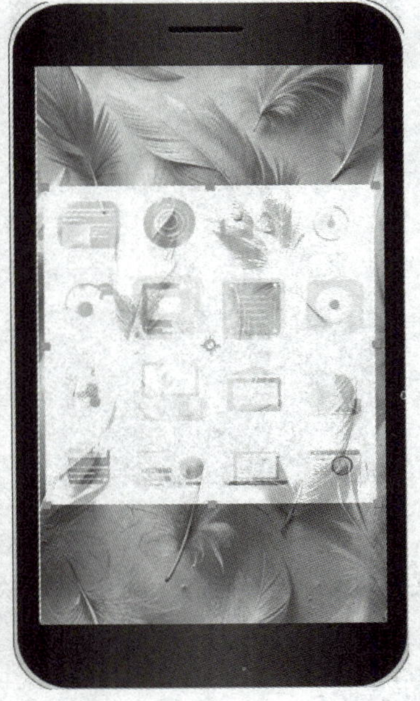

图 6-44 "颜色减淡"混合模式效果

图 6-45 "较浅的颜色"混合模式效果

4. 复杂模式组

复杂模式组中的混合模式在进行混合时，50%的灰色会完全消失，任何高于50%灰色的区域都可能加亮下方的图像，而低于50%的灰色区域都可能使下方图像变暗。该组包括叠加、柔光、强光等7种混合模式。

- **叠加：**根据底层颜色的亮度来决定当前像素的显示方式。在该模式下，如果底层颜色较暗，则当前层的像素会变亮。反之，如果底层颜色较亮，则当前层的像素会变暗。该模式对中间色调影响较明显，对于高亮度区域和暗调区域影响较小。图6-46和图6-47所示为"正常"和"叠加"混合模式的对比效果。
- **柔光：**模拟自然光线照射的效果，使图像的亮部区域变得更亮，暗部区域变得更暗。当混合色比50%灰色亮时，则图像的亮区会变得更亮；如果混合色比50%灰色暗，则图像的暗区会变得更暗。柔光的效果取决于混合层的颜色。当使用纯黑色或纯白色作为混合层颜色时，会产生明显的暗部或亮部区域，但不会生成纯黑色或纯白色。

- **强光**：对颜色进行正片叠底或屏幕处理，其效果取决于混合色的亮度。当混合色比50%灰色亮时，则会采用屏幕效果，使图像整体变得更亮；当混合色比50%灰度暗时，则会采用正片叠底效果，使图像整体变得更暗。当使用纯黑色和纯白色进行绘画时，分别会得到纯黑色和纯白色的效果。图6-48所示为“强光”混合模式效果。

图 6-46 “正常”模式

图 6-47 “叠加”混合模式效果

图 6-48 “强光”混合模式效果

- **线性光**：通过调整亮度来加深或减淡颜色，其效果取决于混合色的亮度。当混合色比50%灰度亮时，则会增加亮度，使图像整体变得更亮；当混合色比50%灰度暗时，则会减小亮度，使图像整体变得更暗。
- **亮光**：通过调整对比度来加深或减淡颜色，其效果取决于混合色的亮度。当混合色比50%灰度亮时（即混合色的亮度值大于128），则会通过增加对比度使图像整体变得更亮。当混合色比50%灰度暗时（即混合色的亮度值小于128），则会通过减小对比度使图像整体变得更暗。图6-49所示为“亮光”混合模式效果。
- **点光**：根据混合色的亮度替换颜色。当混合色比50%灰度亮，则该模式会替换亮度低于混合色的像素，而不会改变亮度高于混合色的像素；当混合色比50%灰度暗，则该模式会替换亮度高于混合色亮度的像素，同时保持比混合色暗的像素不变。图6-50所示为“点光”混合模式效果。
- **纯色混合**：当选中“纯色混合”混合模式时，将把混合颜色的红色、绿色和蓝色的通道值添加到基色的RGB值中。当通道值的总和大于或等于255时，则值为255；当小于255时，则值为0。因此，所有混合像素的红色、绿色和蓝色通道值不是0就是255，这使所有像素都更改为原色，即红色、绿色、蓝色、青色、黄色、洋红色、白色或黑色。图6-51为“纯色混合”模式效果。

图 6-49 “亮光”混合模式效果

图 6-50 “点光”混合模式效果

图 6-51 “纯色混合”模式效果

5. 差异模式组

差异模式组中的混合模式可以基于源颜色和基础颜色值之间的差异创建颜色，该组包括差值、经典差值、排除、相减和相除5种混合模式。

- **差值**：当选择“差值”混合模式时，软件会检查每个通道中的颜色信息，并根据亮度值的大小，从基色中减去混合色，或从混合色中减去基色。具体操作取决于哪个颜色的亮度值更大。与白色混合时，将反转基色值；与黑色混合时，则不会发生变化。图6-52和图6-53所示为“正常”模式和“差值”模式的对比效果。

图 6-52 “正常”模式

图 6-53 “差值”模式

- **经典差值**：为了确保旧版本中的“差值”模式在新版软件中打开时能保持其原始状态，新版本保留了这一旧版的模式，并将其命名为

"经典差值"模式。

- **排除**：当选中"排除"混合模式时，将创建一种与"差值"模式相似但对比度更低的效果。与白色混合将反转基色值，与黑色混合则不会发生变化。
- **相减**：从基础颜色中减去源颜色。如果源颜色是黑色，则结果颜色保持为基础颜色。在33-bpc项目中，结果颜色值可以小于0。
- **相除**：将基础颜色除以源颜色。如果源颜色是白色，则结果颜色保持为基础颜色。在33-bpc项目中，结果颜色值可以大于1.0。图6-54所示为"相除"混合模式效果。

图 6-54 "相除"混合模式效果

6. HSL模式组

HSL模式组中的混合模式可以将色相、饱和度和发光度三要素中的一种或两种应用在图像上，该组包括色相、饱和度、颜色和发光度4种混合模式。

- **色相**：将当前图层的色相应用到底层图像的亮度和饱和度上，从而改变底层图像的色相，但不会影响其亮度和饱和度。在黑色、白色和灰色区域，该模式无效。图6-55和图6-56所示为"正常""色相"混合模式的对比效果。
- **饱和度**：当选中"饱和度"混合模式时，将用基色的明亮度和色相以及混合色的饱和度创建结果色。在灰色的区域将不会发生变化。图6-57所示为"饱和度"混合模式效果。

图 6-55 "正常"模式

图 6-56 "色相"混合模式效果

图 6-57 "饱和度"混合模式效果

- **颜色：**选择“颜色”混合模式后，最终颜色将由基色的亮度和混合色的色相与饱和度共同决定。这种模式可以保留图像中的灰阶，因此常用于为单色图像上色或增加彩色图像的色彩表现。图6-58所示为“颜色”混合模式效果。
- **发光度：**当选中“发光度”混合模式时，最终颜色将由基色的色相和饱和度以及混合色的明亮度共同决定，此混色可以创建与“颜色”模式相反的效果，如图6-59所示。

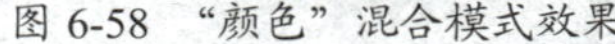

图 6-58 “颜色”混合模式效果

图 6-59 “发光度”混合模式效果

7. 遮罩模式组

遮罩模式组中的混合模式可以将当前图层转换为底层的一个遮罩，该组包括模板Alpha、模板亮度、轮廓Alpha和轮廓亮度4种混合模式。

- **模板Alpha：**选择“模板Alpha”混合模式时，上层图像的Alpha通道将控制下层图像的显示。这意味着上层图像的Alpha通道会像一个遮罩一样，决定下层图像的透明度和可见性。图6-60和图6-61所示为“正常”和“模板Alpha”混合模式的对比效果。
- **模板亮度：**选择“模板亮度”混合模式时，上层图像的明度信息将决定下层图像的不透明度。亮的区域会完全显示下层的所有图层；黑暗的区域和没有像素的区域则完全隐藏下层的所有图层；灰色区域将依据其灰度值决定下层图像的不透明程度。图6-62所示为“模板亮度”混合模式效果。
- **轮廓Alpha：**通过当前图层的Alpha通道来影响底层图像，使受影响的区域被剪切掉，得到的效果与“模板Alpha”混合模式的效果正好相反。图6-63所示为设置“轮廓Alpha”混合模式的效果。
- **轮廓亮度：**选择“轮廓亮度”混合模式时，最终的效果与“模板亮度”混合模式的效果正好相反。图6-64所示为“轮廓亮度”混合模式效果。

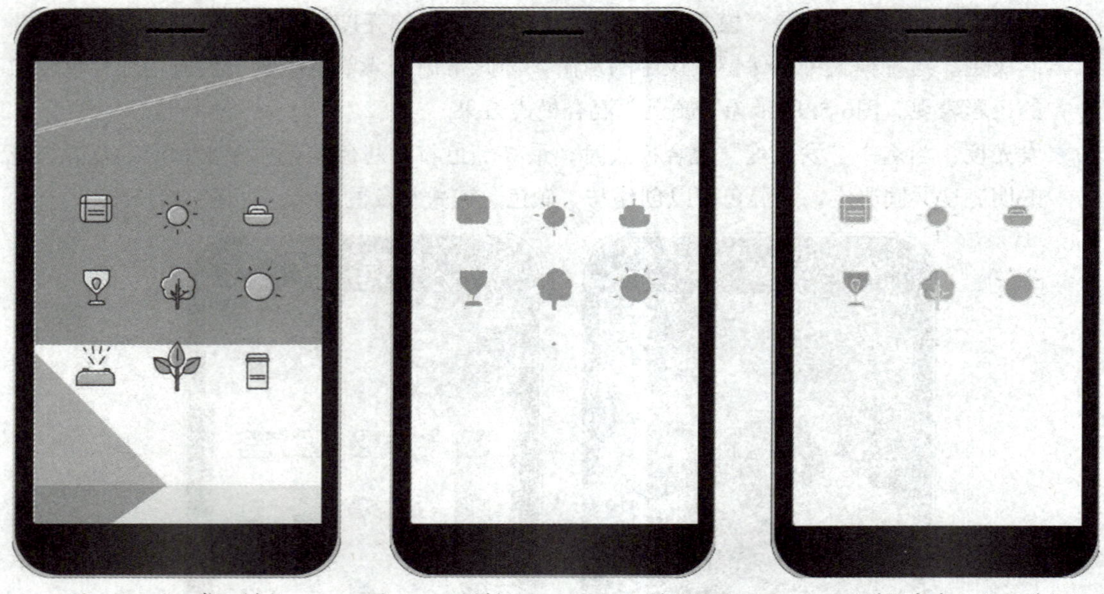

图 6-60 “正常”模式　　图 6-61 “模板 Alpha”混合模式效果　　图 6-62 “模板亮度”混合模式效果

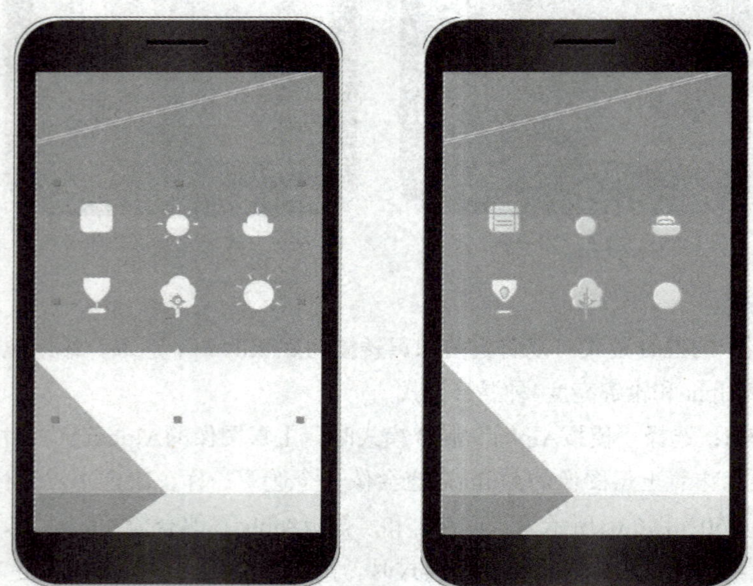

图 6-63 “轮廓 Alpha”混合模式效果　　图 6-64 “轮廓亮度”混合模式效果

8. 实用工具模式组

实用工具模式组中的混合模式都可以使底层与当前图层的Alpha通道或透明区域像素产生相互作用，该组包括Alpha添加和冷光预乘两种混合模式。

- **Alpha添加：**将当前图层的Alpha通道值与下层图像的Alpha通道值相加，可创建一个无痕迹的透明区域。这种模式的主要功能是通过叠加多个图层的透明度信息，形成一个平滑过渡的透明效果。
- **冷光预乘：**使当前图层的透明区域与底层图像相互作用，产生透镜和光亮的边缘效果。

6.3　关键帧动画

关键帧是制作动画的基础，当设置两个不同状态的关键帧于同一属性时，两者之间会自动生成平滑的过渡效果，从而创造出动态的变化效果。

6.3.1　激活关键帧

关键帧的激活与“时间轴”面板中的“时间变化秒表”按钮紧密相关。在“时间轴”面板中展开属性列表，可以看到每个属性名称左侧都有一个“时间变化秒表”按钮，单击该按钮可激活对应属性的关键帧功能，如图6-65所示。

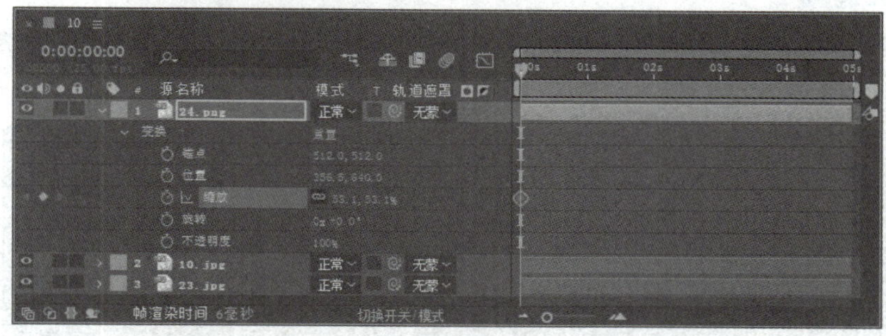

图 6-65　激活关键帧

激活关键帧后移动当前时间指示器，单击属性名称左侧的“在当前时间添加或移除关键帧”按钮，将在当前位置添加或移除关键帧，图6-66所示为添加关键帧的效果。通过修改属性参数或在“合成”面板中修改图像对象也能自动生成关键帧。

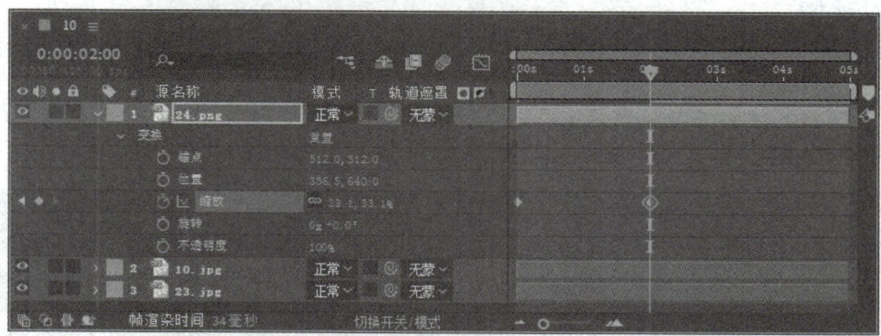

图 6-66　添加关键帧

6.3.2　编辑关键帧

对已创建的关键帧，可以进行选择、移动、复制和删除等操作。

1. 选择关键帧

在“时间轴”面板中单击关键帧图标即可选中关键帧，如图6-67所示。若需同时选中多个关键帧，可以拖动鼠标左键框选多个关键帧，也可在选择一个关键帧后按住Shift键并单击其他关键帧进行多选。

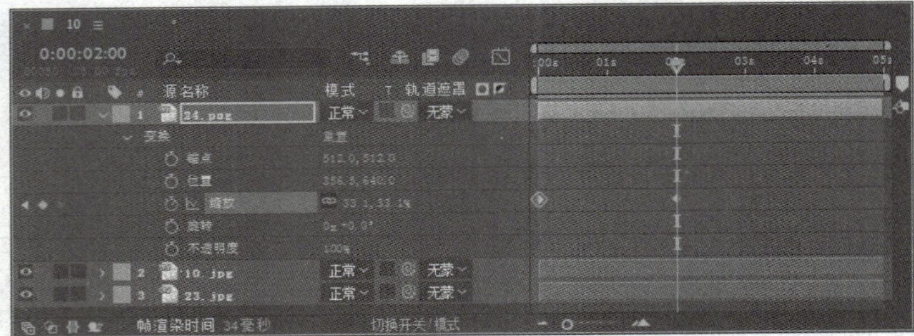

图 6-67　选中关键帧

2. 移动关键帧

选中关键帧后，按住鼠标左键拖动即可移动关键帧，如图6-68所示。通过调整两个关键帧之间的距离可以调整变化效果。

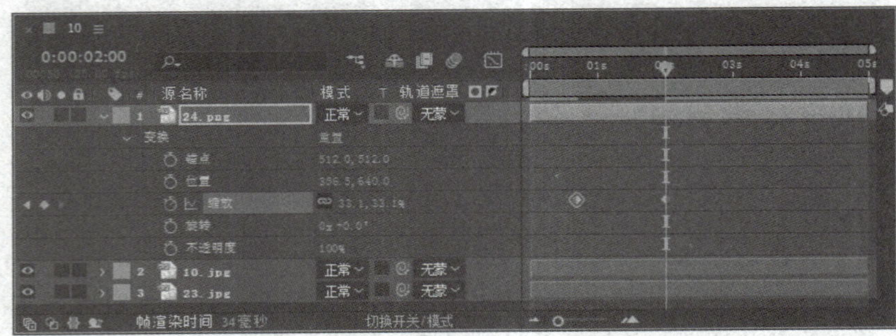

图 6-68　移动关键帧

3. 复制关键帧

选中要复制的关键帧，执行“编辑”→“复制”命令，然后将当前时间指示器移至目标位置，执行“编辑”→“粘贴”命令，即可在目标位置粘贴关键帧，如图6-69所示。也可利用Ctrl+C和Ctrl+V组合键进行复制和粘贴操作。

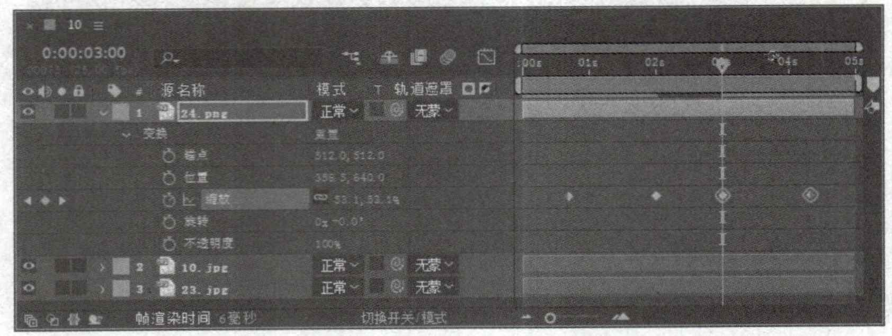

图 6-69　复制关键帧

4. 删除关键帧

选中关键帧，执行“编辑”→“清除”命令或按Delete键即可删除关键帧。若想删除某一属性的所有关键帧，可以单击该属性名称左侧的“时间变化秒表”按钮。

■6.3.3 关键帧插值

关键帧插值可以调节关键帧之间的变化速率，使变化效果更加流畅。选中关键帧后右击鼠标，在弹出的快捷菜单中执行“关键帧插值”命令，打开“关键帧插值”对话框，如图6-70所示。

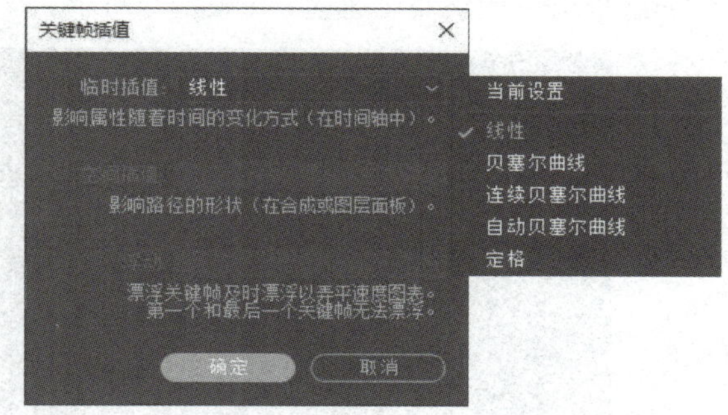

图 6-70 “关键帧插值”对话框

在该对话框中设置参数即可调整关键帧的变化速率，其中部分选项的功能如下所述。

- **线性：**创建匀速变化的关键帧。
- **贝塞尔曲线：**创建自由变换的插值，通过手动调整方向手柄可以精细地改变属性变化的速率和形态。
- **连续贝塞尔曲线：**通过关键帧创建平滑的变化速率，可以手动设置连续贝塞尔曲线方向手柄的位置。
- **自动贝塞尔曲线：**通过关键帧创建平滑的变化速率。关键帧的值更改后，“自动贝塞尔曲线”方向手柄将自动变化，以实现关键帧之间的平滑过渡。
- **定格：**创建突然的变化效果，属性值会立刻跳转到下一个关键帧的设定值，而不产生任何过渡效果。

> **提示：**选中关键帧后，执行“动画”→“关键帧辅助”→“缓动”命令或按F9键，可以设置关键帧缓入与缓出的效果。

■6.3.4 图表编辑器

图表编辑器可用于查看和操作属性值和关键帧等，包括值图表（显示属性值）和速率图表（显示属性值变化速率）两种类型。单击“时间轴”面板中的“图表编辑器”按钮，可查看默认的速率图表类型的图表编辑器，如图6-71所示。

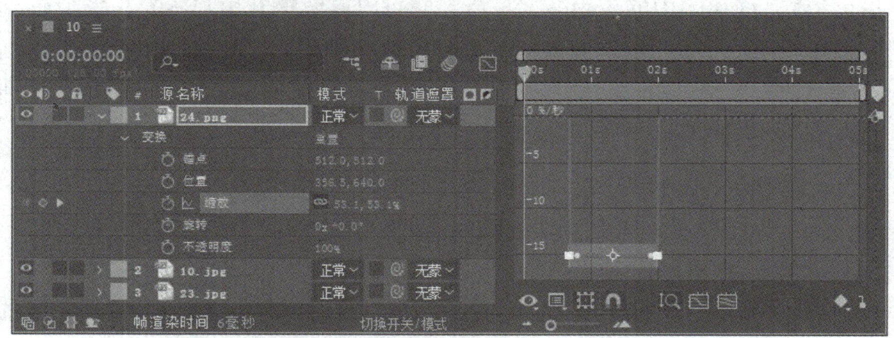

图 6-71 图表编辑器

图表编辑器模式中的关键帧可能在一侧或两侧附加方向手柄，通过方向手柄可以控制贝塞尔曲线插值，调整变化速率，如图6-72所示。

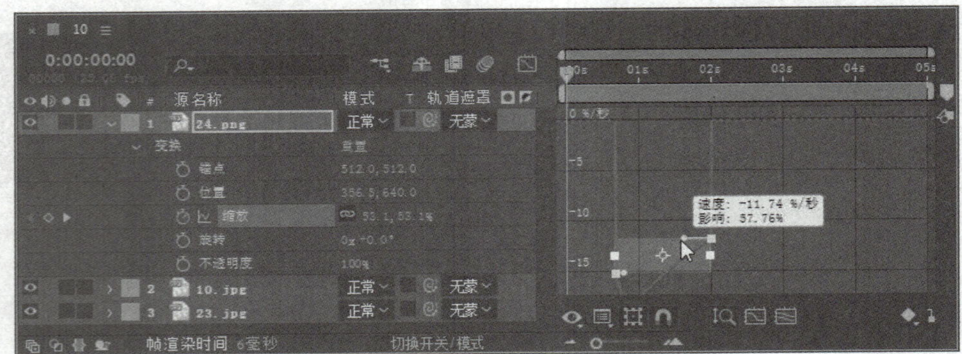

图 6-72　调整变化速率

在图表编辑器中右击鼠标，在弹出的快捷菜单中执行“编辑值图表”命令可以切换到值图表进行编辑，如图6-73所示。

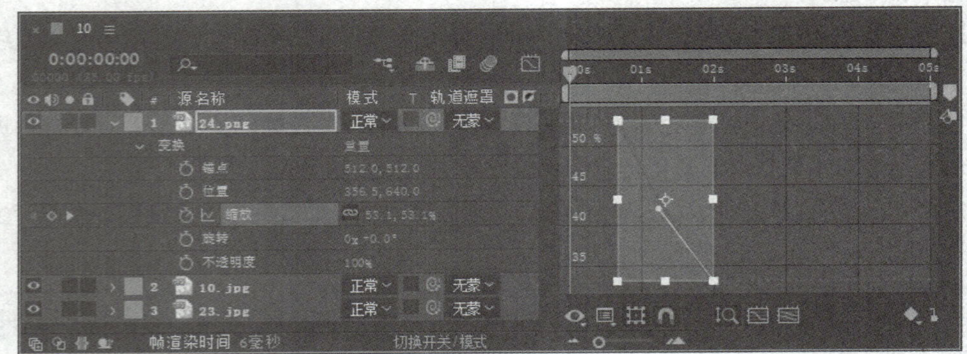

图 6-73　切换到值图表

提示：选中图层对象才可以在图表编辑器中查看图表。

案例实操 家居美学APP界面切换动效

界面切换动效在移动UI中的应用非常广泛，它可以有效提升用户体验，减少在不同界面之间切换的突兀感。本案例通过图层和关键帧制作家居美学APP界面切换动效。

扫码观看视频

步骤01 使用AIGC生成椅子图标，如图6-74所示。

步骤02 使用Photoshop软件制作界面，如图6-75和图6-76所示。

步骤03 打开After Effects软件，新建项目。按Ctrl+I组合键打开“导入文件”对话框，选择要导入的素材文档，如图6-77所示。

步骤04 单击“导入”按钮，弹出“家居美学界面.psd”对话框，设置参数，如图6-78所示。

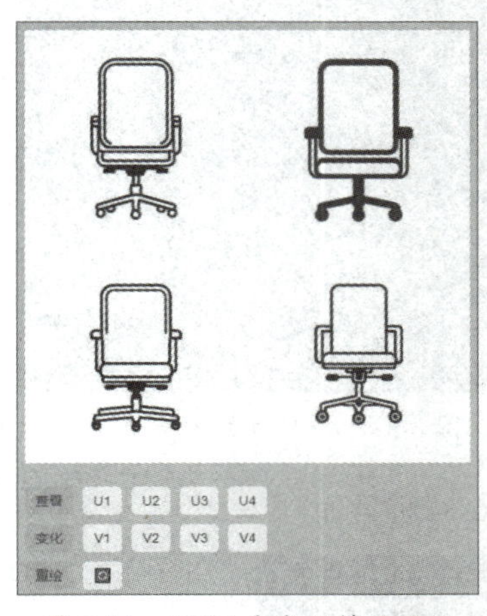

图 6-74 AIGC 生成的椅子图标

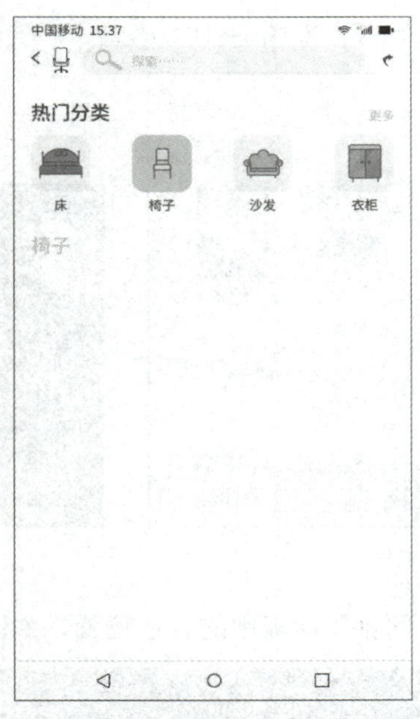
图 6-75 Photoshop 制作的界面 1

图 6-76 Photoshop 制作的界面 2

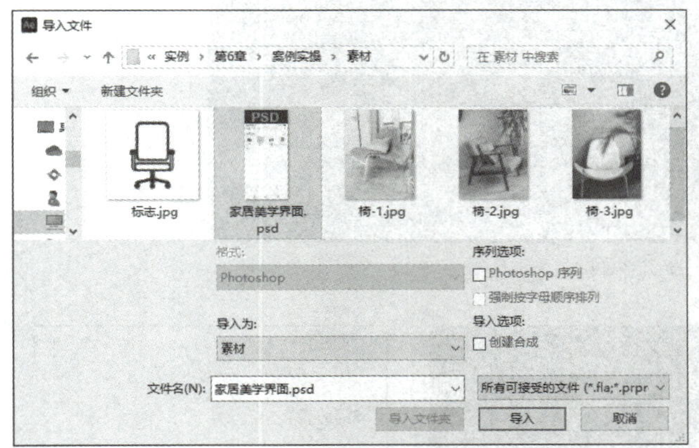
图 6-77 导入素材文档

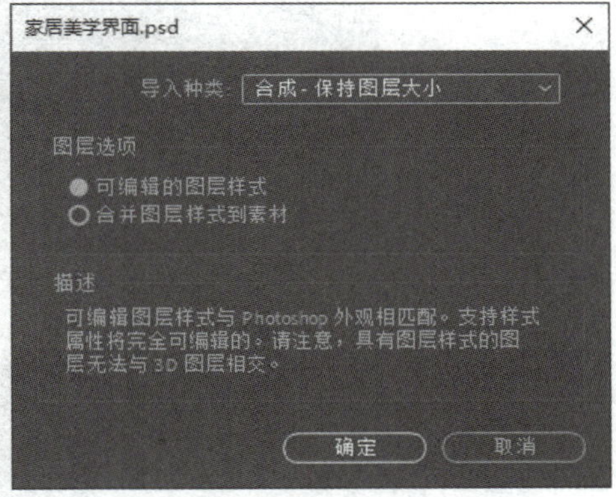
图 6-78 “家居美学界面 .psd”对话框

步骤05 单击“确定”按钮，导入PSD素材文件，并在“项目”面板中双击合成将其打开，如图6-79所示。

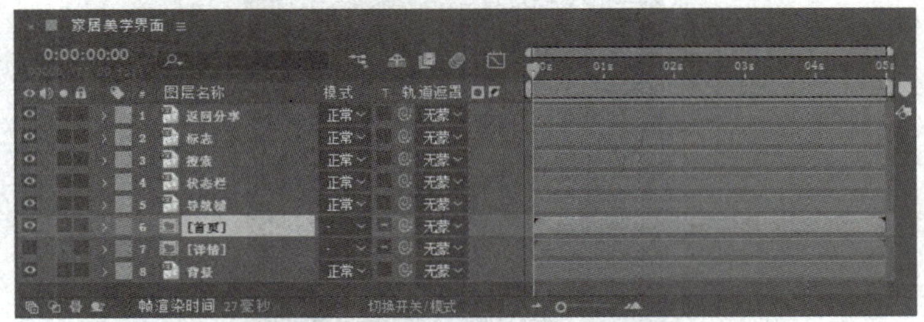
图 6-79 打开的合成

步骤06 按Ctrl+I组合键打开“导入文件”对话框，选择要导入的素材，如图6-80所示。

步骤07 单击“导入”按钮将素材导入，如图6-81所示。

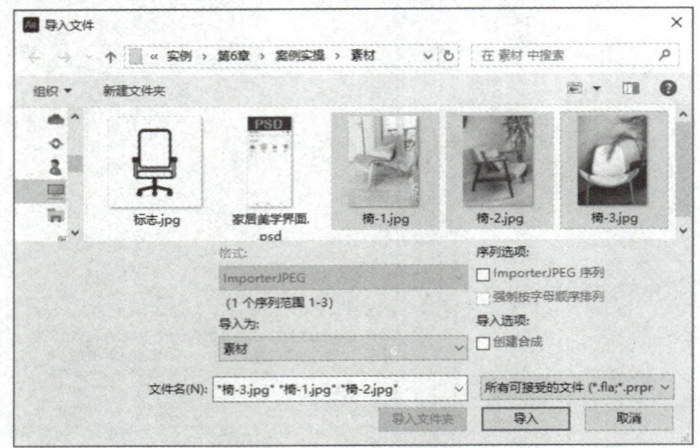

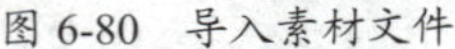

图 6-80　导入素材文件

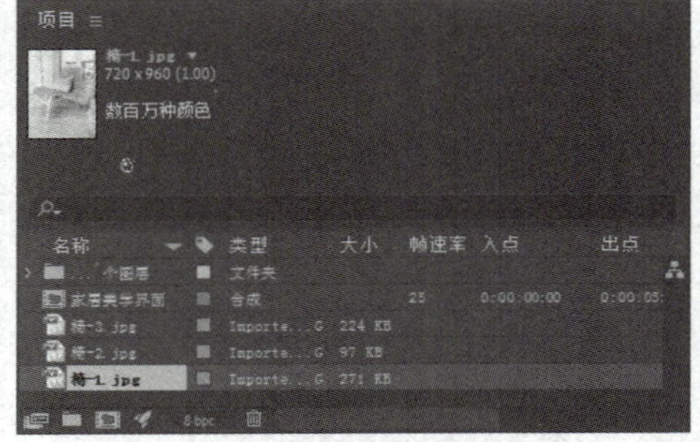

图 6-81　导入的素材

步骤08 将新导入的素材拖至“时间轴”面板中的合适位置，如图6-82所示。

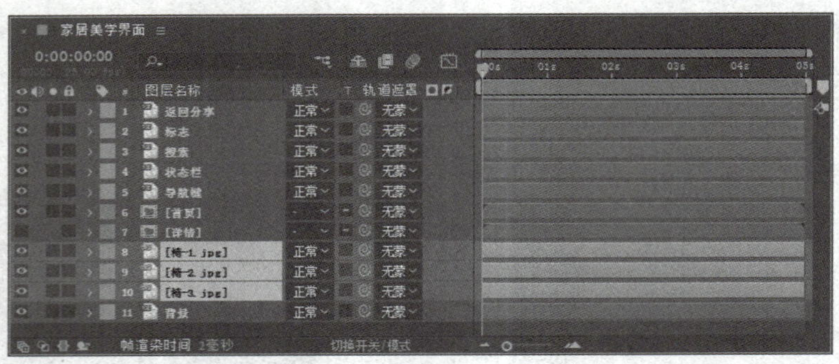

图 6-82　拖入素材并调整位置

步骤09 选中导入的素材图层，在“属性”面板中设置“缩放”“位置”属性参数，如图6-83所示。“合成”面板中的预览效果如图6-84所示。

图 6-83　设置属性参数

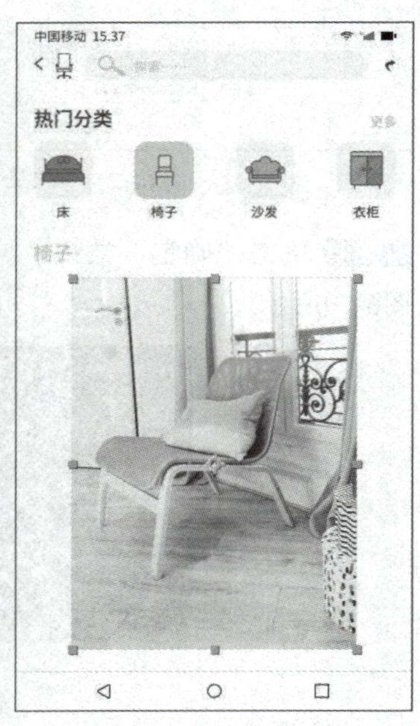

图 6-84　预览效果

步骤10 选中“椅-1.jpg”图层，然后选择“圆角矩形工具”，在“合成”面板中按住鼠标左键绘制圆角矩形路径，创建蒙版，如图6-85所示。

步骤11 选中“时间轴”面板“椅-1.jpg”图层中的蒙版，按Ctrl+C组合键复制，然后选中“椅-2.jpg”图层和“椅-3.jpg”图层，按Ctrl+V组合键粘贴，如图6-86所示。

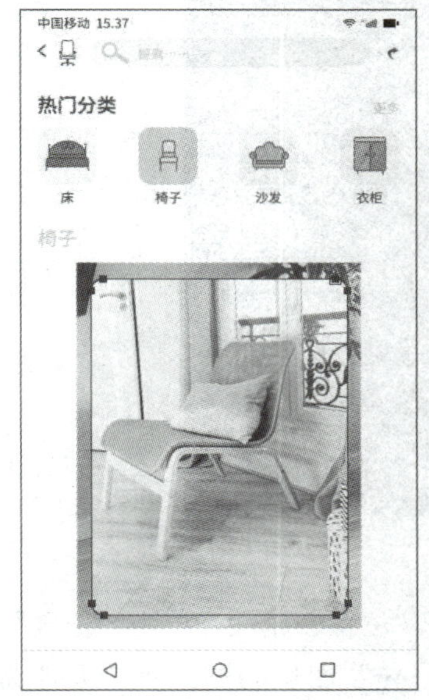

图 6-85 绘制圆角矩形蒙版

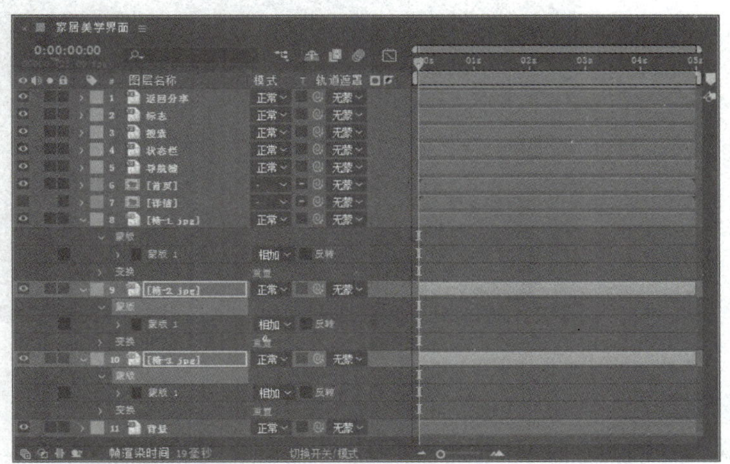

图 6-86 复制蒙版

步骤12 复制蒙版后的效果如图6-87所示。选中“椅-1.jpg”图层，执行“效果”→“透视”→“投影”命令，为其添加“投影”效果，在“效果控件”面板中设置参数，如图6-88所示。添加投影后的效果如图6-89所示。

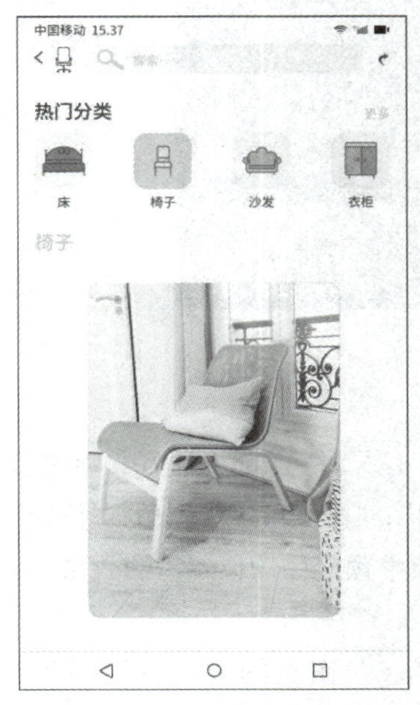

图 6-87 复制蒙版后效果

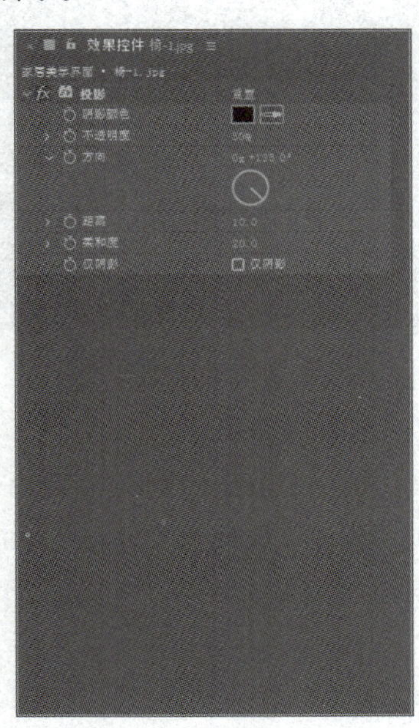

图 6-88 设置效果参数

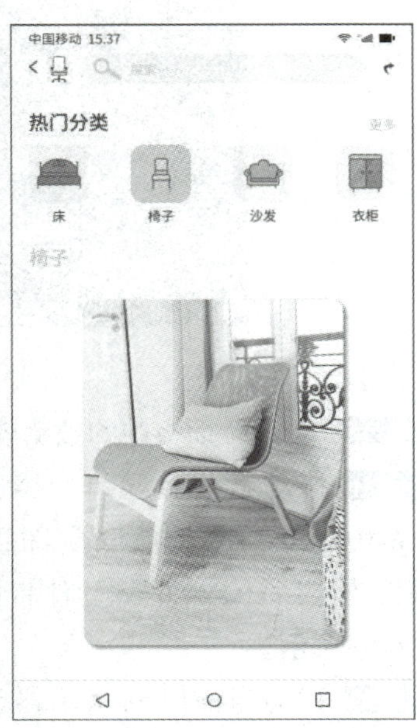

图 6-89 添加投影后的效果

步骤13 选中“椅-1.jpg”图层中的效果，按Ctrl+C组合键复制，选中“椅-2.jpg”图层和“椅-3.jpg”图层，按Ctrl+V组合键粘贴，如图6-90所示。

图 6-90　复制投影效果

步骤14 选中“椅-1.jpg”“椅-2.jpg”“椅-3.jpg”图层，按P键展开“位置”属性，单击“位置”属性左侧的“时间变化秒表”按钮添加关键帧，设置“椅-2.jpg”图层的“位置”属性为“860.0,820.0”，“椅-3.jpg”图层的“位置”属性为“1360.0,820.0”，如图6-91所示。

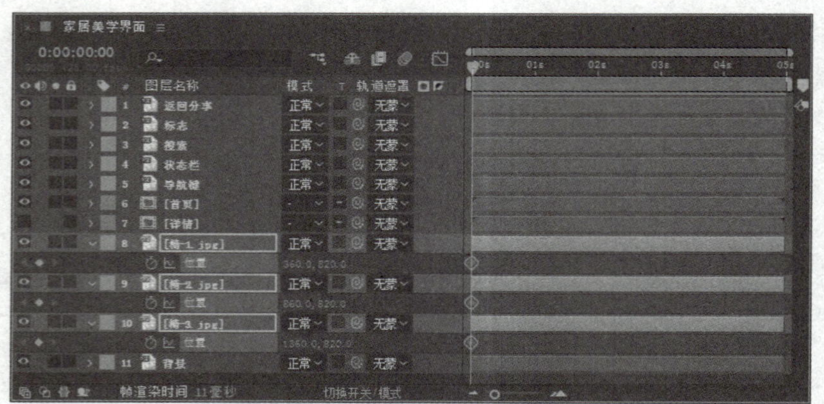

图 6-91　设置位置关键帧

步骤15 “合成”面板中的预览效果如图6-92所示。

步骤16 移动当前时间指示器至0:00:01:00处，更改“椅-1.jpg”图层的“位置”属性为“-640.0,820.0”，“椅-2.jpg”图层的“位置”属性为“-140.0,820.0”，“椅-3.jpg”图层的“位置”属性为“360.0,820.0”，软件将自动生成关键帧。在“合成”面板中预览移动位置后的效果，如图6-93所示。

步骤17 移动当前时间指示器至0:00:01:10处，更改“椅-1.jpg”图层的“位置”属性为“-140.0,820.0”，“椅-2.jpg”图层的“位置”属性为“360.0,820.0”，“椅-3.jpg”图层的“位置”属性为“860.0,820.0”，软件将自动生成关键帧，如图6-94所示。

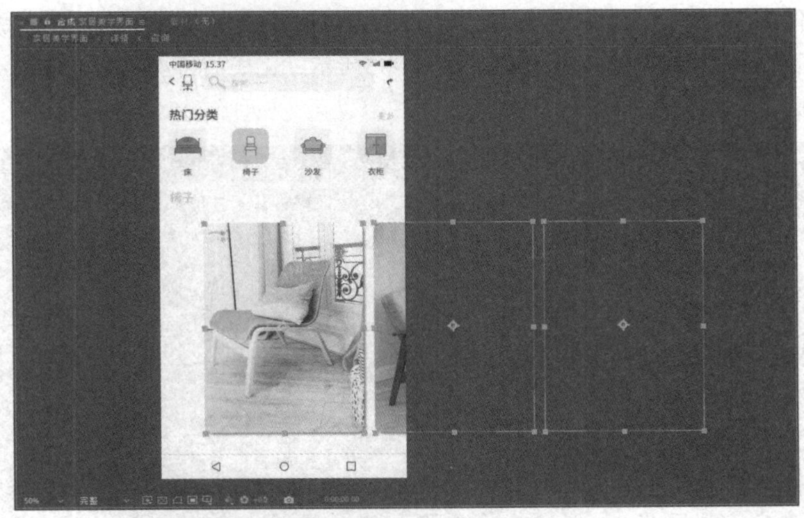

图 6-92 预览效果

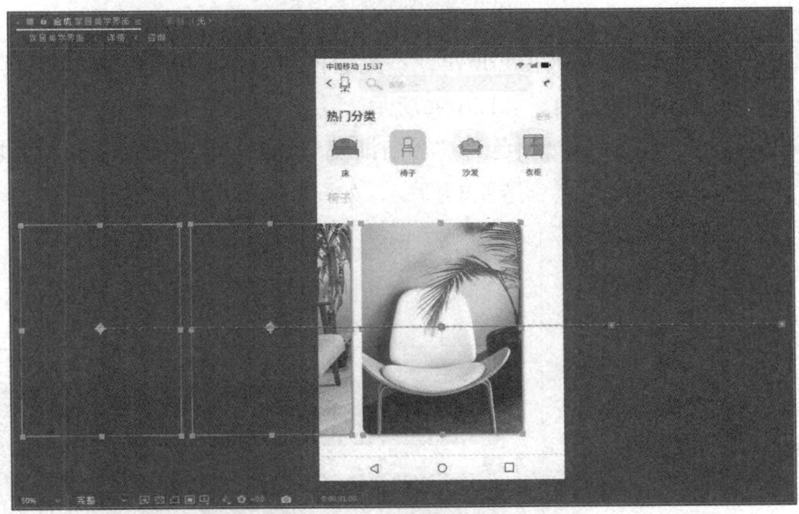

图 6-93 移动位置后的效果

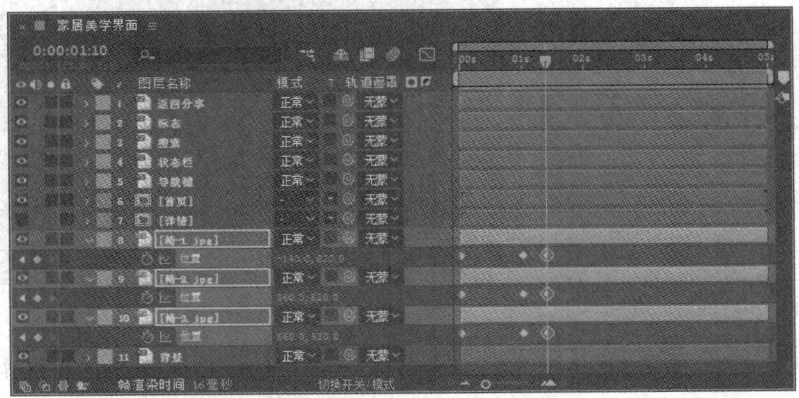

图 6-94 设置位置关键帧

步骤18 选中添加的关键帧，按F9键创建缓动，单击“时间轴”面板中的“图表编辑器”按钮，切换至图表编辑器，调整速率图表，如图6-95所示。完成后再次单击“图表编辑器”按钮返回“时间轴”面板。

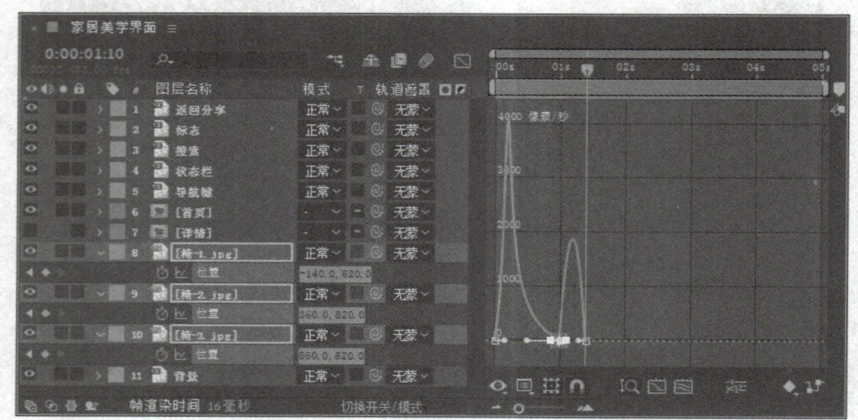

图 6-95 调整速率图表

步骤19 移动当前时间指示器至0:00:00:00处，不选中任何对象，选择“椭圆工具”，然后按住Shift键在“合成”面板中绘制正圆，如图6-96所示。

步骤20 在“属性”面板中设置填充颜色为“径向渐变”，单击填充颜色右侧的色块，打开“渐变编辑器”对话框，设置白色至黑色透明的渐变，如图6-97所示。

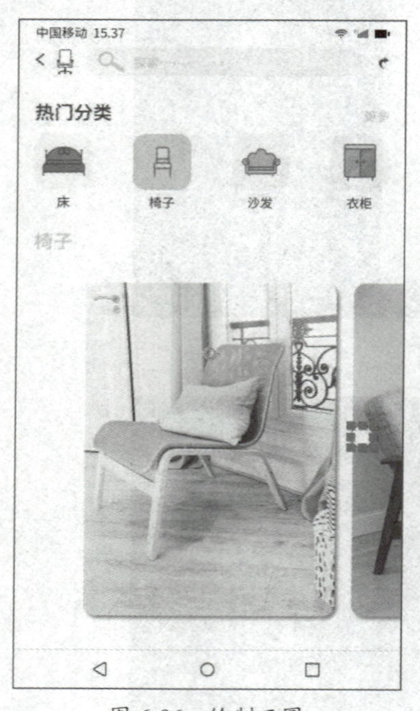

图 6-96 绘制正圆

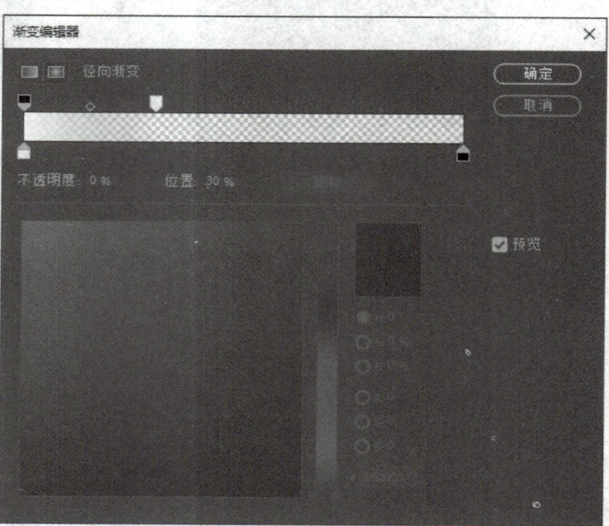

图 6-97 设置径向渐变颜色

步骤21 选中圆形所在的图层，为其“位置”属性和“不透明度”属性添加关键帧，按U键仅显示其添加关键帧的属性，如图6-98所示。

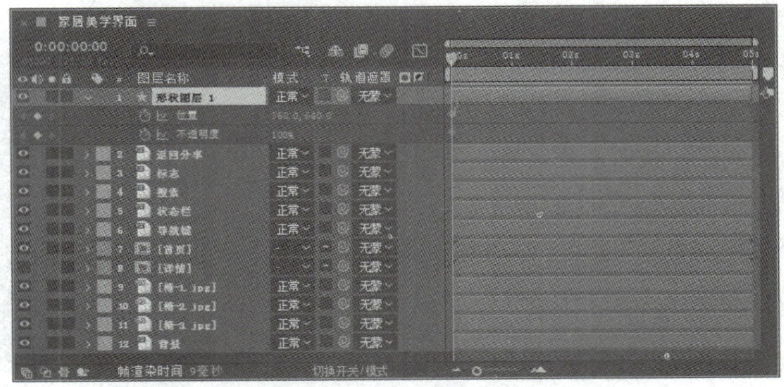

图 6-98 添加关键帧

步骤22 移动当前时间指示器至0:00:00:20处，设置“不透明度”属性参数为0%，软件将自动添加关键帧。移动当前时间指示器至0:00:01:00处，设置“不透明度”属性参数为100%，“位置”属性参数为“0.0,640.0”，软件将自动添加关键帧。移动当前时间指示器至0:00:01:10处，设置“不透明度”属性参数为0%，“位置”属性参数为“180.0,640.0”，软件将自动添加关键帧，如图6-99所示。

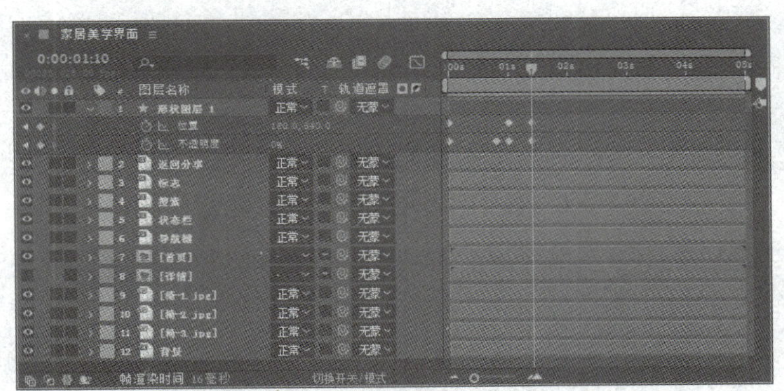

图 6-99 调整“不透明度”属性关键帧和“位置”属性关键帧

步骤23 移动当前时间指示器至0:00:01:15处，设置“不透明度”属性参数为100%。移动当前时间指示器至0:00:02:00处，设置“不透明度”属性参数为0%，软件将自动添加关键帧，如图6-100所示。

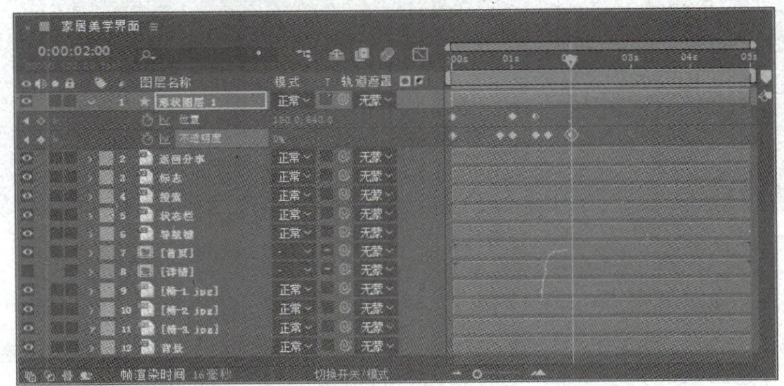

图 6-100 设置“不透明度”关键帧

步骤24 选中“不透明度”属性的关键帧，右击鼠标，在弹出的快捷菜单中执行“关键帧插值”命令，打开“关键帧插值”对话框，设置“临时插值”为“定格”，如图6-101所示；然后单击“确定”按钮设置定格，如图6-102所示。

步骤25 移动当前时间指示器至0:00:02:00处，为“椅-2.jpg”图层的“蒙版路径”属性、“缩放”属性添加关键帧，并为“位置”属性添加关键帧，如图6-103所示。

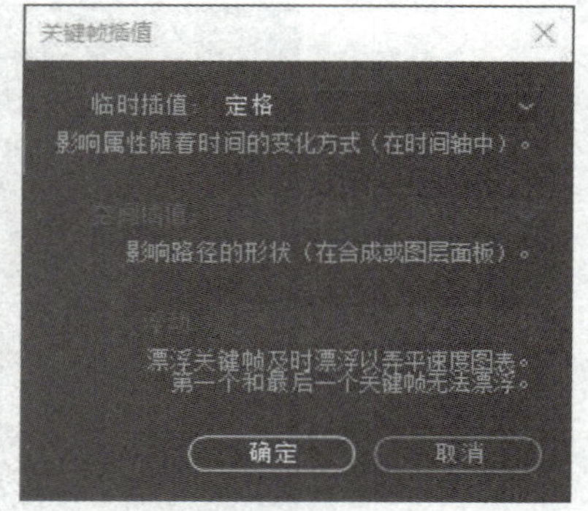

图 6-101 “关键帧插值”对话框

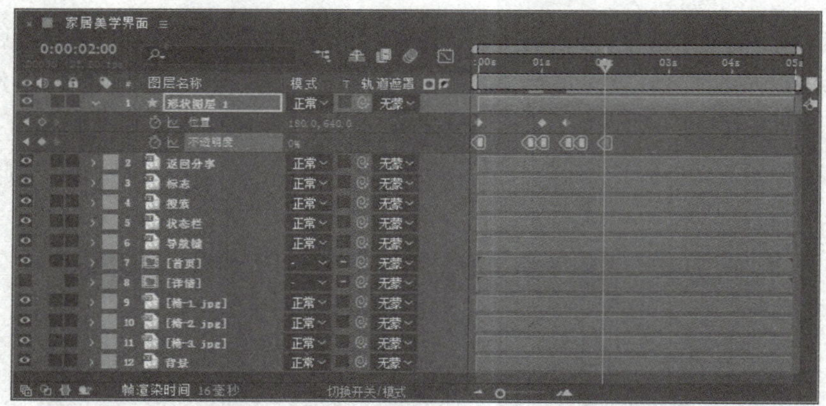

图 6-102 定格关键帧

图 6-103 添加关键帧

步骤26 移动当前时间指示器至0:00:03:00处，设置“缩放”属性参数为“100.0,100.0%”，“位置”属性参数为“360.0,360.0”，然后选中“蒙版1”属性组，按Ctrl+T组合键自由变换，在“合成”面板中调整蒙版路径，如图6-104所示。软件将自动添加关键帧，如图6-105所示。

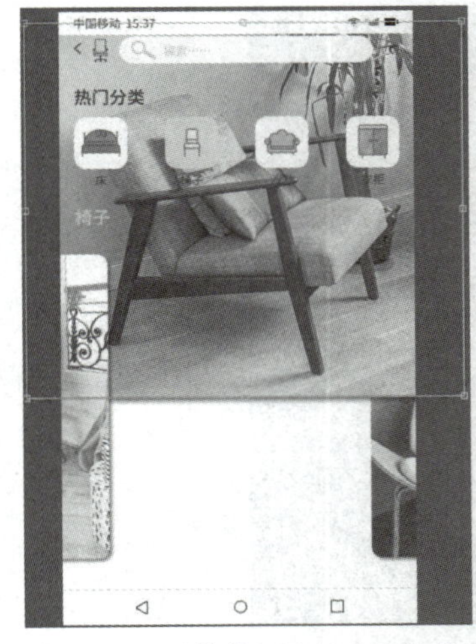

图 6-104 调整蒙版路径及其他属性

图 6-105 软件自动添加关键帧

步骤27 选中“位置”属性最右侧的两个关键帧，右击鼠标，在弹出的快捷菜单中执行“关键帧插值”命令，打开“关键帧插值”对话框，设置“临时插值”为“线性”，完成后单击“确定”按钮，如图6-106所示。

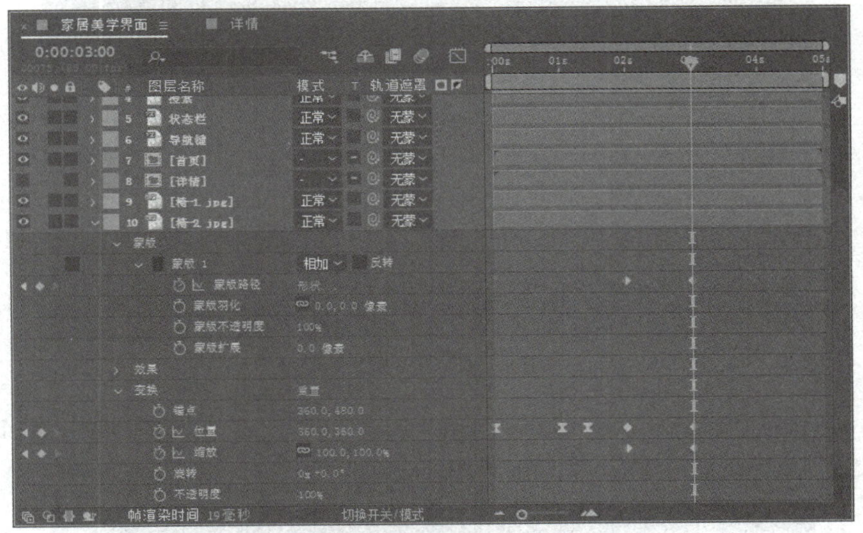

图 6-106 设置关键帧插值

步骤28 选中“椅-1.jpg”“椅-3.jpg”图层，按P键展开其“位置”属性，在0:00:02:00处单击“位置”属性左侧的“在当前时间添加或移除关键帧”按钮，添加关键帧。在0:00:03:00处设置“椅-1.jpg”图层的“位置”属性为“-290.0,820.0”，“椅-3.jpg”图层的“位置”属性为“1010.0,820.0”，并设置右侧两个关键帧的“临时插值”为“线性”，如图6-107所示。

步骤29 移动当前时间指示器至0:00:02:00处，选中“标志”“搜索”“首页”图层，按T键展开其“不透明度”属性，添加关键帧，如图6-108所示。移动当前时间指示器至0:00:03:00处，更改这3个图层的“不透明度”属性为0%，软件将自动添加关键帧。

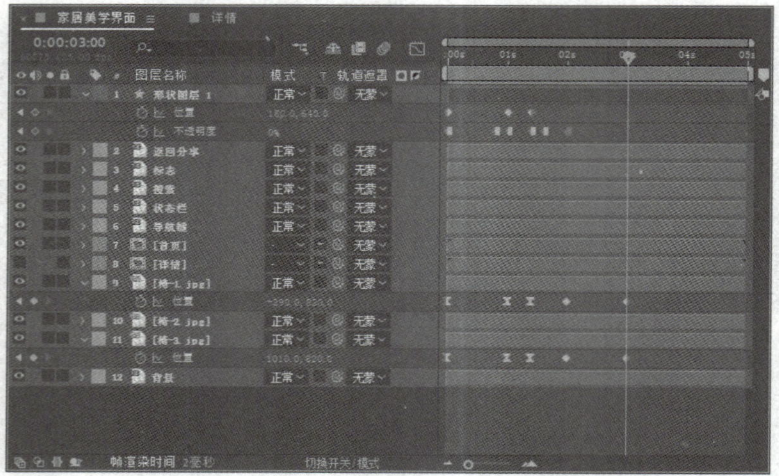

图 6-107　添加关键帧并设置插值

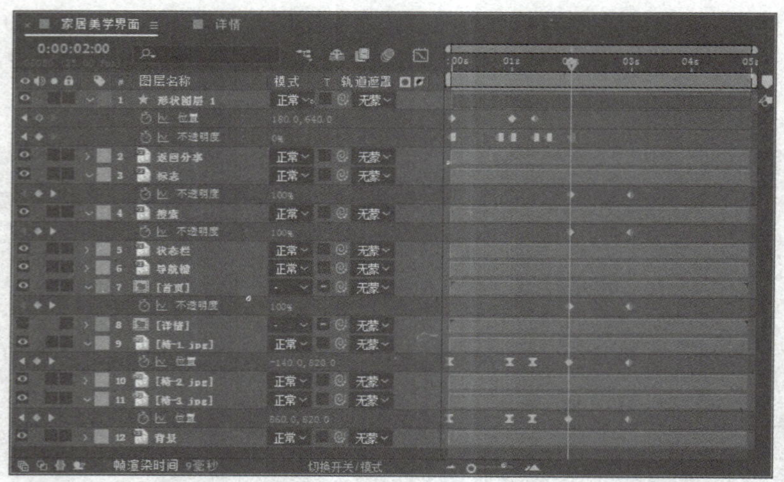

图 6-108　添加不透明度关键帧

步骤 30 显示“详情”预合成图层，按P键展开其“位置”属性，移动当前时间指示器至0:00:03:00处，为“位置”属性添加关键帧，如图6-109所示。

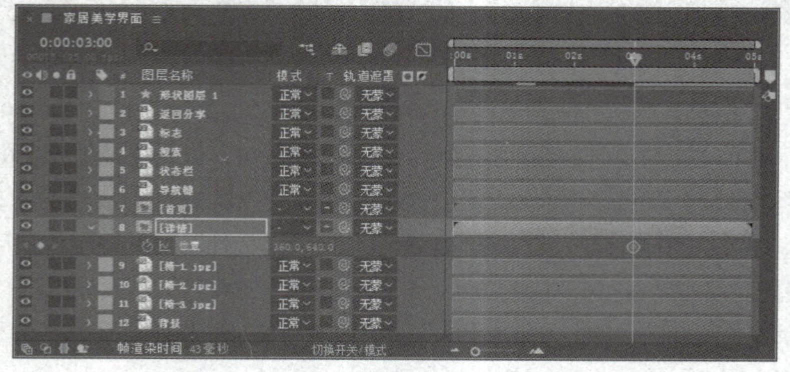

图 6-109　添加位置关键帧

步骤31 移动当前时间指示器至0:00:02:00处，设置“位置”属性参数为“360.0,1280.0”，软件将自动生成关键帧，如图6-110所示。

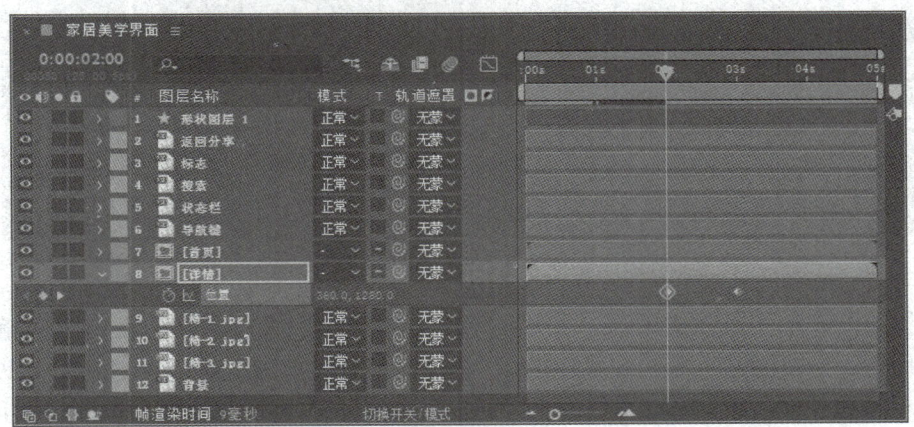

图 6-110 调整“位置”属性参数生成关键帧

步骤32 双击“时间轴”面板中的“详情”预合成，选中图层号为4-10的图层，右击鼠标，在弹出的快捷菜单中执行“预合成”命令，打开“预合成”对话框，设置参数，如图6-111所示；然后单击“确定”按钮创建预合成，如图6-112所示。

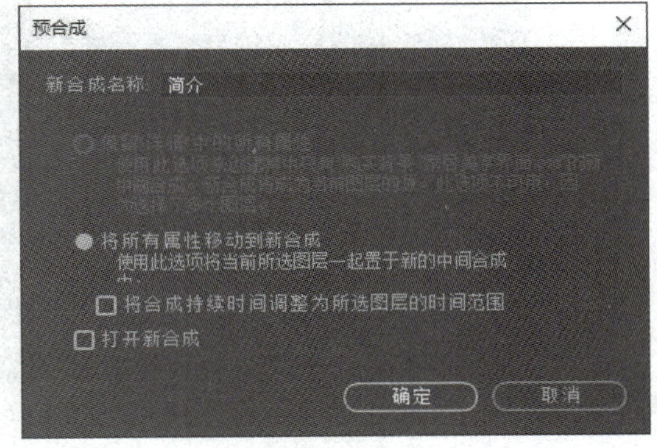

图 6-111 “预合成”对话框

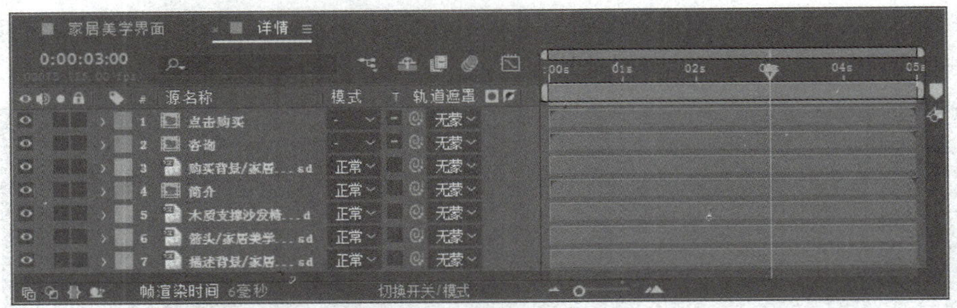

图 6-112 新建的预合成

步骤33 选中“箭头/家居美学界面”图层，按P键展开其“位置”属性，在0:00:03:00处为“位置”属性添加关键帧。移动当前时间指示器至0:00:03:04处，设置位置属性参数为“360.0,644.0”，软件将自动添加关键帧。移动当前时间指示器至0:00:03:05处，选中前两个关键帧，按Ctrl+C组合键复制，按Ctrl+V组合键粘贴，复制关键帧，重复4次，在0:00:04:00处设置“位置”属性参数为“360.0,640.0”，软件将自动添加关键帧，如图6-113所示。

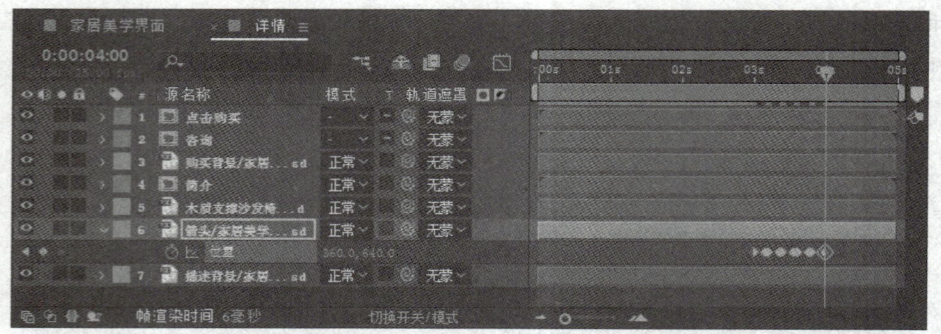

图 6-113　添加并复制“位置”属性关键帧

步骤34 选中“简介”预合成图层，按P键展开其“位置”属性，移动当前时间指示器至0:00:03:10处，为“位置”属性添加关键帧。移动当前时间指示器至0:00:04:00处，设置“位置”属性参数为“360.0,368.0”，软件将自动添加关键帧。移动当前时间指示器至0:00:04:05处，设置“位置”属性参数为“360.0,444.0”，软件将自动添加关键帧，如图6-114所示。

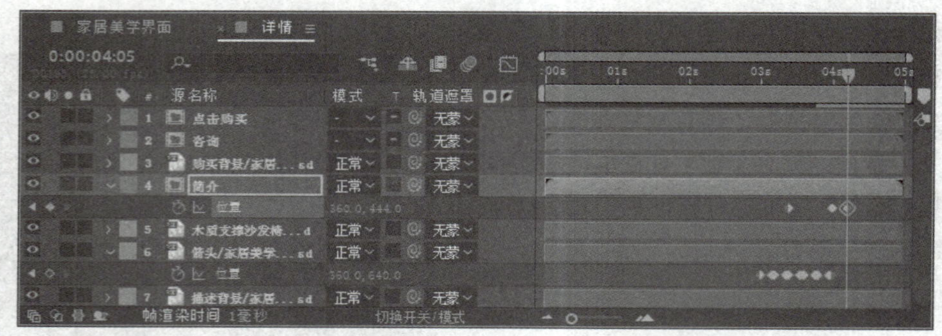

图 6-114　添加“位置”属性关键帧

步骤35 选中“简介”预合成图层的“位置”关键帧，按F9键创建缓动，单击“时间轴”面板中的“图表编辑器”按钮，切换至图表编辑器，调整速率图表，如图6-115所示。完成后再次单击“图表编辑器”按钮返回“时间轴”面板。

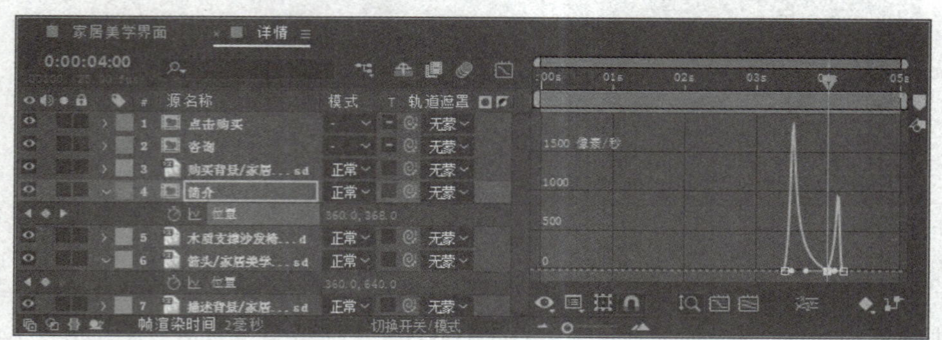

图 6-115　调整速率图表

步骤36 移动当前时间指示器至0:00:03:10处，选中“简介”预合成图层，选择“矩形工具”绘制矩形路径，创建蒙版，如图6-116所示。

步骤37 在“时间轴”面板中为“蒙版路径”属性添加关键帧。移动当前时间指示器至0:00:03:11处，选中蒙版属性组，按Ctrl+T组合键自由变换，在“合成”面板中下移蒙版，使其与初始位置一致，如图6-117所示。

步骤38 重复操作，直至时间指示器至0:00:04:05处，如图6-118所示。

图 6-116 创建矩形蒙版

图 6-117 添加“蒙版路径”关键帧

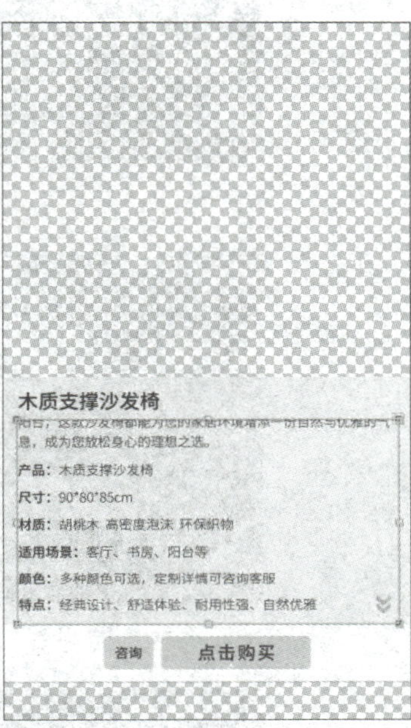

图 6-118 重复调整“蒙版路径”关键帧

步骤39 软件将自动生成关键帧，如图6-119所示。

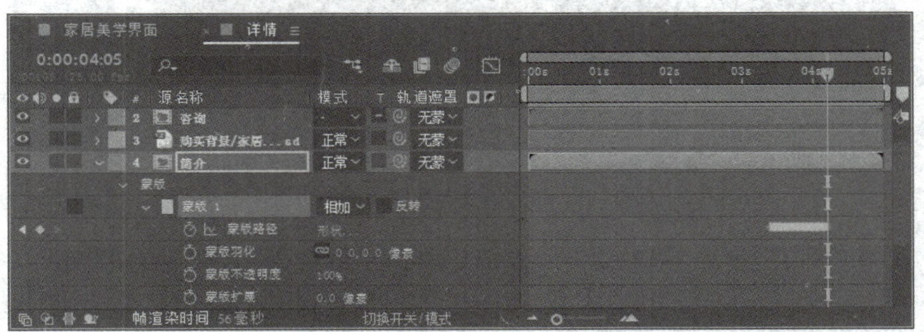

图 6-119 软件自动生成的关键帧

步骤40 在“家居美学界面”中选中“形状图层1”图层，按Ctrl+C组合键复制，然后切换至“详情”预合成中，按Ctrl+V组合键粘贴，如图6-120所示。

步骤41 删除复制图层中的所有关键帧。在0:00:03:10处设置“位置”属性为“180.0,840.0”，“不透明度”属性为100%，并添加关键帧，如图6-121所示。

步骤42 移动当前时间指示器至0:00:03:20处，设置“位置”属性参数为“180.0,720.0”，“不透明度”属性参数为0%，软件将自动添加关键帧，如图6-122所示。

步骤43 选中不透明度关键帧，设置“临时插值”为“定格”，如图6-123所示。

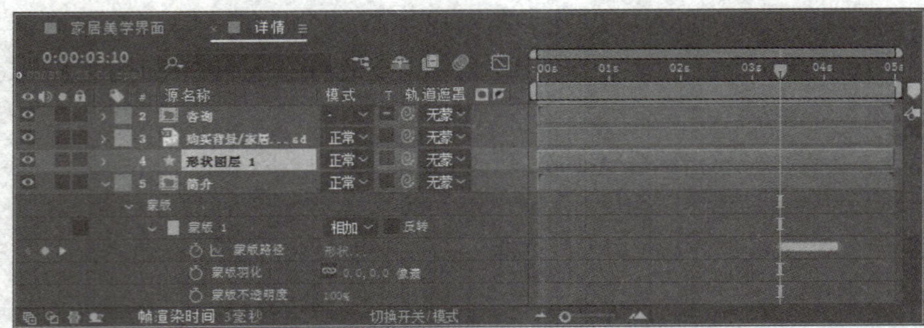

图 6-120　复制图层

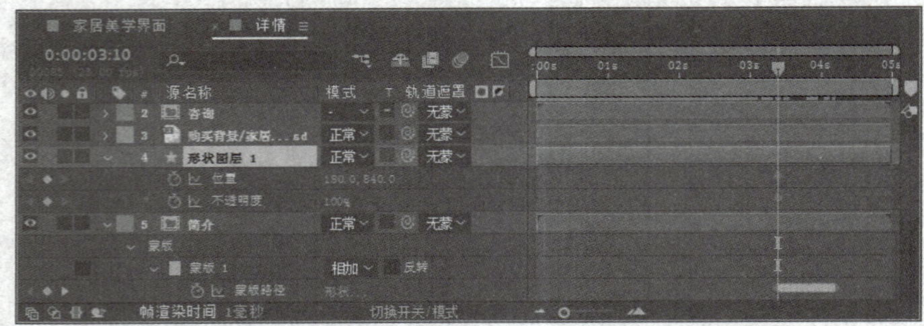

图 6-121　删除复制图层的所有关键帧，并重新添加新的关键帧

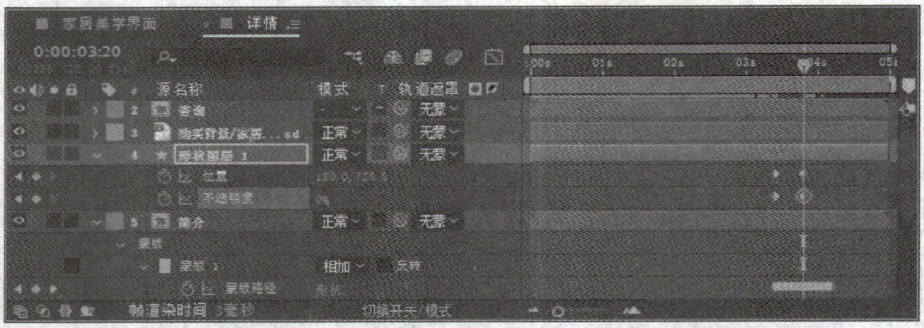

图 6-122　调整“位置”“不透明度”属性参数并添加关键帧

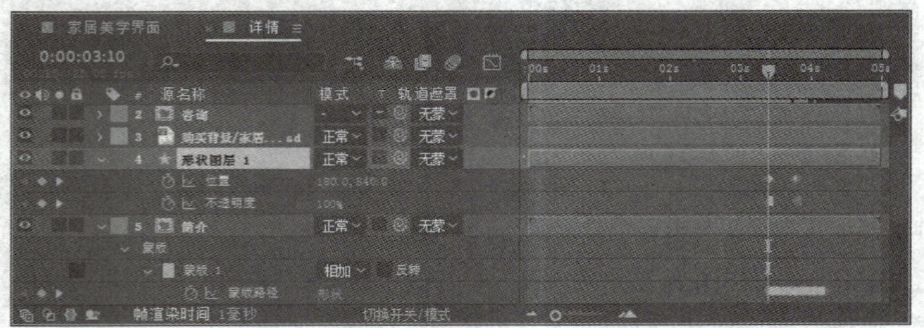

图 6-123　设置关键帧插值

步骤 44 选中“形状图层1”图层，执行“编辑”→“拆分图层”命令，在0:00:03:09处进行拆分，拆分后，删除当前时间指示器前的部分，如图6-124所示。

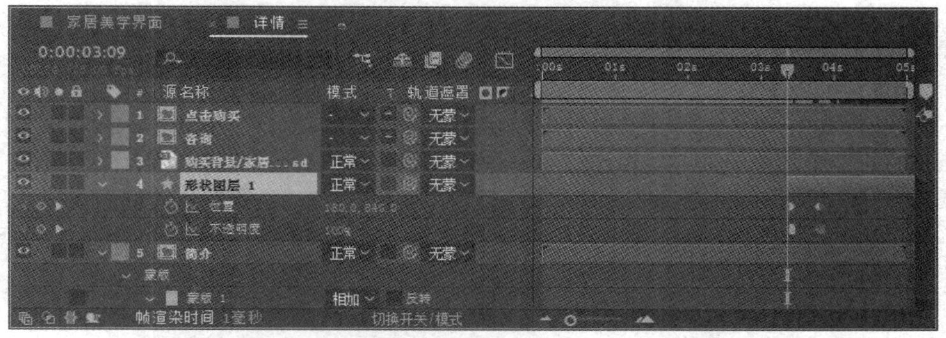

图 6-124 调整图层入点

步骤 45 切换至“家居美学界面”合成，按空格键预览界面切换动效的效果，如图6-125所示。

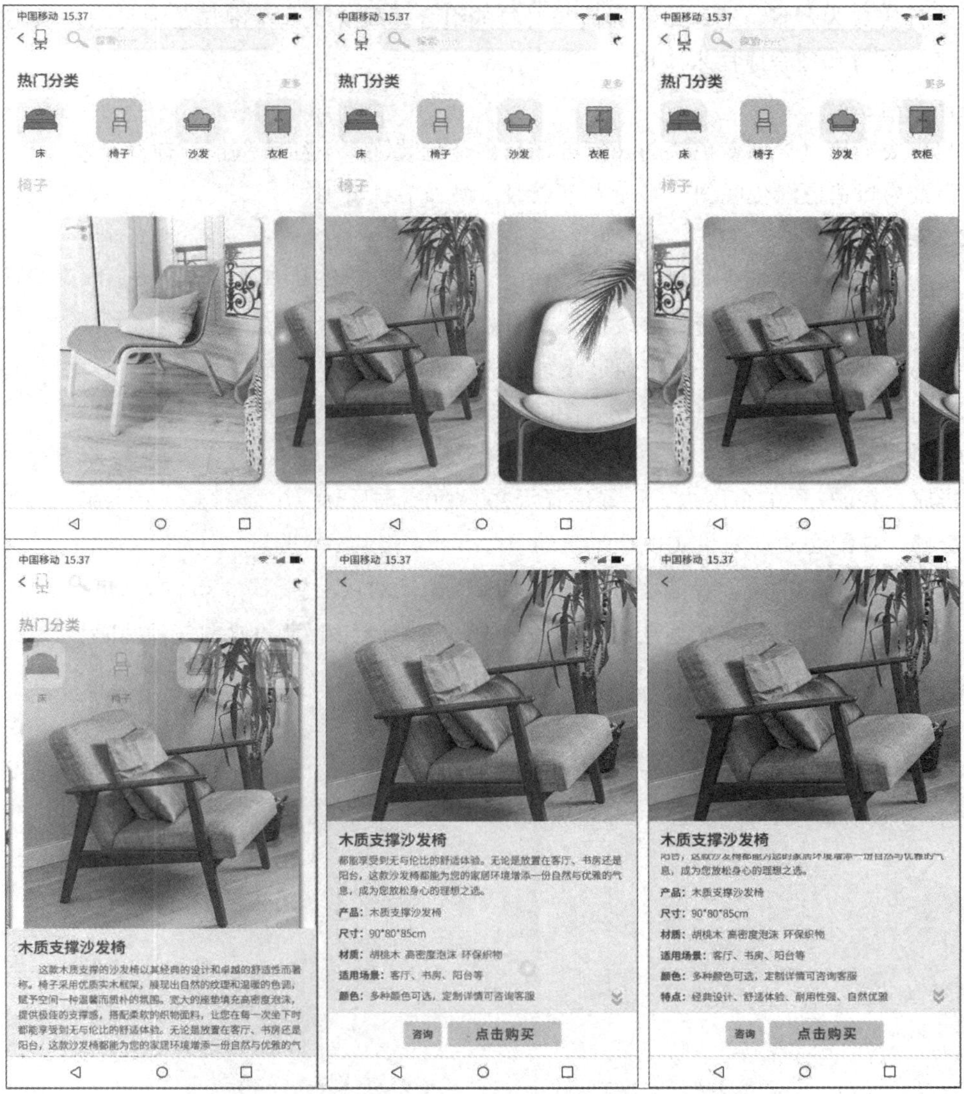

图 6-125 预览界面切换动效的效果

课后寄语

毫秒级精度里的职业责任

在UI动效制作中，毫秒级的精度调整不仅是对用户体验的极致追求，更是对职业精神的深刻体现。从按钮点击动效的延迟时间到动画曲线的优化，每一个细节都彰显着设计师的严谨与专业。设计师应该具备高度的责任心和敬业精神，对待每一个作品都力求完美。同时，我们也应该学会在设计中做“减法”，用最简洁的方式传达最丰富的信息，展现“顺势而为”的工作哲学。在追求技术精度的同时，还应该关注用户的需求和体验，真正让设计服务于人。

课后练习 “彩旗飞扬颂华章”音乐动效制作

以节日庆典为背景，通过动态彩旗与音符的组合，展现欢庆氛围与艺术美感，强化图层管理、关键帧插值和预合成技术应用。

主体素材：

- AI生成彩旗（含渐变色块与几何纹样）、金色装饰球、红色飘带、音符元素。
- 背景为暖黄色渐变底图，搭配光斑点缀，增强节日氛围。

技术要点：

- 将AI生成的彩旗拆分为独立图层，利用“锚点工具”调整重心至左上角。
- “彩旗”图层应用湍流置换效果，模拟风中飘动的自然形态。
- 装饰球添加发光效果，飘带通过添加位置关键帧实现波浪形摆动。
- 使用预合成技术对彩旗、飘带、音符的动画逻辑进行分层管理。

动态效果：

- **彩旗：**在0～5 s的范围内，设置位置（200,400）与旋转（0° →15° →－10° ）的循环关键帧，并配合缓动效果实现轻盈飘动。
- **飘带：**每隔1 s切换位置偏移方向，模拟随风舞动的层次感。
- **音符：**通过设置缩放和不透明度的关键帧，使彩旗产生律动效果，并间隔性地触发闪烁动画。

模块 7 文本动效

内容概要

文本动效可以快速吸引用户的注意力，同时提升文本的可读性和趣味性。本模块详细讲解了文本动效的制作过程，包括文本的创建与编辑、文本图层属性的设置、动画制作器的创建与编辑、文本选择器的应用、文本动画预设的应用等。通过学习和掌握这些知识，用户可以轻松完成各类文本动效的制作。

学习目标

【知识目标】

- 理解文本编辑工具的功能及其在设计中的应用。
- 认识常用文本动画预设库，并理解其应用场景和效果类型。
- 理解动画制作器和文本选择器的作用及其操作方法。

【能力目标】

- 具备调整关键帧和参数以优化动画节奏的能力。
- 能根据项目需求快速调用并自定义文本动画预设，提高动效制作效率。

【素质目标】

- 在文本动画调试过程中，注重细节处理与节奏把控，养成精益求精的习惯。
- 鼓励尝试不同的文本动画组合方式，激发创意灵感，形成独特的设计风格。

7.1 文本的创建与编辑

文本是UI设计中传递信息的主要工具，为文本添加适当的动效，可以吸引用户的注意力，引导用户操作，提升界面的可读性和美观性。本节介绍文本的创建与编辑。

■7.1.1 创建文本

在After Effects软件中，文字工具是创建文本的关键工具，包括横排文字工具和直排文字工具两种。在“工具”面板中选择任意文字工具，然后在“合成”面板中输入文本，图7-1和图7-2所示分别为创建的横排文本和直排文本。

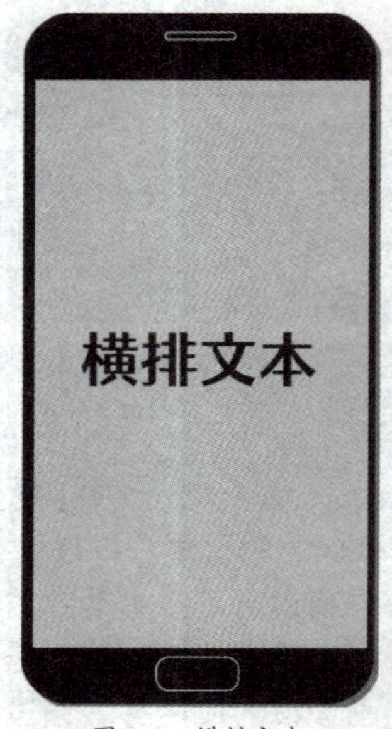

图 7-1 横排文本

图 7-2 直排文本

选中任意文字工具后，在“合成”面板中按住鼠标左键拖动，创建文本定界框，如图7-3所示。在其中输入的文本即为段落文本，段落文本将根据定界框的边界自动换行，如图7-4所示。段落文本也可以按Enter键手动调整换行。

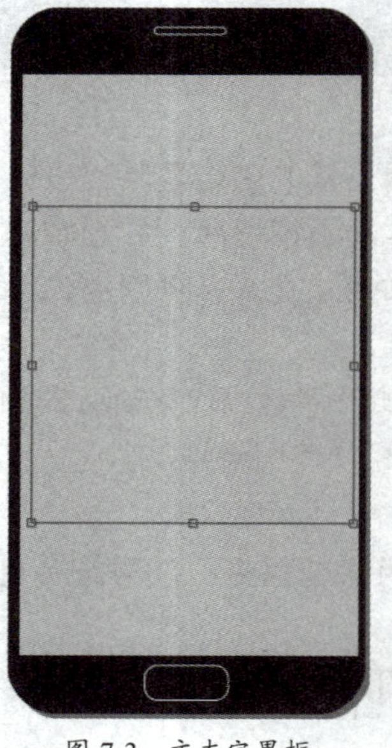

图 7-3 文本定界框

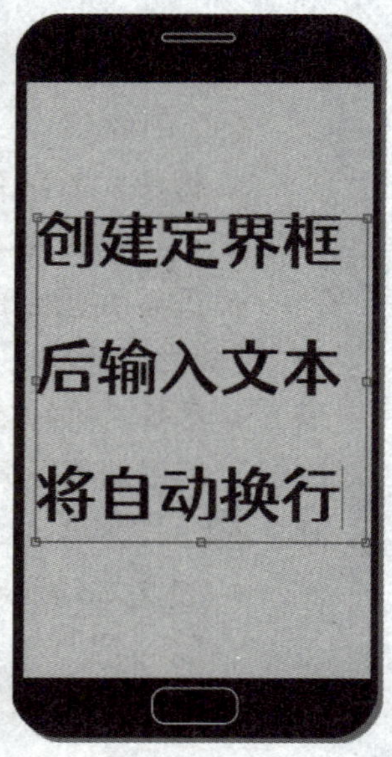

图 7-4 段落文本

> **提示**：在文本输入状态，将鼠标指针移至文本框控制点处，按住鼠标左键拖动即可调整文本框的大小。

点文本和段落文本可以相互转换，选中文本后使用文字工具在“合成”面板中右击鼠标，在弹出的快捷菜单中执行“转换为点文本”命令或“转换为段落文本”命令即可。使用相同的方法还可以更改文本的排列方式。

除创建文本外，After Effects还支持保留并编辑来自Photoshop的文本。在导入PSD文档时，“图层选项”选择“可编辑的图层样式”，如图7-5所示，然后单击“确定”按钮。打开导入的PSD合成文件，选择文本图层，执行“图层”→“创建”→“转换为可编辑文字”命令即可编辑，图7-6所示为转换后的文本图层。

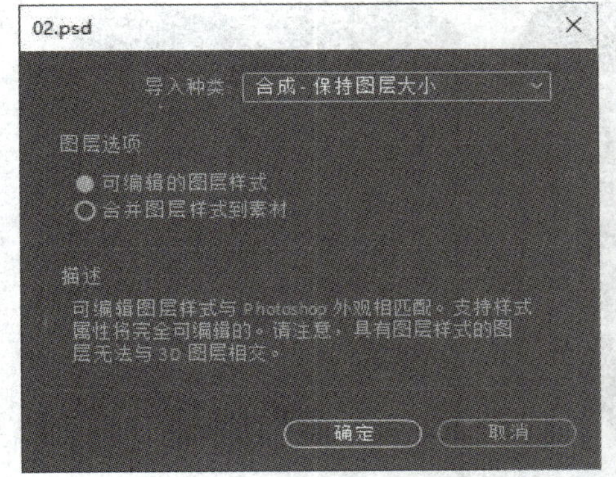

图 7-5　PSD 对话框

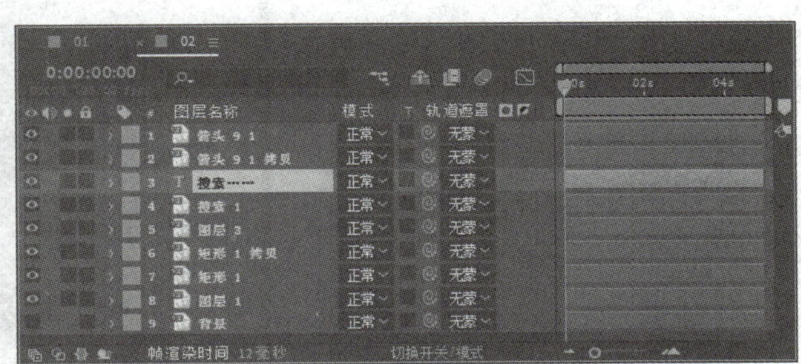

图 7-6　转换后的文本图层

若导入的PSD文档为合并图层，则需要先选中该图层，执行“图层”→“创建”→“转换为图层合成”命令，将PSD文档分解到图层中，再将文本图层转换为可编辑的文字。

■7.1.2　编辑文本

为了提升文本的视觉效果，在创建文本后，可以通过“字符”面板、“段落”面板等功能对文本进行编辑和调整。

1. “字符”面板

“字符”面板主要用于设置文本的字符格式，包括字体、字号、填充、描边等，执行“窗口”→“字符”命令，打开“字符”面板，如图7-7所示。选中文本，在“字符”面板中设置参数，文本样式将发生改变，如图7-8和图7-9所示。

“字符”面板中部分常用选项的作用如下所述。

- **设置字体系列**：在下拉列表中可以选择字体类型进行应用。
- **设置字体样式**：仅在选择部分允许更改字体样式的字体系列时激活，以便应用不同的字体样式。
- **吸管**：可在整个工作面板中吸取颜色，并应用于所选文本的填充或描边。
- **设置为黑色/白色**：设置颜色为黑色或白色。
- **填充颜色和描边颜色**：单击“填充颜色”，在“文本颜色”对话框中可以设置文本颜色。单击“描边颜色”，可设置描边的颜色。
- **设置字体大小**：用于设置字体大小。可以在下拉列表中选择预设的大小，也可以在数值处按住鼠标左右拖动改变数值大小，或在数值处直接输入数值。

- **设置行距**：用于调节文本中行与行之间的距离。
- **两个字符间的字偶间距**：设置光标左右字符之间的距离。
- **所选字符的字符间距**：设置所选字符之间的距离。
- **垂直缩放/水平缩放**：在垂直方向或水平方向缩放字符。
- **设置基线偏移**：用于控制文本与其基线之间的距离，提升或降低选定文本以创建上标或下标。也可以单击“字符”面板底部的“上标”或“下标”按钮，创建上标或下标。

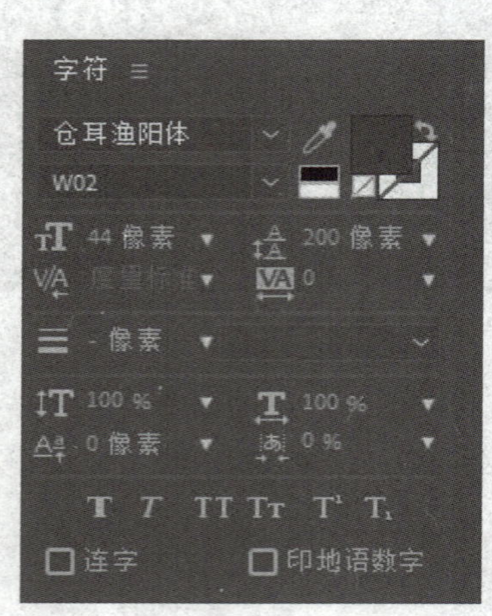

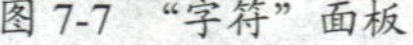
图 7-7 “字符”面板

图 7-8 原文本

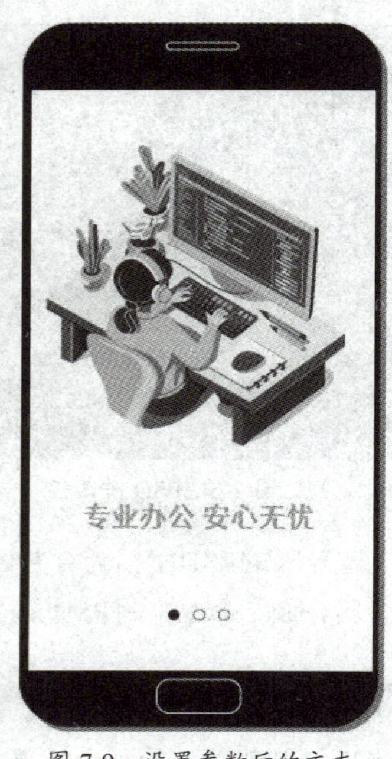

图 7-9 设置参数后的文本

> **提示**：若选中了文本内容，则“字符”面板中的设置仅影响选中的文本。若选中的是文本图层，则“字符”面板中所做的调整将应用于文本图层。若没有选中任何文本内容或文本图层，则“字符”面板中的设置将成为下一个文本项的新默认值。

2.“段落”面板

“段落”面板主要用于设置文本段落，如缩进、对齐方式等，执行“窗口”→“段落”命令，打开“段落”面板，如图7-10所示。在“段落”面板中设置前后的效果如图7-11和图7-12所示。

“段落”面板中部分常用选项的作用如下所述。

- **对齐**：用于设置文本段落的对齐方式，包括左对齐、右对齐等7种对齐方式。其中两端对齐只适用于段落文本。
- **缩进左边距**：用于从段落的左边缩进文字，直排文本则从段落的顶端缩进。
- **缩进右边距**：用于从段落的右边缩进文字，直排文本则从段落的底部缩进。
- **首行缩进**：用于缩进段落中的首行文字。对于横排文本，首行缩进与左缩进相对；对于直排文本，首行缩进与顶端缩进相对。

- **段前添加空格/段后添加空格**：用于设置段落前或段落后的间距。

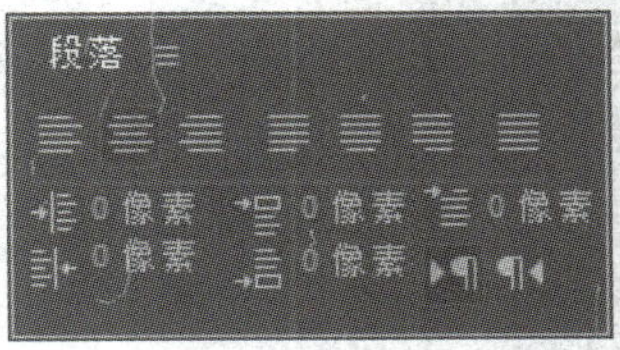

图 7-10 “段落”面板

图 7-11 原文本

图 7-12 设置参数后的文本

除这些选项外，单击“段落”面板中的菜单按钮，在弹出的快捷菜单中还可执行更多的命令，如“罗马悬挂式标点”“顶到顶行距”等，如图7-13所示。设置“罗马悬挂式标点”前后的对比效果如图7-14和图7-15所示。

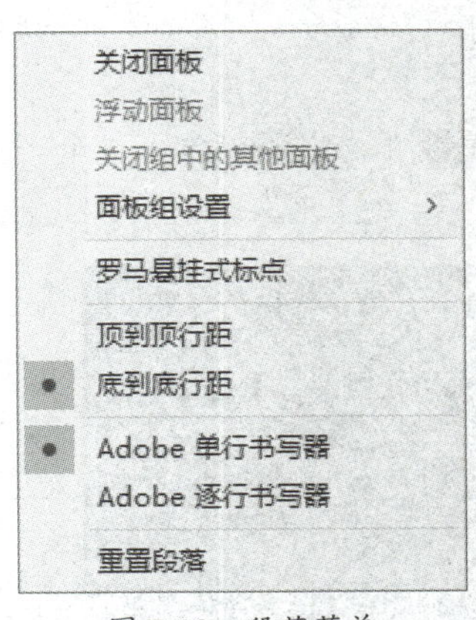

图 7-13 段落菜单

图 7-14 原文本

图 7-15 设置“罗马悬挂式标点”后的文本

提示：对于点文本，每行都是一个单独的段落。对于段落文本，一段可能有多行，具体取决于文本框的尺寸。

3. “属性”面板

“属性”面板综合了“字符”“段落”面板的功能，还提供了图层变换、文本动画等选项，可以对选中的字符和段落设置多种属性及文本动画，如图7-16所示。设置属性后的文本如图7-17所示。

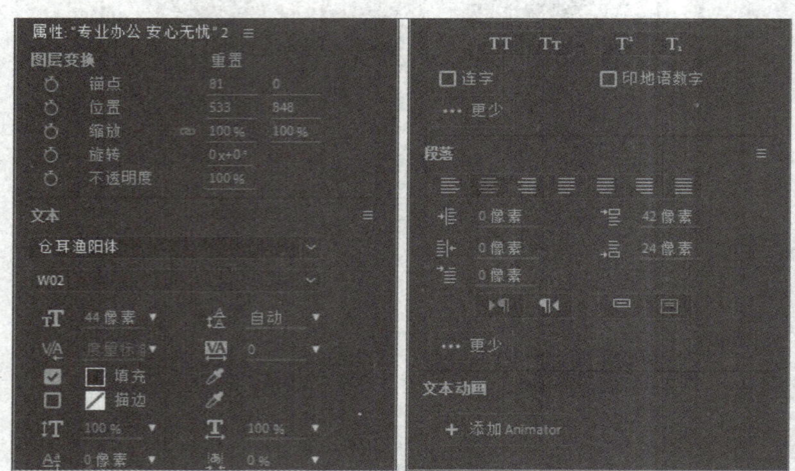

图 7-16 “属性”面板

图 7-17 设置属性后的文本

7.2 文本动效的制作

文本动效可以显著提升用户体验和界面效果，通过关键帧、动画制作器、动画预设等可制作风格迥异的文本动效。

7.2.1 文本图层属性

文本图层是一类单独的图层，除具有一般图层中的基本属性外，它还包含了一个“文本”属性组，如图7-18所示。

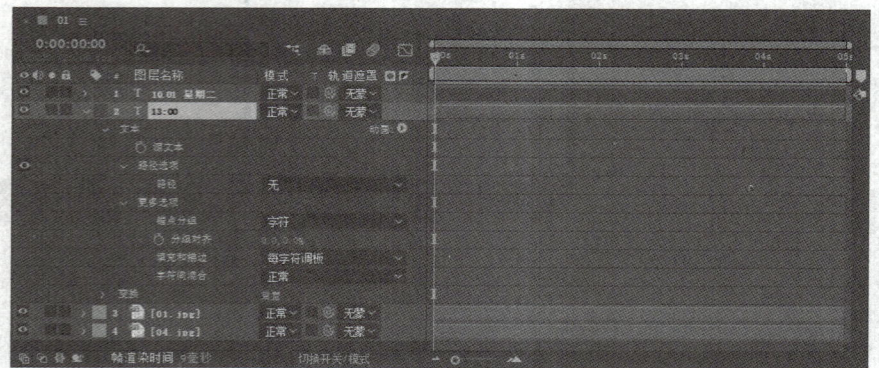

图 7-18 “时间轴”面板中的“文本”属性组

1. 源文本

“源文本”属性用于记录文本内容、字符格式和段落格式等。通过该属性结合关键帧的设置，可以在不同时间段内调整显示的效果。

2. 路径选项

当文本图层包含蒙版时，可以将蒙版当作路径来创建路径文本效果。这不仅可以指定文本的路径，还可以设置各个字符在路径上的显示方式。选中文本图层，在“合成”面板中使用“形状工具”或“钢笔工具”绘制蒙版路径，然后在“时间轴”面板的“路径”属性右侧的下拉列表中选择蒙版，如图7-19所示。此时，文本会沿路径分布。

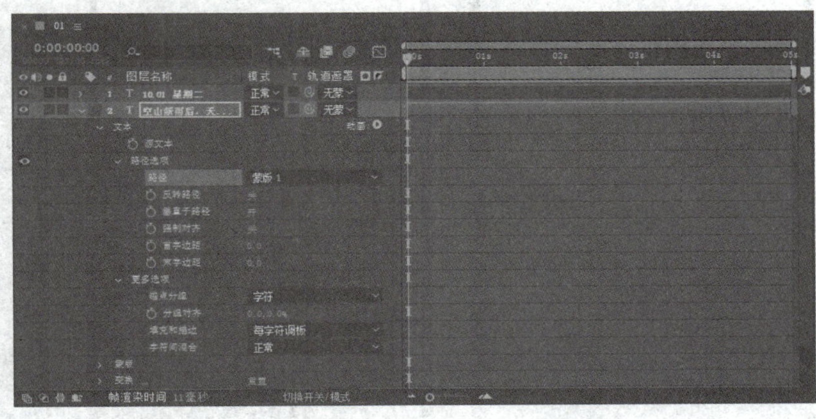

图 7-19 设置路径

“路径选项”属性组中各选项的作用如下所述。

- **路径：**用于指定文本跟随的轨迹。
- **反转路径：**改变路径的方向，使得原本从起点到终点的路径变为从终点到起点。图7-20和图7-21所示为该属性关闭和开启时的对比效果。
- **垂直于路径：**是指文本或路径排列时，其方向与路径的切线方向垂直。图7-22所示为该属性关闭时的效果。
- **强制对齐：**设置文字与路径首尾是否对齐。图7-23所示为该属性打开时的效果。

图 7-20 原文本

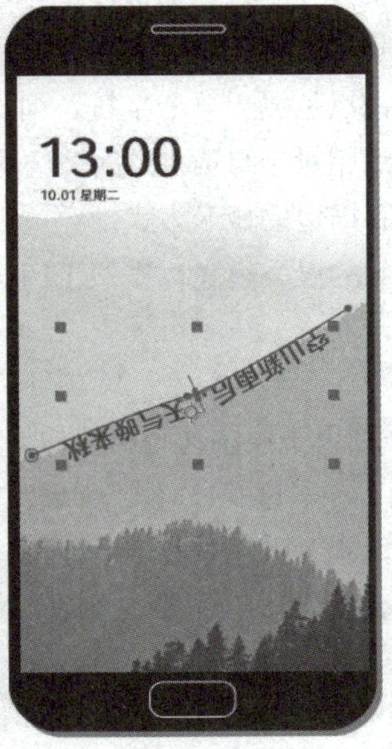

图 7-21 开启反转路径后的文本

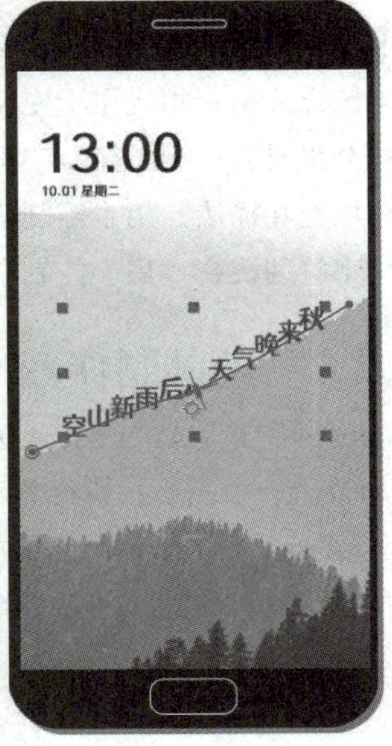

图 7-22 关闭垂直于路径后的文本

- **首字边距**：用于设置第一个字符相对于路径的开始位置。当文本右对齐且强制对齐为关闭时，将忽略首字边距。图7-24所示为设置“首字边距”为“50.0”时的效果。
- **末字边距**：用于设置最后一个字符相对于路径的结束位置。在文本左对齐且强制对齐为关闭时，将忽略末字边距。图7-25所示为设置“末字边距”为“-50.0”时的效果。

图 7-23　强制对齐的文本

图 7-24　首字边距为“50”时的效果

图 7-25　末字边距为“-50”时的效果

3. 更多选项

“更多选项”属性组中的子选项与“字符”面板中的选项功能相同，有些选项还可以控制“字符”面板中的选项设置。该属性组中的子选项功能如下所述。

- **锚点分组**：指定用于变换的锚点是属于单个字符、词、行或是全部。
- **分组对齐**：用于控制字符锚点相对于组锚点的对齐方式。
- **填充和描边**：用于控制填充和描边的显示方式。
- **字符间混合**：用于控制字符间的混合模式，类似于图层混合模式。

■7.2.2　动画制作器

动画制作器是After Effects中一种用于控制动画属性的工具，通过它可以精确地控制和调整文本动效。选中图层，执行“动画”→“动画文本”命令，在其子菜单中执行命令（如图7-26所示），即可添加动画制作器，以设置为哪些属性制作动画。用户也可以单击“时间轴”面板图层中的“动画”▶按钮，选择所需的动画制作器，如图7-27所示。

图 7-26 “动画文本”子菜单

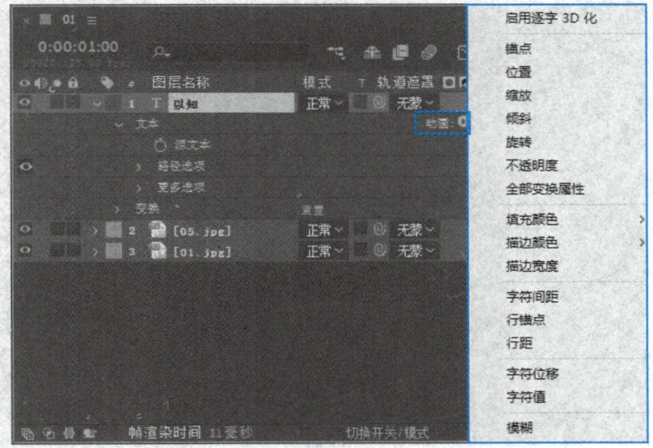

图 7-27 “时间轴”面板“动画”按钮快捷菜单

不同类型的动画制作器的功能如下所述。

- **启用逐字3D化：**将图层转化为三维图层，并将文字图层中的每一个文字作为独立的三维对象。
- **锚点：**制作文字中心定位点变换的动画。
- **位置：**调整文本的位置。
- **缩放：**对文字进行放大或缩小等设置。
- **倾斜：**设置文本的倾斜程度。
- **旋转：**设置文本的旋转角度。
- **不透明度：**设置文本的不透明度。
- **全部变换属性：**将所有变换属性都添加到动画制作器组中。
- **填充颜色：**设置文字的填充颜色、色相、饱和度、亮度、不透明度。
- **描边颜色：**设置文字的描边颜色、色相、饱和度、亮度、不透明度。
- **描边宽度：**设置文字的描边粗细。
- **字符间距：**设置文字之间的距离。
- **行锚点：**用于设置每行中字符之间的对齐方式。设置为0%时为左对齐，设置为50%时为居中对齐，设置为100%时为右对齐。
- **行距：**设置文字行与行之间的距离。
- **字符位移：**按照统一的字符编码标准对文字进行位移。例如，值为5时，会按字母顺序将单词中的字符前进五步，单词Effects将变成Jkkjhyx。
- **字符值：**按照统一的字符编码标准，统一替换设置字符值所代表的字符。
- **模糊：**在平行和垂直方向分别设置模糊文本的参数，以控制文本的模糊效果。

图7-28所示为添加“不透明度”动画制作器的文本图层。在调整动画制作器时设置最终属性值，然后通过选择器制作动画效果即可，如图7-29所示。

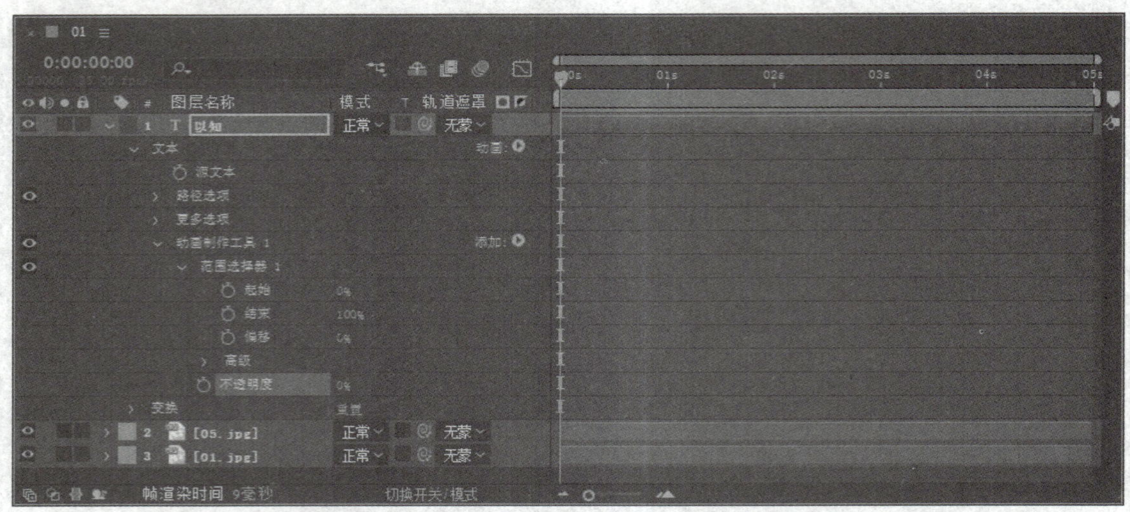

图 7-28　添加“不透明度”动画制作器

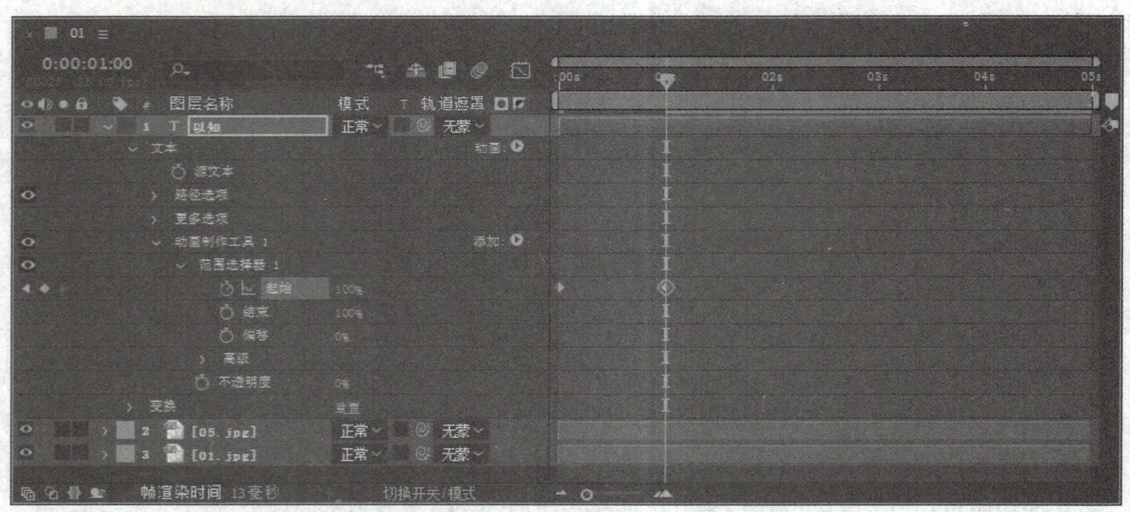

图 7-29　制作不透明度动画

7.2.3　文本选择器

文本选择器可以控制动画制作器影响的范围和程度，一般与动画制作器联合使用，每个动画制作器组都包括一个默认的范围选择器，如图7-30所示。也可以选中文本图层后，执行“动画”→“添加文本选择器”命令进行添加，如图7-31所示。

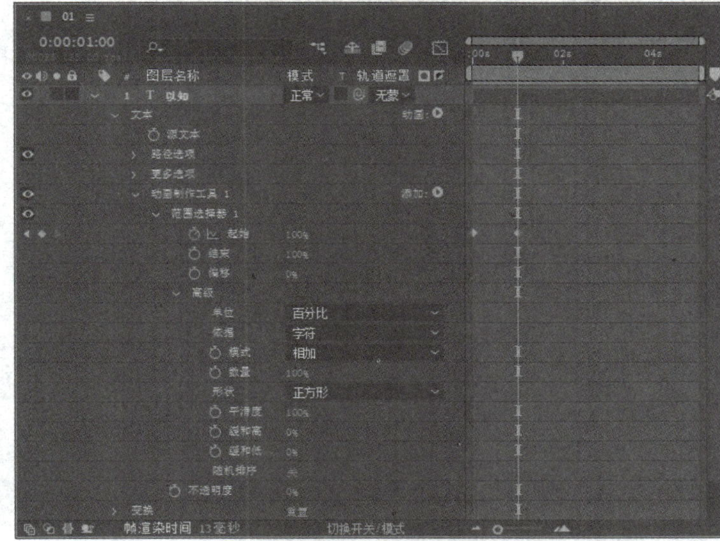

图 7-30 默认的范围选择器

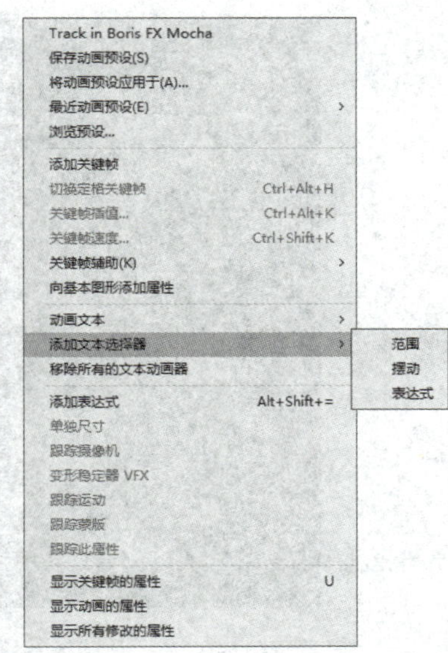

图 7-31 “添加文本选择器”子菜单

1. 范围选择器

范围选择器是最基础常用的选择器，可用于设置动画影响的文本范围。其属性组中部分常用选项的作用如下所述。

- **起始：**用于设置选择项的开始。
- **结束：**用于设置选择项的结束。
- **偏移：**用于设置从通过开始和结束属性指定的选择项进行位移的量。
- **模式：**用于设置每个选择器如何与文本以及它上方的选择器进行组合，默认为“相加”。
- **数量：**用于设置字符范围受动画制作器属性影响的程度。值为0%时，动画制作器属性不影响字符；值为50%时，其属性值对对象产生一半的影响。
- **形状：**用于控制如何在范围的开始和结束之间选择字符。每个选项均通过使用所选形状在选定字符之间创建过渡来修改选择项。
- **平滑度：**该选项仅在形状为“正方形”时被激活，用于设置动画从一个字符过渡到另一字符所耗费的时间量。
- **“缓和高”与“缓和低”：**确定选择项值从完全包含（高）到完全排除（低）变化的速度。例如，如果“缓和高”为100%，则在完全选择字符到部分选择字符时，变化会更缓慢；如果“缓和高”为-100%，则变化会更快速。同样地，如果“缓和低”为100%，则在部分选择字符或未选择字符时，变化会更缓慢；如果“缓和低”为-100%，则变化会更快速。
- **随机排序：**用于以随机顺序向范围选择器指定的字符应用属性。

2. 摆动选择器

摆动选择器可以控制文本的抖动，配合关键帧动画制作出更加复杂的动画效果。执行“动画”→“添加文本选择器”→“摆动”命令，即可添加摆动选择器，如图7-32所示。

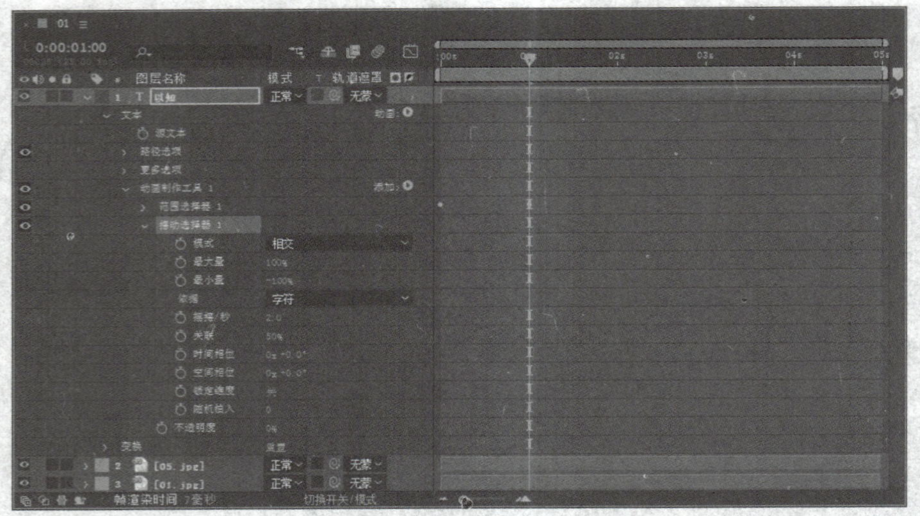

图 7-32　添加摆动选择器

其属性组中部分常用选项的作用如下所述。

- **“最大量”和“最小量”**：用于设置所选范围的变化量。
- **摇摆/秒**：用于设置每秒中随机变化的频率，该数值越大，变化频率就越大。
- **关联**：用于设置每个字符变化之间的关联。值为100%时，所有字符同时摆动相同的量；值为0%时，所有字符独立地摆动。
- **“时间相位”和“空间相位”**：设置文本动画在时间、空间范围内随机量的变化。
- **锁定维度**：将摆动选择项的每个维度缩放相同的值。

在制作文本动画时，叠加多种选择器可以制作出更为丰富的动画效果。

7.2.4　文本动画预设

在“效果和预设”面板中，提供了多组文本动画预设，可以帮助用户快速制作文本动画，如图7-33所示。从中选择预设，并将其拖至文本图层上即可，图7-34所示为添加“中央螺旋”动画预设的文本图层。

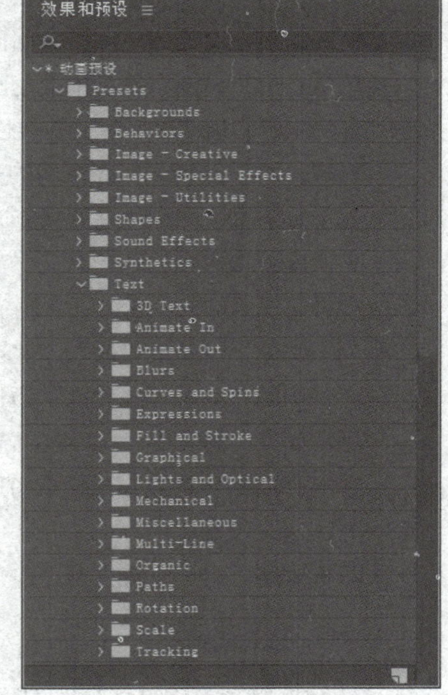

图 7-33　“效果和预设”面板

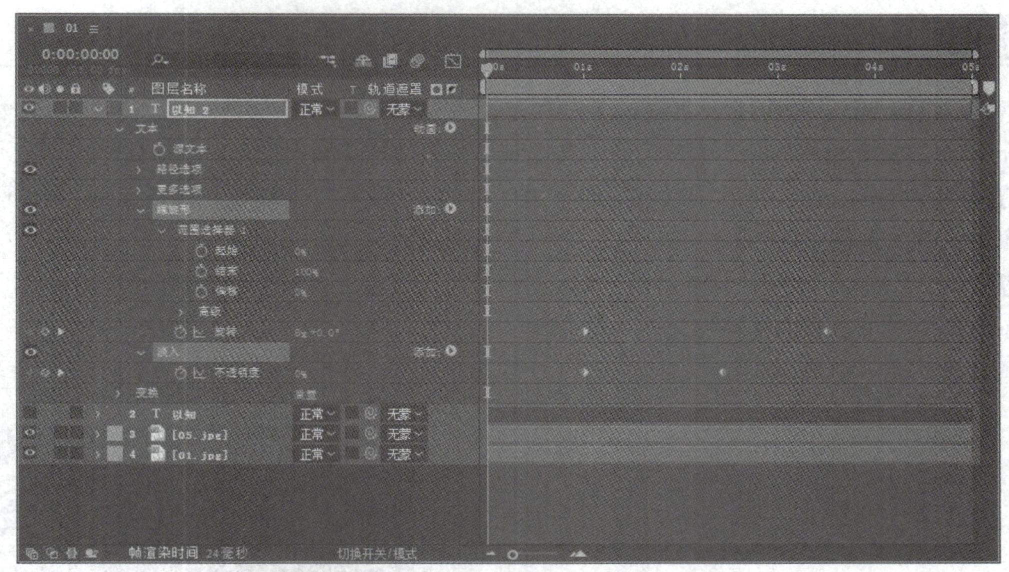

图 7-34　添加文本动画预设的文本图层

在“合成”面板中预览效果，如图7-35所示。

图 7-35　文本动画预设的效果

❗ **提示**：文本动画预设在NTSC DV 720 × 480合成中创建，若添加的文本动画预设与合成不匹配，用户可以在“时间轴”面板或“合成”面板中调整文本动画制作器的位置值以进行适配。

案例实操 信息回复动效

扫码观看视频

对话界面是UI设计中的常见界面，作为沟通交流之用，为其中的信息回复添加动效，可以有效提升用户体验。本案例通过文本制作、关键帧等制作信息回复动效。

步骤 01 新建After Effects项目，按Ctrl+I组合键打开“导入文件”对话框，选择要导入的PSD文件，如图7-36所示。

步骤 02 单击“导入”按钮，打开“对话框.psd”对话框，设置参数，如图7-37所示。完成后单击“确定”按钮导入PSD文档。

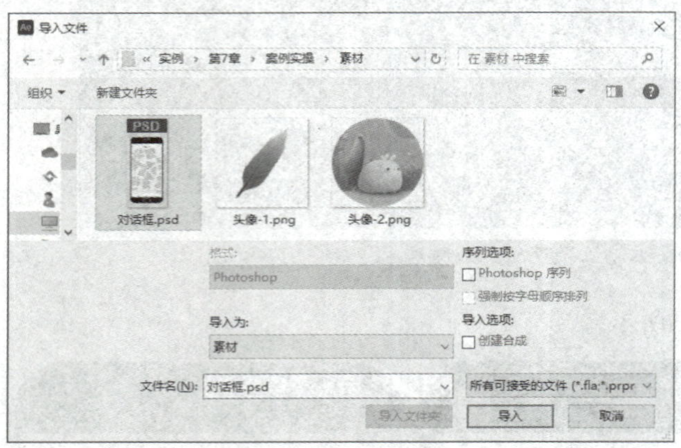

图 7-36　导入文档　　　图 7-37　“对话框 .psd”对话框

步骤 03 使用相同的方法，导入其他图像素材，如图7-38所示。

步骤 04 双击合成“对话框”将其打开，如图7-39所示。

步骤 05 选择文本工具，在“合成”面板中单击并输入文本，如图7-40所示。

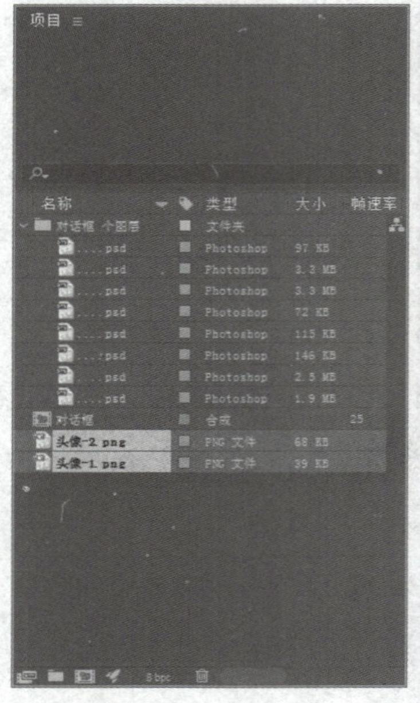

图 7-38　导入的素材

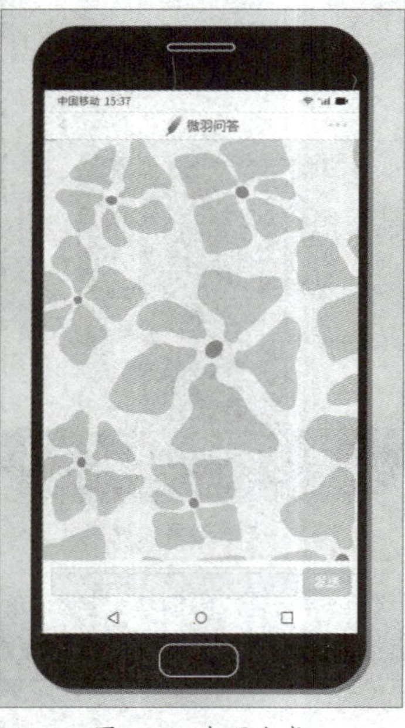

图 7-39　打开合成

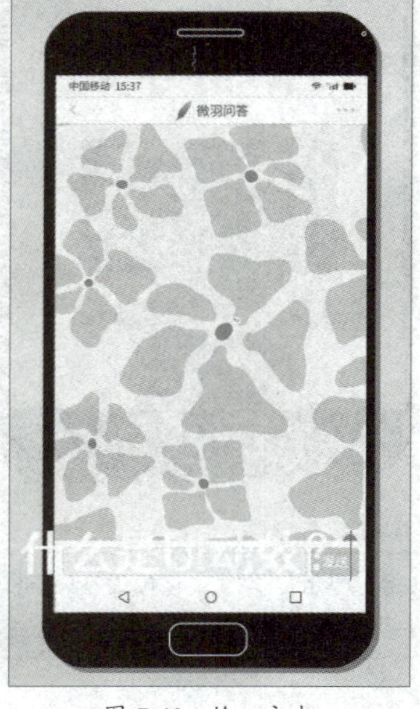

图 7-40　输入文本

步骤06 选中出现的文本图层，在“属性”面板中设置文本属性，如图7-41所示。设置后的效果如图7-42所示。

步骤07 在“效果和预设”面板中搜索出“打字机”动画预设，如图7-43所示。

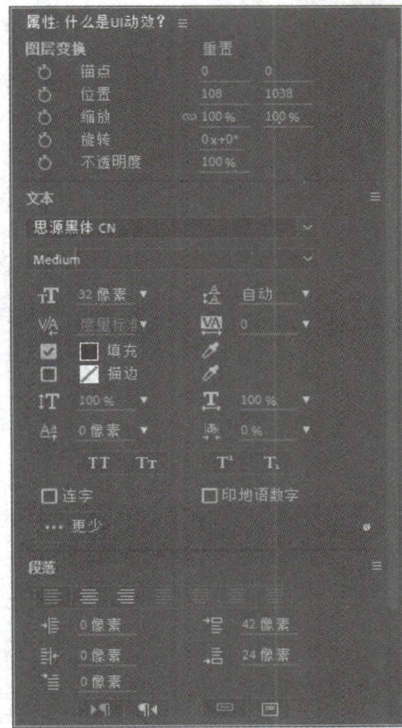

图 7-41 设置文本属性

图 7-42 设置后的效果

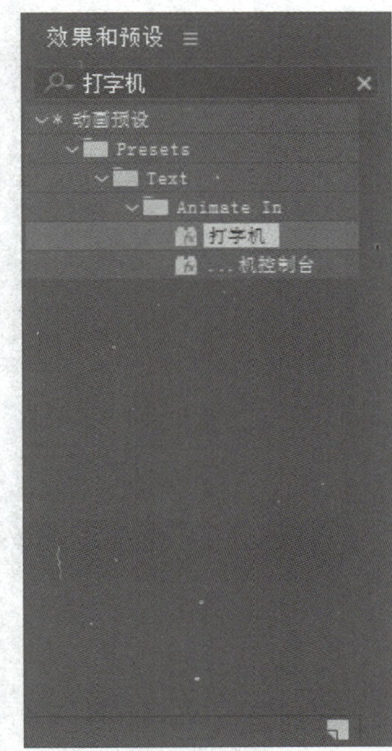

图 7-43 搜索出“打字机”动画预设

步骤08 将动画预设拖至文本图层上，按U键展开文本图层添加了关键帧的属性，调整关键帧位置，如图7-44所示。

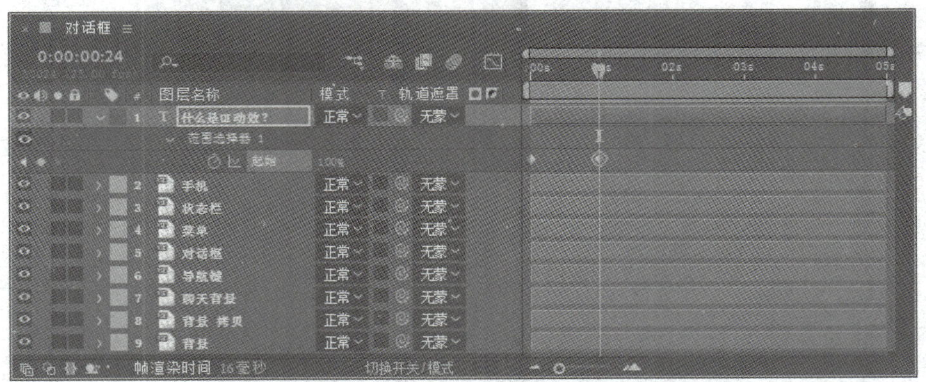

图 7-44 展开添加了关键帧的属性并调整关键帧位置

步骤09 在“合成”面板中预览效果，如图7-45所示。

步骤10 取消选择任何对象，选择矩形工具，在“合成”面板中按住鼠标左键绘制矩形，如图7-46所示。

步骤11 按Ctrl+Alt+Home组合键设置锚点居中，如图7-47所示。

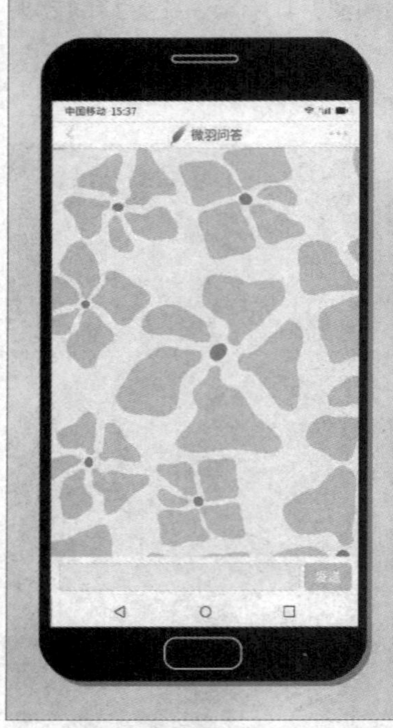

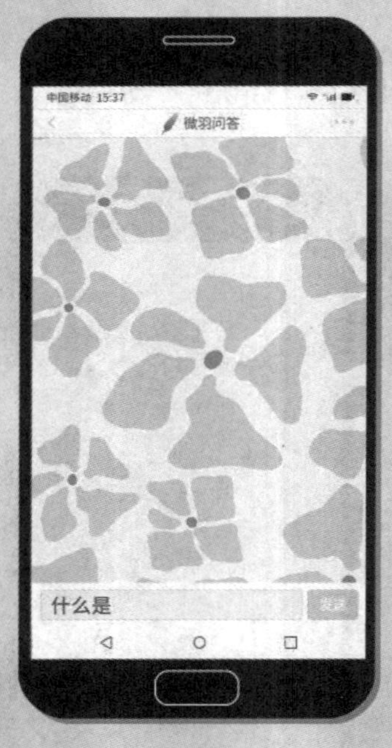

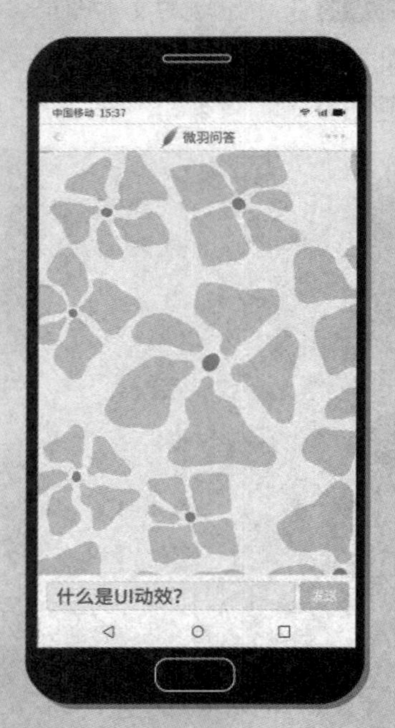

图 7-45　预览效果

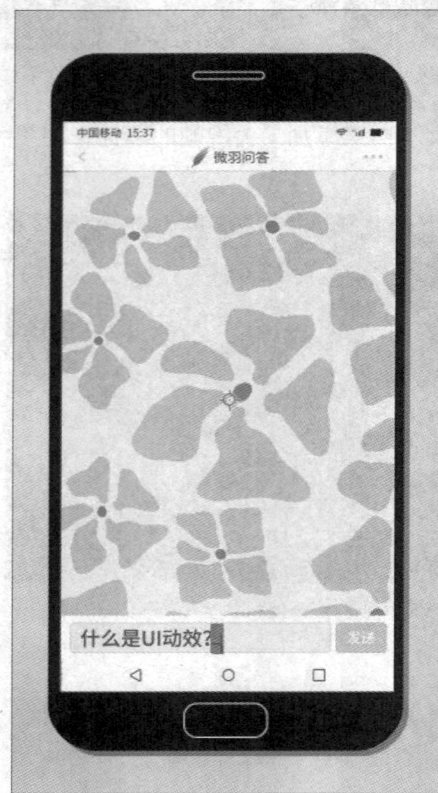

图 7-46　绘制矩形

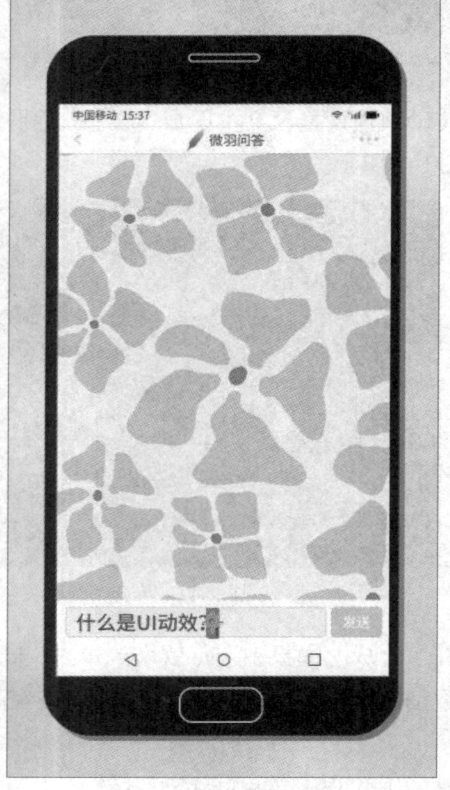

图 7-47　设置锚点居中

步骤12 选中矩形所在的“形状图层1”图层，按T键展开不透明度属性，在0:00:00:00处激活不透明度属性的关键帧，并设置属性参数为0%，如图7-48所示。

图 7-48 激活不透明度属性的关键帧并设置

步骤13 移动当前时间指示器至0:00:00:04处，设置不透明度属性参数为100%，软件将自动生成关键帧，如图7-49所示。

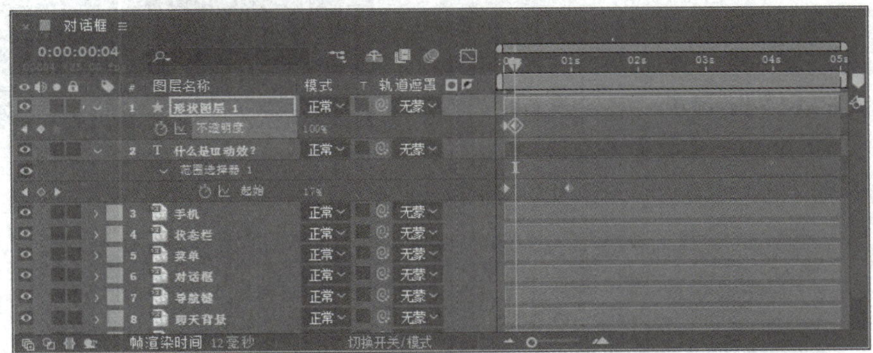

图 7-49 设置不透明度属性并自动生成关键帧

步骤14 移动当前时间指示器至0:00:00:08处，选中前两个关键帧，按Ctrl+C组合键复制，按Ctrl+V组合键粘贴，如图7-50所示。

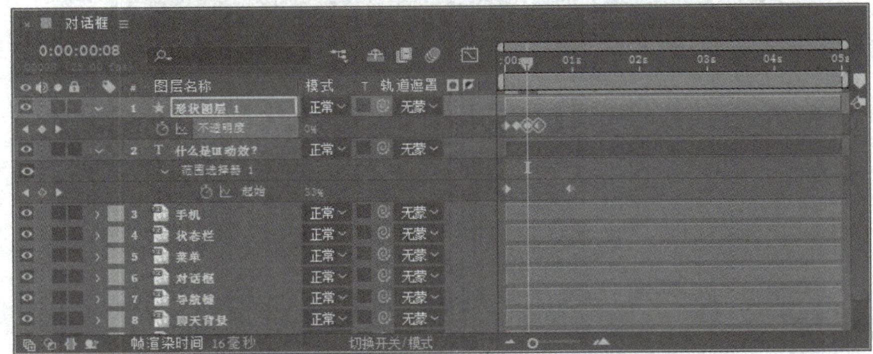

图 7-50 复制前两个关键帧

步骤15 使用相同的操作，多次复制并粘贴关键帧，如图7-51所示。

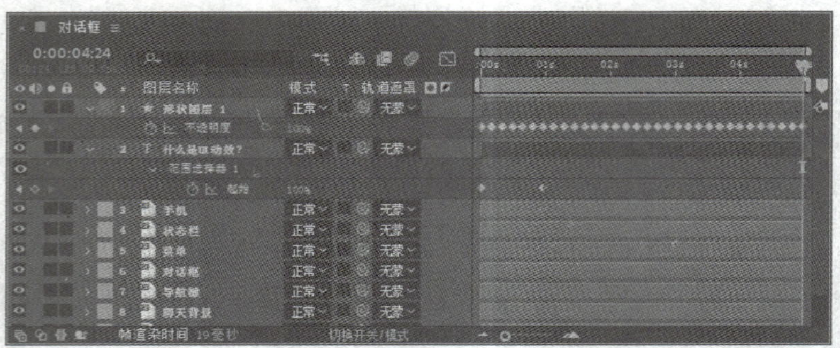

图 7-51　多次复制关键帧

步骤16 选中“形状图层1”图层，右击鼠标，在弹出的快捷菜单中执行“预合成”命令，在打开的“预合成”对话框中设置参数，如图7-52所示。完成后单击“确定”按钮创建预合成，如图7-53所示。

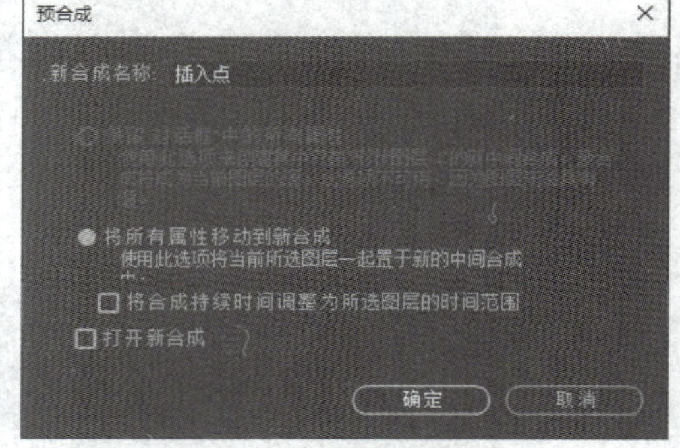

图 7-52　“预合成”对话框

步骤17 选中新建的“插入点”预合成图层，按P键展开位置属性，在0:00:00:00处激活位置关键帧，并设置参数为“130.0,640.0”；移动当前时间指示器至0:00:00:02处，设置位置参数为“160.0，640.0”，软件将自动生成关键帧，如图7-54所示。

图 7-53　新建的预合成

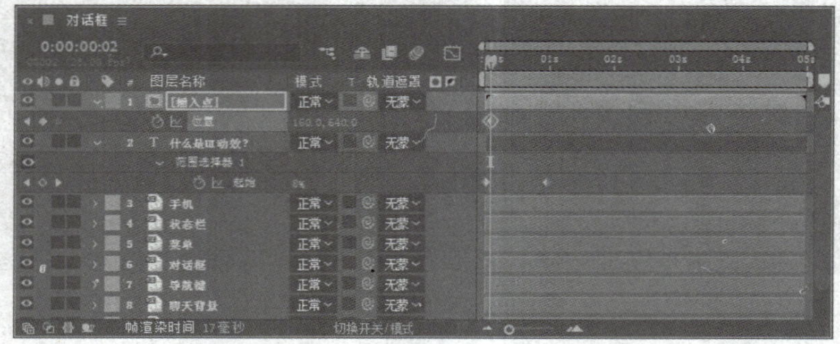

图 7-54　生成位置属性关键帧

步骤 18 在0:00:00:05处，更改位置属性参数为“190.0,640.0”；在0:00:00:08处，更改位置属性参数为“220.0,640.0”；在0:00:00:11处，更改位置属性参数为“244.0,640.0”；在0:00:00:14处，更改位置属性参数为“254.0,640.0”；在0:00:00:17处，更改位置属性参数为“288.0,640.0”；在0:00:00:20处，更改位置属性参数为“320.0,640.0”；在0:00:00:23处，更改位置属性参数为“340.0,640.0”；在0:00:01:10处，更改位置属性参数为“130.0,640.0”，软件自动生成关键帧，如图7-55所示。

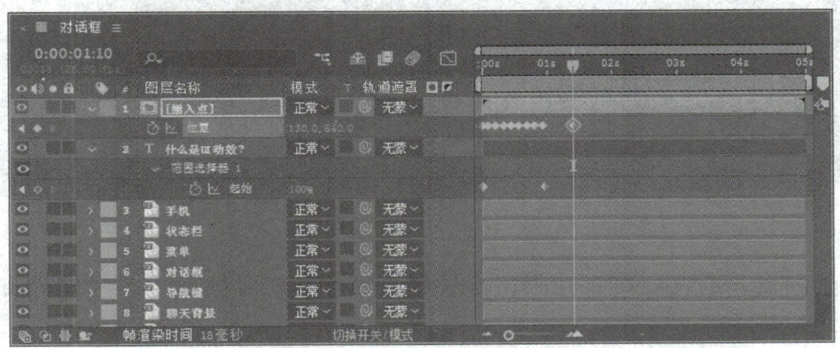

图 7-55 生成位置属性关键帧

步骤 19 选中“插入点”预合成图层中的关键帧，右击鼠标，在弹出的快捷菜单中执行“切换定格关键帧”命令，切换至定格关键帧，如图7-56所示。

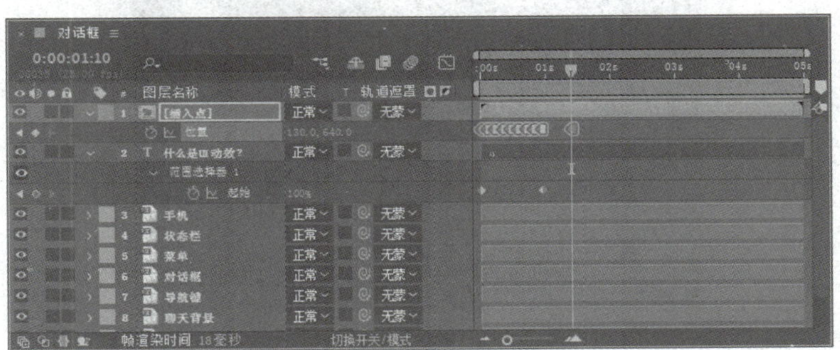

图 7-56 切换至定格关键帧

步骤 20 选中文本图层，执行“编辑”→“拆分图层”命令，在0:00:01:10处进行拆分，并删除拆分后的文本图层2，如图7-57所示。

图 7-57 拆分并删除多余的图层

步骤21 选中“时间轴”面板中的“对话框”图层，执行“图层”→“新建”→“调整图层”命令，新建调整图层，如图7-58所示。

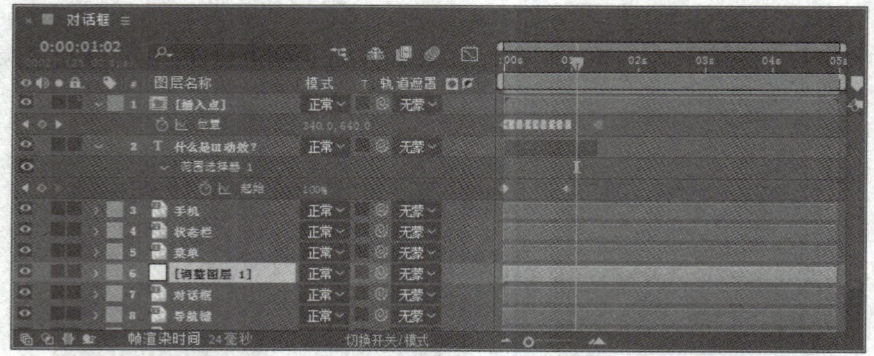

图 7-58 新建调整图层

步骤22 选中调整图层，右击鼠标，在弹出的快捷菜单中执行“时间”→“时间伸缩”命令，打开“时间延长”对话框，设置新持续时间为8帧，如图7-59所示。

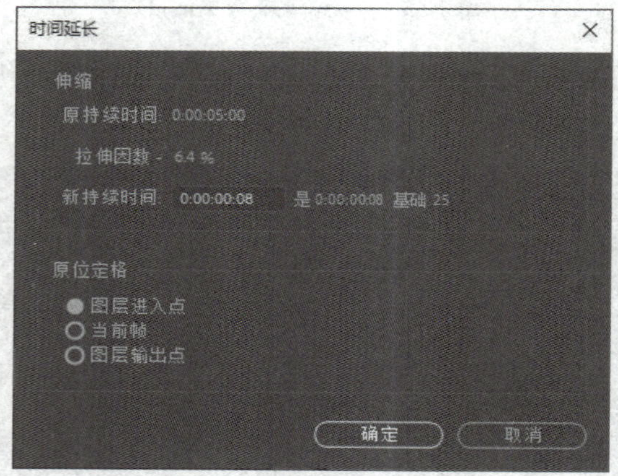

图 7-59 调整素材持续时间

步骤23 完成后单击“确定”按钮，调整“调整图层1”的持续时间，然后在“时间轴”面板中移动其位置，如图7-60所示。

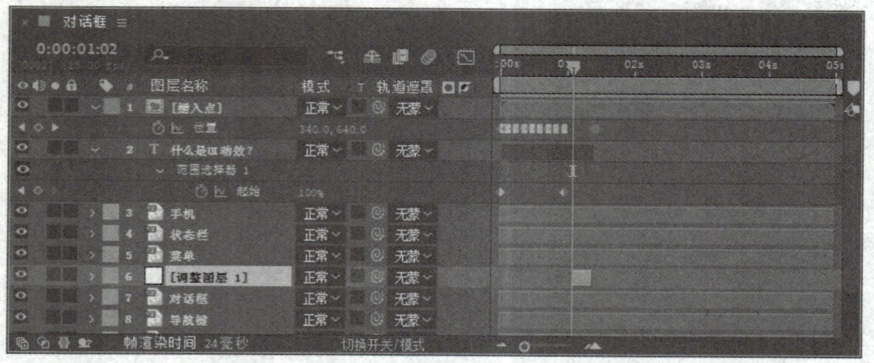

图 7-60 调整素材位置

步骤24 选中调整图层，执行“效果”→“颜色校正”→“色阶”命令，为其添加“色阶”效果，在“效果控件”面板中设置参数，如图7-61所示。

步骤25 在“合成”面板中预览效果，如图7-62所示。

步骤26 选中调整图层，使用矩形工具在“合成”面板中绘制矩形蒙版，如图7-63所示。

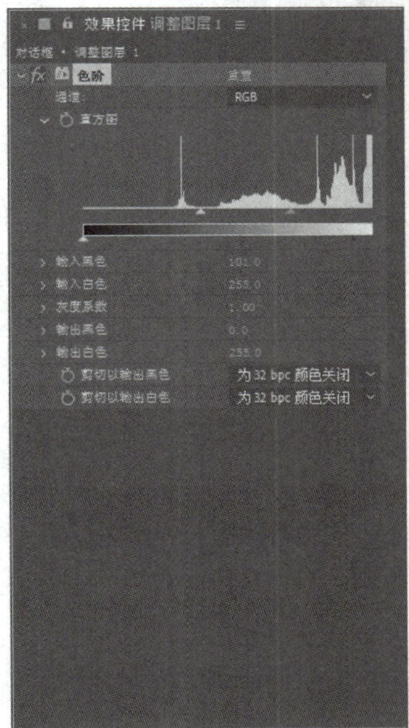

图 7-61 设置“色阶”属性

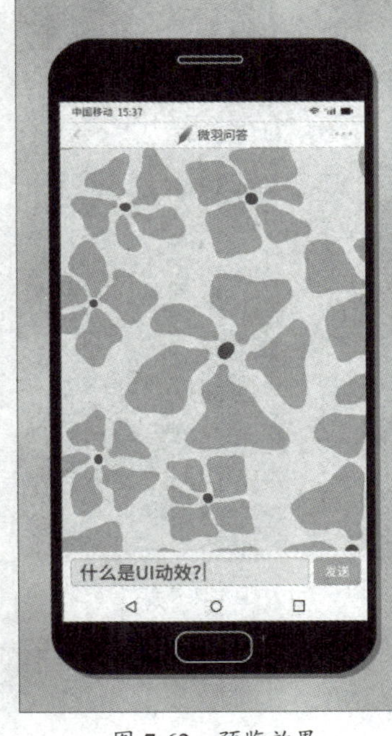

图 7-62 预览效果

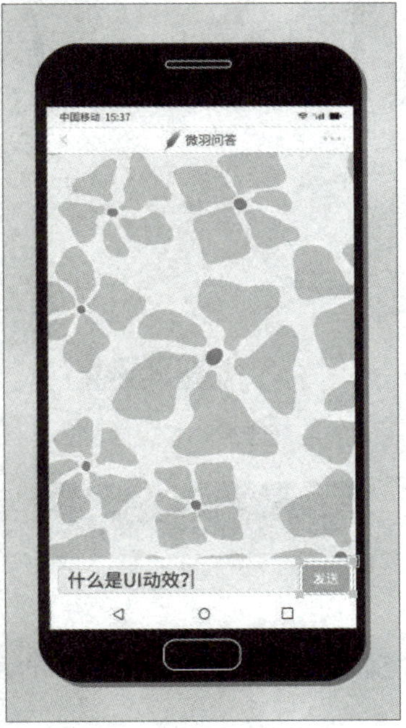

图 7-63 绘制矩形蒙版

步骤27 选中“调整图层1”，按T键展开不透明度属性，在0:00:01:02处激活，并设置不透明度参数为0%；在0:00:01:04处设置不透明度参数为100%；在0:00:01:09处设置不透明度参数为0%；在0:00:01:07处设置不透明度参数为100%，软件将自动添加关键帧，然后选中关键帧，按F9键创建缓动，如图7-64所示。

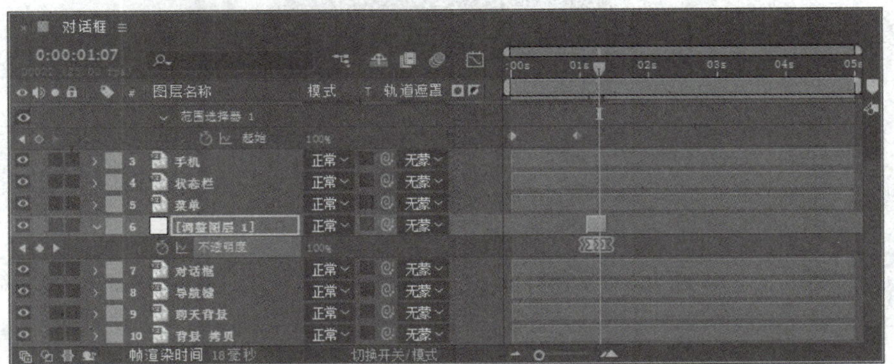

图 7-64 设置不透明度属性关键帧并创建缓动

步骤28 取消选择任何对象，选择圆角矩形工具，在“合成”面板中绘制圆角矩形，如图7-65所示。

步骤 29 在“属性”面板中设置参数，如图7-66所示。设置后的效果如图7-67所示。

图 7-65　绘制圆角矩形

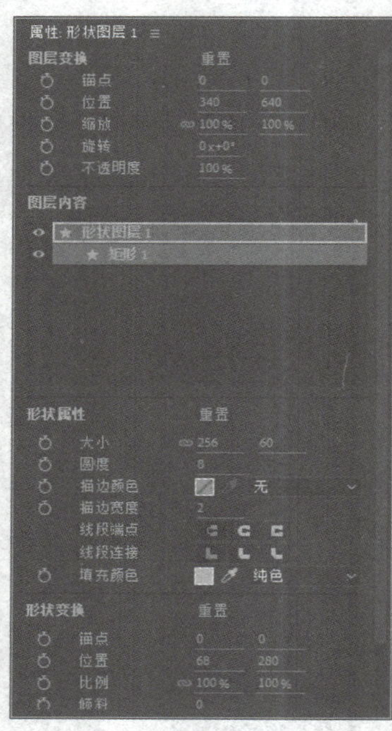

图 7-66　设置圆角矩形参数

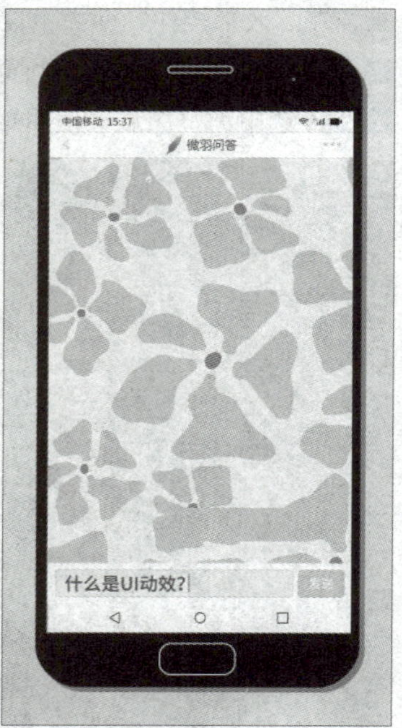

图 7-67　设置后的效果

步骤 30 选中圆角矩形所在的图层，使用钢笔工具在圆角矩形的右下角绘制三角形，如图7-68所示。

步骤 31 选中形状图层，重命名为“对话框1”。执行“效果”→“透视”→“投影”命令，添加投影效果，并在“效果控件”面板中设置投影参数，如图7-69所示。投影效果如图7-70所示。

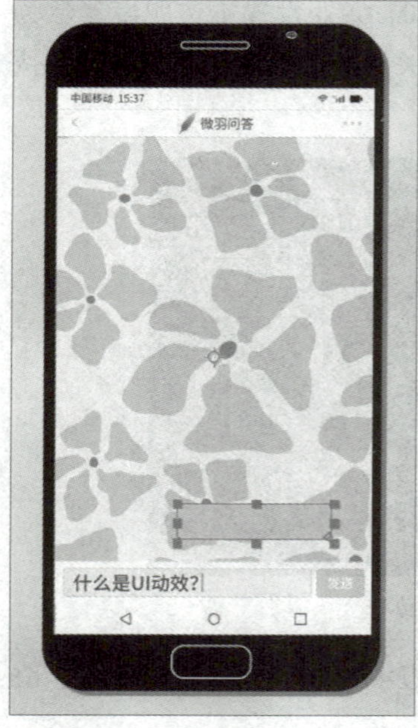

图 7-68　绘制三角形

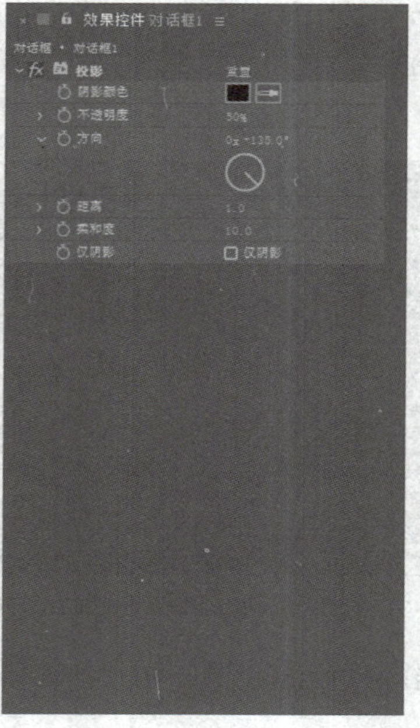

图 7-69　设置投影参数

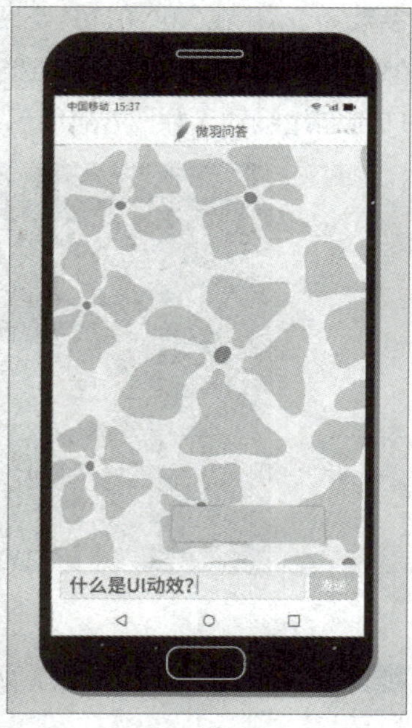

图 7-70　投影效果

步骤32 选中文本图层，按Ctrl+D组合键复制，并删除“动画”属性组，调整持续时间，如图7-71所示。

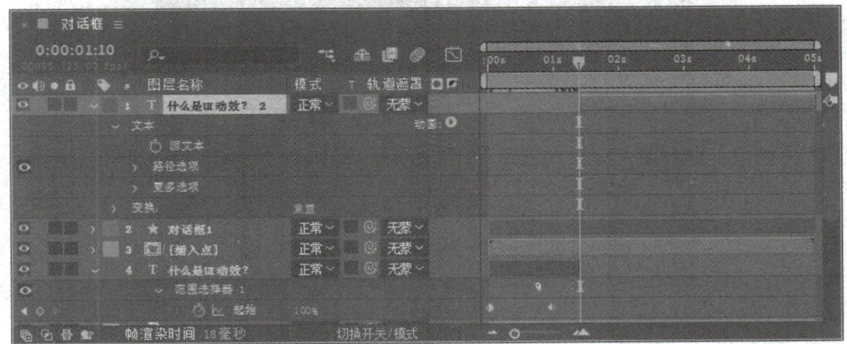

图 7-71 复制文本图层并调整持续时间

步骤33 在“合成”面板中调整对话框和复制文本的位置，如图7-72所示。

步骤34 将“头像-2.jpg”素材拖至“时间轴”面板中，在“合成”面板中调整其大小和位置，如图7-76所示。

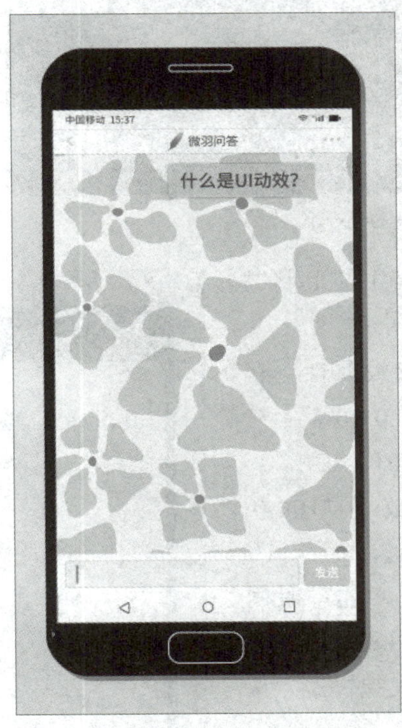

图 7-72 调整文本和对话框位置

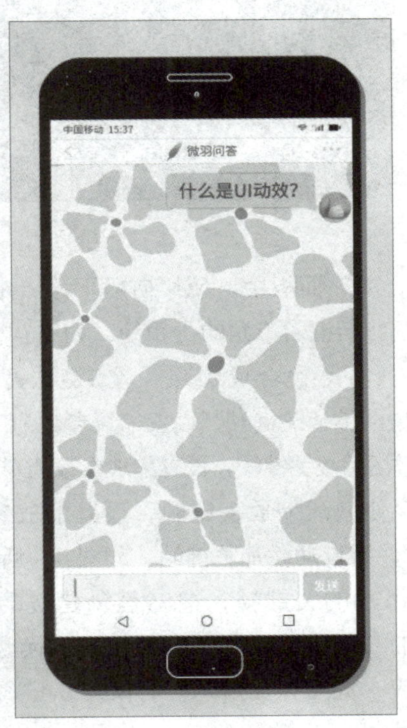

图 7-73 创建头像图层

步骤35 选中右侧的对话框及其中的文本内容，右击鼠标，在弹出的快捷菜单中执行“预合成”命令，在打开的“预合成”对话框中设置参数，如图7-74所示。

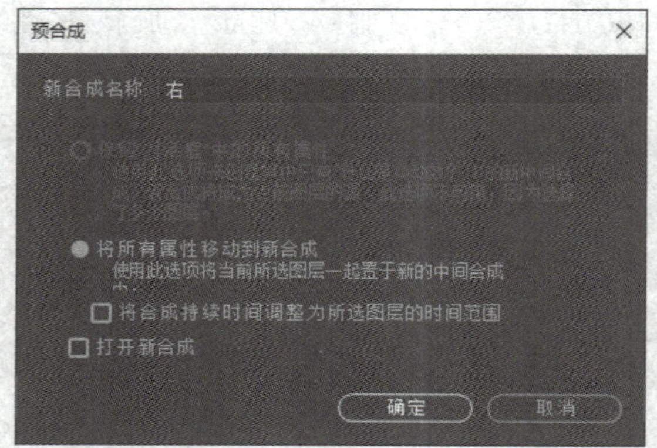

图 7-74 “预合成”对话框

步骤36 完成后单击“确定”按钮，创建预合成，如图7-75所示。

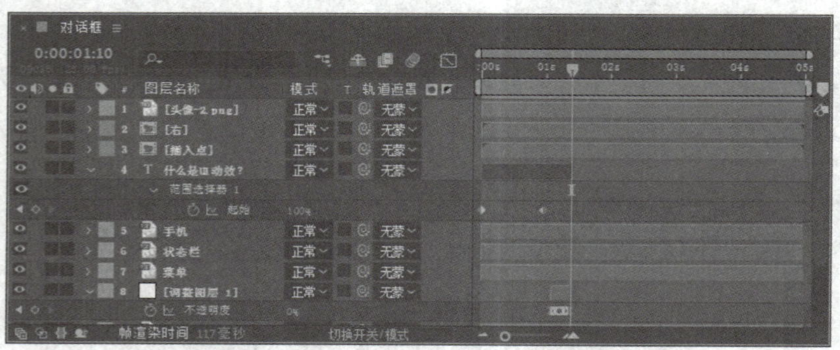

图 7-75 新建的预合成

步骤37 在“合成”面板中，使用向后平移（锚点）工具将锚点位置调整至对话框右下角的尖角处，如图7-76所示。

步骤38 选中“右”预合成图层，按S键展开缩放属性，在0:00:01:10处激活缩放关键帧，设置缩放参数为“0.0,0.0%”；在0:00:01:20处激活缩放关键帧，设置缩放参数为“110.0,110.0%”；在0:00:01:24处激活缩放关键帧，设置缩放参数为“100.0,100.0%”，软件将自动添加关键帧，如图7-77所示。

步骤39 选中添加的关键帧，按F9键创建缓动，单击“时间轴”面板中的“图表编辑器”按钮，切换至图表编辑器，调整速率图表，如图7-78所示。再次单击“图表编辑器”按钮，返回时间轴。

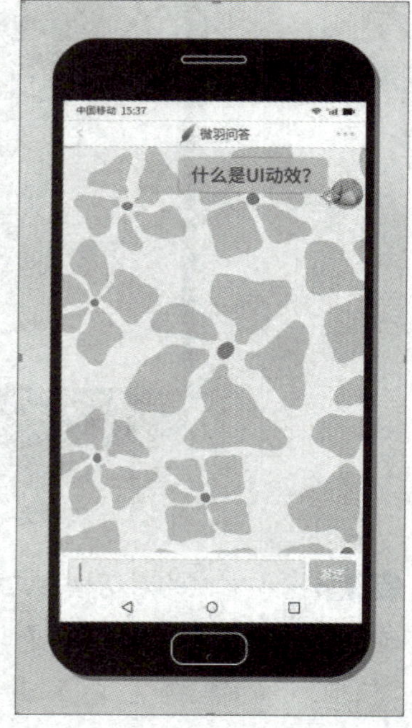

图 7-76 调整锚点位置

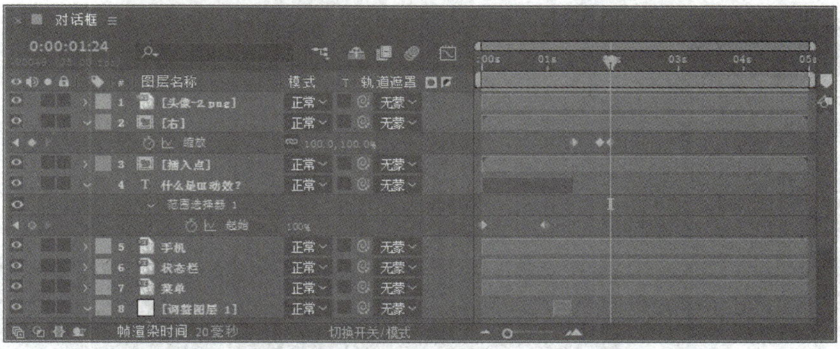

图 7-77 设置缩放关键帧

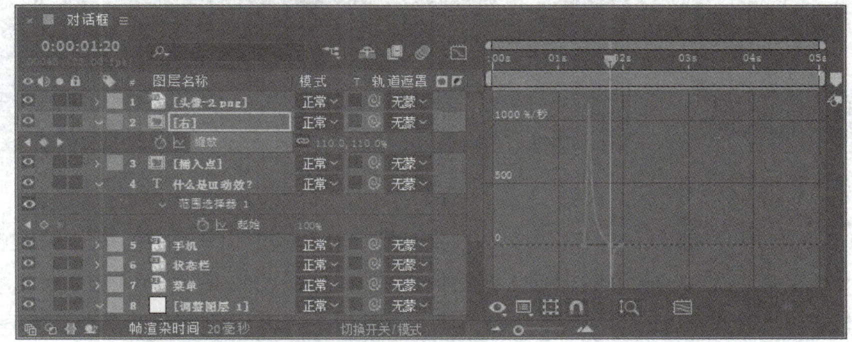

图 7-78 调整速率图表

步骤40 选中“头像-2.png”图层，按T键展开不透明度属性，在0:00:01:10处激活不透明度关键帧，并设置参数为0%；在0:00:01:20处激活不透明度关键帧，并设置参数为100%，软件将自动生成关键帧，选中关键帧，按F9键创建缓动，如图7-79所示。

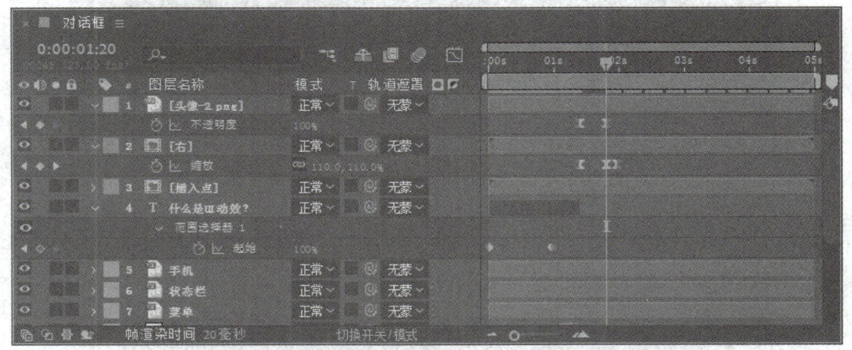

图 7-79 生成不透明度关键帧并创建缓动效果

步骤41 使用相同的方法创建左侧的对话框及头像，如图7-80所示。

步骤42 在0:00:02:00处激活“头像-1.png”图层的不透明度关键帧，并设置参数为0%。在0:00:02:10处激活不透明度关键帧，并设置参数为100%，软件将自动生成关键帧。选中关键帧，按F9键创建缓动，如图7-81所示。

图 7-80　左侧对话框效果

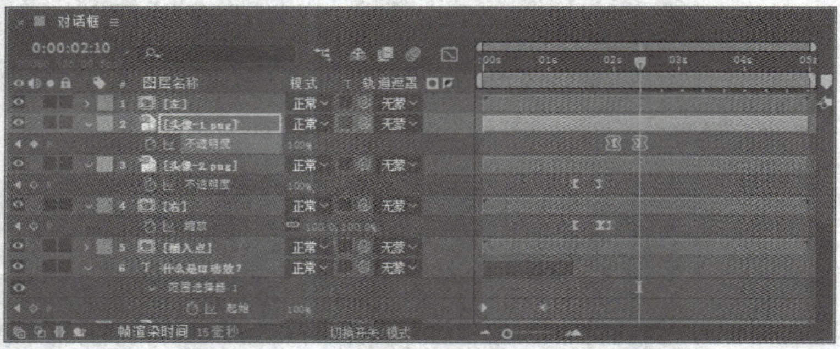

图 7-81　生成不透明度关键帧并创建缓动效果

步骤 43 选中“左”预合成图层，按S键展开缩放属性，在0:00:02:00处激活缩放关键帧，并设置参数为“0.0,0.0%”；在0:00:02:10处激活缩放关键帧，并设置参数为“110.0,110.0%”；在0:00:02:14处激活缩放关键帧，并设置参数为“100.0,100.0%”，软件将自动生成关键帧，选中关键帧，按F9键创建缓动，如图7-82所示。

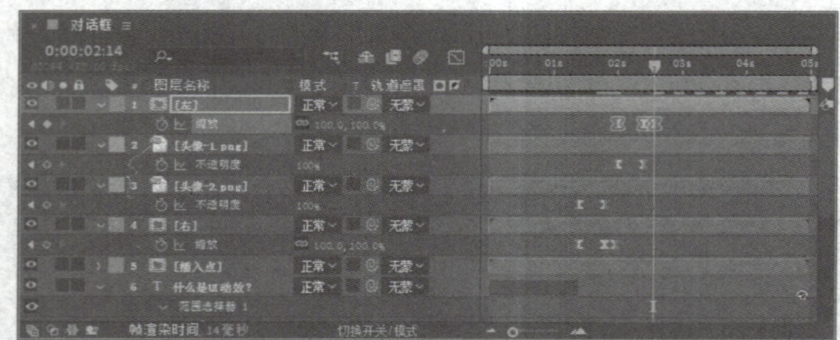

图 7-82　生成缩放关键帧并创建缓动效果

步骤 44 单击“时间轴”面板中的“图表编辑器”按钮，切换至图表编辑器，调整速率图表，如图7-83所示。再次单击“图表编辑器”按钮，返回时间轴。

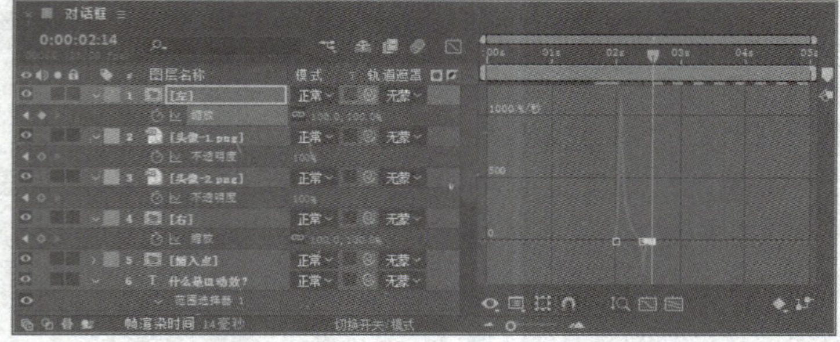

图 7-83　调整速率图表

步骤45 按空格键播放预览，如图7-84所示。

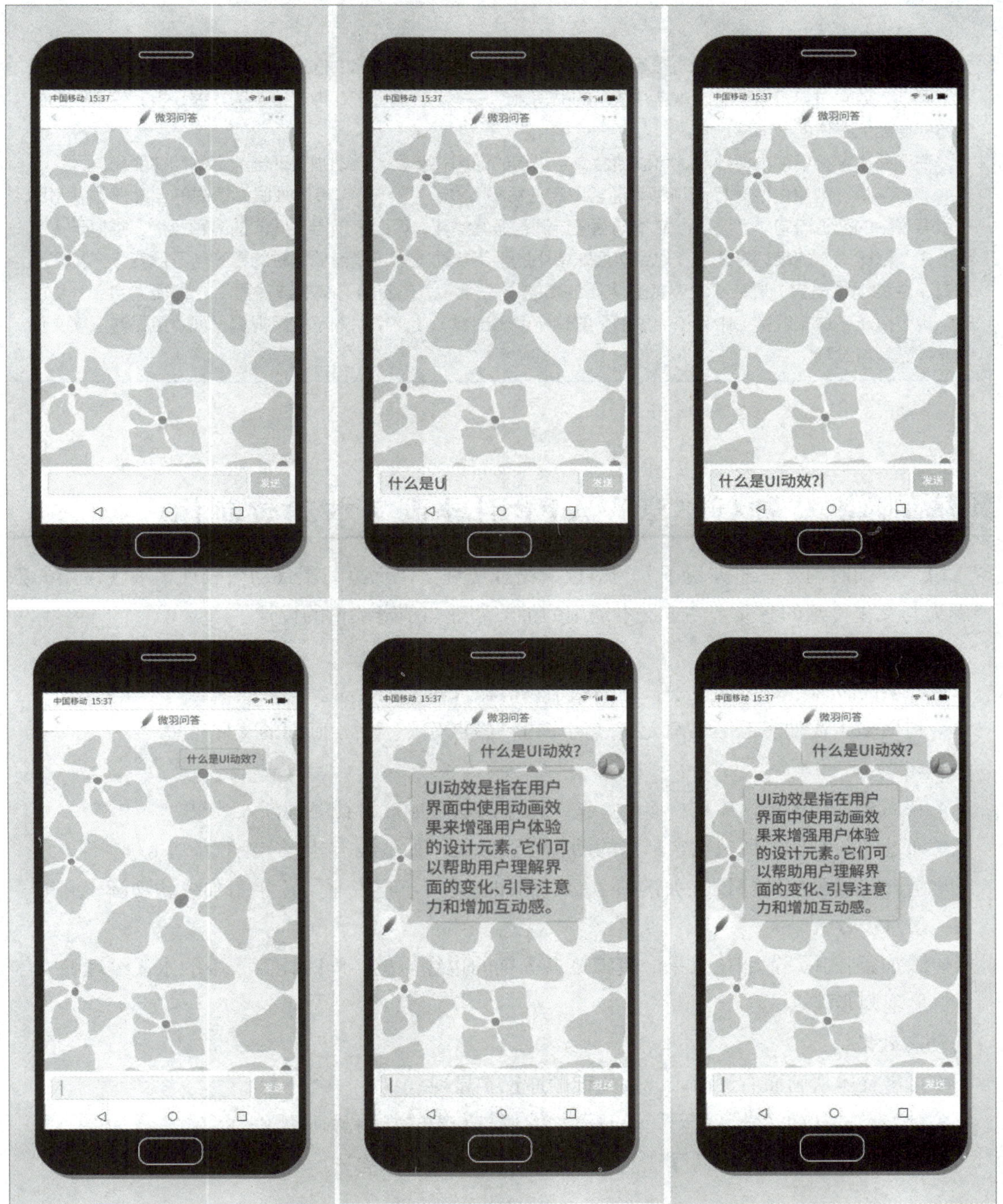

图 7-84　预览效果

课后寄语

字符跳动中的文化血脉

文本动效是文字在屏幕上的动态呈现，每一帧都在传递视觉与文化的信息。当使用动画制作器为汉字设计笔画渐入效果时，可以参考“永字八法”的书写顺序——点、横、竖、撇、捺、钩、提、折，使笔画的出现方式更贴近书法的节奏感。

在调整“字符偏移”参数时，可以结合文字内容的语调和节奏，让动画呈现出一定的韵律变化。

“打字机”效果中的光标闪烁频率通常设定在每秒1.2次，这一节奏接近人眼阅读时的自然停顿，有助于引导观众的视觉流向。“波浪”文本动画通过调整振幅参数，可以表现出不同的情绪和风格，类似于《诗经》中“赋比兴”的表达方式。支付宝年度账单中的毛笔字动效，正是借助笔触的粗细与干湿变化，构建出富有个性的视觉语言，呼应了“字如其人”的传统书写理念。在使用“文本选择器”“路径文字”等功能时，也可以从《说文解字》中“依类象形”的造字逻辑出发，让文字动效不仅是视觉呈现，更是对汉字文化的一种延续与诠释。

课后练习　“知行学堂”APP引导页文本动效制作

以“学而时习之，不亦说乎”为对象，结合传统文化意蕴与现代动效表现，展现汉字的独特魅力与文化传承的意义，注重文本动画的细节处理与节奏韵律的设计。

主体素材：

- “学而时习之，不亦说乎”的书法字，搭配水墨纹理背景。
- 利用AI生成动态毛笔笔画元素（如飞白、墨点等），增强画面的文化意境。

技术要点：

- 利用文本动画预设库重构参数，按“永字八法”顺序设计笔画渐入效果。
- 通过动画制作器调整文字形态的动态变形效果，如基线上升、字距收缩等。
- 结合诗词平仄韵律设置关键帧节奏，例如，为“不亦说乎”逐字添加缓动动画，并配合墨点扩散效果。
- 添加蒙版并设置羽化效果，模拟笔墨晕染的边缘质感，同时让背景中的水墨纹理随文字显现同步淡入。

动态效果：

- 文字整体从画面右侧渐入，按阅读顺序逐字显现。
- 对重点字（如“学”“习”等）添加缩放与发光的强调动画动效。
- 毛笔笔画元素随机穿插浮现，增强画面节奏感与文化韵味。

模块8 蒙版与图形动效

内容概要

蒙版和图形可以为用户界面带来丰富的造型和表现效果。本模块介绍蒙版和图形动效的制作，包括蒙版动效的原理、常规形状和蒙版的创建、自由形状和蒙版的创建、蒙版动效的制作、蒙版混合模式等。掌握这些知识后，可以创建更具特色的UI动效。

学习目标

【知识目标】

- 掌握如何使用工具绘制常规形状和自由形状蒙版。
- 理解蒙版路径、羽化、不透明度和扩展等参数的含义及其动画表现形式。

【能力目标】

- 能熟练使用矩形、椭圆、钢笔等工具创建蒙版。
- 能根据画面风格选择合适的蒙版混合模式，以增强画面层次感与艺术表现力。

【素质目标】

- 在反复调整蒙版路径与羽化参数的过程中，逐渐养成耐心观察、细致打磨的习惯。
- 在面对复杂的多图层蒙版动画任务时，需要不断梳理逻辑、组织资源，锻炼面对复杂问题时的条理性和系统思维能力。

8.1 蒙版的创建

通过遮挡、显示和隐藏不同的元素，蒙版可以让界面呈现更加立体和生动的效果。当蒙版与动效结合时，可以创建更加流畅自然的界面变化效果，从而提升用户体验。本节介绍蒙版的创建。

■8.1.1 认识蒙版

蒙版是一种用于控制图层可见性的工具，可以隐藏和显示图层的部分区域，或通过特殊处理，制造出具有创意的视觉效果。图8-1和图8-2所示为添加蒙版前后的对比效果。

图 8-1 原素材

图 8-2 蒙版效果

After Effects中的蒙版可以分为闭合路径蒙版和开放路径蒙版两种，闭合路径蒙版可以为图层创建透明区域，开放路径蒙版无法为图层创建透明区域，只可用作效果参数。一个图层可以包含多个蒙版，这些蒙版共同作用以决定最终显示的图像轮廓。其中蒙版层决定了可见的图像形状；被蒙版层为蒙版下方的图像层，提供了实际显示的内容。

■8.1.2 蒙版动效原理

通过蒙版制作动效主要是利用蒙版的形状、透明度等属性。通过调整蒙版路径、不透明度等属性实现局部遮罩效果，再结合关键帧生成变化效果，从而制作各种有趣的UI动效，图8-3和图8-4所示为制作的蒙版动效效果。

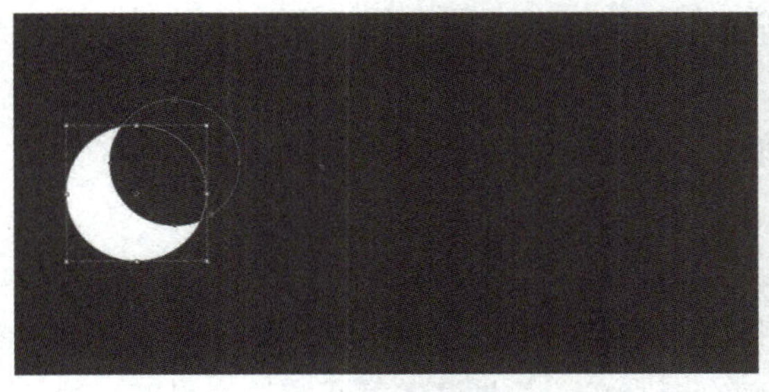

图 8-3 蒙版动效 1

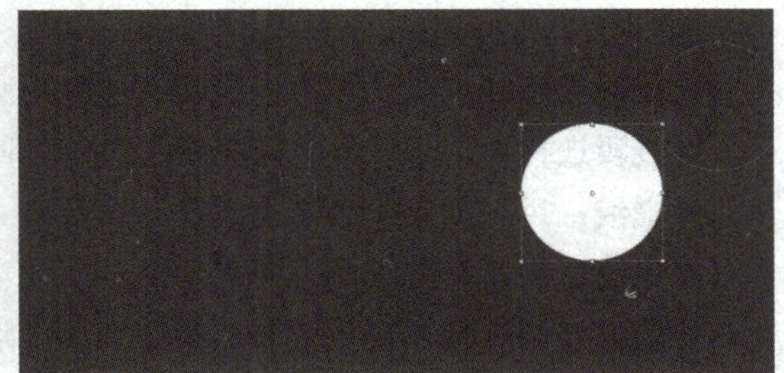

图 8-4 蒙版动效 2

■8.1.3 创建常规形状蒙版

形状工具组中的工具可用于创建常规形状和蒙版，如矩形及矩形蒙版、椭圆及椭圆蒙版等。该工具组中包括矩形工具▢、圆角矩形工具▢、椭圆工具◯、多边形工具⬡和星形工具☆5种工具，长按“工具”面板中的矩形工具即可展开形状工具组，如图8-5所示。下面对这5种工具进行介绍。

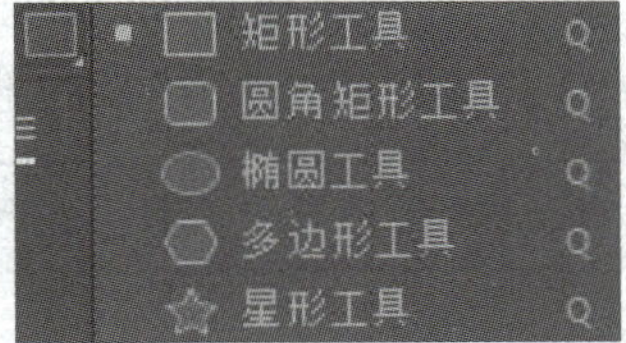

图 8-5 形状工具组

1. 矩形工具

矩形工具可以绘制矩形形状或矩形蒙版。当在一个形状图层上使用矩形工具时，它会在该图层中创建一个形状元素。若希望为形状图层创建蒙版，可以单击“工具”面板中的“工具创建蒙版”▣按钮实现这一操作。若选中图像图层进行绘制，则直接创建蒙版。

在未选中图层的情况下，选中矩形工具，在“工具”面板中设置矩形填充和描边，然后在“合成”面板中按住鼠标左键绘制矩形，如图8-6所示。此时，“时间轴”面板中将出现形状图层，如图8-7所示。在“时间轴”面板或“属性”面板中，可以对已绘制形状的填充、描边等参数进行设置。

图 8-6 绘制矩形

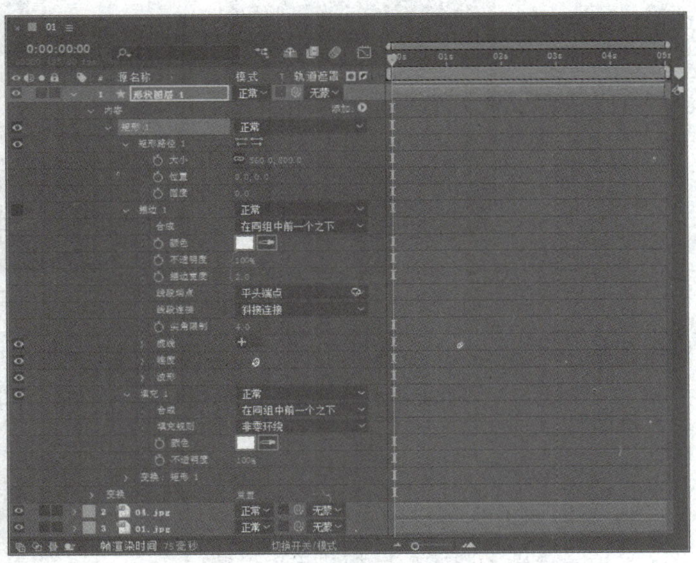

图 8-7 “时间轴”面板中的形状图层

“时间轴”面板中部分形状属性的作用如下所述。

- **线段端点：**用于设置描边线段末端的外观。
- **线段连接：**用于设置路径突然改变方向时描边的外观，即转弯处的外观。
- **虚线：**用于创建虚线描边。
- **锥度：**创建具有锥度的描边效果。
- **填充规则：**用于确定复合路径中哪些区域被视为路径内部，包括奇偶规则和非零环绕规则。根据奇偶规则，从某个点向任意方向画一条直线，如果这条直线穿过边界的次数为奇数，则该点位于路径内部；若为偶数，则位于外部。非零环绕规则则是从某点画一条直线，计算这条直线穿过路径边界的次数（直线穿过路径的自左向右部分的总次数减去直线穿过路径的自右向左部分的总次数），若结果为零，则该点位于路径外部；若不为零，则位于路径内部。

> **提示**：双击“工具”面板中的形状工具，将创建与当前图层等大的形状。

若选中图像图层绘制矩形，将创建矩形蒙版，如图8-8所示。继续绘制可以增加蒙版的范围，如图8-9所示。

图 8-8　矩形蒙版

图 8-9　增加蒙版范围

> **提示**：创建蒙版后，直接使用选择工具移动蒙版将移动整个图层；若在属性组中选中“蒙版”，然后按Ctrl+T组合键，接着使用选择工具进行移动操作，可仅移动蒙版。

2. 圆角矩形工具

圆角矩形工具可以绘制圆角矩形形状或蒙版，其绘制方法与矩形工具相同。图8-10和图8-11所示分别为圆角矩形和圆角矩形蒙版。

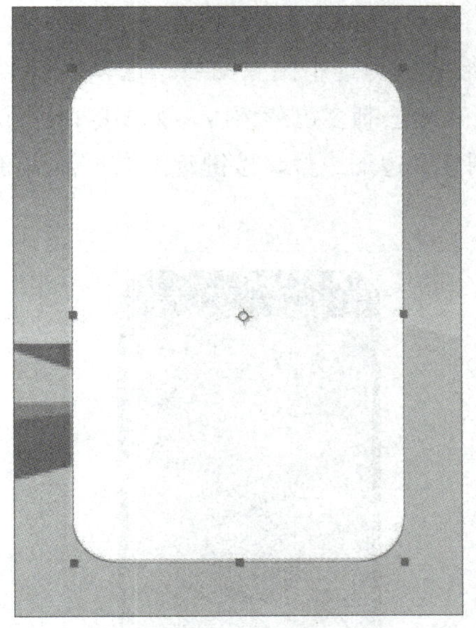
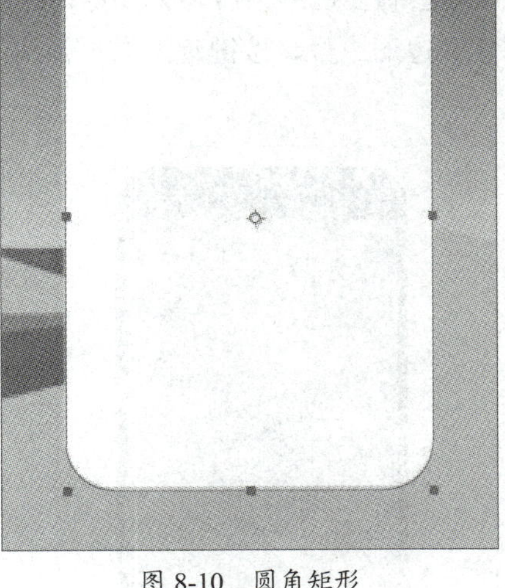

图 8-10 圆角矩形

图 8-11 圆角矩形蒙版

在绘制圆角矩形的过程中，可以通过箭头键调整圆角值。按↑箭头键可以增大圆角值，按↓箭头键可以减少圆角值，按←箭头键可以将圆角值设置为最小值，按→箭头键可以将圆角值设置为最大值。

3. 椭圆工具

椭圆工具可用于绘制椭圆形状或椭圆蒙版。选中图像图层，选择椭圆工具，在“合成”面板中按住鼠标左键拖动，可绘制椭圆蒙版，如图8-12所示。按住Shift键拖动可绘制圆形蒙版，如图8-13所示。

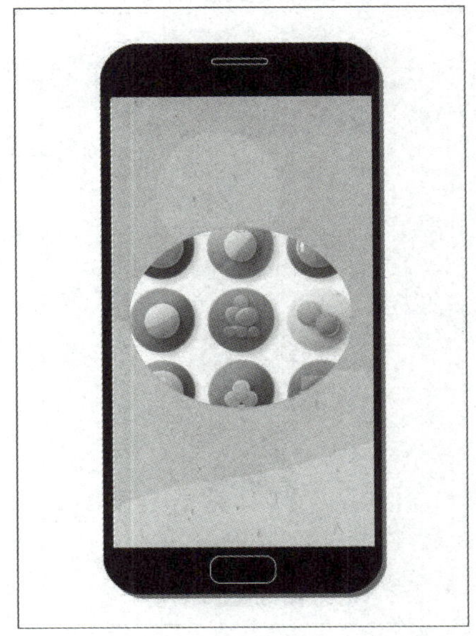

图 8-12 椭圆蒙版

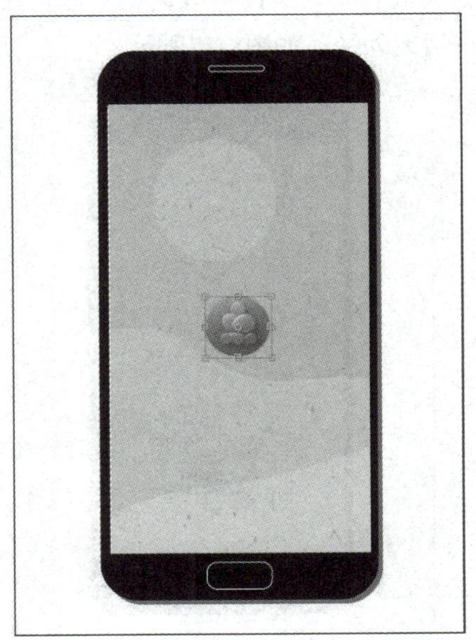

图 8-13 圆形蒙版

4. 多边形工具

多边形工具可用于绘制多边形形状或多边形蒙版。选中图像图层，选择多边形工具，在“合成”面板中按住鼠标左键拖动，将从中心点开始绘制多边形蒙版，如图8-14所示。在绘制过程中，按键盘上的↑箭头键和↓箭头键可以调整多边形边数，按键盘上的←箭头键和→箭头键可以调整多边形外圆度，如图8-15所示。

图 8-14 多边形蒙版

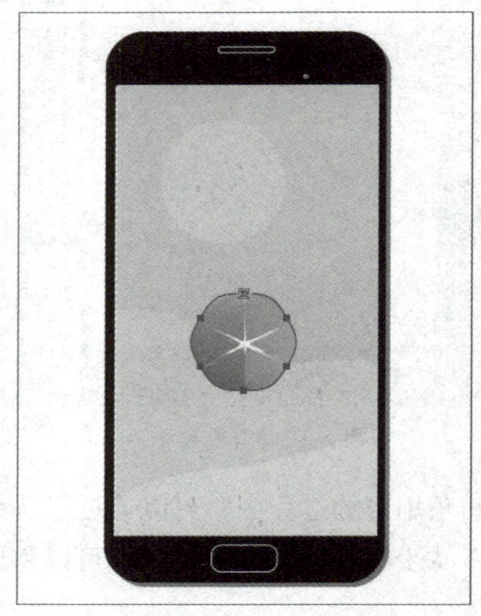
图 8-15 调整多边形蒙版外圆度

5. 星形工具

星形工具可用于绘制星形形状或星形蒙版。选中图像图层，选择星形工具，在“合成”面板中按住鼠标左键拖动，将从中心点开始绘制星形蒙版，如图8-16所示。在绘制过程中，按键盘上的↑箭头键和↓箭头键可以调整星形角数，按住Ctrl键的同时拖动鼠标，将在保持内径不变的情况下增大外径，如图8-17所示。

图 8-16 星形蒙版

图 8-17 调整星形蒙版外径

■8.1.4 创建自由形状蒙版

钢笔工具组中的工具可以创建更加平滑精准的形状或蒙版，如钢笔工具、添加“顶点”工具、转换“顶点”工具等。这些工具能够绘制并精准调整路径，使形状或蒙版的造型更加多样化。下面介绍钢笔工具组中的工具。

1. 钢笔工具

钢笔工具可以绘制不规则的形状或蒙版。选中图像图层，选择钢笔工具，在“合成”面板中单击以创建锚点。按住鼠标左键拖动将创建平滑锚点，创建多个锚点后，在起始锚点处单击以闭合路径，从而创建一个蒙版，如图8-18和图8-19所示。在未选中图层的情况下，使用相同的方法绘制路径将创建形状。

图 8-18　绘制路径

图 8-19　心形蒙版

在绘制形状或蒙版时，按住Ctrl键或Alt键可单独控制锚点一侧的控制杆，以调整路径走向。

2. 添加“顶点”工具

添加“顶点”工具可以在路径上添加锚点，增加路径细节。选择该工具，在蒙版路径上单击可添加锚点，图8-20和图8-21所示为添加并调整锚点前后的对比效果。若光标在锚点上，按住鼠标左键拖动即可移动锚点。

3. 删除“顶点”工具

删除“顶点”工具与添加“顶点”工具的作用截然相反，它可以删除锚点。选择该工具，在锚点上单击即可将其删除。

4. 转换“顶点”工具

转换“顶点”工具可以将顶点的类型转换为硬转角或平滑锚点。选择该工具后，在锚点上单击即可进行转换，图8-22和图8-23所示为转换前后的对比效果。

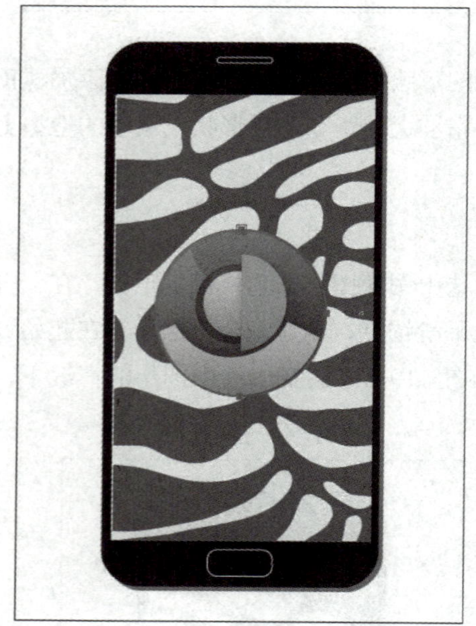
图 8-20　圆形蒙版

图 8-21　添加锚点后的效果

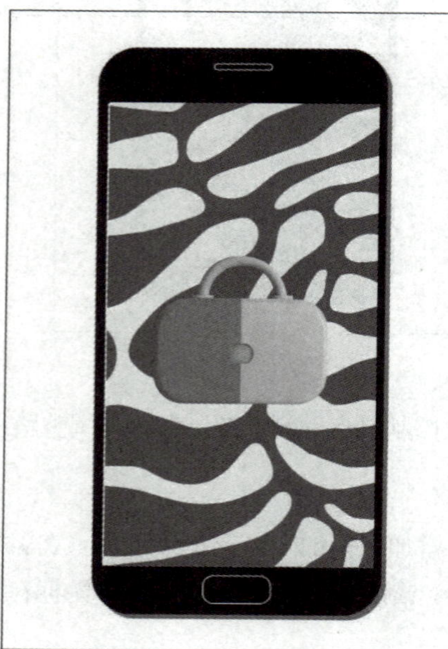
图 8-22　原蒙版

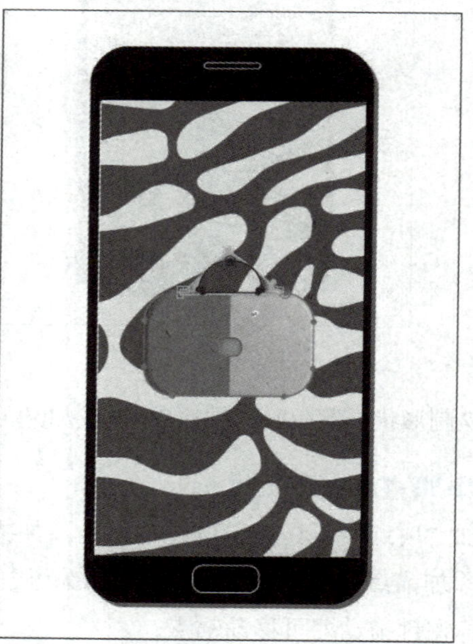
图 8-23　转换顶点后的效果

提示：在有平滑锚点的路径上单击可添加平滑锚点，在蒙版路径上按住鼠标左键拖动，则可创建平滑锚点。在两侧都是硬转角的路径上单击可添加硬转角。

5. 蒙版羽化工具

蒙版羽化工具可以柔化蒙版边缘。选择该工具，拖动蒙版路径上的锚点，将创建向内或向外的羽化效果，图8-24和图8-25所示分别为向内羽化和向外羽化的效果。

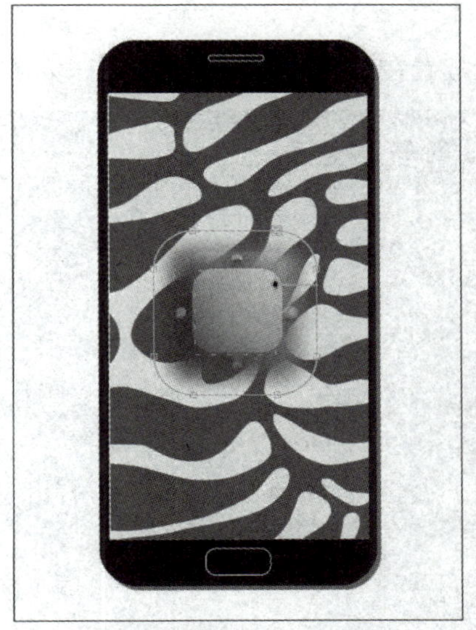

图 8-24 向内羽化蒙版

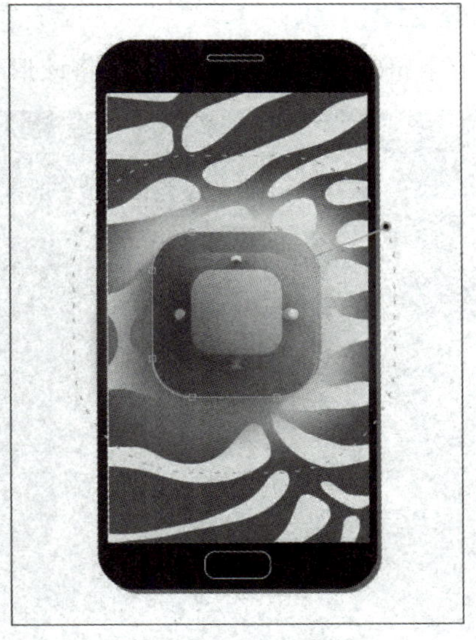

图 8-25 向外羽化蒙版

> ❗ **提示**：在"工具"面板中，橡皮擦工具可以擦除当前图层的部分内容，从而显出下层图像的内容。选择该工具后，可以在"画笔"面板和"绘画"面板中设置画笔的参数，然后在"图层"面板中拖动鼠标执行擦除操作。

■8.1.5 从文本创建形状和蒙版

After Effects支持从文本创建形状和蒙版。选中"时间轴"面板中的文本图层，右击鼠标，在弹出的快捷菜单中执行"创建"命令，在其子菜单中，执行"从文字创建形状"或"从文字创建蒙版"命令即可，如图8-26所示。

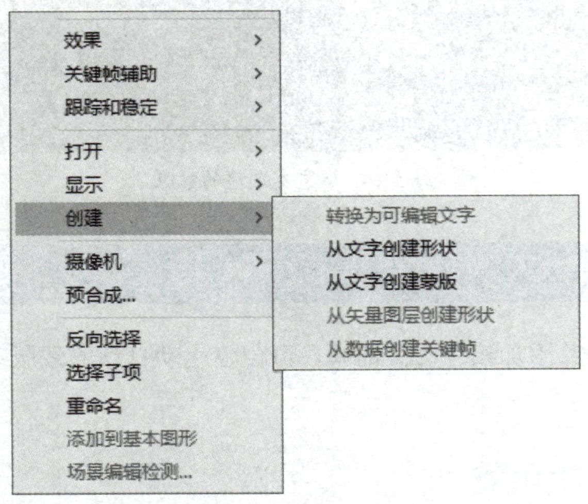

图 8-26 "创建"子菜单

这两种命令都会保留原文本图层，其作用如下所述。

1. 从文本创建形状

提取每个字符的轮廓创建形状，并将该形状放置在一个新的形状图层上，如图8-27所示。

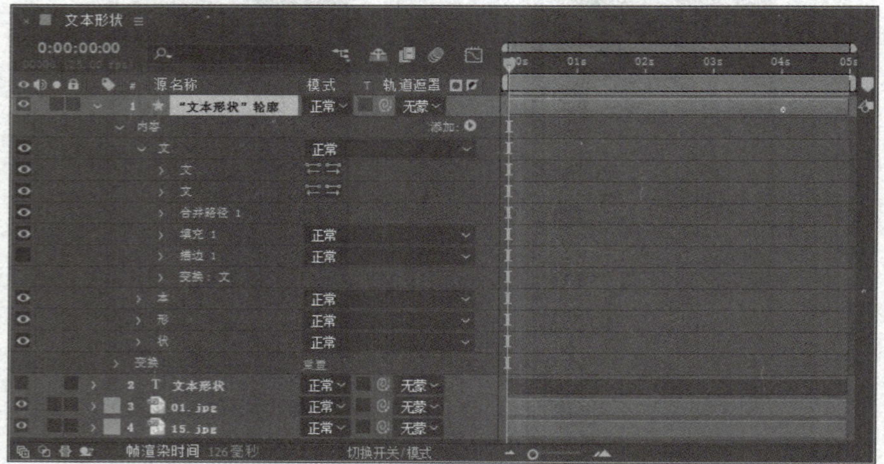

图 8-27　从文本创建的形状

2. 从文本创建蒙版

提取每个字符的轮廓创建蒙版，并将该蒙版放置在一个新的纯色图层上，如图8-28所示。

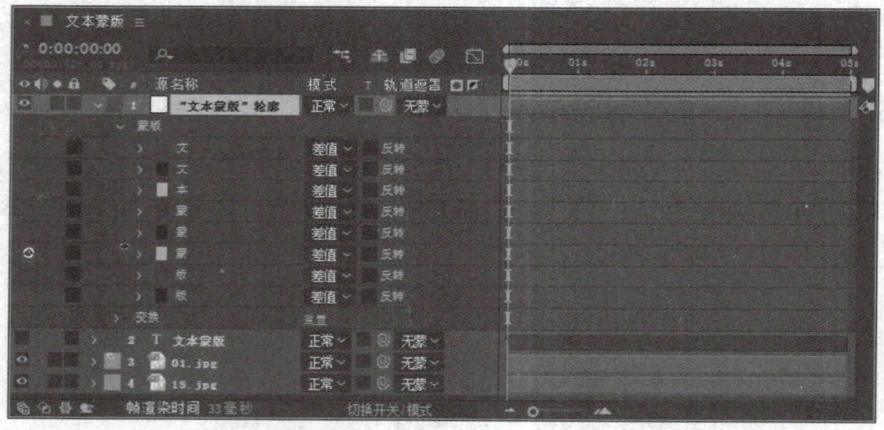

图 8-28　从文本创建的蒙版

8.2　蒙版动效

通过调整蒙版属性并添加相应的关键帧，可创建生动自然的蒙版动效，使界面更具吸引力。本节介绍蒙版动效。

■8.2.1　蒙版路径动效

蒙版路径影响着蒙版的形状，通过移动、增加或减少蒙版路径上的控制点可以改变蒙版路径，图8-29和图8-30所示为调整蒙版路径前后的效果。

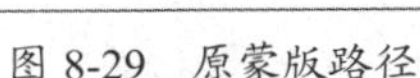

图 8-29 原蒙版路径

图 8-30 调整后蒙版路径的效果

通过为“蒙版路径”属性添加关键帧，可创建蒙版形状变化的动效，如图8-31所示。

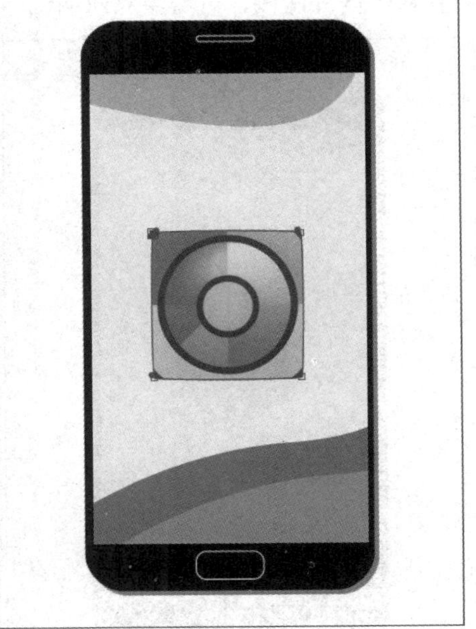

图 8-31 蒙版路径变化动效

单击“蒙版路径”属性右侧的“形状...”文本，如图8-32所示。在打开的“蒙版形状”对话框中，可以通过“定界框”参数确定蒙版路径距离合成四周的位置，从而实现对蒙版路径的拉升，还可以将蒙版路径重置为矩形或椭圆，如图8-33所示。

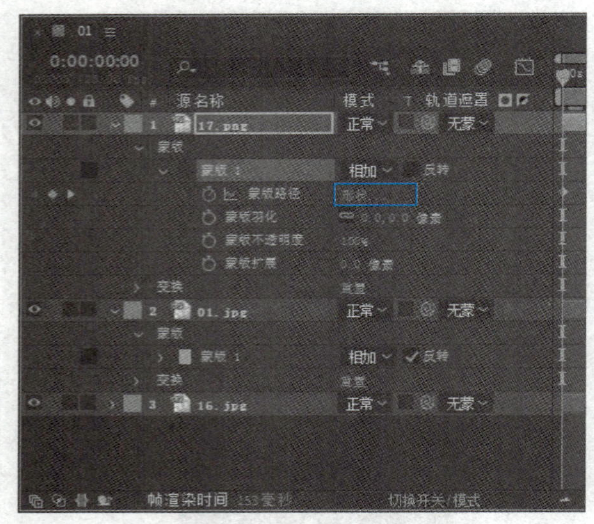
图 8-32　单击“形状 ...”文本

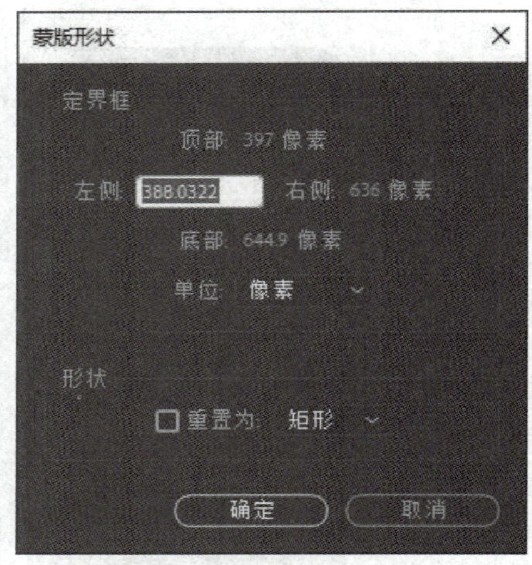

图 8-33　“蒙版形状”对话框

■8.2.2　蒙版羽化动效

与蒙版羽化工具类似，“蒙版羽化”属性也可以柔化蒙版的边缘，制作出边缘虚化的效果。两者的不同之处在于，蒙版羽化工具可以控制向内或向外的羽化方向，而“蒙版羽化”属性则同时作用于内外两侧，可实现双向羽化，图8-34和图8-35所示为羽化前后的效果。

图 8-34　原蒙版

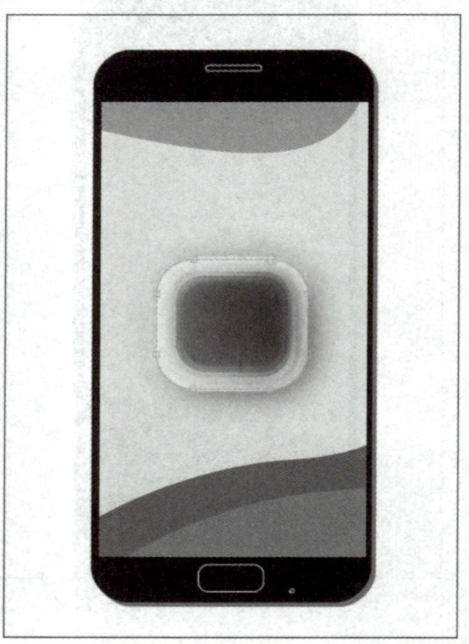
图 8-35　羽化效果

“蒙版羽化”属性包括水平方向和垂直方向两个属性值，取消“约束比例”，还可以制作水平或垂直方向的羽化效果，如图8-36和图8-37所示。

图 8-36　水平羽化效果

图 8-37　垂直羽化效果

取消“约束比例”后，添加关键帧，还可以制作从水平方向羽化至垂直方向羽化的变化动效，如图8-38所示。

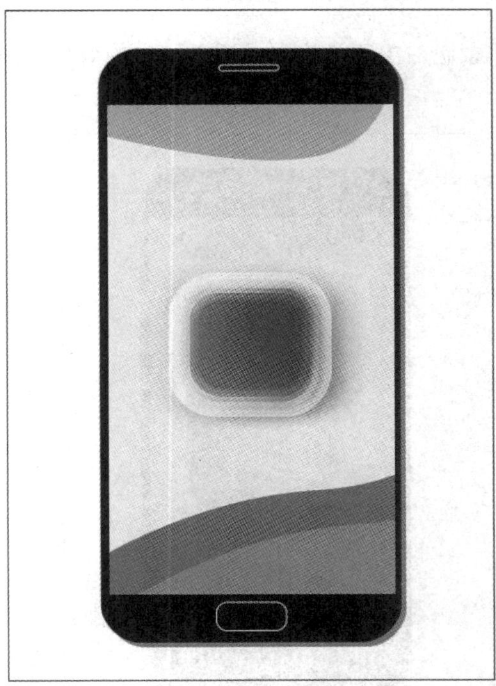

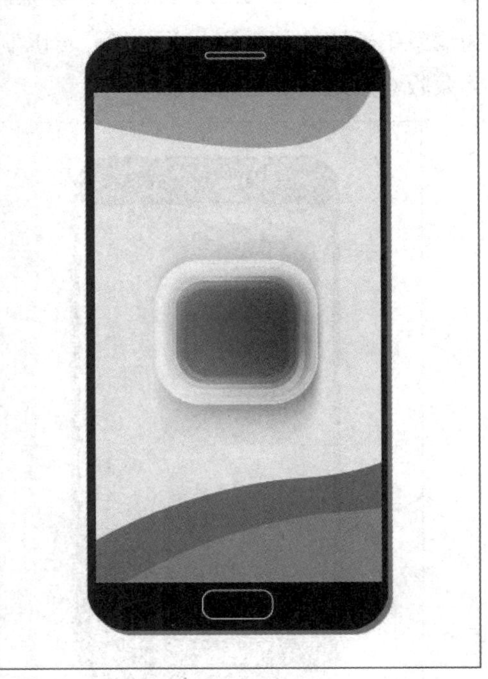

图 8-38　羽化方向变化的动效

■8.2.3 蒙版不透明度动效

创建蒙版后，默认情况下，蒙版区域内图像会100%完全显示，而蒙版外的图像则完全不显示（即0%显示）。通过调整“蒙版不透明度”属性可以改变蒙版内区域图像的不透明度。图8-39和图8-40所示为调整蒙版不透明度前后的对比效果。

图 8-39 原蒙版

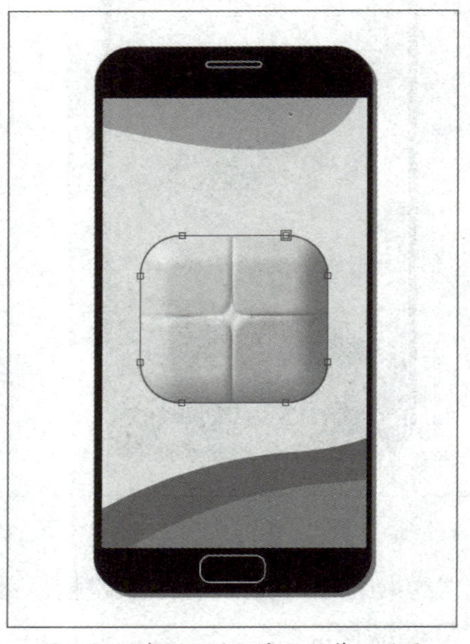

图 8-40 降低不透明度后的蒙版效果

为蒙版不透明度属性添加关键帧，可以制作蒙版对象逐渐出现或逐渐消失的效果。图8-41所示为蒙版对象逐渐出现的动效。

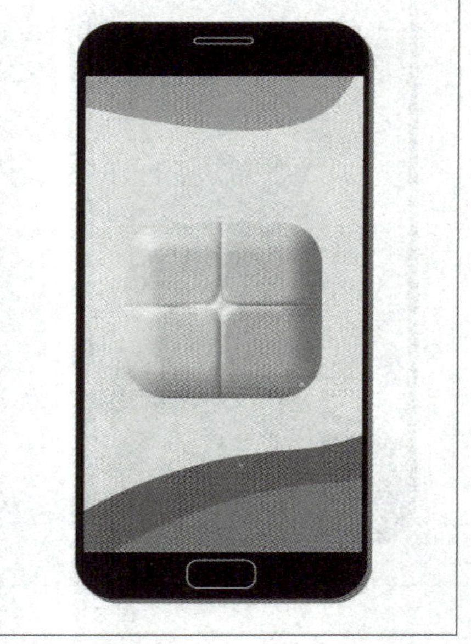

图 8-41 蒙版对象逐渐出现的动效

■8.2.4 蒙版扩展动效

“蒙版扩展”属性可以扩展或收缩蒙版区域的范围，当属性值为正值时，将在原蒙版的基础上进行扩展，如图8-42所示；当属性值为负值时，将在原蒙版的基础上进行收缩，如图8-43所示。

图 8-42 扩展蒙版

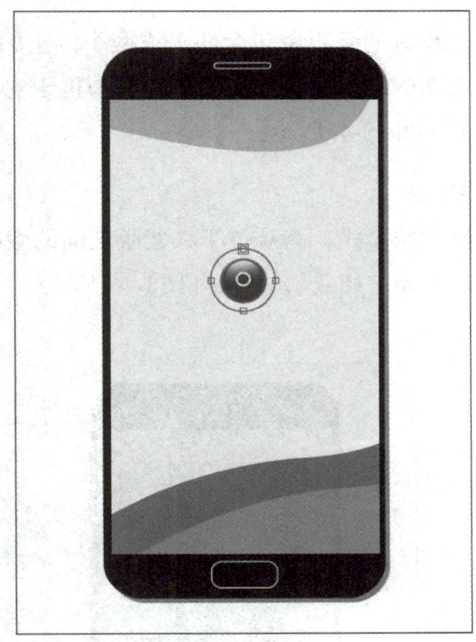

图 8-43 收缩蒙版

❗ **提示**：蒙版扩展本质上是一个偏移量，不会影响蒙版路径。

8.3 蒙版混合模式

蒙版混合模式可以控制图层中蒙版间的交互效果，创建具有多个透明区域的复杂复合蒙版。蒙版的混合模式默认为“相加”，如图8-44所示。

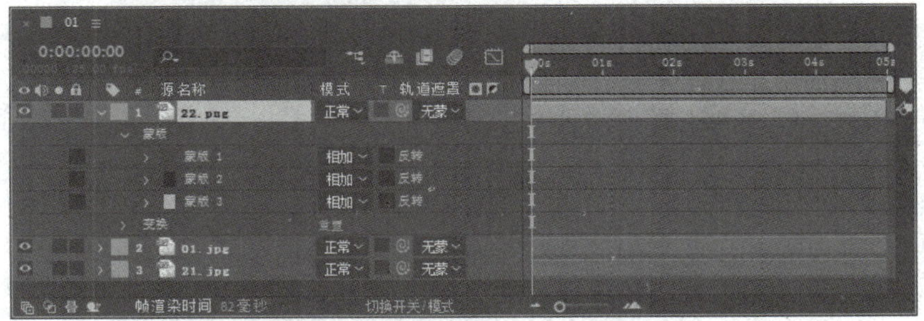

图 8-44 默认的蒙版混合模式

各蒙版混合模式的作用如下所述。

1. 无

选择此模式，路径不起蒙版的作用，而是单纯作为一条路径存在。

2. 相加

如果绘制的蒙版中包含两个或两个以上的图形，相加模式可将当前蒙版添加到堆积顺序位于它上面的蒙版中，蒙版的影响将与位于它上面的蒙版累加。设置蒙版2的混合模式为“相加”，效果如图8-45所示。

3. 相减

选择相减模式，将从位于该蒙版上面的蒙版中减去其影响，创建镂空的效果。设置蒙版2的混合模式为“相减”，效果如图8-46所示。

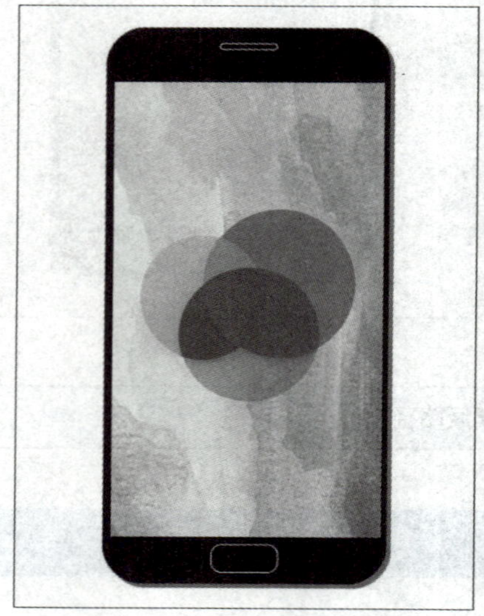

图 8-45　相加模式的效果

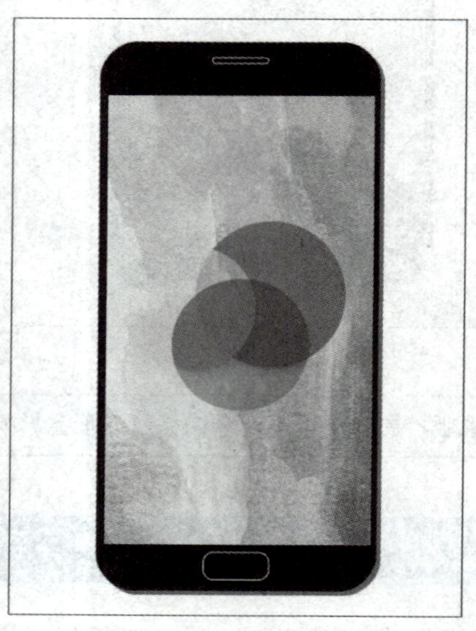

图 8-46　相减模式的效果

4. 交集

该模式下，当前蒙版会与它上面的蒙版进行叠加。在两个蒙版的重叠区域，下方蒙版的效果将与上方蒙版的效果相结合，在不重叠的区域，下方蒙版则完全不受任何影响。设置蒙版2的混合模式为“交集”，效果如图8-47所示。

5. 变亮

变亮模式在可视范围内与“相加”模式相同，但在重叠区域的不透明度处理上，会采用不透明度较高的值。设置蒙版2的混合模式为“变亮”，效果如图8-48所示。

6. 变暗

变暗模式在可视范围内与“相减”模式相同，但在重叠区域的不透明度处理上，会采用不透明度较低的值。设置蒙版2的混合模式为“变暗”，效果如图8-49所示。

7. 差值

该模式下，当前蒙版会与它上方的蒙版进行叠加。在两个蒙版不重叠的区域中，将应用该蒙版，就如同图层上仅存在这一个蒙版一样。在重叠的区域中，该蒙版的影响会被上方蒙版抵消。设置蒙版2的混合模式为“差值”，效果如图8-50所示。

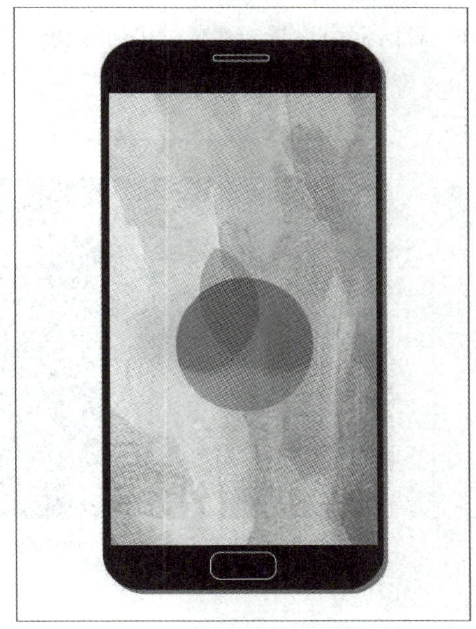

图 8-47　交集模式的效果

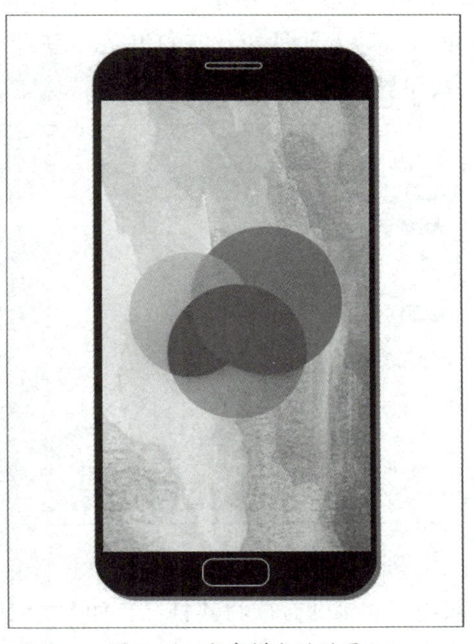

图 8-48　变亮模式的效果

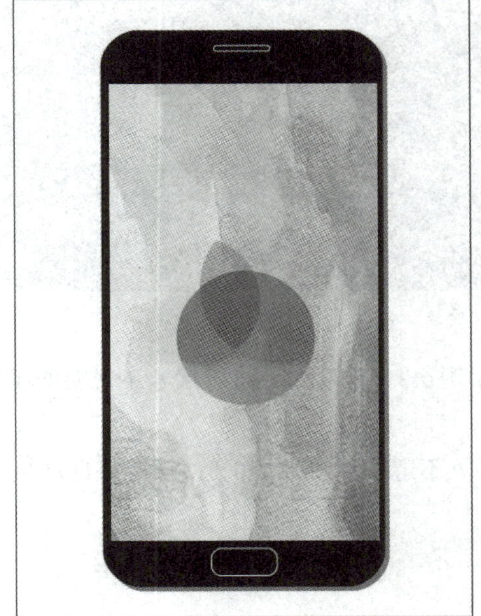

图 8-49　变暗模式的效果

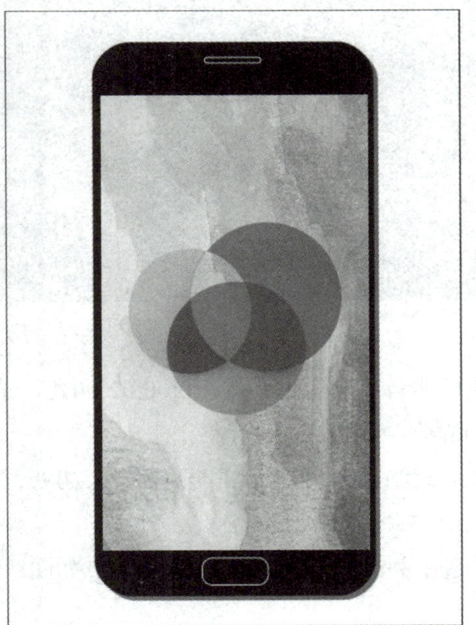

图 8-50　差值模式的效果

案例实操 登录界面动效

UI动效不仅可以丰富界面，还能通过提供反馈和引导用户操作提升用户的参与感和满意度。本案例通过蒙版和图形制作登录界面动效。

扫码观看视频

步骤01 新建After Effects项目，按Ctrl+I组合键打开“导入文件”对话框，选择要导入的PSD文件，如图8-51所示。

步骤02 单击“导入”按钮，在打开的“登录.psd”对话框中设置参数，如图8-52所示。单击“确定”按钮导入PSD文档。

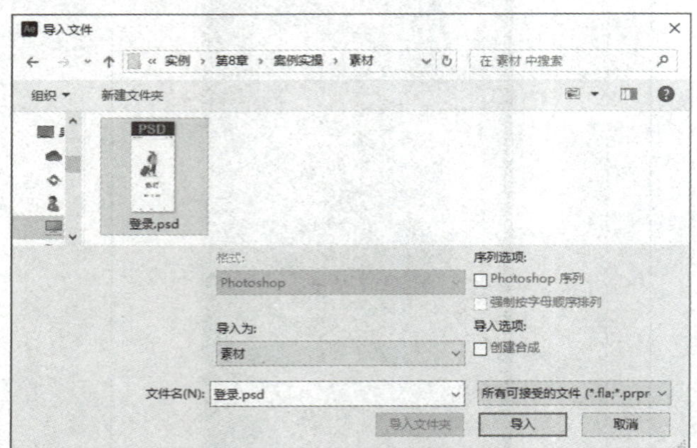

图 8-51 “导入文件”对话框

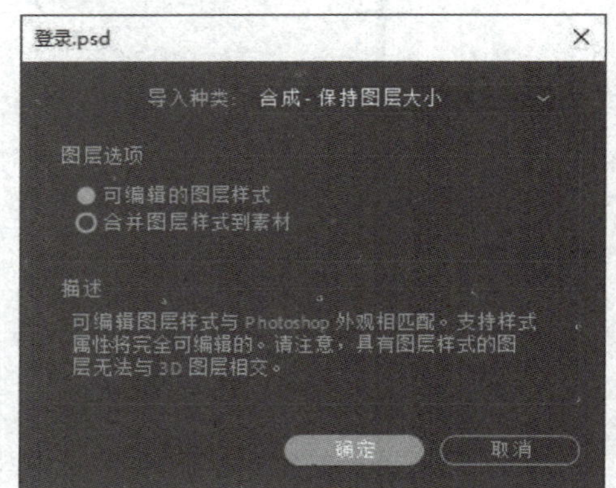

图 8-52 “登录.psd”对话框

步骤03 双击“登录”合成将其打开，如图8-53所示。

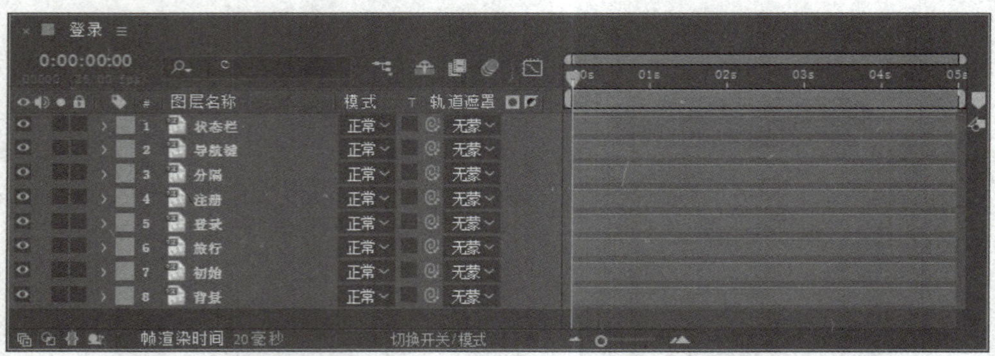

图 8-53 打开“登录”合成

步骤04 移动当前时间指示器至0:00:02:00处，选中图层3～图层6，按T键展开不透明度属性，并激活关键帧，如图8-54所示。

步骤05 移动当前时间指示器至0:00:02:20处，更改不透明度参数为0%，软件将自动生成关键帧，如图8-55所示。

步骤06 选中关键帧，按F9键创建缓动，如图8-56所示。

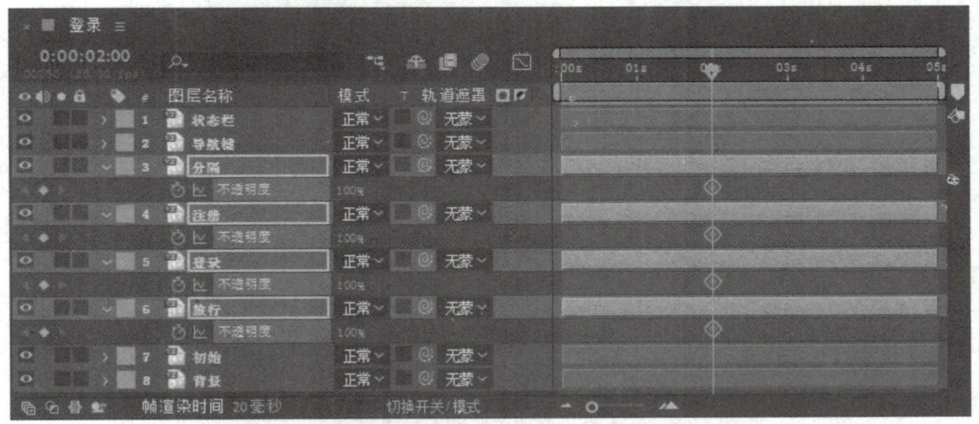

图 8-54　激活不透明度关键帧

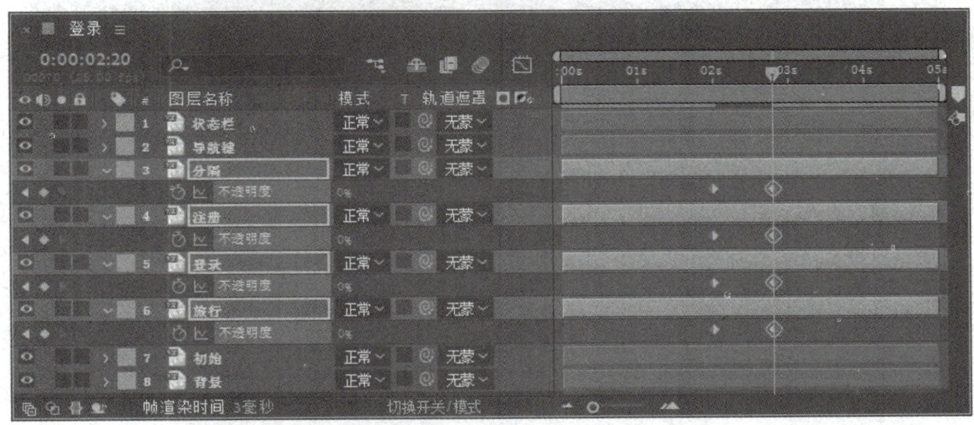

图 8-55　更改不透明度添加关键帧

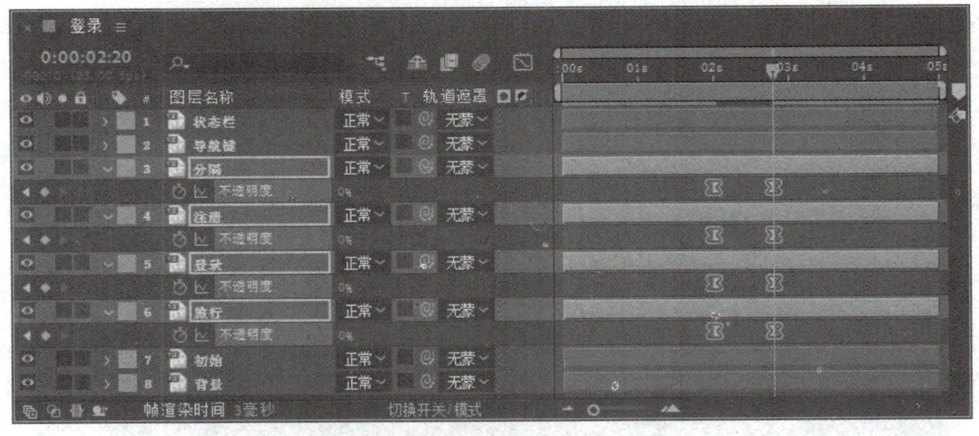

图 8-56　创建关键帧缓动

步骤07 选中“初始”图层，在0:00:02:00处激活其位置和缩放关键帧，如图8-57所示。

步骤08 移动当前时间指示器至0:00:02:20处，设置位置参数为“360.0,340.0”，缩放参数为“50.0,50.0%”，软件将自动生成关键帧，如图8-58所示。

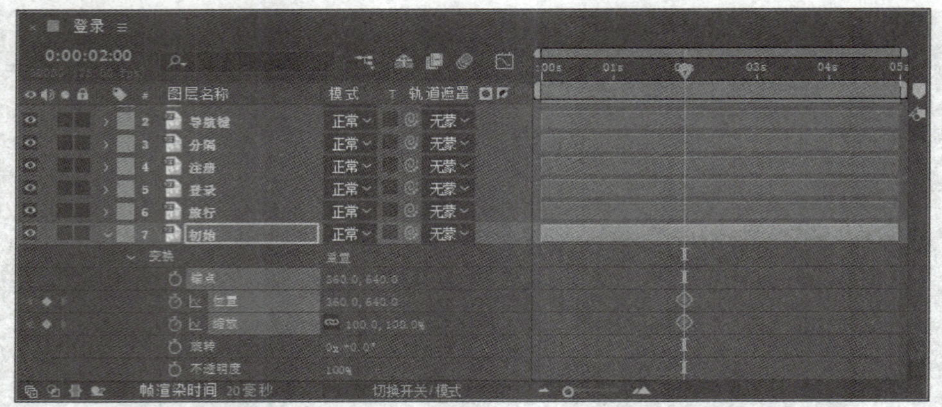

图 8-57　激活位置和缩放关键帧

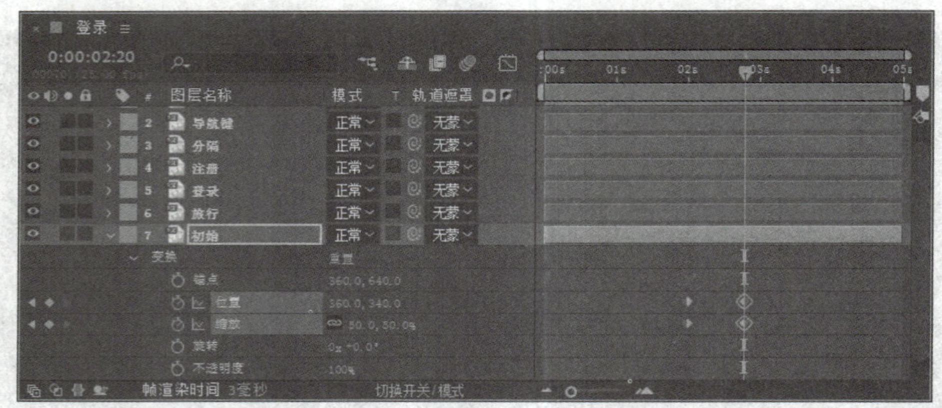

图 8-58　设置位置和缩放属性并添加关键帧

步骤09 选中关键帧，按F9键创建缓动，单击“时间轴”面板中的“图表编辑器”按钮，切换至图表编辑器，调整速率图表，如图8-59所示。再次单击“图表编辑器”按钮，返回原时间轴。

图 8-59　调整速率图表

步骤10 选中“初始”图层，移动当前时间指示器至0:00:02:20处，选择椭圆工具，按住Shift键绘制圆形蒙版，如图8-60所示。

步骤 11 选中“时间轴”面板中“初始”图层中的“蒙版1”属性组，激活“蒙版路径”关键帧，按Ctrl+T组合键进入自由变换状态，将圆形蒙版旋转45°，如图8-61所示。

步骤 12 移动当前时间指示器至0:00:02:00处，选择转换“顶点”工具，在蒙版路径的顶点处单击进行转换，如图8-62所示。

图 8-60 圆形蒙版

图 8-61 旋转蒙版

图 8-62 转换顶点

步骤 13 软件将自动生成关键帧，如图8-63所示。

步骤 14 选中“蒙版1”属性组，按Ctrl+T组合键进入自由变换状态，在“合成”面板中调整蒙版路径大小，如图8-64所示。

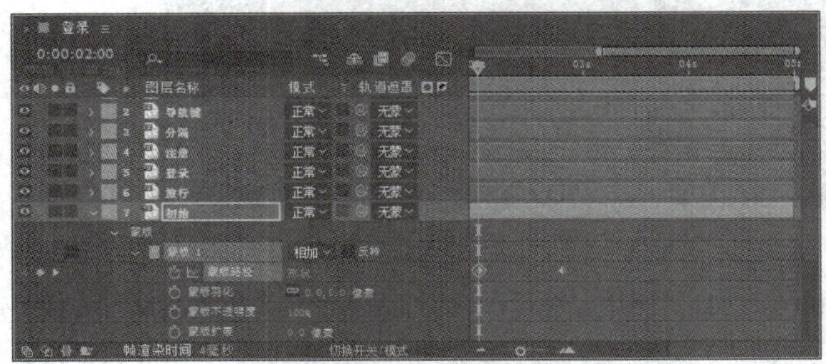

图 8-63 自动生成关键帧

图 8-64 调整蒙版路径大小

步骤 15 按空格键，在“合成”面板中预览效果，如图8-65所示。

图 8-65 预览效果

步骤16 选中蒙版路径中的关键帧，按F9键创建缓动，单击“时间轴”面板中的“图表编辑器”按钮，切换至图表编辑器，调整速率图表，如图8-66所示。再次单击“图表编辑器”按钮，返回原时间轴。

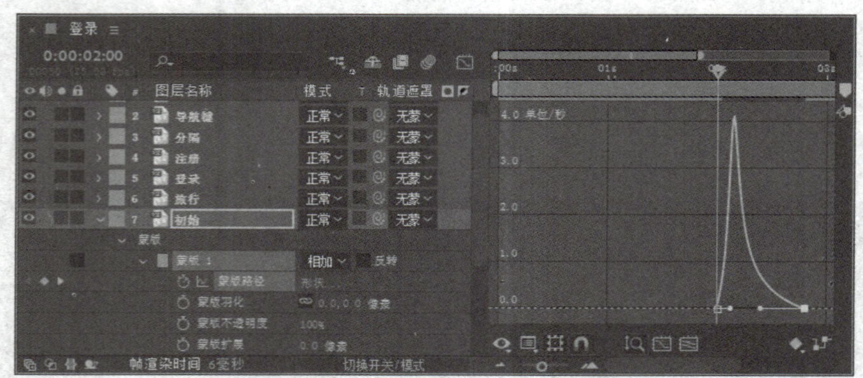

图 8-66 调整速率图表

步骤17 移动当前时间指示器至0:00:01:20处，选中“登录”图层，按S键展开缩放属性，并激活关键帧；移动当前时间指示器至0:00:01:15处，设置缩放参数为“96.0,96.0%”，添加关键帧；移动当前时间指示器至0:00:01:10处，设置缩放属性参数为“100.0,100.0%”，添加关键帧，如图8-67所示。

步骤18 选中关键帧，按F9键创建缓动，如图8-68所示。

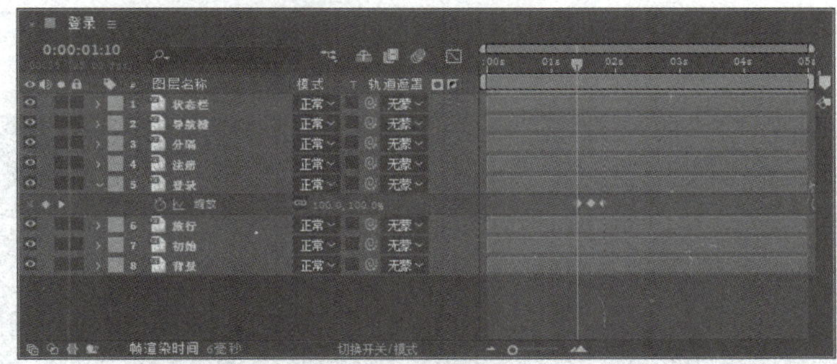

图 8-67 设置缩放关键帧

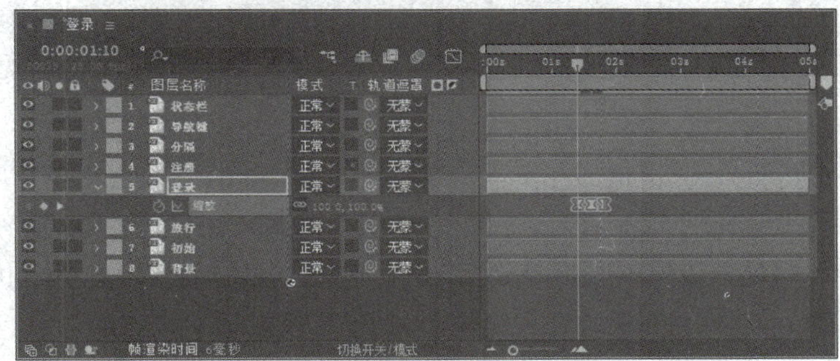

图 8-68 创建关键帧缓动

步骤 19 取消选择任何对象，选择椭圆工具，在“工具”面板中设置填充为黑色，描边为无，按住Shift键在“合成”面板中绘制圆形，如图8-69所示。

步骤 20 选中图层，执行“图层”→“时间”→“时间伸缩”命令，打开“时间延长”对话框，设置持续时间，如图8-70所示。完成后单击“确定”按钮。

图 8-69 绘制圆形

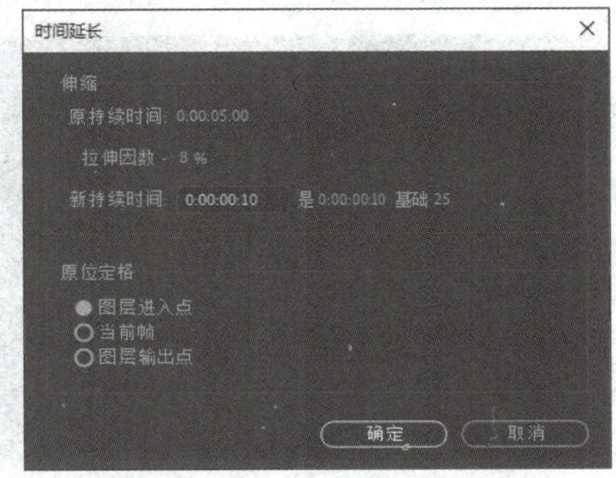

图 8-70 调整持续时间

步骤21 在“时间轴”面板中，将形状图层重命名为“点击”，将其移至“登录”图层上方并调整位置，如图8-71所示。

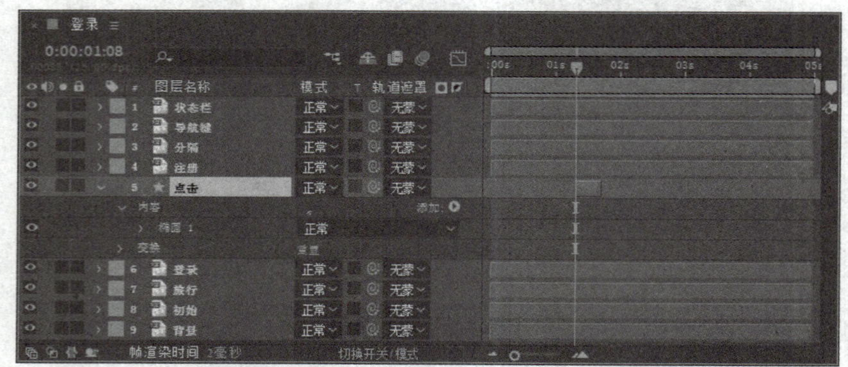

图 8-71　重命名图层并移动其位置

步骤22 选中“点击”图层，按T键展开不透明度属性，在0:00:01:08处激活不透明度关键帧，并设置参数为0%；移动当前时间指示器至0:00:01:10处，设置不透明度参数为20%；移动当前时间指示器至0:00:01:17处，设置不透明度参数为0%；移动当前时间指示器至0:00:01:15处，设置不透明度参数为20%，软件将自动添加关键帧，如图8-72所示。

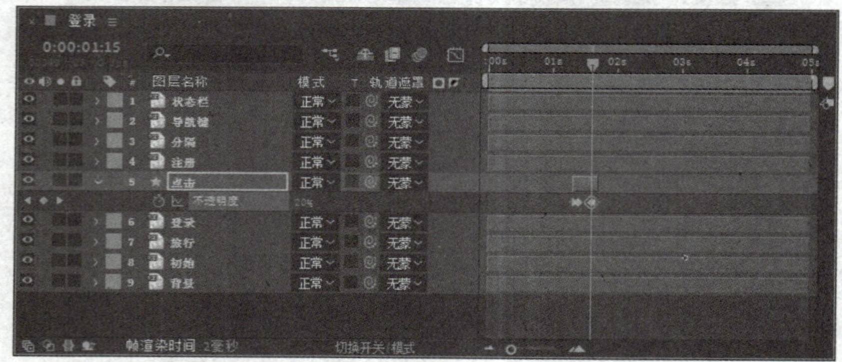

图 8-72　添加不透明度关键帧

步骤23 选中关键帧，按F9键创建缓动，如图8-73所示。

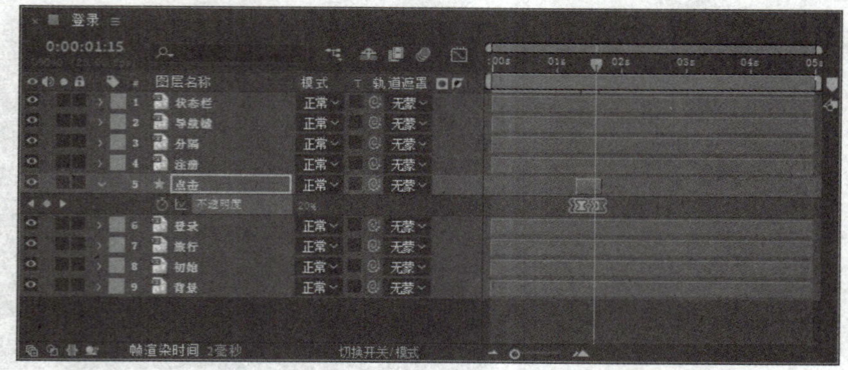

图 8-73　创建关键帧缓动

步骤24 取消选择任何对象，使用矩形工具在“合成”面板中绘制白色矩形，如图8-74所示。

步骤25 选中矩形所在的形状图层，执行“效果”→“扭曲”→“湍流置换”命令，添加湍流置换效果，在“效果控件”面板中设置参数，如图8-75所示。

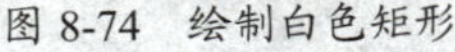
图 8-74 绘制白色矩形

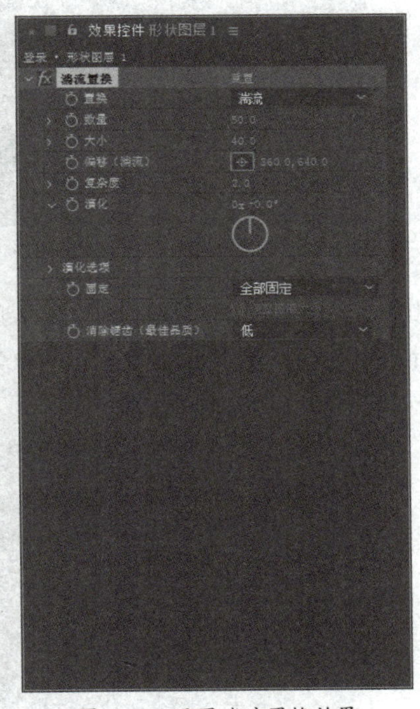

图 8-75 设置湍流置换效果

步骤26 移动当前时间指示器至0:00:00:00处，激活“演化”属性的关键帧，在“时间轴”面板中，将形状图层重命名为“波浪”，按U键展开演化属性，并添加关键帧，如图8-76所示。

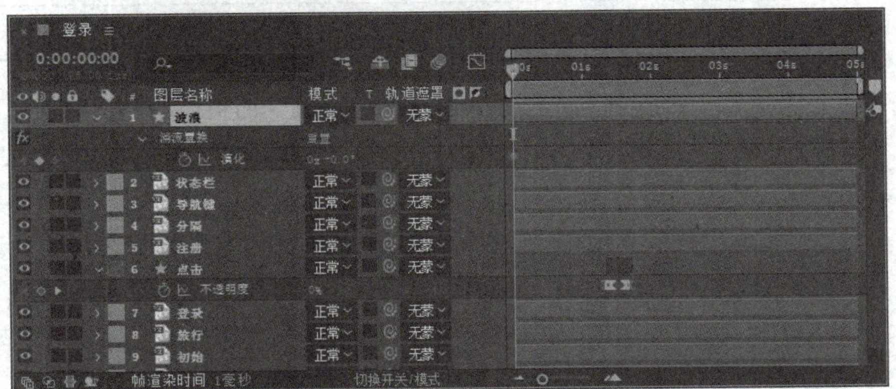

图 8-76 重命名图层并添加演化关键帧

步骤27 移动当前时间指示器至0:00:04:24处，更改“演化”属性参数为“5× +0.0°”，软件将自动生成关键帧，选中关键帧，按F9键创建缓动，如图8-77所示。

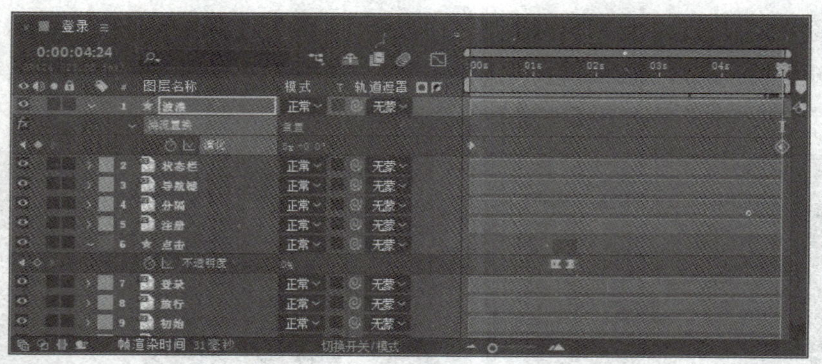

图 8-77　添加演化关键帧并创建缓动

步骤28 展开“波浪”图层的“变换”属性组，设置不透明度参数为80%，并在0:00:02:20处激活位置关键帧。移动当前时间指示器至0:00:02:00处，更改位置属性参数为“346.0,1460.0”，软件将自动添加关键帧，如图8-78所示。

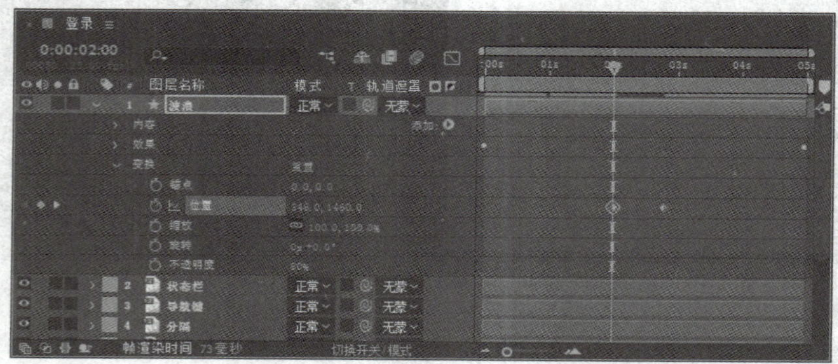

图 8-78　添加不透明度和位置关键帧

提示：0:00:02:00处的位置属性参数可根据绘制的矩形大小确定，使其完全下移出画面即可。

步骤29 选中位置关键帧，按F9键创建缓动，单击“时间轴”面板中的“图表编辑器”按钮，切换至图表编辑器，调整速率图表，如图8-79所示。再次单击“图表编辑器”按钮，返回原时间轴。

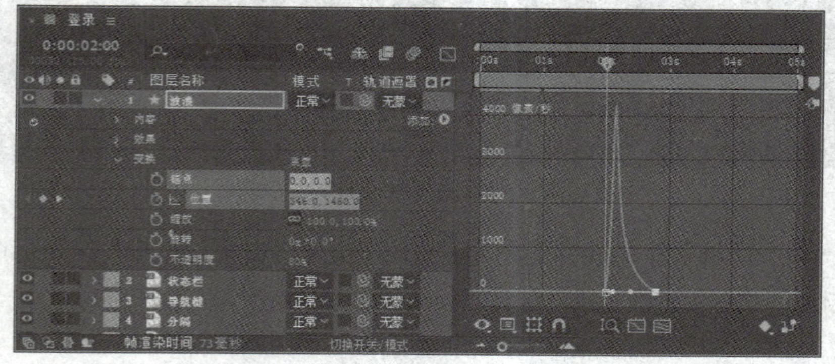

图 8-79　调整速率图表

步骤30 选中“波浪”图层，按Ctrl+D组合键复制，得到“波浪2”图层，设置0:00:00:00处的“演化”参数为“0×+180.0°”，0:00:04:24处的“演化”参数为“5×+180.0°”，如图8-80所示。

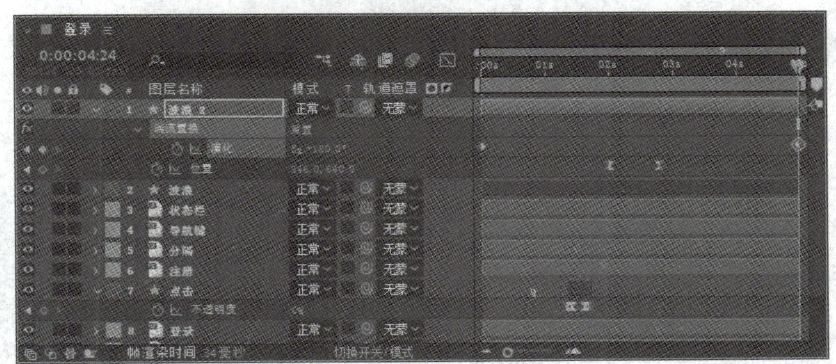

图 8-80 调整演化关键帧的参数

步骤31 移动当前时间指示器至0:00:02:20处，取消选择任何对象，使用矩形工具绘制矩形，设置填充为无，描边与背景颜色一致，如图8-81所示。

步骤32 选中矩形所在的图层，按Ctrl+D组合键复制，在“合成”面板中调整位置，如图8-82所示。继续复制图层并调整位置，在“属性”面板中设置填充颜色与背景颜色一致，描边为无，效果如图8-83所示。

图 8-81 绘制矩形

图 8-82 复制矩形并调整

图 8-83 复制矩形的效果

步骤33 使用文本工具，在“合成”面板中输入文本，效果如图8-84所示。

步骤34 使用矩形工具绘制矩形，如图8-85所示。

步骤35 选中“账号”文本图层和其对应的矩形所在的形状图层，右击鼠标，在弹出的快捷菜单中执行“预合成”命令，在打开的“预合成”对话框中设置参数，如图8-86所示。

图 8-84　输入文本的效果

图 8-85　绘制矩形

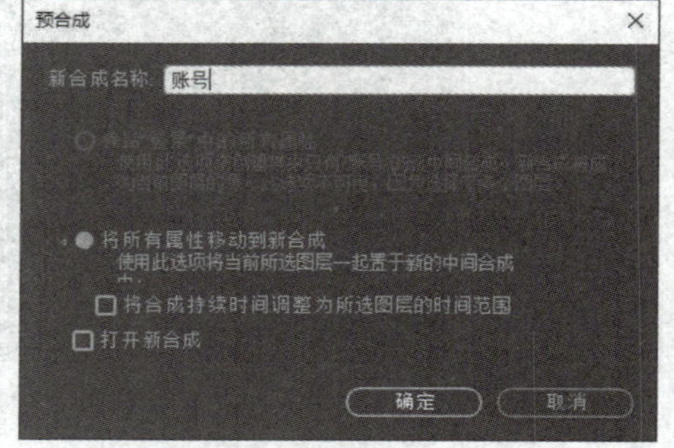

图 8-86　“预合成”对话框

步骤36 单击“确定”按钮创建预合成，如图8-87所示。

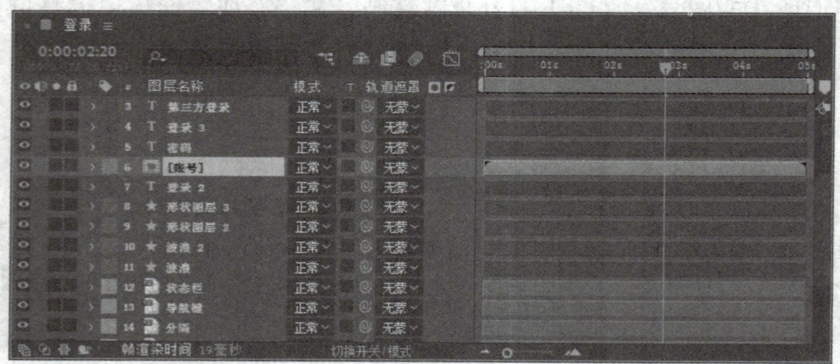

图 8-87　创建的预合成 1

步骤37 使用相同的方法，将“密码”文本图层和其对应的矩形所在的形状图层创建为“密码”预合成图层，将“登录3”文本图层和其对应的矩形所在的形状图层创建为“登录按钮”预合成图层，将“第三方登录”文本图层和其对应的矩形所在的形状图层创建为“第三方登录”预合成图层，如图8-88所示。

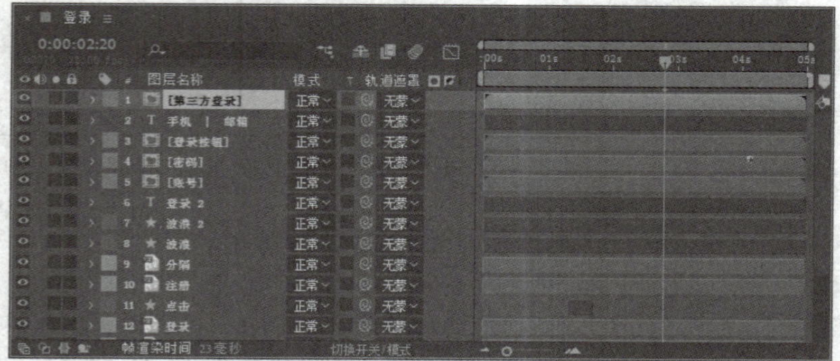

图 8-88　创建的预合成 2

步骤38 选中最上方的6个图层，按P键展开位置属性，在0:00:02:20处激活“位置”属性关键帧，如图8-89所示。

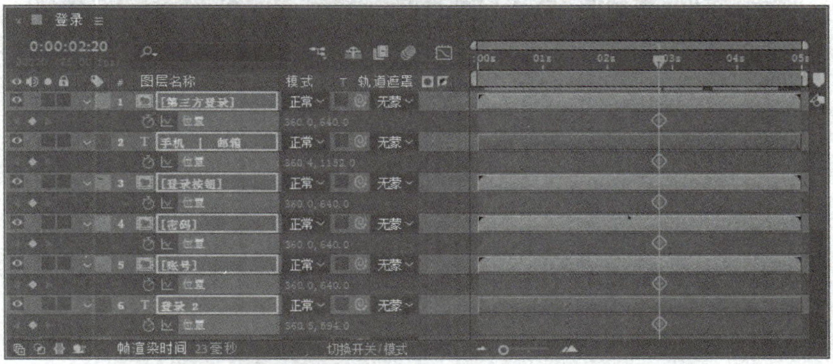

图 8-89 激活“位置”属性关键帧

步骤39 移动当前时间指示器至0:00:02:00处，在“合成”面板中将图层下移出画面，并加大不同图层间的距离，如图8-90所示。

步骤40 “时间轴”面板中将自动出现关键帧，选中关键帧，按F9键创建缓动，如图8-91所示。

步骤41 单击“时间轴”面板中的“图表编辑器”按钮，切换至图表编辑器，调整速率图表，如图8-92所示。再次单击“图表编辑器”按钮，返回原时间轴。

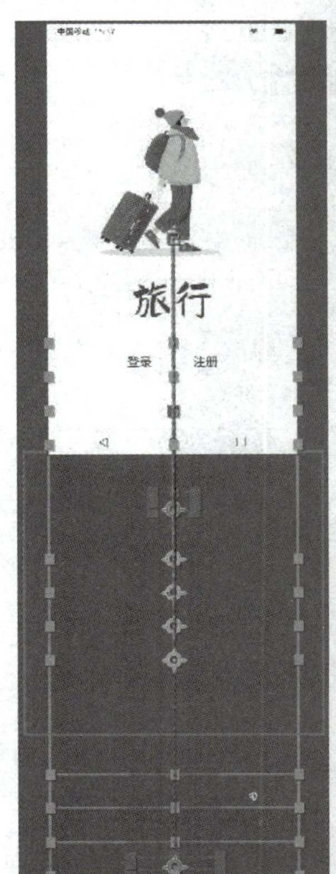

图 8-90 移动图层对象

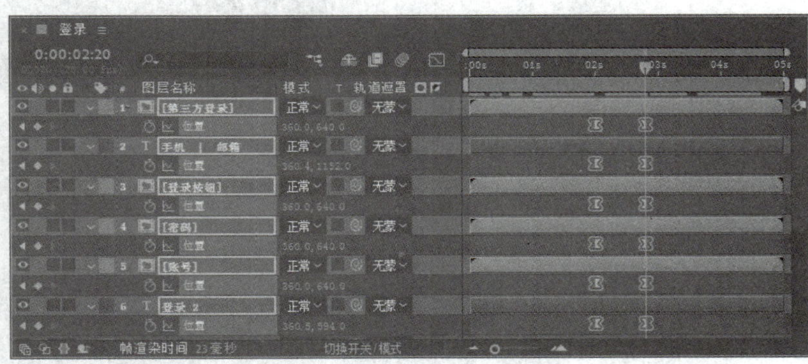

图 8-91 添加关键帧并创建缓动

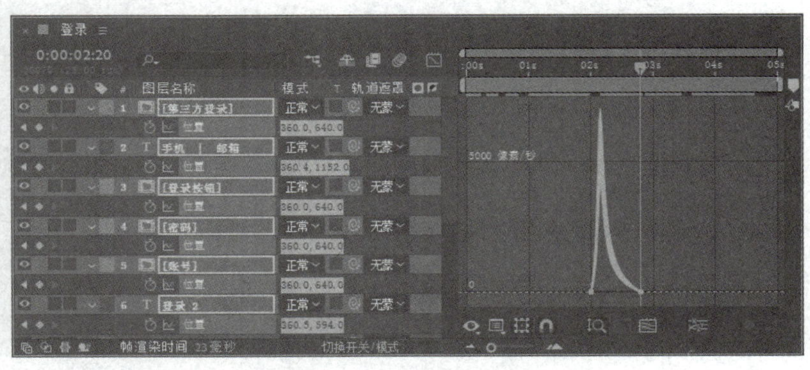

图 8-92 调整速率图表

步骤42 调整“状态栏”“导航键”图层的位置，使它们位于图层最上方，如图8-93所示。

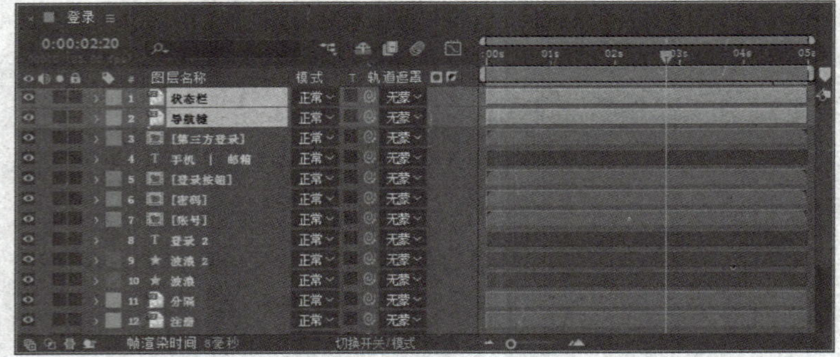

图 8-93 调整图层顺序

步骤43 按空格键预览播放，如图8-94所示。

图 8-94 预览效果

蒙版之下的设计

蒙版技术是设计的隐形守护者，在显露与遮蔽之间彰显信息传播的责任。当用“椭圆蒙版”聚焦重要数据时，正在实践信息分层的设计就像古籍校勘中的“圈点批注”，用视觉符号引导阅读优先级。调整“蒙版羽化”参数时，恰似传统书画的“留白”艺术，以模糊边界传递“言有尽而意无穷”的美学理念。

图形动效中的“擦除”效果可隐喻“去芜存菁”的信息筛选原则；“扩展”参数的精确数值则能精确调整显示范围。愿你在掌握“蒙版路径关键帧”“反转蒙版”等技术的同时，树立“设计即责任”的职业信念，守护内容的文化价值。

课后练习 国家博物馆APP启动页图形动效制作

为国家博物馆APP启动页设计并绘制具有代表性的图形元素，并制作精美的动态效果，展现文化传承的深意。

（1）分析国家博物馆APP的主题与风格，确定启动页图形的主题元素，如体现文化、传承等相关的图形。

（2）选择合适的蒙版类型设计图形的初始形态与动效触发方式，如使用路径蒙版来规划图形的运动轨迹。

（3）运用蒙版扩展与羽化参数调整图形边缘的融合程度，使图形在动效播放过程中与背景等其他元素平滑过渡。

（4）利用图形混合模式，设计多图层交互动效。例如，将不同图形图层设置不同的混合模式，使它们在叠加时产生独特的视觉效果，增强动效的表现力与层次感。

（5）设置动效参数，确保图形动效流畅自然，与国家博物馆APP的整体风格相协调，让图形动效成为有效传递信息和美学价值的载体。

参 考 文 献

[1] 周学军, 杨彧. UI动效设计与制作 : 全彩慕课版[M]. 北京: 清华大学出版社, 2023.

[2] 刘伦, 王璞. 移动UI交互设计与动效制作: 微课版[M]. 北京: 人民邮电出版社, 2023.

[3] 高昌苗. Photoshop+AE UI动效设计从新手到高手[M]. 北京: 清华大学出版社, 2023.

[4] 程磊, 廖丹, 董雪. Adobe Animate MG动画+UI动效设计实践教程[M]. 北京: 清华大学出版社, 2024.

[5] 李耀辉. MG动画+UI动效从入门到精通[M]. 北京: 机械工业出版社, 2022.

[6] 孟琴等. Photoshop+Illustrator+After Effects移动UI全效实战手册[M]. 北京: 人民邮电出版社, 2021.